中等职业学校规划教材

 获中国石油和化学工业优秀教材奖

分析化学

FENXI　HUAXUE

第四版
Fourth Edition

姜洪文　主编

化学工业出版社

·北京·

本书共十二章，内容包括绪论，分析基本操作，实验室管理、安全与标准化，定量分析概论，酸碱滴定法，配位滴定法，沉淀滴定法，氧化还原滴定法，重量分析法，定量化学分析中常用的分离方法，试样分析的一般步骤和仪器分析基础。书末附有常用的数据表。

本次修订保持了第三版突出实用性的特点，同时结合职业资格考试及化学检验工技能大赛所需的知识内容，对实验室管理、安全与标准化作了较系统的论述，并根据现行标准对相关内容进行了更新，使教材内容保持科学性和先进性。

本书内容深入浅出，具体实用，淡化理论，注重实践，并配有《分析化学实验》和《分析化学例题与习题》，系中等职业学校工业分析与检验专业教材，也可作为有关专业分析人员考级及从事检验分析的技术人员的参考书。

图书在版编目(CIP)数据

分析化学/姜洪文主编．—4 版．—北京：化学工业出版社，2017.1（2025.5重印）
中等职业学校规划教材
ISBN 978-7-122-28653-6

Ⅰ.①分… Ⅱ.①姜… Ⅲ.①分析化学-中等专业学校-教材 Ⅳ.①O65

中国版本图书馆 CIP 数据核字（2016）第 304891 号

责任编辑：旷英姿　李姿娇　陈有华　　　　　　　　装帧设计：王晓宇
责任校对：宋 玮

出版发行：化学工业出版社（北京市东城区青年湖南街 13 号　邮政编码 100011）
印　　装：河北延风印务有限公司
787mm×1092mm　1/16　印张 17¾　字数 421 千字　2025 年 5 月北京第 4 版第 7 次印刷

购书咨询：010-64518888　　　　　　　　售后服务：010-64518899
网　　址：http://www.cip.com.cn
凡购买本书，如有缺损质量问题，本社销售中心负责调换。

定　价：45.00元　　　　　　　　　　　　　　　　　　版权所有　违者必究

前言

《分析化学》作为中等职业学校规划教材，以其简明、实用等特点得到了职业院校广大师生和企业分析检验工作人员的认可，并获得"中国石油和化学工业优秀教材奖"这一殊荣。迄今为止，该教材已经两次再版（1994年5月第一版、2005年7月第二版、2009年7月第三版），总发行量达到15.2万册，笔者十分感谢广大读者对本书的选择和厚爱。为了满足中等职业教育发展的需要和检验岗位工作任务的需求，在化学工业出版社和用书单位反馈意见的基础上，笔者对本教材进行了第三次修订。

本书第四版保持了第三版的基本结构和编写特色，主要从以下三个方面进行了修订。

1. 根据毕业生所从事的检验工作的实际情况和企业检验岗位工作任务所需技能的要求，定性分析已经逐渐淡化，企业的分析检验岗位主要任务是"定量"工作，故本次修订将原"第二章 定性分析概论"内容全部删除。

2. 注重体现新知识、贯彻新标准。由于第三版教材使用已近八年之久，书中采用的标准有的已经作废，为了保持教材内容上的科学性和先进性，本次修订将已作废的标准全部用现行标准替换。同时对书中偏离现行标准较大的"第二章 分析基本操作"内容，根据JJG 196—2006《常用玻璃量器检定规程》的要求，做了系统性的修改。

3. 考虑到职业资格考试、化学检验工技能大赛和职教高考大纲所需的知识内容，对相关章节内容也进行了适当的修改，以满足学生考级、参赛和高考的需要。

此次修订工作由吉林工业职业技术学院姜洪文完成，在修订过程中得到了化学工业出版社的鼎力支持，在此表示诚挚的谢意。对于书中可能存在的不妥之处，欢迎读者和同行给予指正。

姜洪文
2017年3月

第一版前言

本书是根据1991年1月全国化工中等专业学校工业分析编委会重新修订的工业分析专业《分析化学》（二、四年制）教学大纲编写的。

本书包括定性分析、定量分析和化学分离法三部分。定性分析主要阐述离子的性质、鉴定反应和分离条件。酸碱滴定法以质子理论为基础，对学习配位滴定、沉淀滴定、氧化还原滴定及称量分析等起一定指导作用。化学分离法是分析操作的重要环节之一，本书除阐述了基本原理外，还强化了技术要点，以满足实践的需要。

为拓宽学生的知识面并提高技能，适当引入一些新的方法和技术。如定性分析中灵敏度较高的新方法的运用、佛尔哈德法中邻苯二甲酸酯类试剂的应用、三元配合物的应用等。本书注重理论与实践的结合，也注意了内容精简适用，通俗易懂。

书中小字体编排的内容为选修或供学生自学。每章后均有较多的思考题和习题，以供选用。本书配有《分析化学实验》，另册出版。

按有关规定，全书采用法定计量单位，以物质的量为计算基础。

本书由吉林化工学校姜洪文担任主编，并编写了第一～五、九、十一、十二章，武汉化工学校黄晓云负责编写第六～八、十章。初稿由北京化工学校邢文卫、湖南化工学校谭湘成、徐州化工学校顾明华、北京市化工学校刘训嫒、武汉化工学校李桂珍及扬州化工学校穆华容与编者共同审定，修改后，由北京化工学校邢文卫负责主审。在此一并致谢。

由于编者水平所限，编写时间仓促，书中疏漏和欠妥之处在所难免，尚祈读者批评指正。

编　者
1994年1月

第二版前言

本书第一版自 1994 年出版以来，赢得了广大同仁和学生的认可。在教育改革、经济迅速发展的今天，为适应 21 世纪中等职业教育的要求，在征求专家意见的基础上，结合近些年的教学改革实践体会，对本书第一版进行了修订。本次修订除保持第一版的特色外，还补充、调整了部分章节。调整更新的主要内容如下。

1. 本书调整了章节，由第一版的十二章调整为十一章，即第一版的第二章、第三章和第四章合并为定性分析概论，并在内容上作了适当的调整和精简。保留了"酸碱滴定法"、"配位滴定法"、"沉淀滴定法"、"氧化还原滴定法"和"称量分析法"，原"常用化学分离法"改名为"定量化学分析中常用的分离方法"，并补充了"蒸馏与挥发分离法"。

2. 增设了"分析基本操作与安全常识"一章。分析基本操作与安全常识是从事分析专业工作人员必备的基础知识和安全知识，包括分析天平的使用、滴定分析基本操作、称量分析基本操作和实验室安全常识等内容。

3. 增设了"试样分析的一般步骤"一章。在学完滴定分析法、称量分析法及定量化学分析中常用的分离方法之后，为了将所学的知识与实践结合起来，对实际样品分析过程应该有一个全面的了解，从而弥补了实验中纯样品试验的不足，使学到的知识更贴近实际，同时在对分析方法的选择上有一定程度的了解和掌握。

4. 删除了部分对掌握滴定分析法影响不大的理论内容，如"酸碱滴定法"一章中的活度、酸碱平衡中有关浓度的计算，"氧化还原滴定法"中的电极电位，氧化还原反应的方向、次序、进行的程度和氧化还原反应的速率及其影响因素等内容，补充了应用实例，在内容上更具有实用性和可操作性。

5. 在"定性分析概论"一章中，保留了硫化氢分组方案体系，但沉淀剂硫化氢可用硫代乙酰胺代替。在离子鉴定方法中，删除了部分现象不明显的鉴定方法，使得鉴定反应更趋于合理、现象清楚。

第二版修订工作由姜洪文负责。在修订过程中得到了化学工业出版社和吉林工业职业技术学院领导及同行们的大力支持，吉林工业职业技术学院李刚老师为本书的编写做了大量工作，在此向所有关心、支持本书的朋友们表示衷心的感谢。

由于编者水平有限，本次修订仍难免存在疏漏之处，欢迎专家和读者批评指正。

编 者
2005 年 2 月

第三版前言

《分析化学》作为中等职业学校工业分析与检验专业的教材，以其简明、实用而受到职业院校师生和企业分析检验工作技术人员的认可。至今，该教材已经印刷了13次，总发行量达到10余万册。笔者十分感激广大读者对本书的选择和厚爱。为了满足新形势下职业教育培养技能型人才的需求，对本教材进行第二次修订。

本书第三版保持了第二版的基本结构和编写特色，主要从以下三个方面进行了修改和补充。

1. 突显实验室在实验、实训和实习环节中的重要作用，将原第三章分析基本操作与安全常识的第四节实验室安全常识内容修改为第四章实验室管理、安全与标准化。在内容上做了较大的改动，并增加标准与标准化等基础知识。

2. 考虑到化工产品试样采取的特殊性，将第十二章试样分析的一般步骤中的第一节"分析试样的制备"修改为"试样的采取与固体试样的制备"，并补充液体试样采取方法和气体试样采取方法内容。

3. 结合职业资格考试及化学检验工技能大赛所需的知识内容，编入了第十三章仪器分析基础，以满足学生考级、参赛的需要。

这次教材的修订，承蒙化学工业出版社和吉林工业职业技术学院工业分析与检验专业同仁的鼎力支持，在此表示诚挚的谢意。对于书中可能存在的不妥之处，欢迎读者给予指正。

编 者

2009 年 4 月

目录

第一章 绪论 / 001

第一节 分析化学的任务和作用 / 001
　一、分析化学的任务 / 001
　二、分析化学的作用 / 001
第二节 分析方法的分类 / 002
　一、按分析对象的化学属性分类 / 002
　二、按待测组分的质量分数分类 / 002
　三、按测定原理分类 / 002
　四、按具体要求分类 / 003
第三节 分析化学的发展趋势 / 003
第四节 学习方法和要求 / 004
思考题与习题 / 004

第二章 分析基本操作 / 005

第一节 分析天平的使用 / 005
　一、天平的分类、性能和选用 / 005
　二、双盘天平 / 007
　三、单盘精密天平 / 012
　四、电子天平 / 014
　五、试样的称量方法及称量的准确度 / 016
第二节 滴定分析基本操作 / 018
　一、滴定管 / 018
　二、单标线吸量管和分度吸量管 / 022
　三、容量瓶 / 024
　四、容量仪器的校正 / 025
第三节 重量分析基本操作 / 029
　一、试样的溶解 / 029
　二、沉淀 / 029
　三、过滤和洗涤 / 030
　四、干燥和灼烧 / 033
思考题与习题 / 035

第三章 实验室管理、安全与标准化 / 036

第一节 实验室管理 / 036
一、实验室的功能 / 036
二、实验室的分类 / 037
三、实验室管理 / 037

第二节 实验室安全与防护 / 039
一、实验室潜藏的危险因素 / 040
二、实验室的防火、防爆与灭火 / 040
三、常见化学毒物的中毒和急救方法 / 044
四、实验室废弃物的处理 / 047
五、实验室常用电气设备及安全用电 / 048
六、气瓶的安全使用 / 051
七、实验室外伤的救治 / 055

第三节 标准与标准化 / 056
一、标准 / 056
二、标准化 / 058

思考题与习题 / 060

第四章 定量分析概论 / 061

第一节 滴定分析法概述 / 061
一、滴定分析法的特点 / 061
二、滴定分析法对化学反应的要求 / 062
三、滴定分析法的分类 / 062
四、滴定的主要方式 / 062

第二节 误差与偏差 / 063
一、误差的分类及产生原因 / 063
二、误差表示方法 / 064
三、提高分析结果准确度的方法 / 067

第三节 标准溶液 / 068
一、标准溶液的配制 / 068
二、标准溶液的浓度 / 069
三、滴定分析的误差 / 070

第四节 滴定分析中的计算 / 072
一、计算原则 / 072
二、计算示例 / 072

第五节 分析数据的处理 / 076
一、有效数字和运算规则 / 076

二、分析结果的数据处理　　/ 078
　　三、计算示例　　/ 081
思考题与习题　　/ 082

第五章　酸碱滴定法　　/ 086

第一节　方法简介　　/ 086
第二节　酸碱缓冲溶液　　/ 087
　　一、酸碱缓冲溶液及其组成　　/ 087
　　二、缓冲作用的原理及 pH 的计算　　/ 087
　　三、缓冲容量和缓冲范围　　/ 089
　　四、缓冲溶液的选择和配制　　/ 090
第三节　酸碱指示剂　　/ 091
　　一、酸碱指示剂的作用原理　　/ 091
　　二、指示剂的变色范围　　/ 092
　　三、影响指示剂变色范围的因素　　/ 093
　　四、混合指示剂　　/ 094
第四节　酸碱滴定曲线及指示剂的选择　　/ 095
　　一、强碱滴定强酸　　/ 096
　　二、强碱滴定弱酸　　/ 098
　　三、多元酸、混合酸和多元碱的滴定　　/ 100
第五节　酸碱标准溶液的配制和标定　　/ 102
　　一、NaOH 标准溶液的配制和标定　　/ 102
　　二、HCl 标准溶液的配制和标定　　/ 103
第六节　酸碱滴定法的应用及计算示例　　/ 104
　　一、酸碱滴定法的应用　　/ 104
　　二、酸碱滴定法计算示例　　/ 104
第七节　非水溶液中的酸碱滴定　　/ 106
　　一、溶剂的拉平效应和区分效应　　/ 106
　　二、溶剂的种类及其选择　　/ 107
　　三、标准溶液和化学计量点的检测　　/ 108
　　四、非水溶液中酸碱滴定的应用　　/ 109
思考题与习题　　/ 110

第六章　配位滴定法　　/ 112

第一节　方法简介　　/ 112
第二节　EDTA 及其配合物　　/ 113
　　一、EDTA 的结构及性质　　/ 113

二、EDTA 与金属离子的配位特点　/ 114
第三节　配合物在水溶液中的离解平衡　/ 115
　一、配合物的稳定常数　/ 115
　二、影响配位平衡的主要因素和条件稳定常数　/ 117
第四节　配位滴定的基本原理　/ 119
　一、滴定曲线　/ 119
　二、影响滴定突跃大小的主要因素　/ 121
　三、配位滴定的最高允许酸度和酸效应曲线　/ 122
第五节　金属指示剂　/ 123
　一、金属指示剂的作用原理　/ 123
　二、金属指示剂应具备的条件　/ 124
　三、金属指示剂的理论变色点与使用中存在的问题　/ 124
　四、常用金属指示剂　/ 125
第六节　提高配位滴定选择性的方法　/ 126
　一、控制溶液的酸度　/ 127
　二、使用掩蔽剂　/ 127
　三、利用化学分离　/ 129
　四、选用其他配位剂滴定　/ 129
第七节　配位滴定的方式和计算示例　/ 129
　一、配位滴定方式　/ 129
　二、配位滴定法的计算　/ 131
思考题与习题　/ 132

第七章　沉淀滴定法　/ 135

第一节　方法简介　/ 135
第二节　莫尔法——铬酸钾指示剂法　/ 136
　一、原理　/ 136
　二、滴定条件及应用范围　/ 136
第三节　佛尔哈德法——铁铵矾指示剂法　/ 137
　一、原理　/ 137
　二、反应条件及应用范围　/ 138
第四节　法扬司法——吸附指示剂法　/ 139
　一、原理　/ 139
　二、反应条件及应用范围　/ 139
第五节　沉淀滴定的应用及计算示例　/ 141
　一、应用实例　/ 141
　二、计算示例　/ 142
思考题与习题　/ 143

第八章 氧化还原滴定法 / 145

第一节 方法简介 / 145
  一、氧化还原滴定法的特点 / 145
  二、氧化还原滴定法的分类及应用范围 / 145
第二节 氧化还原滴定曲线及指示剂 / 146
  一、氧化还原滴定曲线 / 146
  二、氧化还原滴定中的指示剂 / 148
第三节 高锰酸钾法 / 150
  一、概述 / 150
  二、标准溶液 / 150
  三、高锰酸钾法应用实例 / 152
第四节 重铬酸钾法 / 153
  一、概述 / 153
  二、标准溶液 / 153
  三、重铬酸钾法应用实例 / 154
第五节 碘量法 / 155
  一、概述 / 155
  二、反应及滴定条件 / 156
  三、标准溶液 / 157
  四、碘量法应用实例 / 158
第六节 其他氧化还原滴定法 / 159
  一、溴酸钾法 / 159
  二、铈量法 / 160
第七节 氧化还原滴定的计算 / 161
思考题与习题 / 163

第九章 重量分析法 / 166

第一节 方法简介 / 166
  一、重量分析法的特点及分类 / 166
  二、试样称取量的估算 / 167
  三、重量分析对沉淀的要求 / 167
第二节 影响沉淀完全的因素 / 168
  一、同离子效应 / 169
  二、盐效应 / 169
  三、酸效应 / 169
  四、配位效应 / 170
  五、其他影响因素 / 171

第三节　影响沉淀纯度的因素　　/ 171
　　一、沉淀类型　　/ 171
　　二、沉淀的形成过程　　/ 172
　　三、沉淀的纯度　　/ 173
第四节　沉淀的条件　　/ 176
　　一、晶形沉淀的沉淀条件　　/ 176
　　二、无定形沉淀的沉淀条件　　/ 176
　　三、均匀沉淀法　　/ 177
　　四、沉淀剂的选择　　/ 177
第五节　重量分析结果的计算　　/ 179
　　一、换算因数　　/ 179
　　二、计算示例　　/ 179
思考题与习题　　/ 181

第十章　定量化学分析中常用的分离方法　　/ 183

第一节　方法简介　　/ 183
　　一、定量分离的任务　　/ 183
　　二、分离方法的分类　　/ 183
　　三、回收率　　/ 184
第二节　沉淀分离法　　/ 184
　　一、常量组分的分离　　/ 184
　　二、微量组分的分离　　/ 188
第三节　溶剂萃取分离法　　/ 189
　　一、溶剂萃取分离的基本原理　　/ 189
　　二、萃取体系和萃取剂　　/ 191
　　三、萃取溶剂的选择和萃取分离的应用　　/ 192
第四节　离子交换分离法　　/ 193
　　一、离子交换树脂的种类　　/ 193
　　二、离子交换树脂的结构和性质　　/ 194
　　三、离子交换分离操作和应用　　/ 196
第五节　色谱分离法　　/ 198
　　一、柱色谱法　　/ 198
　　二、纸色谱法　　/ 199
　　三、薄层色谱法　　/ 200
第六节　蒸馏与挥发分离法　　/ 203
思考题与习题　　/ 204

第十一章 试样分析的一般步骤 / 206

第一节 试样的采取与固体试样的制备 / 206
一、采样原则 / 206
二、液体试样的采取 / 207
三、气体试样的采取 / 207
四、固体试样的采取 / 208
五、固体试样的制备 / 209

第二节 分析方法的选择 / 211
一、分析方法选择的必要性 / 211
二、分析方法选择的基本原则 / 211

思考题与习题 / 212

第十二章 仪器分析基础 / 213

第一节 电化学分析 / 213
一、电化学分析法简介 / 213
二、电位分析法 / 214
三、电导分析法 / 220

第二节 分光光度分析 / 223
一、分光光度分析法简介 / 223
二、吸收曲线 / 224
三、光吸收定律 / 225
四、显色与测量条件的选择 / 227
五、分光光度计 / 230
六、定量方法 / 232

第三节 气相色谱分析 / 235
一、气相色谱法简介 / 235
二、气相色谱基本理论 / 239
三、气相色谱分析操作条件的选择 / 242
四、定性和定量方法 / 245

思考题与习题 / 250

附录 / 252

附录一 弱酸和弱碱的离解常数（25℃） / 252
附录二 金属离子与氨羧配位剂配合物的形成常数
　　　　（18~25℃，$I = 0.1$） / 254
附录三 常用的缓冲溶液 / 254
附录四 常用酸碱溶液的相对密度和浓度 / 256

附录五　常用标准溶液保存期限　　/256

附录六　在 t ℃时不同浓度溶液的体积校正值
　　　　(1000mL 溶液由 t ℃换算为 20℃时的校正值/mL)　　/256

附录七　氧化还原电对的标准电位及条件电位　　/257

附录八　难溶化合物的溶度积 (18～25℃)　　/259

附录九　常见化合物的摩尔质量　　/261

附录十　原子量表　　/264

附录十一　物质在热导检测器上的相对响应值和相对校正因子　　/265

附录十二　物质在氢火焰检测器上的相对质量响应值和相对
　　　　　质量校正因子　　/268

参考文献　　/270

第一章
绪 论

学习指南

通过本章学习,应了解分析化学的任务和作用,掌握分析方法的分类,明确定量分析在实际工作中的作用,了解分析化学发展的动向。

第一节 分析化学的任务和作用

一、分析化学的任务

分析化学是人们获得物质化学组成和结构信息的科学。分析化学的任务包括定性分析、定量分析和结构分析三个部分。定性分析是鉴定物质的化学组成,如物质是由哪些元素、离子、原子团、官能团或化合物组成的,即"解决物质是什么的问题";定量分析是测定物质中各组分的相对含量,即"解决物质是多少的问题";结构分析是确定物质的化学结构,如分子结构、晶体结构等。

二、分析化学的作用

分析化学是化学学科的一个重要分支。化学学科的每一个分支,如无机化学、有机化学、物理化学及高分子化学等,都需要运用各种分析手段解决科学研究中的问题。例如,原子、分子学说的创立,原子量的测定和化学基本定律的建立等,都离不开分析化学。在其他学科领域如环境化学、矿物学、医药学、生物学、地质学、海洋学、天文学、农业科学、考古学、食品学等的科学研究中,分析化学作为一种检测手段,为这些学科的发展提供了重要的第一手资料。

在国民经济建设中,分析化学具有更重要的实际意义。例如,在工农业生产方面,工业原料的选择、生产过程的控制及管理、成品质量检验、新产品的开发和研制、"三废"(废液、废渣、废气)的综合利用、资源勘探、土壤普查、灌溉用水水质的化验、农作物营养诊断、农药残留量的分析以及新品种培育和遗传工程等的研究,都是以分析结果作为判断的重要依据的。在环境保护方面,为了探讨与人类生存和发展密切相关的环境变化规律和制定环保措施,对大气、水质变化的监测,生态平衡的研究,以及评价和治理工农业生产对环境产生的污染等,都需要进行大量的分析检测工作。在医药卫生、国防等方面,临床诊断和药剂规格的检验、武器装备的研制和生产,以及国家安全部门的侦破工作等,都离不开分析检验。由此可见,分析化学的应用范围几乎涉及国民经济、国防建设、资源开发及人类的衣食住行等各个方面。所以,分析化学有工农业生产的"眼睛"、科学研究的"参谋"之称,它是实现我国工业、农业、国防和科学技术现代化的重要手段和工具。

第二节 分析方法的分类

分析化学的内容十分丰富,除按任务分为定性分析、定量分析和结构分析外,还可以根据分析对象的化学属性、待测组分的质量分数、测定原理和具体要求不同等进行分类。

一、按分析对象的化学属性分类

根据分析对象的不同,分析化学可分为无机分析和有机分析。无机分析中,既要进行无机组分的定性分析,又要进行它们的定量分析。组成有机物的种类很多,有机分析除了要求进行元素分析外,官能团分析和结构分析也常常是必要的分析内容。

二、按待测组分的质量分数分类

根据待测组分的质量分数大小,分析化学可分为常量组分分析、微量组分分析和痕量组分分析等。其中,质量分数在1%以上的为常量组分分析,质量分数介于0.01%~1%的为微量组分分析,质量分数小于0.01%的为痕量组分分析。

三、按测定原理分类

根据测定原理的不同,分析化学可分为化学分析和仪器分析两类。

1. 化学分析

化学分析是以物质的化学反应为基础的分析方法。它是分析化学的基础。如果以X代表待测组分,R代表试剂,P代表反应产物,对于任意化学反应则有

$$X + R \longrightarrow P$$

由于采取的测定方法不同,化学分析又分为滴定分析法和重量分析法。

(1) 滴定分析法 又称容量分析法。将一种已知准确浓度的试剂溶液R滴加到待测物质溶液中,直到所加试剂恰好与待测组分X定量反应为止。根据试剂溶液R的用量和浓度计算待测组分X的含量。例如,工业硫酸纯度的测定,就是把已知准确浓度的NaOH溶液滴加到试液中,直到全部H_2SO_4都生成Na_2SO_4为止(这时指示剂变色)。由NaOH溶液的浓度和消耗的体积计算出工业硫酸的纯度。

(2) 重量分析法 又称称量分析法。通过加入过量的试剂R,使待测组分X完全转化

成一难溶的化合物,经过滤、洗涤、干燥及灼烧等一系列步骤,得到组成固定的产物 P,称量产物 P 的质量,就可以计算出待测组分 X 的含量。例如,试样中 SO_4^{2-} 含量的测定,将样品溶解后,在试液中加入过量的 $BaCl_2$ 试剂,使 SO_4^{2-} 生成难溶的 $BaSO_4$ 沉淀,经过滤、洗涤、灼烧后,称量 $BaSO_4$ 的质量,就可以计算出试样中 SO_4^{2-} 的含量。

化学分析的特点是仪器简单、结果准确、灵敏度低、分析速度慢,适用于常量组分分析。

2. 仪器分析

以被测物质的物理性质或物理化学性质为基础的分析方法,称为物理或物理化学分析法,这类方法通常需要使用特殊的仪器,故又称为仪器分析法。它包括光学分析、电化学分析、色谱分析等。随着科学技术的发展,现代测试技术还有质谱分析、核磁共振分析、中子活化分析、能谱分析、电子探针和离子探针微区分析等,而且新的方法正在不断地出现,使仪器分析内容日益丰富。

仪器分析法的优点是操作简便、快速灵敏、准确,适用于微量组分分析。

四、按具体要求分类

根据具体要求的不同,分析化学可分为例行分析和仲裁分析。例行分析是指化验室对生产中的样品,按确定的分析方法进行的日常分析。仲裁分析通常指对某一样品分析结果有争议时,要求权威单位用指定的方法进行准确的分析。

第三节 分析化学的发展趋势

生产和科学技术的高速发展,一方面丰富了分析化学的内容,为分析化学提供了新的理论、方法和手段;另一方面对分析化学提出了更多的任务和更高的要求。例如,在原子能工业中,反应堆材料的有害杂质不能大于 $10^{-6}\%\sim10^{-4}\%$;在半导体技术中使用的超纯物质,要求对其杂质分析的灵敏度应达到 $10^{-8}\%\sim10^{-6}\%$;在环境监测中需要定时、定点地收集大量数据;在冶金工业中需要快速检测炼钢炉中钢水的组分;在宇宙科研中需要发展星际遥测、遥控和自动化分析技术等。由此可见,分析对象和分析任务不断地扩大和复杂化是决定分析化学今后发展的重要因素。

当代分析化学发展的趋势,在分析理论上与其他学科相互渗透,在分析方法上趋向于各类方法相互融合,在分析技术上趋向于准确、灵敏、快速、遥测和自动化。例如,在化学分析中,由于使用选择性高的试剂或掩蔽剂,提高了测定的特效性、灵敏度,减少了分析操作步骤,加快了分析速度。在仪器分析中,由于电子工业、真空技术和激光技术的发展和应用,以及新型仪器的出现和新的测试方法的运用,大大提高了分析的灵敏度。仪器分析的微型计算机化和完全自动化以及多机联用,提高了分析自动化的程度,使近代分析化学不仅能解决物质的组分分析问题,而且还在组分价态、配合状态、元素与元素间的联系、未知物结构剖析和元素在微区中的空间分布等方面解决了许多新课题。

尽管分析化学的发展日新月异,但始终离不开化学处理和溶液平衡的理论,化学分析目前仍然是分析化学的基础,经典的分析方法仍然在普遍应用。因此,学习分析化学首先要学好基础化学分析。

第四节 学习方法和要求

分析化学是一门实践性很强的学科。因此在学习过程中必须注重理论与实验的结合,做到勤思考、多练习,发挥实验在学习中的作用。同时要充分利用网络资源,拓展和丰富所需的知识和技能。

本书主要讨论无机物的定量分析的基本理论、基本运算、分析方法及仪器分析基础的基本原理,同时对实验室管理、安全与标准化和定量化学分析中常用的分离方法作了较详细的阐述。

通过对本课程的学习,学生不仅可以掌握分析化学的基本理论和基本操作技能,准确树立量的概念,而且对培养严谨的科学态度,提高分析问题和解决问题的能力,都具有特别重要的意义。

思考题与习题

1. 分析化学的任务是什么?
2. 分析方法分类的主要依据有哪些?
3. 化学分析包括哪些内容?何谓滴定分析?何谓重量分析?
4. 按待测组分质量分数的不同,分析方法可分为哪几种?
5. 何谓仪器分析?它包括哪些内容?

第二章
分析基本操作

学习指南

分析基本操作是分析检验人员必备的职业技能。通过本章学习，应了解分析天平的类型、性能；了解电光分析天平和单盘天平的使用方法；熟练掌握用电子天平称量试样的方法；能够正确使用滴定管、容量瓶、单标线吸量管和分度吸量管；熟练掌握滴定分析基本操作技术和重量分析基本操作技术。

第一节 分析天平的使用

一、天平的分类、性能和选用

天平是精确测定物体质量的重要计量仪器。分析检验工作经常要准确称量一些物质的质量，称量的准确度直接影响测定的准确度。因此，分析检验人员掌握天平的结构、计量性能、使用方法和维护知识是非常必要的。

1. 常用天平的种类及各类天平的特点

天平种类很多，检验分析中常用的天平有以下几种。

(1) 托盘天平　托盘天平又称为架盘天平或普通药用天平，分度值一般为 0.1～2g，最大载荷为 5000g。用于对称量准确度要求不高的实验工作中，如配制各种质量浓度的溶液等。称量时，左边盘上放被称物质，右边盘上放砝码，大砝码位居盘中心位置，小砝码放在大砝码周围。称量时不许用手直接拿取砝码或将化学试剂直接放在盘上。

(2) 工业天平　工业天平分度值为 0.01～0.001g，最大载荷一般在 200g 以内，不带阻尼系统，用于工业分析的一般称量。

(3) 电光分析天平　电光分析天平或称光电分析天平，分度值为 0.0001g (0.1mg)，所以称为万分之一天平，最大载荷为 100g 或 200g。目前使用最多的是 TG-328A (全自动电光分析天平) 和 TG-328B (半自动电光分析天平)。TG-328A 为全部机械加码，称物盘在右边；TG-328B 为部分机械加码，称物盘在左边。上述天平从结构上讲均属于等臂双盘天平。

(4) 单盘天平　单盘天平从结构上又可以分为等臂和不等臂单盘天平。双盘天平存在不等臂性误差、空载和实载灵敏度不同及操作较麻烦等固有的缺点，逐渐被不等臂单盘天平代替。不等臂单盘天平采用全量机械减码，克服了双盘天平的缺点，操作更简便快速。目前使用较多的是 TD-100 和 TG-729C 型单盘天平。

(5) 电子天平　由于电子天平采用电磁力平衡的原理，没有刀口刀承，无机械磨损，全部采用数字显示。即将质量信号转化为电信号，然后经过放大、数字显示而完成质量的精确计量。称量快速，只需几秒钟就可显示称量结果。目前使用较多的有国产 ES-180J、AEL-200、ES-200A、MD100-1 等，国外产品有 AE163、AE200（瑞士）、BP210D、MC5（德国）、AEU-210、AEL-40SM（日本）等。

2. 天平的计量性能

天平的计量性能包括稳定性、灵敏度、正确性和示值变动性。

(1) 稳定性　稳定性是指天平的横梁处于平衡状态时，被轻轻扰动后，指针能自动回到天平初始平衡位置的性能。稳定性的大小取决于重心砣所处的位置，重心砣位置越低，稳定性越好。

(2) 灵敏度　天平的灵敏度常用分度值 D 表示。分度值是指天平标尺一个分度对应的质量。在天平某一盘上增加平衡小砝码，其质量为 m_P，此时天平指针沿标牌移动的分度数为 n，二者之比即为分度值，以下式表示：

$$D=\frac{m_P}{n} \tag{2-1}$$

天平的最小分度值通常称为感量。天平的最大称量与分度值之比称为检定标尺分度数，其值在 5×10^4 以上的称为高精密天平，其值越大，准确度级别越高。

(3) 正确性　正确性指天平本身的系统误差最小到多大范围的能力。对等臂天平而言，常用横梁的"不等臂性误差"来表示。对单盘天平和电子天平来说，主要是指天平在不同载荷下所能控制线性偏差在规定范围内的性能。

(4) 示值变动性　示值变动性是指天平在同一质量差作用下，多次开关天平时平衡位置的重现性。习惯上把这些平衡位置的差异叫作天平的示值变动性，简称变动性。

变动性与稳定性之间有着内在的联系，天平横梁重心位置越高，天平越不稳定，但越灵敏，示值变动性也越大。实际上变动性表示了称量结果的可靠程度。一般要求变动性不得超过读数标牌的 1 个分度。

3. 正确选用天平

如何选择天平？首先在了解天平的技术参数和各类天平特点的基础上，根据称量要求的精度及工作特点选用天平。即应考虑称量的最大质量和要求的精度。例如配制一般质量浓度的溶液，称量几到几十克物质，准确到 0.1g，应该选择最大载荷为 100g、分度值为 0.1g 的架盘药物天平；而对于样品的测定或标准溶液的配制，容器质量为数十克，样品质量为 0.2g，要求称准至 0.0002g，应选择最大载荷为 100g 或 200g、分度值为 0.1mg 的单、双盘精密分析天平或电子天平等。

总之，选择天平的原则一是不能使天平超载，二是不应使用精度不够的天平，三是在保证完成分析任务的前提下，尽量选择经济廉价的天平。

二、双盘天平

1. 双盘天平的称量原理

它是根据杠杆原理设计制成的一种衡量仪器。杠杆原理：当杠杆平衡时，两力对支点所形成的力矩相等，即力×力臂＝重力×重臂，如图 2-1 所示。

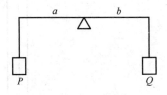

图 2-1 杠杆原理

在图 2-1 中，P 为被称物的重力，Q 为砝码的重力，a 为力臂，b 为重臂。如 g 为重力加速度，m_P 为物体的质量，m_Q 为砝码的质量，则杠杆平衡时

$$Pa = Qb$$
$$m_P g a = m_Q g b$$

对于等臂天平，力臂等于重臂，即 $a=b$；在地球的同一位置，重力加速度 g 相同，则 $m_P = m_Q$。

砝码的质量等于被称物体的质量。利用杠杆原理，可以在杠杆秤上通过比较被称物体的质量和已知物体——砝码的质量来进行称量。在天平上测出的是物体的质量而不是重量。质量与 g 无关，不随地域不同而改变。

天平的灵敏度是指天平指针尖端沿着标牌移动的分度数与盘中任一添加的小砝码的质量之比。可用公式表示为

$$E = \frac{n}{m_P} \tag{2-2}$$

式中　E——天平的灵敏度，分度/mg；
　　　m_P——在某一盘中添加的小砝码的质量，mg；
　　　n——指针在标牌上偏移的分度数，分度。

天平的灵敏度与横梁的质量成反比，与臂长成正比，与重心距（即支点与重心间的距离）成反比，重心越高，天平的灵敏度越高，但天平的稳定性减小。

2. 双盘天平的构造

部分机械加码分析天平的外形和结构如图 2-2 所示。

（1）横梁部分　横梁部分由横梁、刀子、刀盒、平衡砣、感量砣、指针组成。横梁是天平的重要部件，对横梁的要求是质轻、不变形、抗腐蚀。制作横梁的材料有钛-铜合金、铝合金、非磁性不锈钢等。横梁上装有三个玛瑙刀子，中间为中刀（支点刀），两边为边刀（承重刀），中刀的刀刃向上，边刀的刀刃向下。三个刀刃同处在一个水平面上，刀刃锋利，无崩缺。为保持天平的灵敏度和稳定性，要特别注意保护天平的刀刃不受冲击并减小磨损。

横梁下部为指针，指针下端装有微分标牌，经光学系统放大后成像于投影屏上。横梁上有重心砣，重心砣上下移动可改变横梁重心位置，用于调整天平的灵敏度（出厂时已调整好，不要自己调整）。横梁左右两边对称孔内装有平衡螺丝，用以调节天平空载时的平衡位置（即零点）。

（2）悬挂系统　悬挂系统由吊耳、阻尼器和秤盘组成。

吊耳下部挂有阻尼器内筒，又叫活动阻尼筒，它与固定在立柱上的阻尼器外筒之间有一

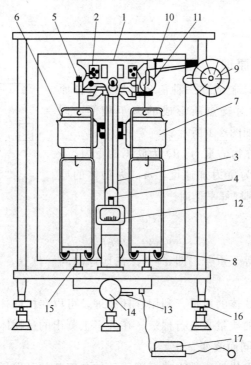

图 2-2 部分机械加码分析天平的外形和结构

1—横梁；2—平衡砣；3—立柱；4—指针；5—吊耳；6—阻尼器内筒；
7—阻尼器外筒；8—秤盘；9—加码指数盘；10—加码杆；11—环形
毫克砝码；12—投影屏；13—调零杆；14—停动手钮；
15—托盘器；16—水平调整脚；17—变压器

均匀的间隙，当天平摆动时，筒内外空气运动的摩擦阻力使横梁在摆动1～2个周期后迅速停下来（故称为空气阻尼器）。秤盘吊挂于吊钩上，由铜合金镀铬制成。吊耳、阻尼筒、秤盘都有区分左右的标记，常用的是左"1"右"2"或左"·"右"··"。

（3）立柱部分　立柱是空心柱体，垂直固定在底板上，天平制动器的升降拉杆穿过立柱空心孔带动大小托翼上下运动。立柱上端中央固定中刀垫（支点刀承）。

（4）制动系统　制动系统的作用是保护天平的刀刃，使其保持锋利和避免因冲击力产生崩缺。当停动手钮关闭时，天平轴销上的偏心轮处于最高点，升降拉杆带动托翼向上运动，托起天平横梁和吊耳，这时天平处于"休止"状态，天平的三个刀和刀垫间有一个均匀缝隙（刀缝），一般要求边刀缝为0.15～0.2mm，中刀缝0.25～0.3mm。同时两个托盘也升起，将秤盘微微托住。此时可以加减砝码和称量物。当慢慢打开停动手钮时，托翼下降，边刀和中刀先后接触刀垫，托盘同时下降，天平进入自由摆动状态，在阻尼器作用下十几秒内即可停下来。在天平两边未达到平衡时，切不可全开天平，以防天平倾斜太大，使吊耳脱落、刀刃损坏。

（5）光学读数系统　光学读数系统是对微分标尺进行光学放大的装置。图2-3是等臂电光天平光学系统示意图。

灯泡2由变压器将220V交流电电压降至6～8V供电，由停动手钮控制电路中的一个微动开关，开启天平时灯泡亮，休止天平时灯泡灭。

放大镜 5 将微分标牌放大 10～20 倍在投影屏上得到微分标牌的像,微分标牌放大的像在投影屏上可读出 0.1mg 的值。读数方法如图 2-4 所示。

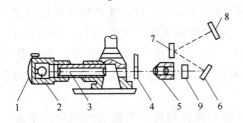

图 2-3　等臂电光天平光学系统示意图
1—光源灯座；2—6～8V 灯泡；3—聚光管；
4—微分标牌；5—放大镜；6—第一反射镜；
7—第二反射镜；8—投影屏；
9—平行平板玻璃

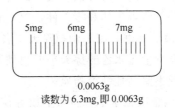

图 2-4　微分标尺在投影屏上的读数

(6) 机械加码装置　部分机械加码天平 1g 以上的砝码用镊子夹取,1g 以下的砝码做成环状,放在加码杆上,转动加码指数盘使加码杆按指数盘的读数把环码加到吊耳上的环码承受片上。环码(又叫圈码)共有 10mg、10mg、20mg、50mg、100mg、100mg、200mg、500mg 八个,可组合成 10～990mg 的任意数值。

(7) 外框部分　外框用以保护天平,使之不受灰尘、热源、水蒸气、气流等外界条件的影响。外框是木制框架,镶有玻璃,天平前门供安装和清洁、修理天平用,称量时不用。天平的两个旁门供称量时使用,左门用于取放称量物,右门用于取放砝码。底板下有三个水平调整脚,前两个可调,后一个不可调。天平的水准器一般采用水平泡,安装在底板上或立柱后面。

3. 双盘天平的安装

(1) 对天平室的要求　天平是精密的计量仪器,因此必须在一定的环境条件下才能达到其设计性能。

① 温度和相对湿度。天平室的温度应保持稳定,对分析天平,要求室温在 18～26℃ 内,温度波动不大于 0.5℃/h。如达不到上述要求,室温也应在 15～30℃ 内。温度过低,操作人员体温及光源灯泡热量能引起天平零点的漂移。天平室的相对湿度应保持在 55%～75%,最好在 65%～75%。若湿度高于 80%,天平金属部件易被腐蚀,且玛瑙件吸附现象明显,使天平摆动迟钝,光学镜面易生霉斑。若湿度低于 45%,材料易带静电,使称量不准确。天平室应避免阳光直射,远离空调器及热源设施。最好设在朝北方向,以减小室内温度变化。

当天平从一个较冷的环境移到较暖的环境时,为消除空气中水分在天平内部凝结的影响,可先将天平放置 2h 后再使用。

② 防尘。灰尘对天平影响很大,灰尘附着在玛瑙刀和刀垫上会使天平的变动性增大,附着在砝码上会使砝码质量不准。因此天平室要注意清洁、防尘,门窗要严密,最好是双层窗。

③ 其他环境条件。天平室应设置在周围无震动源的地方,并且有隔震和减震措施,即最好是从隔震的地基上直接构筑水泥台墩,上放 50mm 厚水磨石或人造大理石台面,必要

时还可采用有橡胶隔震的台面。天平室内的天平台最好不要安装在离门、窗和通风设备排气口太近的地方。

（2）天平的安装方法　天平的拆箱、安装要由专人负责。首先要详细阅读说明书，了解安装方法，清点主体和零部件，察看有无损坏，做好清洁工作。天平安装步骤如下。

① 清洁外框，用毛刷扫除天平各零件上的灰尘，用鹿皮或绸布擦净各零件。用绸布或脱脂棉蘸少量无水乙醇擦天平的玛瑙刀口、刀承、全部玛瑙件及各支力销。操作时戴细纱手套，注意不要粘挂纤维物质。

② 调整底板水平，将天平放好位置，逐个垫上减震脚垫，调整前面两个天平脚，使水准器上的气泡位于圆圈中央。

③ 照明系统装上灯罩、聚光管及灯泡小插座，接通电源，开启天平，灯泡亮，投影屏上光应均匀满窗。如光线亮度不够，可前后移动或转动灯座。如仍达不到要求，可取下灯座和聚光管，对着40mm处白纸片，前后移动聚光管，使其成一均匀匾形亮斑，再装到天平上，紧固螺钉。

④ 阻尼器的安装。一手抬起托翼，另一手将阻尼器内筒放入外筒内，左放"1"，右放"2"。

⑤ 横梁的安装。左手开启天平，右手拿住横梁指针的中上部，小心倾斜，将横梁放入预定位置。左手配合关闭天平，使横梁平稳地架在支力销上。注意不要碰伤三个玛瑙刀。

⑥ 托盘、吊耳及秤盘的安装。将两个托盘分别插入托盘导孔，注意左右标记。用中指和大拇指拿住吊耳承重板，以无名指使吊钩钩进阻尼器内筒小孔，装好吊耳，按左右标记挂上秤盘。

⑦ 检查天平安装是否正确（此项工作在安装环码之前进行）。察看天平的三个刀子和力垫间是否有一均匀的刀缝，开启天平时刀缝应均匀消失；阻尼器内外筒之间应有均匀的间隙；托盘只稍稍扶住秤盘，用手轻推秤盘时，摆动两三次即能停下来，开启天平时托盘同时落下。然后开启天平，看横梁摆动是否自由，如标尺成像模糊，可松开固定放大镜的螺钉，前后移动放大镜，直到成像清晰再紧固。如标尺位置偏上或偏下，可略转动一次反射镜的角度。测定天平零点，如偏离较大，调整平衡砣；偏离几个分度以内，可拨动调零杆来调节。

⑧ 环码（圈码）的安装。转动加码指数盘，确定加码钩上应装环码的位置。指数盘指零，右手持一个环码放入，左手配合旋转指数盘至90mg或900mg。右手将该环码套入加码钩内，重复以上操作至全部装好。环码不得变形，如果变形，易造成与固定件之间的摩擦、阻碰，使天平不能自由摆动，应先进行整复。装好后可用已知质量的片砝码复查。观察指数盘指零和各毫克数时环码和各部件无碰阻现象，环码对应的指数值能正常落下。天平安装后在检查其性能合格后，方可使用。

4. 砝码

（1）砝码的等级与规格　砝码是质量单位的体现，它有确定的质量，具有一定的形状，用来测定其他物体的质量和检定各种天平。

砝码可采取下列两种组合形式。

① 5、2、2、1。

② 5、2、1、1。

例如，以5、2、1、1形式组成的砝码组，由100g、50g、20g、10g、10g、5g、2g、

1g、1g 九个砝码组成 199g 以内任意质量。

砝码一般用非磁性不锈钢或铜合金制造，铜合金镀铬、抛光。相同名义质量的砝码其真值会有差别，为了区别相同名义质量的两个砝码，在一个砝码上打有"•"或"*"标记。

砝码结构分为实心体和有调整腔的两种。高精度的砝码必须采用整块材料的实心体，以保证其真值稳定。有调整腔的砝码便于制造和检修，调整腔的内容物要求与砝码材料相同，调整后必须密封。进行称量时要根据所需天平精度配用相应等级的砝码，因此要按原天平所配备的砝码使用。

（2）砝码的使用与保养

① 每台天平应配套使用同一盒砝码，称量时应先取用无"•"标记的砝码以减少称量误差。必须用镊子（骨质或塑料尖）夹取砝码，不得用手直接拿取。不要使用合金钢镊子，以免划伤砝码。

② 砝码只准放在盒内相应的空位或天平盘上，不得放在其他地方。

③ 砝码表面应保持清洁，经常用软毛刷刷去尘土。如有污物可用绸布蘸无水乙醇擦净。

④ 砝码如有跌落碰伤、发生氧化污痕及砝码头松动等情况要立即进行检定，合格的砝码才能使用。

⑤ 按使用频繁程度定期检定砝码，一般不超过 1 年。

5. 双盘天平的使用方法

（1）使用前的检查

① 检查天平是否处于水平状态，天平盘上是否清洁，如有灰尘应用软毛刷刷净。

② 检查横梁、吊耳、秤盘安放是否正确，砝码是否齐全，环码安放位置是否合适。

③ 打开天平两边的侧门 5~10min，使天平内外的湿度、温度平衡，避免因天平罩内外湿度、温度的差异引起示值变动，关好侧门。

（2）天平零点的测定和调整　天平的零点是指空载时天平处于平衡状态时指针的位置。慢慢旋转停动手钮，开启天平，等指针摆动停止后，投影屏上的读数即为零点。调整零点示值为 0mg。

（3）称量方法　将被称物先在托盘天平上粗称，如约 20g，将该物品从天平左门放入左盘中央，用镊子先取 20g 砝码从右边门放入右盘中央，用左手慢慢半开天平停动手钮，观察指针偏转情况，如指针向左倾斜，表示砝码太重，轻轻关闭天平，改换 10g 砝码试之，如指针向右偏斜，表示物品比 10g 重，物品的质量肯定在 10~20g 之间，再在右盘加 5g 砝码（注意大砝码放在秤盘中央）试之，在加克组砝码时可不关闭右门，克组砝码试好后，关好侧门。转动机械加码装置的指数盘试毫克组砝码，先试几百毫克组，再试几十毫克组，转动指数盘时动作要轻，不要停放在两个数字之间。在天平两盘质量相差较大时，不可全开天平，以免吊耳脱落，损坏刀刃。调整砝码差数在 10mg 以内时（注意在加环码时，天平应处在休止状态），全开停动手钮，等投影屏上标尺的像慢慢停止移动后即可读数。一般调整指数盘使投影屏上读数在 0~+10mg 而不是指在 0~10mg。所称物体的质量为：克组砝码的质量（先从砝码盒空位求得，放回砝码时再核对一遍）加上指数盘指示的百位、十位毫克数及投影屏上指出的毫克数（读准至 0.1mg 即可）。

天平的使用应遵守下列规则。

① 同一实验应使用同一台天平和砝码。

② 称量前后应检查天平是否完好，并保持天平清洁，如在天平内洒落药品应立即清理干净，以免腐蚀天平。

③ 天平载荷不得超过最大负荷，被称物应放在干燥清洁的器皿中称量，挥发性、腐蚀性物体必须放在密封加盖的容器中称量。

④ 不要把热的或过冷的物体放到天平上称量，应在物体和天平室温度一致后进行称量。

⑤ 被称物体和砝码应放在秤盘中央，开门、取放物体或砝码时必须休止天平，转动天平停动手钮要缓慢均匀。

⑥ 称量完毕应及时取出所称样品，把砝码放回盒中，指数盘转到零位，关好天平各门，检查天平零点，拔下电源插头，罩上防尘罩，进行登记。

⑦ 搬动天平时应卸下秤盘、吊耳、横梁等部件，天平零件不得拆散做他用。

⑧ 搬动或拆装天平后应检查天平性能。

三、单盘精密天平

1. 单盘天平的称量原理与特点

单盘天平只有两个刀子，一个是支点刀，另一个是承重刀。砝码和被称物在同一个悬挂系统中。在称量时加上被称物，减去悬挂系统上的砝码，使横梁始终保持全载平衡状态。即用放置在秤盘上的被称物替代悬挂系统中的砝码，使横梁保持原有的平衡位置，所减去的砝码的质量等于被称物的质量。这就是替代法称量的原理。

单盘天平具有以下特点。

① 感量恒定。在称量全过程中，被称物的质量等于悬挂系统中减去的砝码的质量，悬挂系统的总质量不随被称物质量的不同而改变，因此，在称量范围内，单盘天平的感量是恒定的。

② 不存在不等臂性误差。不等臂性误差是指双盘天平由于两个承重刀对支点刀的距离不可能调整到绝对相等所产生的称量误差。在单盘天平上，被称物与砝码在同一臂上，臂长是同一个，因此不存在不等臂性误差。

③ 操作简便，称量速度快。加减砝码全部用自动加码装置，所以称量物质简便快速。有"半开"机构装置的天平可以减免每次调整砝码必须关闭天平的麻烦；具有"预称"机构装置的天平可以节省称量时间；而有"去皮"机构装置的天平可直接得出物品净重。

④ 天平的维护保养也比较方便。

2. 单盘天平的构造

现以 DT-100 型单盘天平（北京光学仪器厂生产）为例，介绍单盘天平的构造、安装和使用方法。天平结构见图 2-5。

单盘天平的构造可分为外框部分、起升部分、横梁部分、悬挂系统、光学读数系统、机械减码装置 6 个部分。

(1) 外框部分　在底板部分安装其他各部件，底板下面有电源变压器、电源转换开关、停动轴、减码装置、调零装置及微读机构。停动手钮左右两边各一个，控制同一个停动轴，左右手都可开关天平。秤盘在中央，左右都有玻璃推门，供取放被称物用。

天平罩起隔气流、防尘、保持天平温度稳定的作用。天平顶盖可向上举起而打开，上有隔开的小室及散热孔,可防止因灯泡发热引起横梁温度变化。

天平底板下有三个脚,前面两个可调节。水准器位于底板前面。

(2) 起升部分　起升部分的作用是支撑横梁和悬挂系统,实现天平的开与关。停动手钮向操作者方向转90°,天平全开,横梁可在0～100分度范围内自由摆动,停动手钮向后转30°,横梁可在一个很小的范围内(10～15分度)摆动,这种状态称为"半开"。天平"半开"时转动减码手钮进行减码操作,不会使天平刀子受损伤。

(3) 横梁部分　横梁由硬铝合金制成,支点刀和承重刀由人造白宝石制成,硬度和寿命均比天然玛瑙好,横梁尾部是标尺。配重砣主要起横梁平衡作用,在其上有阻尼片。横梁上垂直方向的螺丝是感量砣,水平方向的螺丝是平衡砣。平衡砣用于调节天平的零点,感量砣是调整感量用的。DT-100型单盘天平横梁部分的结构如图2-6所示。

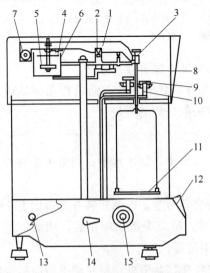

图2-5　DT-100型单盘天平结构图
1—横梁;2—支点刀;3—承重刀;
4—阻尼片;5—配重砣;6—阻尼筒;
7—微分标尺;8—吊耳;9—砝码;
10—砝码托;11—秤盘;12—投影屏;13—电源开关;14—停动手钮;
15—减码手钮

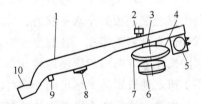

图2-6　DT-100型单盘天平
横梁部分的结构
1—横梁;2—感量砣;3—平衡砣;
4—横梁支板;5—微分标尺;
6—配重砣;7—阻尼片;
8—支点刀;9—单支套;
10—承重刀

(4) 悬挂系统　悬挂系统由承重板(下有承重刀垫)、砝码架、秤盘组成。砝码架的槽中可放置16个圆柱形的砝码,组合成99.9g范围内任意质量。砝码为整块实心体结构,以保证其质量稳定。

(5) 光学读数系统　光学读数系统是将微分标牌进行放大以便读数的机构。DT-100型单盘天平光学读数系统示意图见图2-7。

光源1发出的光经聚光镜2聚焦在天平横梁一端的微分标尺3上,标尺读数经放大镜4放大68倍左右,再经直角棱镜5一次反射、五角棱镜6二次反射,经调零反射镜7、微读反射镜8反射成像于投影屏9上。转动调零手钮可改变调零反射镜的角度,在6分度以内调整零点,如超过此范围,调整平衡砣以调整零点。

通过调零微读手钮改变微读反射镜的角度,可以读出标尺上1分度(代表1mg)的1/10

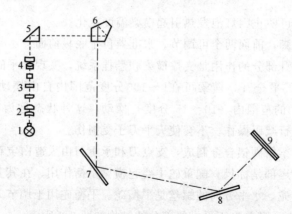

图 2-7 DT-100 型单盘天平光学读数系统示意图

1—光源；2—聚光镜；3—微分标尺；4—放大镜；5—直角棱镜；6—五角棱镜；
7—调零反射镜；8—微读反射镜；9—投影屏

的数值，即微读手钮转 0～10 分度相应于投影屏上标尺的 1 个分度。

（6）机械减码装置　由减码手钮控制三组不同几何形状的凸轮，凸轮传动使减码杆起落，托起砝码实现减码动作。同时在读数窗口示出减去的砝码的质量。

3. 单盘天平的使用方法

（1）检查及调整水平　检查天平的水准器是否指示水平，如不水平，调整天平底板下的两个前脚螺丝使底板处于水平状态。

（2）检查及调整零点　各数字窗口及微读手钮指数调为零，电源转换开关拨向上，把停动手钮向操作者方向均匀缓慢地转 90°，即为全开天平。待天平摆动停止后，读取零点，旋转调零手钮，使投影屏上标尺的 00 刻线位于夹线正中位置。

（3）称量方法　在天平关闭的情况下，将称量物放在秤盘中央。将停动手钮向后旋转约 30°（遇阻不可再转），在天平"半开"状态进行减码，首先逐个转 10～90g 手钮，在标尺上由向正偏移到出现向负偏移时，即表示砝码示值过大，应退回一个数，接着调整中手钮（1～9g）和小手钮（0.1～0.9g）。例如，称量一个 48.42315g 的物体时，转动大手钮，由 10g 转至 40g，投影屏上微标像正数夹入双线，当转至 50g 时，负数夹入双线，可知物体在 40～50g 之间，把手钮返回到 40g 位置。如上操作，转动中手钮和小手钮，确定减码手钮放在 48.42 合适，物体质量在 48.42～48.43g 之间。关闭天平，再将停动手钮缓慢向前转 90°，即全开天平，待微标移动停止在 22～23mg 之间，转动微读手钮，使 22 刻度夹入双线，微读轮读数 1.5，此时表示称量结果为 48.42215g。根据有效数字取舍规则，可写为 48.4222g。

四、电子天平

1. 电子天平的称量原理

电子天平是最新一代的天平，它依据的是电磁力平衡原理。现以 MD 系列电子天平为例说明其称量原理。

由电磁学理论，当把通电导线放在磁场中时，导线将产生电磁力，力的方向可以用左手定则来判定。当磁场强度不变时，力的大小与流过线圈的电流成正比。如果使重物的重力方向向下，电磁力的方向向上与之相平衡，则通过导线的电流与被称物的质量成正比。图 2-8 为 MD 系列电子天平结构示意图。

秤盘通过支架连杆与线圈相连，线圈置于磁场中。秤盘及被称物的重力通过支架连杆作用于线圈上，方向向下。线圈内有电流通过，产生一个向上作用的电磁力，与秤盘重力方向相反、大小相等。位移传感器处于预定的中心位置，当秤盘上的物体质量发生变化时，位移传感器检出位移信号，经调节器和放大器改变线圈的电流直至线圈回到中心位置为止。通过数字显示出物体的质量。

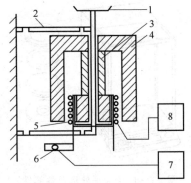

图 2-8　MD 系列电子天平结构示意图
1—秤盘；2—簧片；3—磁钢；
4—磁回路体；5—线圈及线圈架；
6—位移传感器；7—放大器；
8—电流控制电路

2. 电子天平的特点

① 电子天平支承点采用弹性簧片，没有机械天平的宝石或玛瑙刀子，取消了升降框装置，采用数字显示方式代替指针刻度式显示。使用寿命长，性能稳定，灵敏度高，操作方便。

② 电子天平采用电磁力平衡原理，称量时全量程不用砝码。放上被称物后，在几秒钟内即达到平衡，显示读数，称量速度快，精度高。

③ 有的电子天平具有称量范围和读数精度可变的功能。如瑞士梅特勒 AE240 天平，在 0~205g 称量范围内，读数精度为 0.1mg；在 0~41g 称量范围内，读数精度为 0.01mg。可以一机多用。

④ 电子天平一般具有内部校正功能。天平内部装有标准砝码，使用校准功能时，标准砝码被启用，天平的微处理器将标准砝码的质量值作为校准标准，数秒钟内即能完成天平的自动校验，校验天平无需任何额外器具。

⑤ 电子天平是高智能化的衡量器具，其内装有稳定性监测器，达到稳定时才输出数据，重现性、准确性达到 100%，可在全量程范围内实现去皮重、累加，也可实现超载显示、故障报警等。

⑥ 电子天平具有质量电信号输出，抗干扰能力强，可在震动环境下保持良好的稳定性，这是机械天平无法做到的。它可以连接打印机、计算机，实现称量、记录和计算的自动化。

3. 电子天平的使用方法

电子天平对天平室和天平台的要求除与机械天平相同外，还应使天平远离带有磁性或能产生磁场的物体和设备。图 2-9 是电子天平外形及各部件图（ES-J 系列）。清洁天平各部件后，调节水平依次将防尘隔板、防风环、盘托、秤盘放上。连接电源线。

一般情况下，电子天平只使用开/关键、除皮/调零键和校准/调整键。操作步骤如下：

① 接通电源预热 30min。

② 检查天平是否水平，由天平后面的水平仪判断。

③ 按下开/关键，显示屏很快出现"0.0000g"。

④ 将物品放到秤盘上，关上防风门。待显示屏上的数字稳定并出现质量单位"g"后，即可读数，记录称量结果。操纵相应的按键可以实现"去皮"、"增重"、"减重"等称量功能。

⑤ 称量完毕，取下被称物，如要继续使用可按下开/关键（但不拔下电源插头），让天平处于待命状态，这时显示屏上数字消失，左下角出现一个"0"，再来称样时按下开/关键就可以使用。如果长时间不用（半天以上），应拔下电源插头，盖上防尘罩。

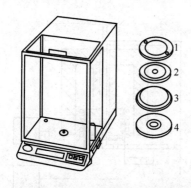

图2-9 电子天平外形及各部件
1—秤盘；2—盘托；
3—防风环；4—防尘隔板

4. 电子天平的使用注意事项

① 电子天平在安装之后、称量之前必须进行校准。因为用电子天平称出的物质的质量是由被称物的质量产生的重力通过传感器转换成电信号获得的。称量结果实质上是被称物重力的大小，故与重力加速度 g 有关，这种影响使称量值随纬度的增高而增加，随海拔的升高而减小。因此，电子天平在安装后或移动位置后必须进行校准。

② 电子天平开机后需要预热较长一段时间（至少0.5h以上），才能进行正式称量。

③ 电子天平自重较小，容易发生位移，所以使用时动作要轻、缓，要经常检查水平是否改变。

④ 长时间不使用的电子天平应每隔一段时间通电一次，以保持电子元器件干燥，特别是湿度大时更应经常通电。

五、试样的称量方法及称量的准确度

1. 试样的称量方法

（1）固体试样的称量方法

① 指定法（又称固定称样法）。准确称取某一指定质量的试样。称量方法是先在天平上准确称出容器的质量（容器可以是小表面皿、小烧杯、不锈钢制的小簸箕或碗形容器、电光纸等），然后在天平上增加欲称取质量数的砝码，用药勺盛试样，用手指轻轻弹动药勺，使试样徐徐落入容器，直到天平的平衡点达到指定质量。这时试样的质量即为指定的质量。称量完后，将试样全部转移入实验容器中。这种称量方法需在天平开启情况下往容器中加样品，操作必须特别小心，一般情况下很少使用。

② 直接法。先称准表面皿、坩埚、小烧杯等容器的质量，再把试样放入容器中称量，两次称量之差即为试样的质量。

上述两种称量方法只适用于在空气中性质比较稳定的试样。

③ 减量法。本法应用最为广泛，适用于称量一般易吸湿、易氧化、易与CO_2反应的试样，也适用于连续称量几份同一试样的质量。称样的方法是先称取装有试样的称量瓶的质量，再称取倒出部分试样后称量瓶的质量，二者之差即是试样的质量。称量时必须戴称量手套，注意不要把试样撒在容器外面。称取一些吸湿性较强的样品〔如无水

CaCl$_2$、Mg(ClO$_4$)$_2$、P$_2$O$_5$ 等〕及极易吸收 CO$_2$ 的样品时，要求动作迅速。倾样方法如图 2-10 所示。即手戴细纱手套或用纸条套住称量瓶在容器（一般为烧杯或锥形瓶）上方，使瓶倾斜，打开瓶盖，用盖轻敲瓶口上缘，使样品落入容器中，估计倾出的试样量达到所需的称样量时，在一面轻轻敲击的情况下，慢慢竖起称量瓶，使瓶口不留一点试样，轻轻盖好瓶盖（这一切都要在容器上方进行，防止试样丢失），放回天平盘上称量。两次质量之差就是试样质量。如要再称一份试样，则仍按上述称量，第二次质量与第三次质量之差即为第二份试样的质量。如倒出的试样超过要求值，不可借助药匙放回，只能弃去重称。

图 2-10 从称量瓶中倾出试样的操作方法

（2）液体试样的称量方法　液体试样的称量必须使用特殊的容器，按使用容器不同，有以下几种方法。

① 安瓿球法。安瓿球是用玻璃吹制成的，一端带有细的进样管（长约 40mm，管径约 2mm），另一端为薄壁的小球（直径 7～10mm）。称量时先称空瓶的质量，然后将球泡部分在火焰中烤热，赶出空气，立即将毛细管的一端插入试样中，令其自然冷却，液体自动吸入，待试样吸入到所需量（不超过球泡的 2/3）时，移开试样瓶，用酒精灯把进样口封死，在天平上称量，两次称量之差即为试样质量。然后放入盛有溶剂的锥形瓶中，用力摇动，使其破碎，进行样品含量测定。这种方法适用于易挥发液体样品的称量，如发烟硫酸、发烟硝酸、浓盐酸、氨水等试样。

② 点滴瓶法。点滴瓶是带有吸管的小瓶，吸管顶端带有胶皮乳头用于吸取样品。称量时，先把适量样品装入瓶中，在天平上称量，然后吸出适量样品于反应瓶中，再把点滴瓶放在天平盘上称量，两次称量之差即为样品质量。这种称量方法适用于大多数不易挥发的液体样品。

③ 用注射器称量。适用于对注射器针头没有腐蚀的液体试样。先在注射器中吸入适量样品，用小块橡胶堵住针头，放在天平盘上称量，然后放出适量样品于反应瓶中，同法堵住针头再次称量，两次称量之差即为试样质量。这种方法损失小，准确可靠，方便省时。

2. 称量的准确度

称量的准确度是服务于分析准确度的，因此选用适当等级的天平，称取合理的试样量，是保证分析结果准确度的必要条件之一。天平称量的准确度可用下式计算：

$$称量准确度 = \frac{天平分度值(mg)}{试样质量(mg)} \times 100\% \tag{2-3}$$

例如已知天平的分度值为 0.1mg/格，若称取 0.0500g 试样，分析的准确度要求为 0.1%，问称量的准确度能否满足分析准确度要求。称量准确度为 $\frac{0.1}{0.0500 \times 10^3} \times 100\% = 0.2\%$，可见称量准确度大于分析准确度，不能满足要求。在这种情况下，应增加称样量（如称取 0.1g 试样，则称量准确度为 $\frac{0.1}{0.1 \times 10^3} \times 100\% = 0.1\%$）或选用分度值更小（如 0.01mg/格）的天平，以满足分析要求的准确度。

第二节 滴定分析基本操作

在滴定分析中,要用到三种能准确测量溶液体积的玻璃量器,即滴定管、单标线吸量管或分度吸量管、容量瓶。正确使用这三种玻璃量器是滴定分析中重要的基本操作,也是获得准确分析结果的先决条件。

玻璃量器上通常标记厂名或商标、标准温度(20℃)、量出式(Ex)或量入式(In)、等待时间(+xxs)、准确度等级(A或B)和标称总容量与单位(xxmL)等信息。

下面分别介绍滴定管、单标线吸量管和分度吸量管、容量瓶三种玻璃量器的性能、规格、使用、校正和洗涤方法。

一、滴定管

1. 滴定管的种类

滴定管是准确测量放出液体体积的玻璃量器,为量出式(Ex)计量玻璃仪器。按其容积不同,分为常量、半微量及微量滴定管;按构造上的不同,又可分为普通滴定管和自动滴定管等。

常量滴定管中最常用的是容积为 50mL 的滴定管,这种滴定管上刻有 50 个等分的刻度(单位为 mL),每一等分再分 10 格(每格 0.1mL),在读数时,两小格间还可估出一个数值(可读至 0.01mL)。此外,还有容积为 100mL 和 25mL 的常量滴定管,分刻度值为 0.1mL。容积为 10mL、分刻度值为 0.05mL 的滴定管有时称为半微量滴定管。

在滴定管的下端有一玻璃活塞的称为酸式滴定管;带有尖嘴玻璃管和胶管连接的称为碱式滴定管。如图 2-11 所示。

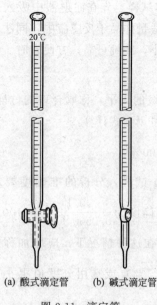

(a) 酸式滴定管 (b) 碱式滴定管
图 2-11 滴定管

碱式滴定管下端的胶管中有一个玻璃珠,用以堵住液流。玻璃珠的直径应稍大于胶管内径,用手指捏挤玻璃珠附近的胶管,在玻璃珠旁形成一条狭窄的小缝,液体就沿着这条小缝流出来。酸式滴定管适用于装酸性和中性溶液,不适用于装碱性溶液,因为玻璃活塞易被碱性溶液腐蚀。碱式滴定管适用于装碱性溶液,与胶管起作用的溶液(如 $KMnO_4$、I_2、$AgNO_3$ 等溶液)不能用碱式滴定管。有些需要避光的溶液,可以采用茶色(或棕色)滴定管。

微量滴定管如图 2-12 所示,这是测量小量体积液体时用的滴定管,它的分刻度值为 0.005mL 或 0.01mL,容积有 1~5mL 各种规格。使用时,打开活塞 1,微微倾斜滴定管,从漏斗 2 注入溶液,当溶液接近量管的上端时,关闭活塞 1,继续向漏斗加入溶液至占满漏斗容积的 2/3 左右止。滴定前先检查管内,特别是两活塞间是否有气泡,如有应设法排除。打开活塞 3,调节液面至零线,滴定完毕，读数后，打开活塞1让溶液流向刻度管，经调节后又可进行第二份滴定。

自动滴定管是上述滴定管的改进，它的不同点就是灌装溶液半自动化，如图2-13所示。储液瓶1用于储存标准溶液，常用储液瓶的容积为1～2L。量管5以磨口接头（或胶塞）2与储液瓶连接起来，使用时，以双连球4打气通过玻璃管8将液体压入量管并将其充满。玻璃管7末端是一毛细管，它准确位于量管"0"的标线上。因此，当溶液压入量管略高出"0"的标线时，用手按下通气口3，让压力降低，此时溶液即自动向右虹吸到储液瓶中，使量管中液面恰好位于零线上。6是防御管，为了防止标准溶液吸收空气中的CO_2和水分，可在防御管中填装碱石灰。

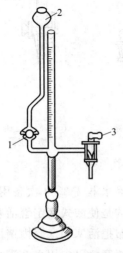

图2-12 微量滴定管

1，3—活塞；2—漏斗

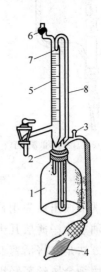

图2-13 自动滴定管

1—储液瓶；2—磨口接头（或胶塞）；3—通气口；
4—双连球；5—量管；6—防御管；7，8—玻璃管

自动滴定管的构造比较复杂，但使用比较方便，适用于经常使用同一标准溶液的日常例行分析工作。

除上述几种滴定管以外，还有高位自动装液滴定管、弯形活塞滴定管、二斜孔三通活塞滴定管和读数比较方便的蓝线衬背式滴定管等，如图2-14所示。这些滴定管在生产单位的应用也比较广泛。

2. 滴定管的准备

（1）洗涤　无明显油污、不太脏的滴定管，可直接用自来水冲洗或用肥皂水、洗衣粉水泡洗（不可用去污粉刷洗，以免划伤内壁，影响体积的准确测量）。若有油污、不易洗净时，可用铬酸洗液洗涤，洗涤时将酸式滴定管内的水尽量除去，关闭活塞，倒入10～15mL洗液于滴定管中，两手端住滴定管，边转动边向管口倾斜，直至洗液布满全部管壁为止，立起后打开活塞，将洗液放回原瓶中（铬酸洗液只要不发生颜色变化可以反复使用）。洗液放出后，先用自来水冲洗，再用蒸馏水淋洗3～4次，洗净的滴定管其内壁应完全被水均匀地润湿而不挂水珠。

碱式滴定管的洗涤方法与酸式滴定管基本相同。不同的是胶管不能直接接触铬酸洗液。为此，最简单的方法是将胶管连同尖嘴部分一起拔下，滴定管下端套上一个滴瓶塑料帽，然

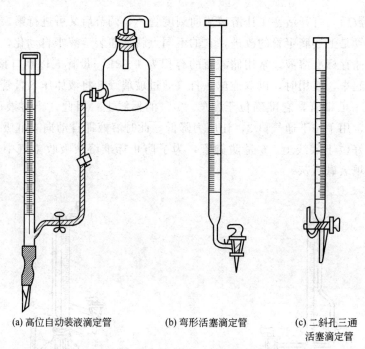

(a) 高位自动装液滴定管　　(b) 弯形活塞滴定管　　(c) 二斜孔三通活塞滴定管

图 2-14　其他形式的滴定管

后装入洗液洗涤。洗液放出后先用自来水冲洗，再用蒸馏水淋洗 3~4 次备用。

(2) 涂油　涂油（涂一薄层凡士林或真空油脂）目的是使酸式滴定管活塞与塞套密合不漏水、转动灵活。方法是：将活塞取下，用干净的纸或布把活塞和塞套内壁擦干（如果活塞孔内存有油垢，可用细金属丝轻轻剔去；如管尖被油脂堵塞，可先用水充满全管，然后将管尖置热水中使其熔化，再突然打开活塞，将其冲走）。用手指蘸少量凡士林在活塞的两头涂上一薄层，在紧靠活塞孔两旁不要涂凡士林，以免堵住活塞孔。涂完把活塞放回塞套内，向同一方向旋转活塞几次，使凡士林分布均匀、呈透明状态。然后用橡皮圈套住，防止活塞滑出。碱式滴定管不涂油，只要将洗净的胶管、尖嘴和滴定管主体部分连接好即可。

(3) 试漏

① 酸式滴定管的试漏。关闭活塞，装入蒸馏水至一定刻线，直立滴定管约 2min。仔细观察刻线上的液面是否下降、滴定管下端有无水滴滴下、活塞隙缝中有无水渗出，然后将活塞转动 180°后等待 2min 再观察，如有漏水现象重新擦干涂油。

② 碱式滴定管的试漏。装蒸馏水至一定刻线，直立滴定管约 2min，仔细观察刻线上的液面是否下降或滴定管下端尖嘴上有无水滴滴下，若有应调换胶管中的玻璃珠，再进行试漏。

(4) 装溶液和赶气泡　处理好的滴定管即可装标准溶液。为了确保标准溶液浓度不变，应先用待装的标准溶液淋洗滴定管 2~3 次，每次用约 10mL，从下口放出少量（约 1/3）以洗涤尖嘴部分，然后关闭活塞横持滴定管并慢慢转动，使溶液与整个管内壁接触，最后将溶液从管口全部倒出弃去（不要打开活塞，以防活塞上的油脂进入管内）。如此淋洗 2~3 次后，便可装入标准溶液至 "0" 刻线以上，然后转动活塞使溶液迅速冲下排出下端存留的气泡，然后再调节液面至 0.00mL 处。

碱式滴定管赶气泡的方法是将胶管向上翘起，用力捏挤玻璃珠使溶液从尖嘴喷出。以排除藏在玻璃珠附近的气泡（必须对光检查胶管内气泡是否完全赶尽）。赶尽后再调节液面至 0.00mL 处。

3. 滴定

酸式滴定管滴定操作是左手握管下端进行滴定。即左手的拇指在管前，食指和中指在管后，手指略微弯曲，轻轻向内扣住活塞。手心空握，以免活塞松动或可能顶出活塞使溶液从活塞隙缝中渗出。滴定时转动活塞，控制溶液流出速度，要求做到能逐滴放出并能使溶液成悬而未滴的状态，即练习加半滴溶液的技术。

碱式滴定管的滴定操作是左手的拇指在前，食指在后，捏住胶管中玻璃珠所在部位稍上处，向内捏挤玻璃珠使与胶管之间形成一条缝隙，溶液即可流出。但注意不能捏挤玻璃珠下方的胶管，否则空气进入而形成气泡。

滴定前，先记下滴定管液面的初读数，如果是 0.00mL，当然可以不记。用小烧杯内壁碰一下悬在滴定管尖端的液滴。

滴定时，应使滴定管尖嘴部分插入锥形瓶口（或烧杯口）下 1~2cm 处。滴定速度不能太快，以每秒 3~4 滴为宜，切不可成液柱流下。边滴边摇（或用玻璃棒搅拌烧杯中的溶液）。向同一方向作圆周旋转，而不应前后振动，因那样会溅出溶液。临近终点时，应 1 滴或半滴地加入，并用洗瓶吹入少量水冲洗锥形瓶内壁，使附着在瓶壁上的溶液全部流下，然后摇动锥形瓶，观察终点是否已达到（为便于观察，可在锥形瓶下放一块白瓷板），如终点未到，继续滴定，直至准确到达终点为止。

4. 读数

为了获得正确的读数数据，应按下列要求完成。

① 注入溶液或放出溶液后，需等待 30s~1min 后才能读数（使附着在内壁上的溶液流下）。

② 滴定管应垂直地夹在滴定台上读数，或用两手指拿住滴定管的上端使其垂直后读数。

③ 对于无色溶液或浅色溶液，应读弯月面下缘实线的最低点，即读数时视线与弯月面下缘实线的最低点在同一水平面上，如图 2-15(a) 所示。对于有色溶液，应使视线与液面两侧的最高点相切，如图 2-15(b) 所示。初读数和终读数应采用同一基准。

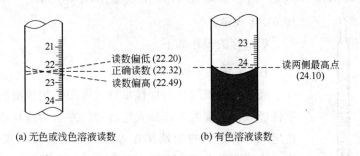

(a) 无色或浅色溶液读数　　(b) 有色溶液读数

图 2-15　普通滴定管读数

④ 有一种蓝线衬背的滴定管，它的读数方法（对无色溶液）与上述不同，无色溶液有两个弯月面相交于滴定管蓝线的某一点，如图 2-16 所示。读数时视线应与此点在同一水平面上，对有色溶液读数方法与上述普通滴定管相同。

⑤ 滴定时，最好每次都从 0.00mL 开始，这样可固定在某一段体积范围内滴定，减小

测量误差。读数必须准确到 0.01mL。

⑥ 对于初学者，可采用读数卡来协助读数，读数卡可用黑纸或涂有黑长方形（约 3cm×1.5cm）的白纸制成。读数时，将读数卡放在滴定管背后，使黑色部分在弯月面下约 1mm 处，此时即可看到弯月面的反射层成为黑色，然后读此黑色弯月面下缘的最低点，如图 2-17 所示。

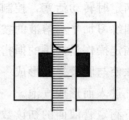

图 2-16　蓝线滴定管读数　　　图 2-17　借黑纸卡读数

5. 注意事项

① 完成滴定后，倒去管内剩余溶液，用水洗净，装入蒸馏水至刻度以上，用大试管套在管口上。这样，下次使用前可不必再用洗液清洗。

② 酸式滴定管长期不用时，活塞部分应垫上纸。否则，时间一久，塞子不易打开。碱式滴定管不用时胶管应拔下，蘸些滑石粉保存。

二、单标线吸量管和分度吸量管

单标线吸量管是中间有一膨大部分（称为球部）的玻璃管，球的上部和下部均为较细窄的管颈，出口缩至很小，以防过快流出溶液而引起误差。管颈上部刻有一环形标线，如图 2-18（a）所示，表示在一定温度（一般为 20℃）下移出的体积。常用的单标线吸量管有 5mL、10mL、15mL、20mL、25mL、50mL 等规格。

分度吸量管是具有分刻度的玻璃管，两头直径较小，中间管身直径相同，可以转移不同体积的液体，如图 2-18（b）所示。常用的分度吸量管有 0.5mL、1mL、2mL、5mL、10mL 等规格。

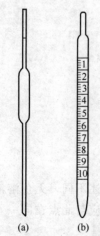

图 2-18　单标线吸量管（a）和分度吸量管（b）

吸量管的操作如下。

1. 洗涤

吸量管较脏时（内壁挂水珠）可用铬酸洗液洗涤。方法是：右手持吸量管，管的下口插入洗液中，左手拿洗耳球，先把球内空气挤出，然后把球的尖端接在吸量管的上口处，缓慢地松开左手手指，将洗液吸入管内直至上升到刻度以上部分，稍等片刻后，将洗液放回原瓶中。如果需要较长时间处理时，应准备一个高型玻璃筒或大量筒，在筒内底部铺些玻璃毛，将吸量管置于筒中，筒内装有足量的洗液（能将吸量管浸没），筒口用玻璃片盖上。浸泡一段时间后，取出吸量管，沥尽洗液，用自来水冲洗，再用蒸馏水淋洗干净。洗净的标志是内壁不挂水珠。干净的吸量管应放置在洁净的吸量管架上。

2. 吸取溶液

在用洗净的吸量管吸取溶液之前,为避免吸量管尖端上残留的水滴进入所要移取的溶液中,使溶液的浓度改变,应先用滤纸将吸量管尖端内外的水吸干。然后再用少量要移取的溶液置换 3 次,以保证转移的溶液浓度不变。用右手的拇指和中指捏住吸量管的上端,将管的下口插入欲取溶液至少 10mm 深(插入不要太浅或太深,太浅会产生吸空,把溶液吸到洗耳球内弄脏溶液,太深又会在管外黏附溶液过多),左手拿洗耳球,先捏瘪排除球中空气,迅速将球口对准吸量管的上口,按紧勿使漏气。慢慢松开左手,当液面上升到标线以上时,迅速用右手食指按紧吸量管管口(同时移开洗耳球),如图 2-19 所示。右手的食指应稍带潮湿,便于调节液面。

3. 调节液面

将吸量管提离液面,垂直地拿着吸量管并使出口尖端仍靠在盛溶液器皿的内壁上,略微放松食指(有时可微微转动吸量管),使管内溶液慢慢从下口流出,直至溶液的弯月面底部与标线相切为止,立即用食指压紧管口。将尖端的液滴靠壁去掉,移出吸量管,插入承接溶液的器皿中。

4. 放出溶液

承接溶液的器皿如是锥形瓶,应使锥形瓶倾斜,约成 15°角,保持吸量管垂直,管下端紧靠锥形瓶内壁,放开食指,让溶液沿瓶壁流下,如图 2-20 所示。流完后管尖端接触瓶内壁约 15s(A 级)后,再将吸量管移去。残留在管末端的少量溶液,不可用外力强使其流出,因校准吸量管时已考虑了末端保留溶液的体积。

管上标有"吹"字,即溶液将流尽时,应将管尖残留液吹出,不允许保留。

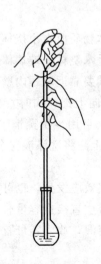

图 2-19 吸取溶液

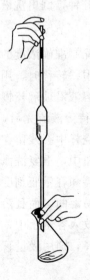

图 2-20 放出溶液

5. 注意事项

① 吸量管使用后及时洗涤干净,放在吸量管架上,以免尖端碰碎。吸量管不能在烘箱

中烘干。

② 为了减小测量误差，吸量管每次都应以最上面刻度为起始点，往下放出所需体积，而不是放出多少体积就吸取多少体积。

③ 单标线吸量管与容量瓶常配合使用，因此使用前常作两者的相对体积的校准。

三、容量瓶

图 2-21 容量瓶

容量瓶是一种细颈梨形平底的玻璃瓶，带有玻璃磨口塞或塑料塞（如图 2-21 所示），颈上有一环形标线，表示在所指定的温度（一般为 20℃）下液体充满至标线时，液体的体积恰好与瓶上所标记的体积相等（若瓶上标记为"In 20℃ 250mL"，字母"In"指"量入"的意思，整个标记表示在 20℃时，当液体充满至标线时，所量入的溶液体积恰好为 250mL）。常见的容量瓶规格有 10mL、25mL、50mL、100mL、250mL、500mL、1000mL 和 2000mL 等。

容量瓶的使用方法如下。

1. 试漏

使用前，应先检查容量瓶瓶塞是否密合。将水装入到标线附近盖上塞，用右手食指按住塞，左手指尖拿住瓶底边缘，倒立容量瓶不少于 10s，观察瓶口是否有水渗出，如果不漏，把瓶直立后，转动瓶塞约 180°后再倒立试一次。如果容量瓶瓶塞漏水，该容量瓶不能使用。

2. 洗涤

先用自来水洗，后用蒸馏水淋洗 2~3 次。如果较脏时，可用铬酸洗液洗涤，洗涤时将瓶内水尽量倒尽，然后倒入铬酸洗液 10~20mL，盖上塞，边转动边向瓶口倾斜，至洗液布满全部内壁。放置数分钟，倒出洗液，用自来水冲洗，再用蒸馏水淋洗后备用。

3. 转移

若要将固体物质配制准确浓度的溶液，通常是将固体物质放在小烧杯中用水溶解后，再定量地转移到容量瓶中。转移时，用右手拿玻璃棒，左手拿烧杯。玻璃棒插入容量瓶内，烧杯嘴紧靠玻璃棒，使溶液沿玻璃棒慢慢流下，玻璃棒下端要靠近瓶颈内壁，但不要太接近瓶口，如图 2-22 所示。待溶液流完后，将烧杯沿玻璃棒稍向上提，同时直立，使附着在烧杯嘴上的一滴溶液流回烧杯中。残留在烧杯中的少许溶液，可用少量蒸馏水洗 3~4 次，按同样方法再转移到容量瓶中，重复洗涤 5~6 次，每次都按上法将洗涤液完全转移到容量瓶中，再用蒸馏水冲洗玻璃棒和容量瓶刻度以上的瓶壁。

如果固体溶质是易溶的，而且溶解时又没有很大的热效应发生，也可将称取的固体溶质小心地通过干净漏斗放入容量瓶中，用水冲洗漏斗并使溶质直接在容量瓶中溶解。

如果是浓溶液稀释，则用吸量管吸取一定体积的浓溶液，放入容量瓶中，再按下述方法稀释。

4. 稀释

溶液转入容量瓶后，加蒸馏水稀释至容积的 3/4 处，此时将容量瓶平摇几次（切勿倒转摇动），作初步混匀。然后继续加蒸馏水，近标线时应小心地逐滴加入，直至溶液的弯月面

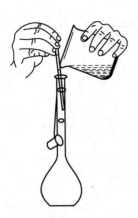
图 2-22 转移溶液

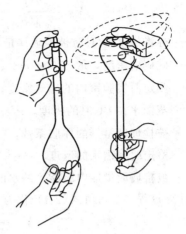
图 2-23 摇匀溶液

与标线相切为止。盖紧塞子。

5. 摇匀

左手食指按住塞子,右手指尖顶住瓶底边缘,将容量瓶倒转并振荡,再倒转过来,如图 2-23 所示,仍使气泡上升到顶。如此反复 15~20 次,使容量瓶内溶液充分混合均匀。

6. 注意事项

① 不要用容量瓶长期存放配好的溶液。配好的溶液如果需要长期存放,应该转移到干净的磨口试剂瓶中。

② 容量瓶长期不用时,应该洗净,把塞子用纸垫上,以防时间久后塞子打不开。

③ 热溶液必须冷至室温后,才能稀释到标线,否则会造成体积误差。

④ 容量瓶不得在烘箱中烘干,也不能用任何方法加热。

四、容量仪器的校正

容量仪器的容积与它的标示值并不完全符合,尤其对于准确度要求较高的分析工作,必须加以"校正"。

容量检定前须对量器进行清洗,清洗的方法为:用重铬酸钾的饱和溶液和浓硫酸的混合液(调配比例为 1∶1)或 20% 发烟硫酸进行清洗。然后用水冲净。器壁上不应有挂水等沾污现象,使液面与器壁接触处形成正常弯月面。清洗干净的被检量器须在检定前 4h 放入实验室内。

依据 JJG 196—2006《常用玻璃量器检定规程》,校正方法采用衡量法和容量比较法两种。

衡量法(称量法)是取一只容量大于被检玻璃量器的洁净有盖称量杯,称得空杯质量,然后将被检玻璃量器内的纯水放入称量杯后,称得纯水质量 m(瓶加水的质量与空瓶质量之差),将温度计插入被检量器中,测量纯水的温度,读数应准确到 0.1℃。玻璃量器在标准温度 20℃ 时的实际容量按下式计算:

$$V_{20}=\frac{m(\rho_B-\rho_A)}{\rho_B(\rho_W-\rho_A)}[1+\beta(20-t)] \tag{2-4}$$

式中　V_{20}——标准温度20℃时被检玻璃量器的实际容量，mL；

　　　ρ_B——砝码的密度，取8.00g/cm³；

　　　ρ_A——测定时实验室内的空气密度，取0.0012g/cm³；

　　　ρ_W——蒸馏水在t℃时的密度，g/cm³；

　　　β——被检玻璃量器的体胀系数，℃$^{-1}$；

　　　t——检定时蒸馏水的温度，℃；

　　　m——被检玻璃量器内所能容纳水的表观质量，g。

为简化计算过程，也可将式(2-4)化为下列形式：

$$V_{20}=m \cdot K(t) \tag{2-5}$$

其中

$$K(t)=\frac{\rho_B-\rho_A}{\rho_B(\rho_W-\rho_A)}[1+\beta(20-t)]$$

$K(t)$值列于表2-1。根据测定的质量值m和测定水温所对应的$K(t)$值，即可由式(2-5)求出被检玻璃量器在20℃时的实际容量。

表 2-1　常用玻璃量器衡量法 $K(t)$ 值

表B.1（钠钙玻璃体胀系数$25×10^{-6}$℃$^{-1}$，空气密度0.0012g/cm³）

水温/℃	0.0	0.1	0.2	0.3	0.4	0.5	0.6	0.7	0.8	0.9
15	1.00208	1.00209	1.00210	1.00211	1.00213	1.00214	1.00215	1.00217	1.00218	1.00219
16	1.00221	1.00222	1.00223	1.00225	1.00226	1.00228	1.00229	1.00230	1.00232	1.00233
17	1.00235	1.00236	1.00238	1.00239	1.00241	1.00242	1.00244	1.00246	1.00247	1.00249
18	1.00251	1.00252	1.00254	1.00255	1.00257	1.00258	1.00260	1.00262	1.00263	1.00265
19	1.00267	1.00268	1.00270	1.00272	1.00274	1.00276	1.00277	1.00279	1.00281	1.00283
20	1.00285	1.00287	1.00289	1.00291	1.00292	1.00294	1.00296	1.00298	1.00300	1.00302
21	1.00304	1.00306	1.00308	1.00310	1.00312	1.00314	1.00315	1.00317	1.00319	1.00321
22	1.00323	1.00325	1.00327	1.00329	1.00331	1.00333	1.00335	1.00337	1.00339	1.00341
23	1.00344	1.00346	1.00348	1.00350	1.00352	1.00354	1.00356	1.00359	1.00361	1.00363
24	1.00366	1.00368	1.00370	1.00372	1.00374	1.00376	1.00379	1.00381	1.00383	1.00386
25	1.00389	1.00391	1.00393	1.00395	1.00397	1.00400	1.00402	1.00404	1.00407	1.00409

表B.2（硼硅玻璃体胀系数$10×10^{-6}$℃$^{-1}$，空气密度0.0012g/cm³）

水温/℃	0.0	0.1	0.2	0.3	0.4	0.5	0.6	0.7	0.8	0.9
15	1.00200	1.00201	1.00203	1.00204	1.00206	1.00207	1.00209	1.00210	1.00212	1.00213
16	1.00215	1.00216	1.00218	1.00219	1.00221	1.00222	1.00224	1.00225	1.00227	1.00229
17	1.00230	1.00232	1.00234	1.00235	1.00237	1.00239	1.00240	1.00242	1.00244	1.00246
18	1.00247	1.00249	1.00251	1.00253	1.00254	1.00256	1.00258	1.00260	1.00262	1.00264

续表

水温/℃	0.0	0.1	0.2	0.3	0.4	0.5	0.6	0.7	0.8	0.9
19	1.00266	1.00267	1.00269	1.00271	1.00273	1.00275	1.00277	1.00279	1.00281	1.00283
20	1.00285	1.00286	1.00288	1.00290	1.00292	1.00294	1.00296	1.00298	1.00300	1.00303
21	1.00305	1.00307	1.00309	1.00311	1.00313	1.00315	1.00317	1.00319	1.00322	1.00324
22	1.00327	1.00329	1.00331	1.00333	1.00335	1.00337	1.00339	1.00341	1.00343	1.00346
23	1.00349	1.00351	1.00353	1.00355	1.00357	1.00359	1.00362	1.00364	1.00366	1.00369
24	1.00372	1.00374	1.00376	1.00378	1.00381	1.00383	1.00386	1.00388	1.00391	1.00394
25	1.00397	1.00399	1.00401	1.00403	1.00405	1.00408	1.00410	1.00413	1.00416	1.00419

容量比较法是将标准玻璃量器用配制好的洗液进行清洗，然后用水冲洗，使标准玻璃量器内无积水现象，液面与器壁能形成正常的弯月面，将被检玻璃量器和标准玻璃量器安装到容量比较法检定装置上（参见 JJG 196—2006《常用玻璃量器检定规程》），排除检定装置内的空气，检查所有活塞是否漏水，调整标准玻璃量器的流出时间和零位，将被检玻璃量器的容量与标准玻璃量器的容量进行比较，观察被检玻璃量器的容量示值是否在允许范围内。

1. 滴定管的校正

① 取洁净烧杯盛放校正用水，取洁净干燥的 50mL 具塞锥形瓶，与待校正滴定管同放置在天平室 1h 以上，测量水的温度。

② 精密称得洁净干燥的 50mL 空具塞锥形瓶的质量。

③ 将要校正的洁净滴定管装入水至最高标线以上约 5cm 处，垂直夹在滴定管架上。

④ 缓慢地将液面调到零位，同时排除流液口中的空气，移去流液口的最后一滴水珠。

⑤ 完全开启活塞，使水充分地从流液口流出，当液面降至 10mL 分度线以上约 5mm 处时，等待 30s，然后 10s 内将液面调至 10mL 分度线上，随即将滴定管尖与锥形瓶内壁接触，收集管尖余滴，读数（准确到 0.01mL），并记录。

⑥ 将锥形瓶玻璃塞盖上，再称得质量，两次质量之差即为放出水的质量，然后从表 2-1 中查得实验温度时水的 $K(t)$ 值，再由式(2-5)计算出滴定管在 20℃时的实际容量（mL）和校正值（即实际容量与滴定管放出水的体积之差）。

例如，在 21℃时由滴定管中放出 10.03mL 水，其质量为 10.04g。由表 2-1 查得实验温度 21℃时水的 $K(t)$ 值为 1.00304，根据式(2-5)：

$$V_{20}=10.04\times1.00304=10.07(\text{mL})$$

$$校正值=10.07-10.03=+0.04(\text{mL})$$

以滴定管校正值为纵坐标，滴定管读数的体积（mL）为横坐标，画出滴定曲线，滴定时从滴定曲线查出校正值，加上观察值即为实际滴定值。

⑦ 检定点如下。

10mL：半容量和总容量两点，即 0~5mL、0~10mL 两点。

25mL：0~5mL、0~10mL、0~15mL、0~20mL、0~25mL 五点。

50mL：0~10mL、0~20mL、0~30mL、0~40mL、0~50mL 五点。

根据所得数据，查表 2-2，符合 A 级标准。碱式滴定管的校正方法与酸式滴定管相同。滴定管允许的误差值见表 2-2。

表 2-2　滴定管计量要求

标称容量/mL		5	10	25	50
分度值/mL		0.02	0.05	0.1	0.1
容量允差/mL	A	±0.010	±0.025	±0.04	±0.05
	B	±0.020	±0.050	±0.08	±0.10
流出时间/s	A	30～45		45～70	60～90
	B	20～45		35～70	50～90
等待时间/s		30			

2. 单标线吸量管和分度吸量管的校正

将清洗干净的吸量管垂直放置，充水至最高标线以上约 5mm 处，擦去吸量管流液口外面的水，缓缓地将液面调整到被检分度线上，移去流液口的最后一滴水珠；同时观察水温，读数准确到 0.1℃，取一只容量大于被检吸量管容器的带盖称量杯，称得空杯的质量，将流液口与称量杯内壁接触，称量杯倾斜 30°，使水充分地流入称量杯中。对于流出式吸量管，当水流至流液口口端不流时，近似等待 3s，随即用称量杯移去流液口的最后一滴水珠（口端保留残留液）。对于吹出式吸量管，当水流至称量杯口端不流时，随即将流液口残留液排出。将被检吸量管内的纯水放入称量杯后，称得纯水质量（m）。从表 2-1 中查得该温度时水的 $K(t)$ 值，用水的 $K(t)$ 值乘水的质量，就是该吸量管的容积（mL）。

对分度吸量管，除计算各检点容量误差外，还应计算任意两点之间的最大误差。

单标线吸量管计量要求应符合表 2-3 的规定。分度吸量管的标称容量和零至任意分量，以及任意两检点之间的最大误差，在标准温度 20℃时，容量允差均应符合表 2-4 的规定。

表 2-3　单标线吸量管计量要求

标称容量/mL		1	2	3	5	10	15	20	25	50	100
容量允差/mL	A	±0.007	±0.010	±0.015		±0.020	±0.025	±0.030		±0.05	±0.08
	B	±0.015	±0.020	±0.030		±0.040	±0.050	±0.060		±0.01	±0.16
流出时间/s	A	7～12		15～25		20～30		25～35		30～40	35～45
	B	5～12		10～25		15～30		20～35		25～45	30～45

表 2-4　分度吸量管计量要求

标称容量/mL	分度值/mL	容量允差/mL				流出时间/s	
		流出式		吹出式		流出式	吹出式
		A	B	A	B	A、B	A、B
0.5	0.005	—	—	±0.005	±0.010	4～8	2～5
	0.01						
	0.02						
1	0.01	±0.008	±0.015	±0.008	±0.010	4～10	3～6
2	0.02	±0.012	±0.025	±0.012	±0.010	4～12	

续表

标称容量/mL	分度值/mL	容量允差/mL 流出式 A	容量允差/mL 流出式 B	容量允差/mL 吹出式 A	容量允差/mL 吹出式 B	流出时间/s 流出式 A、B	流出时间/s 吹出式 A、B
5	0.05	±0.025	±0.050	±0.025	±0.010	6～14	5～10
10	0.1	±0.05	±0.10	±0.05	±0.010	7～17	
25	0.2	±0.10	±0.20	—	—	11～21	—
50	0.2	±0.10	±0.20	—	—	15～25	

3. 容量瓶的校正

（1）衡量法（绝对校正法）　将洗净、干燥、带塞的容量瓶准确称量（空瓶质量）。注入蒸馏水至标线，记录水温（读数应准确至 0.1℃），用滤纸条吸干瓶颈内壁水滴，盖上瓶塞称量，两次称量之差即为容量瓶容纳的水的质量。由表 2-1 中查得该温度时水的 $K(t)$ 值，根据式(2-5)计算出该容量瓶 20℃ 时的真实容积数值，并求出校正值。将校正值与表 2-5 比较，判定其是否符合相应的标准等级。

表 2-5　单标线容量瓶计量要求

标称容量/mL		2	5	10	25	50	100	200	250	500	1000	2000
容量允差/mL	A	±0.015	±0.020	±0.020	±0.03	±0.05	±0.10	±0.15	±0.15	±0.25	±0.40	±0.60
	B	±0.030	±0.040	±0.040	±0.06	±0.10	±0.20	±0.30	±0.30	±0.50	±0.80	±1.20

（2）容量比较法（相对校正法）　在很多情况下，容量瓶与吸量管是配合使用的，因此，重要的不是要知道所用容量瓶的绝对容积，而是容量瓶与吸量管的容积比是否正确。例如，250mL 容量瓶的容积是否为 25mL 吸量管所放出的液体体积的 10 倍。一般只需要做容量瓶与吸量管的相对校正即可。校正方法是将容量瓶洗净空干，用洁净的吸量管吸取蒸馏水注入该容量瓶中。假如容量瓶容积为 250mL，吸量管为 25mL，则共吸 10 次，观察容量瓶中水的弯月面是否与标线相切，若不相切表示有误差，一般应将容量瓶空干后再重复校正一次，如果仍不相切，可在容量瓶颈上作一新标记，以后配合该支吸量管使用时，以此标记为准。

第三节　重量分析基本操作

重量分析的基本操作包括样品溶解、沉淀、过滤、洗涤、干燥和灼烧等步骤。

一、试样的溶解

样品置于烧杯中，溶剂沿杯壁加入，盖上表面皿，轻轻摇动，必要时可加热促其溶解，但温度不可太高，以防溶液溅失。待作用完了以后，用洗瓶冲洗表面皿凸面并使之流入烧杯内。

二、沉淀

为使沉淀完全和纯净，必须按照沉淀类型规定的操作条件进行。在进行沉淀操作时，左手拿滴管加入沉淀剂，右手持玻璃棒不断搅拌溶液，搅拌时玻璃棒不要碰烧杯壁和烧杯底。沉淀后应检查沉淀是否完全，即在上层清液中沿杯壁加入1滴沉淀剂，观察滴落处是否出现浑浊，如出现浑浊，需再补加沉淀剂，直至无浑浊出现为止。盖上表面皿。

三、过滤和洗涤

1. 用滤纸过滤

（1）**滤纸的选择** 滤纸分为定性滤纸和定量滤纸两种。重量分析中常用定量滤纸，它是用稀盐酸和氢氟酸处理过的，灼烧后剩下的灰分很少，故称为无灰滤纸。定量滤纸一般为圆形，按直径分有11cm、9cm、7cm等几种；按滤纸孔隙大小分有快速、中速和慢速三种。根据沉淀的量、沉淀颗粒的大小和沉淀的性质选择滤纸。如$BaSO_4$、CaC_2O_4等细晶形沉淀，可用直径较小（7～9cm）的紧密的慢速滤纸过滤；$Fe_2O_3 \cdot xH_2O$为疏松的无定形沉淀，沉淀体积大，难于过滤和洗涤，应选用直径较大（9～11cm）的疏松的快速滤纸过滤；$MgNH_4PO_4$等沉淀为粗粒晶形沉淀，可选用中速滤纸过滤。国产定量滤纸的类型见表2-6。

表2-6 国产定量滤纸的类型

类型	滤纸盒上色带标志	滤速/(s/100mL)	适 用 范 围
快速	白色	60～100	无定形沉淀，如$Fe(OH)_3$
中速	蓝色	100～160	粗粒及中等粒度沉淀，如大部分硫化物、$MgNH_4PO_4$
慢速	红色	160～200	细粒晶形沉淀，如$BaSO_4$

（2）**漏斗的选择** 重量分析通常采用颈长为15～20cm、漏斗锥体角为60°、颈的直径为3～5mm、出口处磨成45°的长颈漏斗，如图2-24所示。

（3）**滤纸的折叠** 滤纸放入漏斗前，一般按四折法折叠。折叠滤纸的手要洗净擦干。滤纸的折叠如图2-25所示。先把滤纸对折并按紧一半，然后再对折但不要按紧，把折成圆锥形的滤纸放入漏斗中。滤纸的大小应低于漏斗边缘0.5～1cm，若高出漏斗边缘，可剪去一圈。观察折好的滤纸是否能与漏斗内壁紧密贴合，若未贴合紧密，可以适当改变滤纸折叠角度，直至与漏斗贴紧，把第二次的折边折紧。

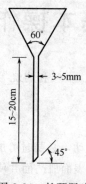

图2-24 长颈漏斗

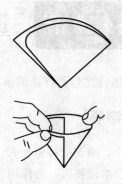

图2-25 滤纸的折叠

取出圆锥形滤纸，将半边为三层滤纸的外层滤纸折角撕下一块，保留撕下部分，放在干燥的表面皿上，留作擦拭烧杯内残留的沉淀时用。

(4) 做水柱　滤纸放入漏斗后，用手按住滤纸三层的一边，用洗瓶加水润湿滤纸，用手指轻压滤纸赶去滤纸与漏斗壁间的气泡，然后加水至滤纸边缘，这时漏斗颈内应全部充满水，形成"水柱"。由于水柱的重力产生的抽滤作用，加快了过滤的速度。若水柱做不成，可用手指堵住漏斗下口，稍掀起滤纸的一边，用洗瓶向滤纸和漏斗间的空隙内加水，直到漏斗颈及锥体的一部分被水充满，然后边按紧滤纸边慢慢松开下面堵住出口的手指，此时水柱应该形成。如仍不能形成水柱，而漏斗颈又确已洗净，则是因为漏斗颈太大。实践证明，漏斗颈太大的漏斗是做不出水柱的，应更换漏斗。

做好水柱的漏斗放在漏斗架上，下面用一个洁净的烧杯承接滤液。即使滤液不要，应考虑到在过滤过程中，万一有沉淀渗滤或滤纸意外破裂，滤液还可以重新过滤。为了防止滤液外溅，一般都将漏斗颈出口斜口长的一侧贴紧烧杯内壁。漏斗位置的高低，以过滤过程中漏斗颈的出口不接触滤液为度。

(5) 倾泻法过滤和初步洗涤　过滤和洗涤一定要一次完成，不能间断，特别是过滤无定形沉淀。

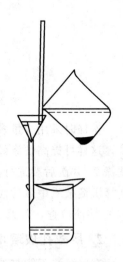

图 2-26　倾泻法过滤

沉淀过滤一般分为三个步骤：首先用倾泻法过滤上层清液，并将烧杯中的沉淀作初步洗涤，然后把沉淀转移到漏斗中，最后清洗烧杯和洗涤漏斗上的沉淀。倾泻法过滤操作如图 2-26 所示。

将烧杯移到漏斗上方，轻轻提取玻璃棒，将玻璃棒下端轻碰一下烧杯壁使悬挂的液滴流回烧杯中，将烧杯嘴与玻璃棒贴紧，玻璃棒直立，下端接近三层滤纸的一边，慢慢倾斜烧杯，使上层清液沿玻璃棒流入漏斗中，每次最多加到滤纸边缘以下约 5mm 的地方，以免少量沉淀因毛细作用可能"爬出"滤纸到漏斗上，造成损失。当停止倾注时，应沿玻璃棒将烧杯嘴往上提，逐渐使烧杯直立，等玻璃棒和烧杯由相互垂直变为几乎平行时，将玻璃棒离开烧杯嘴而移入烧杯中，以避免留在棒端及烧杯嘴上的液体流到烧杯外壁上去。玻璃棒放回原烧杯时，勿将清液搅混，也不要靠在烧杯嘴处，因嘴处沾有少量沉淀。如此重复操作，直至上层清液倾完为止。

在上层清液倾注完了以后，在烧杯中作初步洗涤。在沉淀上每次沿玻璃棒加 20～30mL 蒸馏水或洗涤液，充分搅拌、放置，待沉淀下降后，用倾泻法过滤。此阶段洗涤的次数根据沉淀的类型而定，晶形沉淀洗 3～4 次，无定形沉淀洗 5～6 次。每次应尽可能把洗涤液倾尽再加第二份洗涤液。

(6) 沉淀的转移　转移方法是在烧杯中进行最后一次洗涤时，先加少量洗涤液将沉淀搅拌混合（洗涤液的加入量应不超过漏斗一次能容纳的量，一般加入 10～15mL），然后立即将沉淀连同洗涤液一起转移到滤纸上，如此重复 2～3 次。然后将玻璃棒横放在烧杯口上，玻璃棒下端比烧杯口长出 2～3cm，左手食指按住玻璃棒，大拇指在前，其余手指在后，拿起烧杯，放在漏斗上方，倾斜烧杯使玻璃棒仍指向三层滤纸的一边，用洗瓶冲洗烧杯壁上附着的沉淀，使之全部转移入漏斗中，如图 2-27 所示。最后用保存的小块滤纸擦拭玻璃棒，再放入烧杯中，用玻璃棒按住滤纸将烧杯壁上的沉淀擦下，把滤纸块放在漏斗中与沉淀合并，最后用洗瓶吹洗一次。

(7) 洗涤　沉淀全部转移到滤纸上以后，再在滤纸上进行最后的洗涤，以除去沉淀表面吸附的杂质和残留的母液。方法是用洗瓶压出洗涤液自上而下螺旋式地洗涤滤纸上的沉淀，如图 2-28 所示。使沉淀集中到滤纸的底部，便于以后滤纸的折卷。

图 2-27 沉淀的转移

图 2-28 洗涤沉淀

洗涤时采用少量多次的方法，即每次加入少量洗涤液，洗后尽量沥干，再加第二次洗涤液，这样可提高洗涤效率。沉淀一般至少洗涤 8～10 次，无定形沉淀洗涤次数还要多些。当洗涤 7～8 次后要进行洗涤效果的检查。检查是用一洁净的表面皿或试管接取 1～2 滴滤液，选择沉淀杂质中最易检验的离子，用灵敏、快速的定性反应检查。如洗涤液中的 Cl^- 用 $AgNO_3$ 溶液检查，若无 AgCl 沉淀，证明洗涤干净。

2. 用微孔玻璃坩埚（或漏斗）过滤

有些沉淀不能与滤纸一起灼烧，因其易被还原，如 AgCl 沉淀。有些沉淀不需灼烧，只需烘干即可称量，如丁二肟镍沉淀等。在这种情况下，可使用微孔玻璃坩埚或微孔玻璃漏斗过滤，如图 2-29 所示。

这种滤器的滤板是用玻璃粉末高温熔结而成。玻璃滤器按其孔径大小分为八级，即 8 个牌号，规定以每级孔径的上限值前置字母"P"表示，这种滤器的分级和牌号见表 2-7。

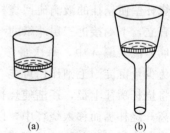

图 2-29 微孔玻璃坩埚（a）和微孔玻璃漏斗（b）

表 2-7 玻璃滤器的分级和牌号

牌号		$P_{1.6}$	P_4	P_{10}	P_{16}	P_{40}	P_{100}	P_{160}	P_{250}
孔径/μm	>	—	1.6	4	10	16	40	100	160
	≤	1.6	4	10	16	40	100	160	250

分析实验中常用 P_{40}（G_3）和 P_{16}（G_4）号玻璃滤器，其中 G_3、G_4 为旧牌号，见表 2-8。例如，过滤金属汞用 P_{40} 号，过滤 $KMnO_4$ 溶液用 P_{16} 号漏斗式滤器，重量法测 Ni 用 P_{16} 号坩埚式滤器。

表 2-8 玻璃滤器的旧牌号及孔径范围

旧牌号	G_{00}	G_0	G_{1A}	G_1	G_2	G_3	G_4	G_{4A}	G_5	G_6
滤板孔径/μm	160～250	100～160	70～100	50～70	30～50	16～30	7～16	4～7	2～4	1.2～2

$P_4 \sim P_{1.6}$号常用于过滤微生物,所以这种滤器又称为细菌漏斗。这种滤器在使用前,先用强酸(HCl或HNO_3)处理,然后再用水洗净。洗涤时通常采用抽滤法,其装置如图2-30所示,在抽滤瓶瓶口配一块稍厚的橡皮垫,垫上挖一圆孔,将微孔玻璃坩埚(或漏斗)插入圆孔中(市场上有这种橡皮垫出售),抽滤瓶的支管与水泵相连接。先将强酸倒入微孔玻璃坩埚(或漏斗)中,然后开水泵抽滤。当结束抽滤时,应先拔掉抽滤瓶支管上的胶管,再关闭水泵,否则水泵中的水会倒吸入抽滤瓶中。

这种滤器耐酸不耐碱,因此,不可用强碱处理,也不适于过滤强碱溶液。

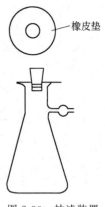

图2-30 抽滤装置

将已洗净、烘干且恒重的微孔玻璃坩埚(或漏斗)置于干燥器中备用。过滤时,所用装置和上述洗涤时装置相同,在开动水泵抽滤下,用倾泻法进行过滤,其操作与上述用滤纸过滤相同,不同之处是在抽滤下进行。

四、干燥和灼烧

沉淀的干燥和灼烧是在一个预先灼烧至质量恒定的坩埚中进行的。

1. 坩埚的准备

将洗净的瓷坩埚在小火上烘干,编号(用含Fe^{3+}或Co^{2+}的蓝墨水在坩埚外壁上编号),然后放入高温炉中,在所需温度下进行第一次加热灼烧,约30min取出。为防止坩埚骤冷骤热炸裂,在放入或取出时要分别进行预热或降温处理。当从高温炉中取出的坩埚红热状态消失后,移入干燥器中冷却,将干燥器连同坩埚一起移至天平室,冷却至室温,取出称量。随后进行第二次灼烧,时间为15~20min,冷却和称量。两次称量结果之差不大于0.2mg,即认为空坩埚已达恒重(质量恒定)。灼烧空坩埚的温度必须与以后灼烧沉淀的温度一致。

坩埚的灼烧也可在煤气灯上进行。将洗净晾干的坩埚直立在泥三角上,盖上坩埚盖,留一缝隙。用煤气灯逐渐加热,最后在氧化焰中灼烧,灼烧时间和在高温炉中相同,直至质量恒定。

2. 沉淀的干燥和灼烧

用玻璃棒把滤纸和沉淀从漏斗中取出,折卷成小包,把沉淀包卷在里面(如图2-31所示),将滤纸包放进质量已恒定的坩埚内,使滤纸层较多的一边向上,斜置坩埚于泥三角上,盖上坩埚盖,进行烘干和炭化处理(如图2-32所示)。在烘干和炭化处理过程中必须防止滤纸着火,否则会使沉淀随火焰飞散而损失。若着火,立即移开煤气灯,盖上坩埚使火焰自熄,绝对不许用嘴吹灭。当滤纸停止冒烟完全炭化后,提高加热温度,用坩埚钳不时地转动坩埚,把坩埚内壁上的黑炭完全烧去转变成CO_2,此过程称为灰化。灰化后的坩埚移入高温炉中进行灼烧、冷却,称量直至恒重。

微孔玻璃坩埚(或漏斗)只需烘干即可称量,一般将微孔玻璃坩埚(或漏斗)连同沉淀放在表面皿上,然后放入烘箱中,第一次烘干时间要长些,约2h,第二次烘干时间可短些,为45~60min,根据沉淀性质确定烘干温度和时间。沉淀烘干后,取出坩埚(或漏斗),置干燥器中冷却至室温后称量。反复烘干、称量,直至质量恒定为止。

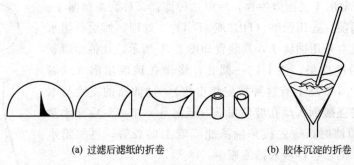

(a) 过滤后滤纸的折卷　　　　(b) 胶体沉淀的折卷

图 2-31　滤纸的折卷

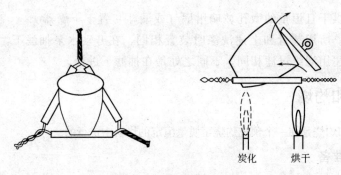

炭化　　烘干

图 2-32　沉淀的烘干与炭化

3. 干燥器的使用方法

干燥器是具有磨口盖子的密闭厚壁玻璃器皿，常用以保存干坩埚、称量瓶、试样等物。它的磨口边缘涂一薄层凡士林，使之能与盖子密合，如图 2-33 所示。

干燥器底部盛放干燥剂，最常用的干燥剂是变色硅胶和无水氯化钙，其上搁置洁净的带孔瓷板。坩埚等可放在瓷板孔内。

使用干燥器时应注意下列事项。

① 干燥剂不可放得太多，以免沾污坩埚底部。

② 搬移干燥器时，要用双手拿着，用大拇指紧紧按住盖子，如图 2-34 所示。

图 2-33　干燥器　　　　图 2-34　搬干燥器的动作

③ 打开干燥器时，不能往上掀盖，用左手搂住干燥器，右手小心地把盖子稍微推开，等冷空气徐徐进入后，才能完全推开。盖子必须仰放在桌子上。

④ 不可将太热的物体放入干燥器中。

⑤ 灼烧或烘干后的坩埚和沉淀，在干燥器内不宜放置过久，否则会因吸收一些水分而使质量略有增加。

⑥ 变色硅胶干燥时为蓝色，受潮后变粉红色（水合 Co^{2+} 色），可以在120℃进行烘干处理，待硅胶变蓝后反复使用，直至破碎不能用为止。

思考题与习题

1. 某 TG-328B 型部分机械加码分析天平，在一盘加 10mg 标准砝码，指针偏移 100 分度，其分度值是多少？
2. 在同一实验的称量操作中，为什么要使用同一盒砝码？
3. 对安装天平的环境有哪些要求？温度、湿度和震动如果不符合要求对天平有何影响？
4. 电子天平安装以后，为什么要进行校准后才能使用？
5. 把物体或砝码从秤盘上取下或放上去，为什么必须把天平梁完全托住？
6. 分析天平的灵敏度越高，是否称量的准确度越高？为什么？
7. 用固定称量法和减量法称取试样，是否要先测天平的零点？为什么？取用砝码为什么应按一定的顺序？两个面值相同的砝码如何区分使用？
8. 在减量法称取样品的过程中，若称量瓶内的试样吸湿，对称量会造成什么误差？
9. 什么叫恒重？沉淀为什么要灼烧至恒重？
10. 变色硅胶为什么会变色？吸湿后如何处理？
11. 滴定管为什么每次都应从 0.00 刻度为起点使用？
12. 滴定管在装标准溶液之前为什么要用少量的此溶液润洗内壁不少于 3 次？
13. 在 25℃时滴定用去 20.00mL 0.1mol/L HCl 溶液，问在 20℃时是多少毫升？
14. 若在 10℃时读得滴定管容积为 10.05mL 的水质量为 10.07g，则 20℃时的实际容积是多少？
15. 在 15℃时，用黄铜砝码称一 250mL 容量瓶所容纳的水的质量为 249.52g，问该容量瓶在 20℃时容积是多少？

欲使容量瓶在 20℃时容积为 500mL，则在 16℃时于空气中以黄铜砝码称量时应称水多少克？

第三章
实验室管理、安全与标准化

学习指南

实验室管理、安全与标准化是分析检验人员必备的基础知识。通过对实验室管理知识、实验室安全与防护知识、标准与标准化知识的学习，更深地了解实验室管理、安全与标准化的重要意义，并能够将这些知识运用于指导实验、实训和实习中，为今后从事实验室检验工作奠定一个良好的职业基础。

第一节 实验室管理

实验室管理的意义主要有三点。第一，实验室管理工作是提高实验室水平和实验室工作质量的保证。第二，通过科学有效的管理工作来加强实验室建设，即建立和健全实验室组织结构、管理体系和完备的分析检验工作质量保证体系；合理地配置人员及其结构；增加资金投入，提高实验室的技术装备水平；创造优良的实验室工作环境。第三，进一步促进组织效率的提高，即管理者通过运用各种管理技术、方法和手段，引导和组织起有效有序的分析检验技术工作和其他工作，并使实验室的人力、物力、财力和信息等资源得到有效和充分的利用，高效率地实现实验室组织的目标和任务。

一、实验室的功能

实验室是工业生产企业的检测实验室习惯上的简称。实验室承担生产过程中的原料、产品、中间控制及试验研究的分析工作，工作的中心是分析检验。因此，实验室应具有以下功能：

(1) 原辅材料和产品质量分析检验功能　能对企业生产所需用的原辅材料、最终产品按执行标准和分析检验方法进行正确的分析检验和得出正确结论的功能。

(2) 生产中控分析检验功能　能对企业生产中的半成品按执行标准和分析检验方法进行正确的分析检验和得出正确结论的功能。

(3) 为技术改造或新产品试验提供分析检验的功能　能对企业的技术改造或新产品试验

等科研活动提供正确分析检验结论的功能。

（4）为社会提供分析检验的功能　能根据社会需要，提供一定的分析检验技术服务的功能。

二、实验室的分类

1. 按主要使用分析检验方法分类

（1）化学分析检验室　其使用的分析检验方法主要是化学分析法的分析检验室。这类分析检验室的特点是：使用的分析仪器设备简单，投资较少，分析检验成本较低，多数应用于常量组分的分析检验；分析检验操作烦琐，易造成环境污染。

（2）仪器分析检验室　其使用的分析检验方法主要是仪器分析法的分析检验室。这类分析检验室的特点是：使用的分析仪器设备大型和复杂，投资较大，分析检验成本相对较高；分析检验操作简单，分析检验速度较快，灵敏度高，多数应用于微量和痕量组分的分析检验，分析检验结果的重现性和准确度高。

2. 按功能分类

（1）中控实验室　为控制生产工艺提供分析检验数据的实验室。一般设置在生产企业的车间或工段上，主要从事生产原材料、半成品的分析检验，及时地为生产工艺控制部门提供分析检验数据，确保生产工艺的各种指标处于规定的正常范围内；中控实验室所采用的分析检验方法一般要求分析检验的操作简单，速度较快，结果的准确度不一定很高；中控实验室在业务上受中心实验室的监督和指导。

（2）中心实验室　具备按企业生产和质量管理的要求履行产品检验、控制和监督以及为技术改造或新产品试验等科研活动提供服务等功能的实验室。中心实验室一般具有分工明确的各类专业室和发挥上述功能所需的专业技术人员及仪器设备、化学试剂、各类器材、计算机系统、管理和技术文件等技术装备；有职责分明的各级行政管理体系和完备的分析检验工作质量保证体系；有对下属实验室实施业务指导和监督的职责与职能。

三、实验室管理

1. 制度管理

为保证分析检验工作的顺利进行，出具的数据准确可靠，必须对实验室进行严格的科学管理，制定切实可行的规章制度。

（1）检验工作制度：包括检验业务范围、受检产品目录及检验项目、检验规程。

（2）检验部门人员名册、机构分工图、各类人员岗位责任制和工作标准。

（3）检验样品的抽取、收办、保管及处理制度。

（4）检验用化学药品、试剂、标准液、标准样品、基准物质的使用、保管制度。

（5）仪器、设备、器具的验收、使用和维护等管理制度。

（6）检验报告管理制度：包括分析检测的原始记录、台账和报表；分析测试的数据处理、复核、审定、检验报告填写与报出等制度。

（7）产品技术标准、基础标准、方法标准及文件的使用、保管等制度。

(8) 安全、卫生、保密制度。

2. 分析检验人员的要求

分析检验是一项技术性和独立性较强的工作，因此分析检验人员必须符合以下要求：

① 分析检验人员的技术水平、工作能力、文化程度等都应与所承担的任务相适应，具有上岗合格证。必须精通本岗位的分析业务；懂得分析原理、仪器结构、性能和操作方法；熟悉分析规程和安全技术规程，并严格执行；会配制溶液、分析操作和计算；有独立判断和解决分析工作中异常现象的能力，报出结果准确可靠。

② 在检验工作中必须坚持原则，认真负责，秉公办事，实事求是。

③ 必须保持良好的个人卫生和环境卫生，台面整洁。

3. 技术资料的管理

为保证分析检验工作的顺利进行，提供可靠的分析数据，实验室必须具备下列三种技术资料。

(1) 有关规程和标准　包括分析技术规程、产品标准、检验方法标准、有关分析工作通则等标准。这些规程和标准具有法律性，是分析工作者必须遵守的操作法和依据。

(2) 工具书　包括字典、辞典、分析手册等，供分析检验人员参考使用。

(3) 一般分析书籍和刊物。

实验室要经常收集新的产品和方法标准，及时更新，避免使用废弃的标准，以防发生技术事故。所用的检验方法、产品标准等资料必须妥善保存，有严格的借阅及审批制度，注意保密。

4. 实验室仪器、药品和试剂管理

(1) 仪器管理　实验室仪器管理是保证仪器设备的正常运行；促进各类仪器设备相互弥补、协同工作，发挥其重大的使用潜能；以最小的投入和运行成本，实现实验室检验系统的任务和目标。

实验室仪器管理的任务是确保实验室分析检验工作、技术改造工作和新产品试验等工作对仪器设备的需要。如果使用管理不当，会造成仪器失灵以至损坏，影响工作。因此仪器的保管、维护是实验室的一项重要工作。

① 每台（件）贵重仪器，均应建立仪器档案。内容包括仪器的情况、验收记录、调试记录、检定记录、交接记录、较大事故及维修记录、备品配件、资料等。

② 每台精密仪器都应由专人保管和使用，非操作人员不准使用。

③ 使用人员、维修人员必须经过仪器使用和维修技术培训。

④ 每台精密仪器都应有操作规程、操作细则和维修规程。

⑤ 使用精密仪器过程中，若发现异常，应组织验收小组，按验收程序认真验收，并做好记录和照相。

⑥ 精密仪器应放置于精密室，并具有防震、防热、防潮、防尘、防腐蚀性气体、避光等功能。仪器上应套上防尘罩。

(2) 药品和试剂管理　实验室需要各种药品和试剂，并需有一定的贮备量。为保证分析结果的准确度，防止发生各种危险事故，药品和试剂应由专人负责保管和管理。

① 化学药品的贮存。化学药品贮存室应符合有关安全防火规定，有防火、防雷、防爆、

调温、消除静电等安全措施。室内应干燥、通风良好，温度一般不超过 28℃。照明设备应是防爆型；化学药品贮存室应由专人管理，并有严格的管理制度；贮存室内备有消防器材。

② 试剂和溶液的管理。一般试剂和溶液应整齐排放在药品柜内，放在架上的试剂和溶液要避光、避热；见光易分解的试剂应装入棕色瓶或用黑纸将瓶包好，放在避光的暗柜里；试剂瓶和溶液瓶应贴有标签，内容包括试剂名称、浓度、配制日期等。如系标准溶液，还应有标定时的温度。标签大小应与瓶子大小相适应，标签贴在中间位置，上面涂有一层蜡；过期的试剂和溶液不准使用，要按有关规定进行处理；有溢流管的碱标准溶液，瓶塞处应装有钠石灰的吸收管，避免空气中二氧化碳和水分进入；各种试剂和溶液用后立即盖上盖，防止灰尘落入或吸收二氧化碳、水蒸气等，也防止溶液蒸发而影响质量或浓度；开瓶时，瓶塞不准乱放，用后余下的试剂不准再倒回瓶中，以免引入杂质影响试剂质量。

5. 实验室环境的管理

为了保证检验结果的准确率和有效性，实验室必须具备与检验任务相适应的工作环境。

（1）实验室环境的管理

① 实验室的位置。实验室的位置应远离生产车间、锅炉房和交通要道等地方，防止粉尘、振动、噪声、烟雾、电磁辐射等环境因素对分析检验工作的影响和干扰。此外，实验室应与办公室场所分离，以防对检验工作质量产生不利影响。对于生产控制的实验室，可设在生产车间附近，以方便取样和报送分析结果。

② 实验室的环境。实验室应根据各室工作具体要求配备必要的通风、照明和能源等设备，其建筑结构、面积和排水、温湿度等应满足检验工作的要求。对于特殊工作区域的各种辅助设施和环境要求，要按其特殊规定的要求配置设施，必要时应经过验证。此外，为保证检验工作的正常开展，各部门应配备足够和适用的办公、通讯及其他服务性设施，并按有关规定加强管理。

③ 实验室的人员。为了确保检验质量，在保证实验室必备的环境条件下，还必须保证实验室人员具有较高的文化素质及高度的事业责任心，这对于准确度要求较高的检验室来讲是绝对不可忽视的。因此，检验人员进入实验室，必须更换工作服，工作时严格遵守岗位制度及操作规程。检验室应始终保持良好的卫生环境，物品放置做到定置管理，与检验无关的物品不准带入检验室，室内不准进行与检验无关的活动。

（2）实验室清洁卫生管理　实验室的清洁卫生对于保证分析结果的准确度和精密度、分析仪器的正常运转和灵敏度都有很大影响。

① 个人卫生。分析工作者在进行化验工作时，经常和试剂、溶液、分析样品等物质接触。因此要做到工作前必须洗手；工作服常换洗，保持工作服清洁；不随地吐痰，不随手扔东西。

② 公共卫生。实验室是检验的工作场所，要求室内卫生达到物有定处、井然有序、窗明几净，室内设有卫生桶、废液回收缸。

第二节　实验室安全与防护

安全是生命之本，违章是事故之源。保护实验人员的安全和健康，防止环境污染，保证实验室工作安全、正常、有序、顺利进行,是从事实验室分析检验的工作人员必须遵守的准则。

一、实验室潜藏的危险因素

（1）潜藏危险的客观因素　潜藏危险性主要是由于使用的试剂或贮存的化学药品中,有的具有挥发性,有的具有易燃性,有的具有毒性及腐蚀性,甚至在实验中某些化学反应还会产生有毒有害气体,也有可能反应控制不当造成燃烧爆炸,或者由于操作者在实验过程中的不慎重造成偶然的意外事故的发生等,这些都是客观存在的事实。

（2）潜藏危险性的分类

① 爆炸危险性。实验室发生燃烧的危险带有普遍性。这是由于实验室中经常使用易燃物品如低温着火性物质（P、S、Mg）,此类物质受热或与氧化性物质混合,即会着火;再如着火温度及燃点很低的乙醚、乙醛等有机溶剂等也易着火;易爆物品如强氧化性物质（高氯酸盐、无机氧化物、有机过氧化物等）,这些物质因受热或撞击会发生爆炸。此外,试验中还常使用高压气体钢瓶、低温液化气体、减压蒸馏与干馏等设备,如果处理不当,再遇上明火或撞击,往往会酿成火灾事故,轻者造成人身伤害,仪器设备破损,重者造成人员伤亡、房屋破损。

② 中毒危险性。实验室中所用药品都是有毒物质。通常,进行实验时,因为用量很少,一般不会引起中毒事故,除非违反使用规则。但是,对毒性较大的物质以及化学反应中产生的有毒气体,如果不注意都能引起中毒事故的发生,甚至会有生命危险。

③ 触电危险性。检验工作离不开电气设备,如加热用的电炉、灼烧用的高温炉、测试用的各类仪器设备等。这些都与电有关,在频繁的分析测试过程中,如果不认真执行操作规程,就可能造成触电,甚至会由触电引发更大的事故。

④ 割伤、烫伤和冻伤危险性。检验工作常会用到玻璃器皿、加热、冷冻等操作过程,如配制标准溶液、滴定分析操作、切割玻璃管、样品溶解和低温冷却等。所有这些操作过程,如果操作者思想不集中或疏忽大意,完全可能造成皮肤与手指等部位的割伤、烫伤或冻伤。

⑤ 射线危险性。从事放射性物质分析及 X 射线衍射分析的人员,由于常年进行着例行分析工作,如果不十分重视射线的防护,很有可能受到放射性物质及 X 射线的伤害。

综上所述,虽然客观上存在着潜藏的危险性。但是只要我们掌握安全知识,严格地按操作规程及规章制度去做,预防措施妥当,就完全可以减免事故发生的频率,甚至完全杜绝事故的发生。

二、实验室的防火、防爆与灭火

物质起火应同时具备起火的三个条件：物质本身具有可燃性、氧气存在和已达到或高于该物质的着火温度（着火点）;此时遇到明火,物质就会燃烧。而当可燃物的温度低于着火点时,即使氧气存在也不会燃烧。因此,控制可燃物的着火温度是防止起火的关键。

1. 常见易燃易爆物质

易燃易爆物质均属于危险化学品,它包括爆炸品、压缩气体和液化气体、易燃液体、易燃固体、自燃物品和遇湿易燃物品、强氧化剂和有机过氧化物等。

(1) 爆炸品　包括纯粹的火药和炸药以及易分解的爆炸性物质。如硝酸酯、硝基化合物、有机叠氮化物、臭氧化物、高氯酸盐、氯酸盐等。此类物质常因烟火、加热或撞击等作用而引起爆炸。

(2) 压缩气体和液化气体　包括氢气、氧气、乙炔、氮气、甲烷、乙烷、丙烯、乙烯、丁烯、环丙烷、丁烷、硫化氢、二硫化碳、氨等。当气体在空气中达到一定浓度，遇明火将会燃烧或爆炸。

(3) 易燃液体　包括二硫化碳、乙醛、戊烷、乙醚、异戊烷、石油醚、汽油、己烷、庚烷、辛烷、戊烯、邻二甲苯、甲醇、乙醇、二甲醚、丙酮、吡啶、氯苯、甲酸酯类、乙酸酯类等。此类物质具有着火点和燃点很低的特性，极易着火，使用时要十分注意。

(4) 易燃固体　包括黄磷、红磷（P）、硫化磷（P_4S_3、P_2S_5、P_4S_7）、硫黄（S）、金属粉（Mg、Al）等。此类物质受热或与氧化性物质混合即会着火。因此，使用时要远离热源、火源及氧化性物质。

(5) 自燃物品　包括有机金属化合物 R_nM（R＝烷基或烯丙基，M＝Li、Na、K、Rb、Se、B、Al、Ga、P、As、Sb、Bi、Ag、Zn）及还原性金属催化剂，如铂（Pt）、钯（Pd）、镍（Ni）等。这类物质一接触空气就会着火。

(6) 遇湿易燃物品　包括金属钾（K）、金属钠（Na）、碳化钙（CaC_2）、磷化钙（Ca_3P_2）、氢化锂铝（$LiAlH_4$）等。这类物质与水作用，放出氢气或其他易燃气体而引起着火或爆炸。

(7) 强氧化剂　强氧化剂包括氯酸钠（$NaClO_3$）、氯酸钾（$KClO_3$）、氯酸铵（NH_4ClO_3）、氯酸银（$AgClO_3$）、高氯酸铵（NH_4ClO_4）、高氯酸钾（$KClO_4$）、过氧化钠（Na_2O_2）等。

(8) 有机过氧化物　包括烷基氢过氧化物（R—O—O—H）、二烷基过氧化物（R—O—O—R′）、酯的过氧化物（R—CO—O—O—R′）等。此类物质因加热或受到撞击发生爆炸。

2. 实验室的防火和防爆措施

实验室的着火和爆炸事故的发生，与易燃易爆物质的性质有密切关系，与操作者粗心大意的工作态度有直接关系。因此，根据实验室起火和爆炸发生的原因，可采取下列措施进行预防。

(1) 预防加热过程着火　加热操作是实验室分析检验中不可缺少的一项基本操作。而多数的着火原因均是由加热引起的，因此加热时应采取如下措施。

① 在加热的热源附近严禁放置易燃易爆物品。

② 灼烧的物品不能直接放在木制的实验台上，应放置在石棉板上。

③ 蒸馏、蒸发和回流易燃物时，绝不允许用明火直接加热，可采用水浴、砂浴等加热。

④ 在蒸馏、蒸发和回流可燃液体时，操作人员不能离开去做别的事，要注意仪器和冷凝器的正常运行。

⑤ 加热用的酒精灯、煤气灯、电炉等加热器使用完毕后，应立即关闭。

⑥ 禁止用火焰检查可燃气体（如煤气、乙炔气等）泄漏的地方，应该用肥皂水来检查漏气。可燃气体的爆炸极限见表3-1。

⑦ 倾注或使用易燃物时，附近不得有明火。

⑧ 点燃煤气灯时，必须先关闭风门，划着火柴，再开煤气，最后调节风量。停用时要先闭风，后闭煤气。

表 3-1　可燃气体、蒸气与空气混合时的爆炸极限　　单位：%（体积分数）

物质名称及分子式	爆炸下限	爆炸上限	物质名称及分子式	爆炸下限	爆炸上限
氢 H_2	4.1	75	乙酸乙酯 $C_4H_8O_2$	2.2	11.4
一氧化碳 CO	12.5	75	吡啶 C_5H_5N	1.8	12.4
硫化氢 H_2S	4.3	45.4	氨 NH_3	15.5	27.0
甲烷 CH_4	5.0	15.0	松节油 $C_{10}H_{16}$	0.80	—
乙烷 C_2H_6	3.2	12.5	甲醇 CH_4O	6.7	36.5
庚烷 C_7H_{16}	1.1	6.7	乙醇 C_2H_6O	3.3	19.0
乙烯 C_2H_4	2.8	28.6	糠醛 $C_5H_6O_2$	2.1	—
丙烯 C_3H_6	2.0	11.1	甲基乙基醚 C_3H_8O	2.0	10.0
乙炔 C_2H_2	2.5	80.0	二乙醚 $C_4H_{10}O$	1.9	36.5
苯 C_6H_6	1.4	7.6	溴甲烷 CH_3Br	13.5	14.5
环己烷 C_6H_{12}	1.3	7.8	溴乙烷 C_2H_5Br	6.8	11.3
甲苯 C_7H_8	1.3	6.8	乙胺 $C_2H_5NH_2$	3.6	13.2
丙酮 C_3H_6O	2.6	12.8	二甲胺 $(CH_3)_2NH$	2.8	14.4
丁酮 C_4H_8O	1.8	9.5	水煤气	6.7	69.5
氯甲烷 CH_3Cl	8.3	18.7	高炉煤气	40～50	60～70
氯丁烷 C_4H_9Cl	1.9	10.1	半水煤气	8.1	70.5
乙酸 $C_2H_4O_2$	5.4	—	发生炉煤气	20.3	73.7
甲酸甲酯 $C_2H_4O_2$	5.1	22.7	焦炉煤气	6.0	30.0

⑨ 身上或手上沾有易燃物时，应立即清洗干净，不得靠近火源，以防着火。

⑩ 实验室内不宜存放过多的易燃易爆物品，且应在低温存放，远离火源。

(2) 预防化学反应过程着火或爆炸　正常的化学反应可以给分析检验带来预期的结果，但有的化学反应却会带来危险，特别是对性质不清楚的反应，更应引起注意，以防突发性的事故发生。

① 检验人员对其所进行的实验，必须熟知其反应原理和所用化学试剂的特性。对于有危险的实验，应事先做好防护措施以及事故发生后的处理方法。

② 易发生爆炸的实验操作应在通风橱内进行，操作人员应穿戴必要的工作服和其他防护用具，且应两人以上在场。

③ 严禁可燃物与氧化剂一起研磨，以防发生燃烧或爆炸。常见的易爆混合物见表 3-2。

表 3-2　常见的易爆混合物

主要物质	相互作用的物质	产生结果
浓硝酸、硫酸	松节油、乙醇	燃烧
过氧化氢	乙酸、甲醇、丙酮	燃烧
溴	磷、锌粉、镁粉	燃烧
高氯酸钾（盐）	乙醇、有机物	爆炸
氯酸盐	硫、磷、铝、镁	爆炸
高锰酸钾	硫黄、甘油、有机物	爆炸

续表

主要物质	相互作用的物质	产生结果
硝酸铵	锌粉和少量水	爆炸
硝酸盐	酯类、乙酸钠、氯化亚锡	爆炸
过氧化物	镁、锌、铝	爆炸
钾、钠	水	燃烧、爆炸
赤磷	氯酸盐、二氧化铅	爆炸
黄磷	空气、氧化剂、强酸	爆炸
乙炔	银、铜、汞(Ⅱ)化合物	爆炸

④ 易燃液体的废液应设置专用贮器收集，不得倒入下水道，以免引起燃爆事故。

⑤ 检验人员在工作中不要使用不知其成分的物质，如果必须进行性质不明的试验时，试料用量先从最小计量开始，同时要采取安全措施。

⑥ 及时销毁残存的易燃易爆物品，消除隐患。

3. 实验室的灭火

一旦发生火灾，工作人员应冷静沉着，快速选择合适的灭火器材进行扑救，同时注意自身的安全保护。

(1) 灭火的紧急措施

① 防止火势扩展，首先切断电源，关闭煤气阀门，快速移走附近的可燃物。

② 根据起火的原因及性质，采取妥当的措施扑灭火焰。

③ 火势较猛时，应根据具体情况，选用适当的灭火器，并立即与火警联系，请求救援。火源类型及灭火器的选用见表3-3。

表3-3 火源类型及灭火器的选用

燃烧物质(着火源)	灭火器的选用
木材、纸张、棉花	水、酸碱式和泡沫式灭火器
可燃性液体，如石油化工产品、食品油脂等	泡沫式灭火器、二氧化碳灭火器、干粉灭火器和1211灭火器
可燃气体如煤气、石油液化气等；电气设备、精密仪器、档案资料	1211[1]灭火器、干粉灭火器
可燃性金属，如钾、铝、钠、钙、镁等	干砂土、7150[2]灭火器

[1] 即二氟一氯一溴甲烷，它在火焰中气化时产生一种抑制和阻断燃烧链反应的自由基，使燃烧中断。

[2] 即三甲氧基硼氧六环，它受热分解，吸收大量热，并且在可燃金属表面形成氧化硼保护膜，将空气隔绝，使火熄灭。

(2) 灭火时的注意事项 一定根据火源类型选择合适的灭火器材(见表3-3)。如能与水发生剧烈作用的金属钠、过氧化物等失火时，不能用水灭火；而比水轻的易燃物品失火时，也不能用水灭火。

① 电气设备及电线着火时须关闭总电源，再用四氯化碳灭火器熄灭已燃烧的电线及设备。

② 在回流加热时，由于安装不适或冷凝效果不佳而失火，应先切断加热源，再进行扑

救。但绝对不可以用其他物品堵住冷凝管上口。

③ 实验过程中，若敞口的器皿中发生燃烧，在切断加热源后，再设法找一个适当材料盖住器皿口，使火熄灭。

④ 对于扑救有毒气体火情时，一定要注意防毒。

⑤ 衣服着火时，不可慌张乱跑，应立即用湿布等物品灭火，如燃烧面积较大，可躺在地上打滚，熄灭火焰。

三、常见化学毒物的中毒和急救方法

分析检验工作离不开化学试剂，而化学试剂常是有毒的。但这并不意味着实验不能做，化学试剂不敢碰。只要了解试剂的性质，掌握正确的使用方法，就完全可以避免中毒。

1. 中毒和毒物的分级

（1）中毒　中毒是指某些侵入人体的少量物质引起局部刺激或整个机体功能障碍的任何疾病。把能够引起中毒的物质称为毒物。

根据毒物侵入的途径，中毒可分为呼吸中毒、接触中毒和摄入中毒三种。

① 呼吸中毒是毒物经呼吸道吸入后产生中毒。经呼吸道吸入的毒物多半是有毒的气体、烟雾或粉尘。

② 接触中毒是当毒物接触到皮肤时，便穿透表皮而被吸收引起中毒。经皮肤吸收的毒物有脂溶性毒物，如苯及其衍生物、有机磷农药等，以及可与皮脂的脂酸根结合的物质，如汞及砷的氧化物。

③ 摄入中毒是毒物经口服后引起中毒。这是中毒最常见的一种形式。

（2）毒物分级　毒物的分级是依据毒物的毒性大小进行分级。所谓毒性，是毒物的剂量与效应之间的关系，以半数致死剂量 $LD_{50}(mg/kg)$ 或半数致死浓度 $LC_{50}(mg/m^3)$ 表示。其最高允许浓度越小，毒性越大。

根据国家职业卫生 GBZ 230—2010《职业性接触毒物危害程度分级》标准规定，以毒物的急性吸入 LC_{50} 值、急性经口 LD_{50} 值或急性经皮 LD_{50} 值、刺激与腐蚀性、致敏性、生殖毒性、致癌性、实际危害后果与预后、扩散性和蓄积性等 9 项指标为基础，进行综合分析，计算出毒物危害指数，将职业性接触毒物危害程度分为轻度危害（Ⅳ级）、中度危害（Ⅲ级）、高度危害（Ⅱ级）和极度危害（Ⅰ级）4 个等级。见表 3-4。

表 3-4　职业性接触毒物危害程度分级和评分依据

分项指标		极度危害	高度危害	中度危害	轻度危害	权重系数
积分值		4	3	2	1	
急性吸入 LC_{50}	气体 /(cm³/m³)	<100	≥100～<500	≥500～<2500	≥2500～<20000	5
	蒸气 /(mg/m³)	<500	≥500～<2000	≥2000～<10000	≥10000～<20000	
	粉尘和烟雾 /(mg/m³)	<50	≥50～<500	≥500～<1000	≥1000～<2000	

续表

分项指标	极度危害	高度危害	中度危害	轻度危害	权重系数
急性经口 LD_{50} /(mg/kg)	<5	≥5~<50	≥50~<300	≥300~<2000	1
急性经皮 LD_{50} /(mg/kg)	<50	≥50~<200	≥200~<1000	≥1000~<2000	
刺激与腐蚀性	pH<2 或 pH≥11.5 腐蚀作用或不可逆损伤作用	强刺激作用	中等刺激作用	轻刺激作用	2
致敏性	有证据表明该物质能引起人类特定的呼吸系统致敏或重要脏器的变态反应性损伤	有证据表明该物质能导致人类皮肤过敏	动物试验证据充分但无人类相关证据	现有动物试验证据不能对该物质的致敏性做出结论	2
生殖毒性	明确的人类生殖毒性:已确定对人类的生殖能力、生育或发育造成有害效应的毒物,人类母体接触后可引起子代先天性缺陷	推定的人类生殖毒性:动物试验生殖毒性明确,但对人类生殖毒性作用尚未确定因果关系,推定对人的生殖能力或发育产生有害影响	可疑的人类生殖毒性:动物试验生殖毒性明确,但无人类生殖毒性资料	人类生殖毒性未定论;现有证据或资料不足以对毒物的生殖毒性作出结论	3
致癌性	Ⅰ组,人类致癌物	ⅡA组,近似人类致癌物	ⅡB组,可能人类致癌物	Ⅲ组,未归入人类致癌物	4
实际危害后果与预后	职业中毒病死率≥10%	职业中毒病死率<10%;或致残(不可逆损害)	器质性损害(可逆性重要脏器损害),脱离接触后可治愈	仅有接触反应	5
扩散性(常温或工业使用时状态)	气态	液态,挥发性高(沸点<50℃);固态,扩散性极高(使用时形成烟或烟尘)	液态,挥发性中等(50℃≤沸点<150℃);固态,扩散性高(细微而轻的粉末,使用时可见尘雾形成,并在空气中停留数分钟以上)	液态,挥发性低(沸点≥150℃);固态、晶体、粒状固体扩散性中,使用时能见到粉尘但很快落下,使用后粉尘留在表面	3
蓄积性(或生物半减期)	蓄积系数(动物试验,下同)<1;生物半减期≥4000h	1≤蓄积系数<3;400h≤生物半减期<4000h	3≤蓄积系数<5;40h≤生物半减期<400h	蓄积系数>5;4h≤生物半减期<40h	1

注:1. 急性毒性分级指标以急性吸入毒性和急性经皮毒性为分级依据。无急性吸入毒性数据的物质,参照急性经口毒性分级。无急性经皮毒性数据,且不经皮吸收的物质,按轻微危害分级;无急性经皮毒性数据,但可经皮肤吸收的物质,参照急性吸入毒性分级。

2. 强、中、轻和无刺激作用的分级依据 GB/T 21604 和 GB/T 21609。

3. 缺乏蓄积性、致敏性、致癌性、生殖毒性分级有关数据的物质的分项指标暂按极度危害赋分。

4. 工业使用在五年内的新化学品,无实际危害后果资料的,该分项指标暂按极度危害赋分;工业使用在五年以上的物质,无实际危害后果资料的,该分项指标按轻微危害赋分。

5. 一般液态物质的吸入毒性按蒸气类划分。

2. 中毒的预防

① 检验工作人员一定要熟知本岗位的检验项目以及所用药品的性质。
② 所用的一切化学药品必须有标签，剧毒药品要有明显的标志。
③ 严禁试剂入口，用吸量管吸取试液时应用洗耳球操作而不能用嘴。
④ 严禁用鼻子贴近试剂瓶口鉴别试剂。正确做法是将试剂瓶远离鼻子，以手轻轻煽动，稍闻其味即可。
⑤ 对于能够产生有毒气体或蒸气的实验，必须在通风橱内完成。
⑥ 使用毒物实验的操作者，在实验过程中，一定要严格地按照操作规程完成，实验结束后，必须用肥皂充分洗手。
⑦ 采取有毒试样时，一定要事先做好预防工作。
⑧ 装有煤气管道的实验室，应经常注意检查管道和开关的严密性，避免漏气。
⑨ 尽量避免手与有毒物质直接接触。严禁在实验室内饮食。
⑩ 实验过程中如出现头晕、四肢无力、呼吸困难、恶心等症状，说明可能中毒，应立即离开化验室，到户外呼吸新鲜空气，严重的送往医院救治。

3. 几种常见毒物的中毒症状和急救方法

(1) **硫酸、盐酸和硝酸主要经呼吸道和皮肤使人中毒** 对皮肤的黏膜有刺激和腐蚀作用。急救方法：应立即用大量水冲洗，再用2%碳酸氢钠水溶液冲洗，然后用清水冲洗。

(2) **氢氟酸或氟化物主要经呼吸道和皮肤使人中毒** 接触氢氟酸气体可使皮肤局部有灼烧感，开始疼痛较小不易感觉，深入皮下组织及血管时可引起化脓溃疡。吸入氢氟酸气体后，气管黏膜受刺激可引起支气管炎症。急救方法：皮肤被灼烧时，立即用大量水冲洗，将伤处浸入乙醇溶液（冰镇）或饱和硫酸镁溶液（冰镇）。

(3) **汞及其化合物主要经呼吸道、皮肤和口服使人中毒** 急性中毒表现为恶心、呕吐、腹痛、腹泻、全身衰弱、尿少或无尿，最后因尿毒症死亡。慢性中毒表现为头晕、头痛、失眠等精神衰弱症、记忆力减退、手指和舌头出现轻微震颤等症状。急救方法：急性中毒早期时用饱和碳酸氢钠液洗胃或迅速灌服牛奶、鸡蛋清、浓茶或豆浆，立即送医院治疗；皮肤接触用大量水冲洗后，湿敷3%~5%硫代硫酸钠溶液，不溶性汞化合物用肥皂和水洗。

(4) **铬酸、重铬酸钾等铬（Ⅵ）化合物主要经皮肤和口服使人中毒** 吸入含铬化合物的粉尘或溶液飞沫可使口腔、鼻、咽黏膜发炎，严重者形成溃疡。皮肤接触，最初出现发痒红点，以后侵入深部，继之组织坏死，愈合极慢。急救方法：皮肤损坏时，可用5%硫代硫酸钠溶液清洗；鼻、咽黏膜损害，可用清水或碳酸氢钠水溶液灌洗。

(5) **苯及其同系物主要经呼吸道和皮肤使人中毒** 急性中毒症状为头晕、头痛、恶心，重者昏迷抽搐甚至死亡。慢性中毒主要是损害造血系统和神经系统。急救方法：皮肤接触用清水冲洗；脱离现场，人工呼吸或输氧，送医院。

(6) **四氯化碳主要经呼吸道和皮肤使人中毒** 皮肤接触使其脱脂而干燥皲裂；高浓度吸入使黏膜刺激、中枢神经系统抑制和胃肠道刺激。慢性中毒为神经衰弱症，损害肝、肾。急救方法：脱离现场，人工呼吸或输氧；皮肤可用2%碳酸氢钠或1%硼酸溶液冲洗。

(7) **甲醇主要经呼吸道和皮肤使人中毒** 高浓度吸入出现神经衰弱、视力模糊；吞服15mL可导致失明，70~100mL致死；慢性中毒为视力下降，眼球疼痛。急救方法：皮肤污染用清水冲洗；溅入眼内，立即用2%碳酸氢钠溶液冲洗，误服立即用3%碳酸氢钠溶液洗胃后让医生处置。

(8) 一氧化碳和煤气主要经呼吸道使人中毒　轻度中毒时头晕、恶心、全身无力，重度中毒时立即陷入昏迷、呼吸停止而死亡。急救方法：移至新鲜空气处，注意保温，人工呼吸或输氧，送至医院治疗。

四、实验室废弃物的处理

废弃物主要指实验中产生的废气、废液和废渣（简称"三废"）。由于各类化验室检验项目不同，产生的"三废"中所含化学物质的危害性不同，数量也有明显的差别。为了防止环境污染，保证检验人员及他人的健康，对排放的废弃物，检验人员应按照有关规章制度的要求，采取适当的处理措施，使其浓度达到国家环境保护规定的排放标准。

1. 废气处理

废气处理，主要是对那些实验中产生的有危害健康和环境的气体的处理，如一氧化碳、甲醇、氨、汞、酚、氧化氮、氯化氢、氟化物气体或蒸气等。实际上，进行这一类的实验都是在通风橱内完成的，操作者只要做好防护工作就不会受到任何伤害。可是在实验过程中所产生的危害气体或蒸气，直接通过排风设备排到室外，这对少量的低浓度的有害气体是允许的。但对于大量的高浓度的废气，在排放之前，必须进行预处理，使排放的废气达到国家规定的排放标准。

实验室对废气预处理最常用的方法是吸收法。即根据被吸收气体组分的性质，选择合适的吸收剂（液）。例如，氯化氢气体可用氢氧化钠溶液吸收，二氧化硫、氧化氮等气体可用水吸收，氨可被水或酸吸收，氟化物、氰化物、溴、酚等均可被氢氧化钠溶液吸收，硝基苯可被乙醇吸收等。除吸收法外，常用的预处理方法还有吸附法、氧化法、分解法等。

2. 废液处理

废液处理是根据GB 8978—1996《污水综合排放标准》中的第一类污染物的最高允许排放浓度和第二类污染物的最高允许排放浓度的规定，决定是否需要对废液进行处理。下面介绍几种废液处理方法。

(1) 无机酸类　可将废酸缓慢地倒入过量的碱溶液中，边倒边搅拌，然后用大量水冲洗排放。

(2) 无机碱类　可采用稀废酸中和的方法，中和后再用大量水冲洗排放。

(3) 含六价铬的废液　可采用先还原后沉淀的方法，在pH<3条件下，向废液中加入固体亚硫酸钠至溶液由黄色变成绿色为止，再向此溶液中加入5%的NaOH溶液，调节pH至7.5~8.5，使Cr^{3+}完全以$Cr(OH)_3$形式存在，分离沉淀，上层液再用二苯基碳酰二肼试剂检查是否有铬，确证不含铬后才能排放。

(4) 含砷废液　采用氢氧化物共沉淀法，在pH为7~10的条件下，向废液中加入$FeCl_3$，使其生成沉淀，放置过夜。分离沉淀，检查上层液不含砷后，废液再经中和后即可排放。

(5) 含氰化物废液　采用分解法，在pH>10条件下，加入过量的3%$KMnO_4$溶液，使氰基分解为N_2和CO_2；如氰离子(CN^-)含量高，可加入过量的次氯酸钙和氢氧化钠溶液。检查废液中不含 CN^-，然后排放。

（6）含重金属的废液　采用氢氧化物共沉淀法，将废液用 $Ca(OH)_2$ 调节 pH 为 9~10，再加入 $FeCl_3$，充分搅拌，放置后，过滤沉淀。检查滤液不含重金属离子后，再将废液中和排放。

（7）含酚废液　高浓度的酚可用乙酸丁酯萃取，蒸馏回收。低浓度含酚废液可加入次氯酸钠使酚氧化为 CO_2 和 H_2O。

（8）汞及含汞盐废液　不慎将汞散落或打破压力计、温度计，必须立即用吸管、毛刷或在酸性硝酸汞溶液中浸过的铜片收集起来，并用水覆盖。在散落过汞的地面、实验台上应撒上硫黄粉或喷上 20% $FeCl_3$ 水溶液，干后再清扫干净。含汞盐的废液可先调节 pH 为 8~10，加入过量的 Na_2S，再加入 $FeSO_4$ 搅拌，使 Hg^{2+} 与 Fe^{3+} 共同生成硫化物沉淀。检查上层液不含汞后排放，沉淀可用焙烧法回收汞，或再制成汞盐。

3. 废渣处理

废弃的有害固体药品或反应中得到的沉淀严禁倒在生活垃圾上，必须进行处理。废渣处理方法是先解毒后深埋。首先根据废渣的性质，选择合适的化学方法或通过高温分解方式等，使废渣的毒性减小到最低限度，然后将处理过的残渣挖坑深埋掉。

五、实验室常用电气设备及安全用电

实验室常用的电气设备有电炉、高温电炉、电热恒温干燥箱、电热恒温水浴及其他一些辅助电器，如真空泵和电磁搅拌器等。这些电气设备都是分析检验工作人员所熟知的。但是，为了保证电气设备在使用过程中的安全，需要掌握有关设备的性能、使用方法和安全用电等方面的知识。

1. 电热设备

（1）电炉　电炉是实验室最常用的加热设备之一，由炉盘和电阻丝（常用的是镍铬合金丝）构成。这类电炉的电阻丝暴露在空气中，按电阻丝的功率大小，有 500W、800W、1000W、1500W 和 2000W 等不同规格，功率越大，发热量也越大。另外一类电炉的电阻丝不暴露在外面，实质上是一种封闭式电炉（如电热套等），这类电炉热能利用效率高、省电、安全，常用于有机溶剂的蒸馏等实验中。

使用电炉需注意如下事项。

① 电源应采用电闸开关，不要只靠插头控制，最好与调压器相接，以便通过电压的调节，控制电炉的发热量，获得所需的工作温度。

② 电炉不要放在木质、塑料等可燃的实验台上，若需要可在电炉下面垫上隔热层，如石棉板等。

③ 炉盘凹槽中要保持清洁，及时清除污物（必须在断电时进行），保持电阻丝传热良好，延长使用寿命。

④ 加热玻璃容器时，必须垫上石棉网。

⑤ 加热金属容器，注意容器不能触及电阻丝，最好在断电的情况下取放被加热的容器。

⑥ 更换电阻丝时，新换上的电阻丝的功率应与原来的相同。

⑦ 电炉连续使用时间不应过长，电源电压与电炉本身规定的使用电压相同，否则会影响电阻丝使用寿命。

(2) 高温电炉　高温电炉有箱式电阻炉（马弗炉）、管式电阻炉（管式燃烧炉）和高频感应加热炉等。这里主要介绍箱式电阻炉的使用。

箱式电阻炉常作为重量分析中的沉淀灼烧、灰分测定、挥发分测定及样品熔融等操作的加热设备。

箱式电阻炉的炉膛由耐高温材料构成。炉膛内外壁之间有空槽，电阻丝串在空槽里，炉膛四周都有电阻丝。通电后，整个炉膛被均匀地加热。炉膛的外围包着耐火砖、耐火土、石棉板等，其作用是保持炉膛内的温度，以减少热量损失。炉膛的温度由控制器控制。

使用高温电炉需注意如下事项。

① 高温电炉必须安装在稳固的水泥台上或特制的铁架上，周围不得存放易燃易爆物品，更不能在炉内灼烧有爆炸危险的物质。

② 高温电炉要用专用电闸控制电源，不许用直接插入式插头控制。

③ 高温电炉所需电压应与使用电压相符，并配置功率合适的插头、插座和保险丝（熔断器），接好地线。炉前地上铺一块橡胶板，保证操作安全。

④ 炉膛内应衬一块耐高温的薄板，作用是避免用碱性熔剂熔融样品时碱液逸出，腐蚀炉膛。

⑤ 使用高温电炉时，不得随意离开，以防自控系统失灵，造成意外事故。

⑥ 高温电炉用完后，立即切断电源，关好炉门，防止耐火材料受潮气侵蚀。

(3) 电热恒温干燥箱　电热恒温干燥箱简称烘箱，常用于水分测定、基准物质处理、干燥试样、烘干玻璃器皿及其他物品，是化验室中最常用的电热设备。

烘箱的型号很多，但基本结构相似，一般由箱体、电热系统和自动恒温控制系统三部分组成。常用温度为 100~150℃，最高工作温度可达 300℃。

使用烘箱需注意如下事项。

① 烘箱应安装在室内干燥和水平处，防止震动和腐蚀。

② 根据烘箱的功率、所需电源电压指标，配置合适的插头、插座和保险丝，并接好地线。

③ 使用烘箱时，首先打开烘箱上方的排气孔，不用时把排气孔关好，防止灰尘及其他有害气体侵入。

④ 烘干物品时，物品应放在表面皿上或称量瓶、瓷质容器中，不应将物品直接放在烘箱内的隔板上。

⑤ 烘箱只供实验中干燥样品及器皿等用，严禁在烘箱中烘烤食品。

⑥ 烘箱内严禁烘易燃易爆、有腐蚀性的物品，以防发生事故。

⑦ 用完后应及时切断电源，并把调温旋钮调至零位。

(4) 电热恒温水浴　电热恒温水浴是用于物质的蒸发、浓缩、结晶及样品恒温加热处理的电热设备。规格上有两孔、四孔、六孔及多孔不等，可根据实验需要选择。水浴用电加热，电源电压为 220V，一般电热恒温水浴的恒温范围为 37~100℃，温差为 ±1℃。

使用电热恒温水浴需注意如下事项。

① 水槽中的水位不得低于电热管，否则容易将电热管烧坏。

② 使用前检查电器控制箱内是否潮湿，如果潮湿应干燥后使用。

③ 使用过程中应随时观察水槽是否有渗漏现象，若出现渗漏现象，立即停止使用。

2. 其他电气设备

（1）真空泵　真空泵在化验室中主要用于那些在高温下易分解样品的干燥和真空蒸馏以及真空过滤等方面。

真空泵种类很多，化验室中最常用的是定片式或旋片式转动泵。泵的工作原理是利用运动部件在泵腔内连续运动，使泵腔内容积变化，产生抽气作用。

使用与维护真空泵需注意如下事项。

① 开泵前首先检查泵内润滑油的液位是否在标线处。油量过多（高于标线），运转时油会随着气体由排气孔向外飞溅；油量不足（低于标线），泵体不能被完全浸没，达不到密封和润滑的目的，容易使泵体损坏。

② 真空泵使用三相电源，送电之前必须取下皮带，检查电动机机轮转动的方向，如与泵轮箭头方向一致，方可供电。

③ 在真空泵与被抽气系统之间必须连接安全瓶（空的玻璃瓶）、干燥过滤塔（内装无水氯化钙、固体氢氧化钠、变色硅胶、石蜡、玻璃棉等）用以除去水分、有机物和杂质等，以免进入泵内污染润滑油。

④ 运转中若发现电动机发热或声音不正常，应立即停止使用，进行检修。

⑤ 真空泵要定期换油并清洗入气口的细纱网，防止固体颗粒落入泵内。

⑥ 停泵之前必须先解除抽气系统的真空（即放空与大气压平衡），然后才能拔下插头、断电，否则真空泵内的润滑油将被吸入抽气系统，造成严重事故。

（2）电磁搅拌器　电磁搅拌器主要用于pH的测定、选择性电极测定离子、电位滴定及其他需要的化学反应中。

电磁搅拌器的型号很多，但结构基本相同，在面板上有电源开关、转速调节旋钮、加热开关、电源指示灯及加热指示灯等。

使用与维护电磁搅拌器需注意如下事项。

① 接通电源，打开电源开关，磁铁开始转动，调节转速旋钮，控制合适的转速。

② 实验过程中，严防反应溶液溅出，腐蚀托盘。

③ 用完后应及时断电，放在干燥处保存。

3. 电气安全

实验室工作经常接触电气设备和分析仪器，如果对用电设备和仪器的性能不了解，使用不当就会引发电气事故。此外，加上实验室某些不良环境，如潮湿、腐蚀性气体、易燃易爆物品等危险因素的存在，故更易造成电气事故。

（1）电击防护　电对人造成的伤害有电外伤和电内伤两种。电外伤是由于电流热效应和机械效应造成的局部伤害。电内伤就是电击，是电流通过人体内部组织引起的伤害，这种伤害能使心脏和神经系统等重要机体受到损伤。通常所说的触电事故主要指电击。

电击防护的措施如下。

① 电气设备完好、绝缘好，并有良好的保护接地。

② 操作电器时，手必须干燥。因为手潮湿时，电阻显著减小，容易引起电击。不得直接接触绝缘不好的设备。

③ 一切电源裸露部分都应有绝缘装置，如电线接头应裹以胶布。

④ 修理或安装电气设备时,必须先切断电源,不允许带电工作。
⑤ 已损坏的插座、插头或绝缘不良的电线应及时更换。
⑥ 不能用试电笔去试高压电。
⑦ 使用漏电保护器。

(2) 使用电气设备的安全规定
① 使用电气动力时,必须检查设备的电源开关、马达和机械设备各部分是否安置妥当。
② 一切电气设备在使用前,应检查是否漏电,外壳是否带电,接地线是否脱落。
③ 安置电气设备的房间、场所必须保持干燥,不得有漏水或地面潮湿现象。
④ 打开电源之前,必须认真思考30s,确认无误时方可送电。
⑤ 注意保持电线干燥,严禁用湿布擦电源开关。
⑥ 化验室内不得有裸露的电线头,不要用电线直接插入电源接通电灯、仪器和其他电气设备,以免产生电火花引起爆炸和火灾事故。
⑦ 认真阅读电气设备的使用说明书及操作注意事项,并严格遵守。
⑧ 临时停电时,要关闭一切电气设备的电源开关,待恢复供电时再重新开始工作。
⑨ 电气动力设备发生过热(超过最高允许温度)现象,应立即停止运转,进行检修。
⑩ 实验室所有电气设备不得私自拆动及随便进行修理。
⑪ 下班前认真检查所有电气设备的电源开关,确认完全关闭后方可离开。

六、气瓶的安全使用

气瓶在实验室中主要作为提供分析时的载气、燃气和助燃气的气源。为了保证压力气瓶的安全使用及检验人员人身和国家财产的安全,检验人员必须掌握气瓶安全使用知识。

1. 气瓶

气瓶是高压容器,瓶内装有高压气体。气瓶的使用必须符合《气瓶安全技术监察规程》(TSGR 0006—2014)的规定。

2. 气瓶颜色标志

气瓶外表面涂敷的字样内容、色环数目和涂膜颜色按充装气体的特性作规定的组合,是识别充装气体的标志。即根据气瓶的颜色、字样内容和色环数目,就会知道瓶内装有何种气体,也就会选用何种减压阀(器)。这在工作中可以避免错误的充灌和错误的安装。气瓶的漆色与标志见表3-5。

表3-5 气瓶颜色标志一览表

序 号	充装气体	化学式(或符号)	体色	字样	字色	色环
1	空气	Air	黑	空气	白	$p=20$,白色单环
2	氩	Ar	银灰	氩	深绿	$p\geqslant30$,白色双环
3	氟	F_2	白	氟	黑	
4	氦	He	银灰	氦	深绿	$p=20$,白色单环
5	氪	Kr	银灰	氪	深绿	$p\geqslant30$,白色双环
6	氖	Ne	银灰	氖	深绿	
7	一氧化氮	NO	白	一氧化氮	黑	

续表

序号	充装气体	化学式（或符号）	体色	字样	字色	色环
8	氮	N_2	黑	氮	白	$p=20$,白色单环
9	氧	O_2	淡(酞)蓝	氧	黑	$p\geq30$,白色双环
10	二氟化氧	OF_2	白	二氟化氧	大红	
11	一氧化碳	CO	银灰	一氧化碳		
12	氘	D_2	银灰	氘		
13	氢	H_2	淡绿	氢	大红	$p=20$,大红单环 $p\geq30$,大红双环
14	甲烷	CH_4	棕	甲烷	白	$p=20$,白色单环 $p\geq30$,白色双环
15	天然气	CNG	棕	天然气	白	
16	空气(液体)	Air	黑	液化空气	白	
17	氩(液体)	Ar	银灰	液氩	深绿	
18	氦(液体)	He	银灰	液氦	深绿	
19	氢(液体)	H_2	淡绿	液氢	大红	
20	天然气(液体)	LNG	棕	液化天然气	白	
21	氮(液体)	N_2	黑	液氮	白	
22	氖(液体)	Ne	银灰	液氖	深绿	
23	氧(液体)	O_2	淡(酞)蓝	液氧	黑	
24	三氟化硼	BF_3	银灰	三氟化硼	黑	
25	二氧化碳	CO_2	铝白	液化二氧化碳	黑	$p=20$,黑色单环
26	碳酰氟	CF_2O	银灰	液化碳酰氟	黑	
27*	三氟氯甲烷	CF_3Cl	铝白	液化三氟氯甲烷 R-13	黑	$p=12.5$,黑色单环
28	六氟乙烷	C_2F_6	铝白	液化六氟乙烷 R-116	黑	
29	氯化氢	HCl	银灰	液化氯化氢	黑	
30	三氟化氮	NF_3	银灰	液化三氟化氮	黑	
31	一氧化二氮	N_2O	银灰	液化笑气	黑	$p=15$,黑色单环
32	五氟化磷	PF_5	银灰	液化五氟化磷	黑	
33	三氟化磷	PF_3	银灰	液化三氟化磷	黑	
34	四氟化硅	SiF_4	银灰	液化四氟化硅 R-764	黑	
35	六氟化硫	SF_6	银灰	液化六氟化硫	黑	$p=12.5$,黑色单环
36	四氟甲烷	CF_4	铝白	液化四氟甲烷 R-14	黑	
37	三氟甲烷	CHF_3	铝白	液化三氟甲烷 R-23	黑	
38	氙	Xe	银灰	液氙	深绿	$p=20$,白色单环 $p=30$,白色双环
39	1,1-二氟乙烯	$C_2H_2F_2$	银灰	液化偏二氟乙烯 R-1132a	大红	
40	乙烷	C_2H_6	棕	液化乙烷	白	$p=15$,白色单环 $p=20$,白色双环
41	乙烯	C_2H_4	棕	液化乙烯	淡黄	
42	磷化氢	PH_3	白	液化磷化氢	大红	
43	硅烷	SiH_4	银灰	液化硅烷	大红	
44	乙硼烷	B_2H_6	白	液化乙硼烷	大红	
45	氟乙烯	C_2H_3F	银灰	液化氟乙烯 R-1141	大红	
46	锗烷	GeH_4	白	液化锗烷	大红	
47	四氟乙烯	C_2F_4	银灰	液化四氟乙烯	大红	

续表

序 号	充装气体	化学式(或符号)	体色	字样	字色	色环
48	二氟溴氯甲烷	$CBrClF_2$	铝白	液化二氟溴氯甲烷 R-12B1	黑	
49	三氯化硼	BCl_3	银灰	液化氯化硼	黑	
50	溴三氟甲烷	$CBrF_3$	铝白	液化溴三氟甲烷 R-13B1	黑	$p=12.5$,黑色单环
51	氯	Cl_2	深绿	液氯	白	
52	氯二氟甲烷	$CHClF_2$	铝白	液化氯二氟甲烷 R-22	黑	
53*	氯五氟乙烷	CF_3-CClF_2	铝白	液化氟氯烷 R-115	黑	
54	氯四氟甲烷	$CHClF_4$	铝白	液化氟氯烷 R-124	黑	
55	氯三氟甲烷	CH_2Cl-F_3	铝白	液化氯三氟甲烷 R-133a	黑	
56*	二氟二氯甲烷	CCl_2F_2	铝白	液化二氟二氯甲烷 R-12	黑	
57	二氯氟甲烷	$CHCl_2F$	铝白	液化氟氯烷 R-21	黑	
58	三氧化二氮	N_2O_3	白	液化三氧化二氮	黑	
59*	二氯四氟乙烷	$C_2Cl_2F_4$	铝白	液化氟氯烷 R-114	黑	
60	七氟丙烷	CF_3CHFCF_3	铝白	液化七氟丙烷 R-227e	黑	
61	六氟丙烷	C_3F_6	银灰	液化六氟丙烷 R-1216	黑	
62	溴化氢	HBr	银灰	液化溴化氢	黑	
63	氟化氢	HF	银灰	液化氟化氢	黑	
64	二氧化氮	NO_2	白	液化二氧化氮	黑	
65	八氟环丁烷	C_4H_8	铝白	液化氟氯烷 R-C318	黑	
66	五氟乙烷	$CH_2F_2CF_3$	铝白	液化五氟乙烷 R-125	黑	
67	碳酰二氯	$COCl_2$	白	液化光气	黑	
68	二氧化硫	SO_2	银灰	液化二氧化硫	黑	
69	硫酰氟	SO_2F_2	银灰	液化硫酰氟	黑	
70	1,1,1,2-四氟乙烷	CH_2FCF_3	铝白	液化四氟乙烷 R-134a	黑	
71	氨	NH_3	淡黄	液氨	黑	
72	锑化氢	SbH_3	银灰	液化锑化氢	大红	
73	砷烷	AsH_3	白	液化砷化氢	大红	
74	正丁烷	C_4H_{10}	棕	液化正丁烷	白	
75	1-丁烯	C_4H_8	棕	液化丁烯	淡黄	
76	(顺)2-丁二烯	C_4H_8	棕	液化顺丁烯	淡黄	
77	(反)2-丁二烯	C_4H_8	棕	液化反丁烯	淡黄	
78	氯二氟乙烷	CH_3CClF_2	铝白	液化氯二氟乙烷 R-142b	大红	
79	环丙烷	C_3H_6	棕	液化环丙烷	白	
80	二氯硅烷	SiH_2Cl_2	银灰	液化二氯硅烷	大红	
81	偏二氟乙烯	CF_2CH_2	铝白	液化偏二氟乙烯 R-152a	大红	
82	二氟甲烷	CH_2F_2	铝白	液化二氟甲烷 R-32	大红	
83	二甲胺	$(CH_3)_2NH$	银灰	液化二甲胺	大红	
84	二甲醚	C_2H_6O	淡绿	液化二甲醚	大红	
85	乙硅烷	SiH_6	银灰	液化乙硅烷	大红	
86	乙胺	$C_2H_6NH_2$	银灰	液化乙胺	大红	
87	氯乙烷	C_2H_5Cl	银灰	液化氯乙烷 R-160	大红	
88	硒化氢	H_2Se	银灰	液化硒化氢	大红	

续表

序 号	充装气体		化学式（或符号）	体色	字样	字色	色环
89	硫化氢		H_2S	白	液化硫化氢	大红	
90	异丁烷		C_4H_{10}	棕	液化异丁烷	白	
91	异丁烯		C_4H_8	棕	液化异丁烯	淡黄	
92	甲胺		CH_3NH_2	银灰	液化甲胺	大红	
93	溴甲烷		CH_3Br	银灰	液化溴甲烷	大红	
94	氯甲烷		CH_3Cl	银灰	液化氯甲烷	大红	
95	甲硫醇		CH_3SH	银灰	液化甲硫醇	大红	
96	丙烷		C_3H_8	棕	液化丙烷	白	
97	丙烯		C_3H_6	棕	液化丙烯	淡黄	
98	三氯硅烷		$SiHCl_3$	银灰	液化三氯硅烷	大红	
99	1,1,1-三氟乙烷		CHF_2CH_2	铝白	液化三氟乙烷 R-143a	大红	
100	三甲胺		$(CH_3)_3N$	银灰	液化三甲胺	大红	
101	液化石油气	工业用		棕	液化石油气	白	
		民用		银灰	液化石油气	大红	
102	1,3-丁二烯		C_4H_6	棕	液化丁二烯	淡黄	
103	氯三氟乙烯		C_2F_3Cl	银灰	液化氯三氟乙烯 R-1113	大红	
104	环氧乙烷		CH_2OCH_2	银灰	液化环氧乙烷	大红	
105	甲基乙烯基醚		C_3H_6O	银灰	液化甲基乙烯基醚	大红	
106	溴乙烯		C_2H_3Br	银灰	液化溴乙烯	大红	
107	氯乙烯		C_2H_3Cl	银灰	液化氯乙烯	大红	
108	乙炔		C_2H_2	白	乙炔不可近火	大红	

注：1. 色环列内的 p 是气瓶的公称工作压力，单位为兆帕（MPa）；车用压缩天然气钢瓶可不涂色环。

2. 序号加 * 的，是 2010 年后停止生产和使用的气体。

3. 充装液氧、液氮、液化天然气等不涂敷颜色的气瓶，其体色和字色指瓶体标签的底色和字色。

3. 气瓶的存放及安全使用

① 气瓶必须存放在阴凉、干燥、远离热源的房间，并且要严禁明火，防暴晒。除不可燃性气体外，一律不得进入实验楼内。

② 使用气瓶时要直立固定放置，防止倾倒。

③ 搬运气瓶应轻拿轻放，防止摔掷、敲击、滚动或剧烈震动。搬运前瓶嘴戴上安全帽，以防不慎摔断瓶嘴发生事故。

④ 使用期间的气瓶应定期进行检验，不合格的气瓶应报废或降级使用。

⑤ 气瓶的减压阀要专用，安装时螺扣要上紧（应旋进 7 圈螺纹，俗称"吃七牙"），不得漏气。开启高压气瓶时，操作者应站在气瓶出口的侧面，动作要慢，以减少气流摩擦，防止产生静电。

⑥ 易起聚合反应的气体，如乙炔、乙烯等，其钢瓶应在贮存期限内使用。

⑦ 氧气瓶及其专用工具严禁与油类物质接触，操作人员也不能穿戴沾有油脂或油污的工作服、手套进行工作。

⑧ 装有可燃气体的钢瓶（如氢气瓶等）与明火的距离不应小于 10m。

⑨ 瓶内气体不得全部用尽，一般应保持 0.2～1MPa 的余压（备充气单位检验取样所需及防止其他气体倒灌）。

⑩ 气瓶使用前应进行安全状况检查，注意气瓶上漆的颜色及标字，对盛装气体进行确认。

⑪ 严禁在气瓶上进行电焊引弧，不得进行焊接修理。

⑫ 液化石油气瓶用户，不得将气瓶内的液化石油气向其他气瓶倒装，不得自行处理气瓶内的残液。

⑬ 气瓶必须专瓶专用，不得擅自改装，以免性质相抵触的气体相混发生化学反应而产生爆炸。

⑭ 气瓶使用的减压阀要专用，氧气气瓶使用的减压阀可用在氮气或空气气瓶上，但用于氮气气瓶的减压阀如用在氧气瓶上，必须将油脂充分洗净再用。

七、实验室外伤的救治

实验室外伤是指化学灼伤和意外受到的烧伤、冻伤、创伤等。

1. 化学灼伤

化学灼伤是由于操作者的皮肤触及到腐蚀性化学试剂所致。这些试剂包括：强酸类，特别是氢氟酸及其盐；强碱类，如碱金属的氢化物、浓氨水、氢氧化物等；氧化剂，如浓的过氧化氢、过硫酸盐等；某些单质，如溴、钾、钠等。

常见化学灼伤的救治方法如下。

① 碱类（氢氧化钠、氢氧化钾、氨、碳酸钾等）。立即用大量水冲洗，然后用 2％乙酸溶液冲洗或撒敷硼酸粉或用 2％硼酸水溶液洗。

② 碱金属氰化物、氢氰酸。先用高锰酸钾溶液冲洗，再用硫化铵溶液冲洗。

③ 氢氟酸。先用大量冷水冲洗直至伤口表面发红，然后用 5％ $NaHCO_3$ 溶液洗，再以 2+1 甘油与氧化镁悬浮液涂抹，用消毒纱布包扎；或用冰镇乙醇溶液浸泡。

④ 铬酸。先用大量水冲洗，再用硫化铵稀溶液冲洗。

⑤ 黄磷。立即用 1％硫酸铜溶液洗净残余的磷，再用 0.01％ $KMnO_4$ 溶液湿敷，外涂保护剂，用绷带包扎。

⑥ 苯酚。先用水冲洗，再用 4+1 70％乙醇-1mol/L 氯化铁混合溶液洗。

⑦ 硝酸银。先用水冲洗，再用 5％碳酸氢钠溶液洗，涂上油膏及磺胺粉。

⑧ 酸类（硫酸、硝酸、盐酸等）。先用大量水冲洗，再用碳酸氢钠溶液冲洗。

眼睛一旦被化学药品灼伤时，应立即用流水缓慢冲洗。如果是碱灼伤，再用 4％硼酸或 2％柠檬酸溶液冲洗；如果是酸灼伤，可用 2％碳酸氢钠溶液冲洗，然后送至医院进行诊治。

2. 烧伤的救治

烧伤包括烫伤及火伤。

(1) 烧伤分度　按烧伤轻重程度可分为一度烧伤、二度烧伤和三度烧伤。

一度烧伤只损伤表皮，皮肤发红、灼痛、无水泡；二度烧伤皮肤苍白带灰色，真皮坏死、起水泡、水肿疼痛；三度烧伤皮肤全层或其深部组织一并烧伤，凝固性坏死，颜色灰白、失去弹性、痛觉消失、表面干燥。

(2) 烧伤的救治　迅速将伤者救离现场，扑灭身上的火焰，再用自来水冲洗掉烧坏的衣服，并慢慢地用剪刀剪除或脱去没有被烧坏的部分，注意避免碰伤烧伤面。对于轻度烧伤的伤口可用水洗除污物，再用生理盐水冲洗，并涂上烫伤油膏（不要挑破水泡），必要时用消毒纱布轻轻包扎予以保护；对于面积较大的烧伤要尽快送至医院治疗，不要自行涂敷油膏，以免影响医院治疗。

3. 冻伤处理

实验室人员的冻伤多数是使用液化气体或深冷设备方法不当，由冷冻剂等造成的伤害。

轻度冻伤会使皮肤发红并有不舒服的感觉，但经过数小时后就会恢复正常；中等程度的冻伤会产生水泡；严重的冻伤会使伤处溃烂。

处理冻伤常用的方法是：将冻伤部位浸入 40～42℃的温水中浸泡，或用温暖的衣物、毛毯等包裹，使伤处温度回升。对于没有热水或冻伤部位（如耳朵等部位）不便浸水的情况，可用体温将其暖和。严重冻伤经上述处理仍得不到恢复，应送至医院治疗。

4. 创伤处理

创伤主要是来自机械和玻璃仪器破损造成的伤害。常见的创伤有割伤、刺伤、撞伤、挫伤等。

处理创伤常用的方法是：用消毒镊子或消毒纱布机械地把伤口清理干净，然后用碘酊擦抹伤口周围（碘酊具有消毒作用，也可以使毛细管止血），对于创伤较轻的毛细管出血，伤口消毒后即可用止血粉外敷，最后用消毒纱布包扎处理。

创伤后不论是毛细管出血（渗出血液，出血少）、静脉出血（暗红色血，流出慢），还是动脉出血（喷射状出血，血多）都可以用压迫法止血，即直接压迫损伤部位进行止血。注意：由玻璃碎片造成的外伤，必须先除去碎片，否则当压迫止血时，碎片也被压深，这会给后期处理带来麻烦。

第三节 标准与标准化

人类的生产活动，从市场调查、产品设计到生产出产品并完成产品的销售、售后服务，即质量环节的整个活动，我们可以把它看成一个整体系统。这个整体系统又由设计系统、设备制造系统、设备安装系统、工艺系统、原材料供应系统和产品销售系统、产品质量检验和监督系统、标准化系统等分系统组成。在生产活动中，标准化之所以成为一个系统和一门系统工程是因为组成标准化系统的系统功能，能把许多杂乱无章的活动建立起秩序（即制定为标准），从而更好地为人类创造财富（即通过贯彻标准实现）。

在标准化系统中，每一项活动都是依据相应的标准化文件（如标准、标准规范、标准化指导性技术文件等）进行的。因此，标准化系统和构成产品生产的其他系统一样，都是为了一个共同的目的而起着各自特有的功能。

一、标准

1. 标准的定义

标准指为在一定的范围内获得最佳秩序，对活动或其结果规定共同的和重复使用的规则、导则或特性的文件。该文件经协商一致制定并经一个公认机构的批准。标准应以科学、技术和经验的综合成果为基础，以促进最佳社会效益为目的。

2. 标准的分类

由于标准种类极其繁多，可以根据不同的目的，从不同角度对标准进行分类，比较通行的方法有三种，即标准层次分类法、标准约束性分类法、标准性质分类法。

（1）按标准的层次分类　按标准的层次分为国际标准、区域标准、国家标准、行业标准和企业标准等五类。

国际标准是由国际标准化组织（ISO）和国际电工委员会（IEC）制定的标准（包括由国际标准化组织认可的国际组织所制定的标准），国际标准为国际上承认和通用。区域标准又称地区标准，是世界区域性标准化组织制定的标准，如欧洲标准化委员会（CEN）制定的欧洲标准。这种标准在区域范围内有关国家通用。国家标准是在一个国家范围内通用的标准。行业标准是在某个行业或专业范围内适用的标准，也称为协会标准。企业标准是由企业制定的标准。

我国根据标准发生作用的范围或标准审批机构的层次，将标准分为四类，即国家标准、行业标准、地方标准、企业标准。国家标准：对需要在全国范围内统一的技术要求，由国务院标准化行政主管部门制定国家标准。行业标准：对于没有国家标准而又需要在全国某个行业范围内统一的技术要求，由国务院有关行政主管部门制定行业标准。地方标准：对没有国家标准和行业标准而又需要在省、自治区、直辖市统一的工业产品的安全、卫生要求，由省、自治区、直辖市标准化行政主管部门制定地方标准。企业标准：企业生产的产品没有国家标准或行业标准，由企业制定企业标准。对已有国家标准或行业标准，国家鼓励企业制定严于国家标准或行业标准的企业标准，企业标准只在企业内部适用。

（2）按标准的约束性分类　按标准的约束性可分为强制性标准和推荐性标准两类。根据中华人民共和国标准化法的规定，保障人体健康、人身财产安全的标准和法律及行政法规规定强制执行的标准是强制性标准。例如药品、食品卫生、兽药、农药和劳动卫生、产品生产、贮运和使用中的安全及劳动安全、工程建设的质量、安全、卫生等标准。其他标准是推荐性标准。

（3）按标准的性质分类　按标准的性质可分为技术标准、管理标准和工作标准三类。

技术标准是对标准化领域中需要协调统一的技术事项所制定的标准，主要包括基础标准、产品标准、方法标准、安全标准、卫生标准和环保标准等。管理标准是对标准化领域中需要协调统一的管理事项所制定的标准。"管理事项"主要指在营销、采购、设计、工艺、生产、检验、能源、安全、卫生、环保等管理中与实施技术标准有关的重复性事物和概念。管理标准主要包括各种技术管理、生产管理、营销管理、劳动组织管理以及安全、卫生、环保、能源等方面的管理标准。工作标准是对标准化领域中需要协调统一的工作事项所制定的标准。"工作事项"主要指在执行相应技术标准与管理标准时，与工作岗位的职责、岗位人员的基本技能、工作内容、要求与方法、检查与考核等有关的重复性事物和概念。工作标准主要包括通用工作标准、分类工作标准和工作程序标准。

3. 标准的代号和编号

（1）国家标准的代号由汉字拼音大写字母构成　强制性国家标准代号为"GB"；推荐性

国家标准的代号为"GB/T"。

国家标准的编号由国家标准的代号、标准发布顺序号和标准发布年代号（四位数组成）。强制性国家标准编号为：

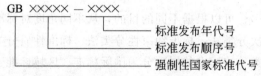

推荐性国家标准编号为：

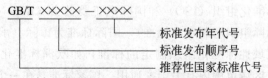

国家实物标准（样品），由国家标准化行政主管部门统一编号，编号方法为国家实物标准代号（为汉字拼音大写字母"GSB"）加《标准文献分类法》的一级类目、二级类目的代号及二级类目范围内的顺序、四位数年代号相结合的办法。例如：

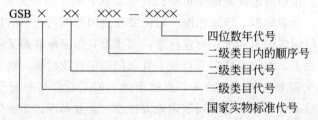

（2）行业标准的代号和编号由汉字拼音大写字母组成 行业标准的编号由行业标准代号、标准发布顺序号及标准发布年代号（四位数）组成。强制性行业标准编号为：

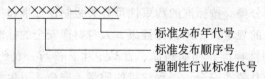

推荐性行业标准编号为：

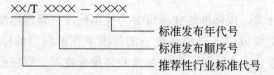

二、标准化

标准化是为在一定的范围内获得最佳秩序，对实际的或潜在的问题制定共同的和重复使用的规则的活动。它包括制定、发布及实施标准的过程。标准化的重要意义是改进产品、过程和服务的适用性，防止贸易壁垒，促进技术合作。为适应经济全球化的需要，我国的一项重要技术经济政策是采用国际标准和国外先进标准。目前，我国基本形成了以国家标准为主，行业标准、地方标准衔接配套的标准体系。标准化工作已对提高我国产品质量、工程质量和服务质量，规范市场秩序，发展对外贸易，促进国民经济的持续快速健康发展发挥了重要保证和技术支持作用。

1. 标准化的基本原理

标准化的基本原理通常是指统一原理、简化原理、协调原理和最优化原理。

（1）统一原理　统一原理就是为了保证事物发展所必需的秩序和效率，对事物的形成、功能或其他特性，确定适合于一定时期和一定条件的一致规范，并使这种一致规范与被取代的对象在功能上达到等效。统一原理具有以下特点：

① 统一是为了确定一组对象的一致规范，其目的是保证事物所必需的秩序和效率。

② 统一的原则是功能等效，从一组对象中选择确定一致规范，应能包含被取代对象所具备的必要功能。

③ 统一是相对的，确定的一致规范，只适用于一定时期和一定条件，随着时间的推移和条件的改变，旧的统一就要由新的统一所代替。

（2）简化原理　简化原理就是为了经济有效地满足需要，对标准化对象的结构、形式、规格或其他性能进行筛选提炼，剔除其中多余的、低效能的、可替换的环节，精炼并确定出满足全面需要所必要的高效能的环节，保持整体构成精简合理，使之功能效率最高。简化原理的特点是：

① 简化的目的是为了经济，使之更有效地满足需要。

② 简化的原则是从全面满足需要出发，保持整体构成精简合理，使之功能效率最高。所谓功能效率系指功能满足全面需要的能力。

③ 简化的基本方法是对处于自然状态的对象进行科学的筛选提炼，剔除其中多余的、低效能的、可替换的环节，精炼出高效能地满足全面需要所必要的环节。

④ 简化的实质不是简单化而是精炼化，其结果不是以少替多，而是以少胜多。

（3）协调原理　协调原理就是为了使标准的整体功能达到最佳，并产生实际效果，必须通过有效的方式协调好系统内外相关因素之间的关系，确定为建立和保持相互一致，适应或平衡关系所必须具备的条件。协调原理的特点是：

① 协调的目的在于使标准系统的整体功能达到最佳并产生实际效果。

② 协调的对象是系统内相关因素的关系以及系统与外部相关因素的关系。

③ 相关因素之间需要建立相互一致关系（连接尺寸）、相互适应关系（供需交换条件）、相互平衡关系（技术经济招标平衡、有关各方利益矛盾的平衡），为此必须确立条件。

④ 协调的有效方式是有关各方面的协商一致、多因素的综合效果最优化、多因素矛盾的综合平衡等。

（4）最优化原理　按照特定的目标，在一定的限制条件下，对标准系统的构成因素及其关系进行选择、设计或调整，使之达到最理想的效果，这样的标准化原理称为最优化原理。

2. 标准化的主要作用

标准化的主要作用表现在以下十个方面：

① 标准化为科学管理奠定了基础。所谓科学管理，就是依据生产技术的发展规律和客观经济规律对企业进行管理，而各种科学管理制度的形式，都以标准化为基础。

② 促进经济全面发展，提高经济效益。标准化应用于科学研究，可以避免在研究上的重复劳动；应用于产品设计，可以缩短设计周期；应用于生产，可使生产在科学的和有秩序的基础上进行；应用于管理，可促进统一、协调、高效率等。

③ 标准化是科研、生产、使用三者之间的桥梁。一项科研成果，一旦纳入相应标准，

就能迅速得到推广和应用。因此，标准化可使新技术和新科研成果得到推广应用，从而促进技术进步。

④ 随着科学技术的发展，生产的社会化程度越来越高，生产规模越来越大，技术要求越来越复杂，分工越来越细，生产协作越来越广泛，这就必须通过制定和使用标准，来保证各生产部门的活动，在技术上保持高度的统一和协调，以使生产正常进行；所以，可以说标准化为组织现代化生产创造了前提条件。

⑤ 促进对自然资源的合理利用，保持生态平衡，维护人类社会当前和长远的利益。

⑥ 合理发展产品品种，提高企业应变能力，以更好地满足社会需求。

⑦ 保证产品质量，维护消费者利益。

⑧ 在社会生产组成部分之间进行协调，确立共同遵循的准则，建立稳定的秩序。

⑨ 在消除贸易障碍、促进国际技术交流和贸易发展、提高产品在国际市场上的竞争能力方面具有重大作用。

⑩ 保障身体健康和生命安全，大量的环保标准、卫生标准和安全标准制定发布后，用法律形式强制执行，对保障人民的身体健康和生命财产安全具有重大作用。

思考题与习题

1. 实验室潜藏的危险因素有哪些？
2. 实验室灭火的措施和注意事项是什么？
3. 毒物侵入人的身体的途径有几种？如何预防中毒？
4. 实验室废弃物排放的准则是什么？
5. 如何处理含六价铬的废液？
6. 电炉使用注意事项有哪些？
7. 如何防止电击？
8. 如何正确使用气体钢瓶？
9. 什么是标准？
10. 什么是国际标准、区域标准、国家标准、行业标准和企业标准？
11. 什么是标准化？
12. 标准化的实质和目的是什么？
13. 标准化的对象是什么？
14. 标准化的基本特性是什么？
15. 标准化的基本原理是什么？
16. 标准化的主要作用是什么？
17. 什么是 ISO、IEC？
18. 危险化学品内容包括哪些？
19. 电击防护的措施有哪些？
20. 毒物的危害程度分为几级？举例说明。
21. 干粉灭火器、1211 灭火器、泡沫灭火器、二氧化碳灭火器，这四种灭火器中，哪一种灭火器不能扑灭电器火灾？哪一种适宜扑灭精密仪器的火灾？
22. 水灭火剂的作用是什么？
23. 使用高压气瓶时，应注意哪些事项？
24. 电击防护的措施有哪些？

第四章
定量分析概论

学习指南

定量分析的任务是测定物质中某种组分的含量。滴定分析是定量分析中重要的分析方法。通过本章学习,应了解滴定分析法的特点及分类、滴定反应的要求及滴定方式;掌握误差的分类、来源及减免方法;掌握准确度和精密度的表示方法;明确基准物质的作用及具备的条件;掌握滴定分析中常用的法定计量单位;熟练掌握滴定分析的各种计算;理解有效数字的概念,掌握有效数字的修约规则和运算规则;了解测量值的集中趋势和分散性、置信区间、t 检验法等统计学基础知识;掌握异常值检验方法和取舍方法。

第一节 滴定分析法概述

一、滴定分析法的特点

滴定分析又称容量分析,是定量分析中的一个重要组成部分。它是将一种已知准确浓度的试剂溶液滴加到一定量待测溶液中,直到所加试剂与待测物质定量反应为止。然后根据试剂溶液的浓度和用量,利用化学反应的计量关系计算待测物质的含量。如反应

$$a\text{A} + b\text{B} == c\text{C} + d\text{D}$$

这种已知准确浓度的试剂溶液称为标准溶液,或称滴定剂。用滴定管将标准溶液滴加到待测溶液中的操作过程称为滴定。当滴入的标准溶液与待测物质的量相当时,即恰好按照化学计量关系定量反应时,就达到了"化学计量点"。为了确定化学计量点,常在被滴定溶液中加入一种辅助试剂,由它的颜色变化作为达到化学计量点的信号而终止滴定,这种辅助试剂称为指示剂。在滴定过程中,指示剂发生颜色变化停止滴定时称为滴定终点,简称终点。由于指示剂不一定恰好在化学计量点时变色,所以滴定终点与化学计量点也常常不一致,由此引起的误差称为终点误差。终点误差是滴定分析误差的主要来源之一。

滴定分析通常用于常量组分测定。滴定分析法比较准确,正常情况下,滴定的相对误差在 0.1%左右。滴定分析在生产实践和科学实验中具有广泛的实用性。

二、滴定分析法对化学反应的要求

用于滴定分析的化学反应必须具备以下基本条件：

① 反应必须按化学计量关系进行，能进行完全（达到 99.9% 以上），没有副反应。这是定量计算的基础。

② 反应速率要快，最好能在瞬间完成。对于速率较慢的反应，可通过加热或加催化剂等方法来加快反应速率。

③ 要有适当的指示剂或其他物理化学方法来确定滴定终点。

三、滴定分析法的分类

按反应类型不同，滴定分析法可分为以下四种。

1. 酸碱滴定法

酸碱滴定法是以质子传递反应为基础的滴定分析法。其反应实质可表示为

$$H_3O^+ + OH^- \rightleftharpoons 2H_2O$$
$$HA(酸) + OH^- \rightleftharpoons A^- + H_2O$$
$$A^-(碱) + H_3O^+ \rightleftharpoons HA + H_2O$$

酸碱滴定法可用酸作标准溶液测定碱及碱性物质；也可用碱作标准溶液测定酸及酸性物质。

2. 配位滴定法

配位滴定法是以配位反应为基础的滴定分析法。常用乙二胺四乙酸的钠盐（简称 EDTA）作标准溶液，测定各种金属离子的含量。其反应如下

$$M^{n+} + Y^{4-} \rightleftharpoons MY^{n-4}$$

式中，M^{n+} 表示金属离子；Y^{4-} 表示 EDTA 的阴离子。

3. 沉淀滴定法

沉淀滴定法是以沉淀反应为基础的滴定分析法。最常用的是以硝酸银作标准溶液测定卤化物的含量，例如

$$Ag^+ + Cl^- \rightleftharpoons AgCl\downarrow$$

4. 氧化还原滴定法

氧化还原滴定法是以氧化还原反应为基础的滴定分析法，可以测定各种氧化性和还原性物质的含量，以及一些能与氧化剂或还原剂起定量反应的物质含量。如用高锰酸钾标准溶液滴定二价铁离子，其反应如下：

$$MnO_4^- + 5Fe^{2+} + 8H^+ \rightleftharpoons Mn^{2+} + 5Fe^{3+} + 4H_2O$$

上述方法各有其特点和局限性，同一种物质有时可用几种不同的方法进行测定。

四、滴定的主要方式

1. 直接滴定法

用标准溶液直接滴定待测溶液的方法称为直接滴定法。凡满足滴定分析要求的化学反

应,都可以应用直接滴定法进行滴定。直接滴定法是滴定分析法中最常用、最基本的滴定方式。

2. 返滴定法

当反应物为固体,或者试液中待测组分与滴定剂间的反应不能立即完成,或者滴定时没有合适的指示剂时,均可采用返滴定法完成滴定。该法是先准确地加入一定量过量的滴定剂,待反应完全后,再用另一种标准溶液滴定剩余的滴定剂。这种方式称为返滴定法,也称回滴法或剩余量滴定法。例如 EDTA 法测定 Zn^{2+} 时,先是在含 Zn^{2+} 的试液中加入一定量过量的 EDTA 标准溶液,加热促使反应完全,冷却后,再以 Zn^{2+} 的标准溶液滴定剩余的 EDTA。又如对于固体 $CaCO_3$ 的测定,可加入过量的 HCl 标准溶液,再用 NaOH 标准溶液滴定剩余 HCl。再如在酸性溶液中用 $AgNO_3$ 滴定 Cl^- 时,由于没有合适的指示剂,因此加入一定量过量的 $AgNO_3$ 标准溶液,使 Cl^- 沉淀完全;再用 NH_4SCN 标准溶液滴定剩余的 Ag^+,以 Fe^{3+} 为指示剂,溶液出现淡红色的 $[Fe(SCN)]^{2+}$ 即为终点。

3. 置换滴定法

当滴定剂与待测物质间不按一定反应式进行或伴有副反应时,可采用置换滴定法。即先用适当的试剂与待测物质反应,使待测组分定量地置换成另一可被滴定的物质,然后再用滴定剂进行滴定。例如,$Na_2S_2O_3$ 不能直接滴定 $K_2Cr_2O_7$ 及其他强氧化剂,因为在酸性溶液中,这些强氧化剂均将 $S_2O_3^{2-}$ 氧化为 $S_4O_6^{2-}$ 及部分的 SO_4^{2-},反应没有一定的计量关系,无法计算。如果在酸性的 $K_2Cr_2O_7$ 溶液中先加入过量 KI,$K_2Cr_2O_7$ 能将 I^- 氧化产生相当量的 I_2,产生的 I_2 即可用 $Na_2S_2O_3$ 进行滴定。这就是用 $K_2Cr_2O_7$ 标定 $Na_2S_2O_3$ 标准溶液浓度的方法。

4. 间接滴定法

有时待测物质不能与滴定剂直接反应,但可以通过另外的化学反应间接进行测定。例如 Ca^{2+} 在溶液中没有可变价态,不能直接用氧化还原法测定,但若将 Ca^{2+} 先与 $C_2O_4^{2-}$ 作用,使其完全沉淀为 CaC_2O_4。经过滤、洗涤,纯净的 CaC_2O_4 用硫酸溶解,就可用 $KMnO_4$ 标准溶液滴定与 Ca^{2+} 结合的 $C_2O_4^{2-}$,从而间接测定 Ca^{2+} 的含量。

由于返滴定法、置换滴定法,间接滴定法的应用,大大扩展了滴定分析的应用范围。

第二节 误差与偏差

定量分析的目的是通过一系列的分析步骤获得待测组分的准确含量。事实上,即使用最可靠的分析方法和最精密的仪器,并由技术十分熟练的分析人员对同一试样进行多次重复测定,测定结果也不完全一致;若取已知成分的试样进行多次重复测定,测得数值与已知值也不一定完全吻合。这种差别在数值上的表现就是误差。由此可见,误差是客观存在的。

一、误差的分类及产生原因

根据误差的性质和来源,误差可分为系统误差和偶然误差两类。

1. 系统误差

系统误差是由于分析过程中某些经常的固定原因引起的误差，在多次平行测定中重复出现，具有单向性，使测定结果总偏高或总偏低。因此误差的大小是可测的，故又称为可测误差。

系统误差按其来源分为以下几种。

（1）**方法误差**　分析方法本身不完善而引起的误差。这种误差与方法本身固有的特性有关，与分析者的操作技术无关。例如滴定反应不能定量地完成或者有副反应发生；滴定终点与化学计量点不符等都会引起误差。

（2）**仪器误差**　仪器本身精度不够而引起的误差。例如天平灵敏度不符合要求；砝码质量未经校正；所用滴定管刻度值与真实值不相符合等引起的误差。

（3）**试剂误差**　试剂的纯度不够或蒸馏水含有杂质而引起的误差。

（4）**操作误差**　指在正常操作情况下由于个人主观原因造成的误差。例如滴定管读数偏高或偏低，滴定终点颜色辨别偏深或偏浅等。

2. 偶然误差

偶然误差是由一些不易察觉的随机原因所引起的误差。例如测量时环境温度、压力、湿度的变化，仪器性能的微小变化，分析人员操作的细小变化等都可能带来误差。这类误差对测定结果的影响程度不定，有时正、有时负，误差的数值也不固定，有时大、有时小，难以预测，也难以控制，故又称为未定误差。表面上偶然误差的出现似乎没有什么规律，但如果在消除系统误差以后，对同一试样在同一条件下进行多次重复测定，并将测定的数据用数理统计方法进行处理便可发现：①大小相等的正负误差出现的概率相等；②小误差出现的概率大，大误差出现的概率小。偶然误差的这种规律性，可用图4-1的曲线表示。

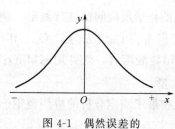

图4-1　偶然误差的正态分布曲线

图4-1中横坐标 x 代表误差的大小，纵坐标 y 代表误差发生的相对频率。这条曲线称为偶然误差的正态分布曲线。

正态分布曲线清楚地反映出偶然误差的分布规律。只要在消除系统误差的前提下，操作细心，增加测定次数，则大小相等的正负误差可以相互抵消，平均值就接近于真实值。因此，增加测定次数可以减小偶然误差。

此外，由于工作粗心大意、不遵守操作规程造成一些差错，如器皿未洗净、加错试剂、看错砝码、读错刻度值、记录错误等纯属操作错误，不属误差范畴，应弃去此次分析数据。

二、误差表示方法

1. 准确度与误差

准确度是指测定值与真实值相接近的程度。它说明测定值的正确性，用误差的大小表示。

$$绝对误差 = 测定值 - 真实值 \tag{4-1}$$

显然，绝对误差越小，测定值与真实值越接近，测定结果越准确。绝对误差的大小一般常用于说明一些仪器测量的准确度。如分析天平的称量误差是 0.0001g，常量滴定管的读数误差是±0.01mL等。但用绝对误差的大小来衡量测定结果的准确度，有时并不十分明显，因为它没有和测定过程中所取物质的数量多少联系起来。例如用分析天平称量两个试样的质量各为 1.6380g 和 0.1637g，假定这两个试样的真实值分别为 1.6381g 和 0.1638g，则二者称量的绝对误差皆为－0.0001g。但是这个绝对误差在两个试样质量中所占的百分率是不同的，前者在质量中所占的百分率要比后者所占的百分率小 10 倍。这说明当绝对误差相同时，被称量物质的质量越大，称量的准确度越高。这种绝对误差在真实值（或测定值）中所占的百分率称为相对误差（%）。

$$相对误差 = \frac{绝对误差}{真实值} \times 100\% \tag{4-2}$$

绝对误差和相对误差都有正、负之分。正值表示分析结果偏高，负值表示分析结果偏低。绝对误差与测量值的单位相同。

2. 精密度与偏差

精密度是指在相同条件下，一组平行测定结果之间相互接近的程度。它说明测定数据的再现性，用偏差的大小表示。偏差是指个别测定结果 x_i 与多次测定结果的平均值 $\bar{x}$ 之差。与误差相似，偏差也有绝对偏差和相对偏差（%）。

$$绝对偏差\ d_i = x_i - \bar{x} \tag{4-3}$$

$$相对偏差 = \frac{d_i}{\bar{x}} \times 100\% \tag{4-4}$$

绝对偏差与相对偏差有正、负之分，它们都是表示单次测定值对平均值的偏差。

在实际工作中，为了衡量一组数据的精密度，通常用平均偏差 $\bar{d}$ 表示。设测定次数为 n，各次测定结果为 x_1、x_2、$\cdots$、x_n，其算术平均值 $\bar{x}$ 为

$$\bar{x} = \frac{x_1 + x_2 + \cdots + x_n}{n} = \frac{\sum_{i=1}^{i=n} x_i}{n} \tag{4-5}$$

各次测定偏差为

$$d_1 = x_1 - \bar{x}$$
$$d_2 = x_2 - \bar{x}$$
$$\cdots\cdots$$
$$d_n = x_n - \bar{x}$$

平均偏差 $\bar{d}$ 为

$$\bar{d} = \frac{\sum |x_i - \bar{x}|}{n} = \frac{\sum |d_i|}{n} \tag{4-6}$$

则

$$相对平均偏差 = \frac{\bar{d}}{\bar{x}} \times 100\% \tag{4-7}$$

平均偏差取各次偏差绝对值之和是为了避免正负偏差互相抵消。它和相对平均偏差均无正负号。平均偏差有与测量值相同的单位，相对平均偏差用百分数表示。

【例 4-1】 经 5 次测定得水中铁含量（以 $\mu g/mL$ 表示）为 0.48、0.37、0.47、0.40、

0.43。试求其平均偏差和相对平均偏差。

解

$$\bar{x}=\frac{0.48+0.37+0.47+0.40+0.43}{5}=0.43\ (\mu g/mL)$$

测定结果	Fe/(μg/mL)	$|x_i-\bar{x}|$
x_1	0.48	0.05
x_2	0.37	0.06
x_3	0.47	0.04
x_4	0.40	0.03
x_5	0.43	0.00
	$\bar{x}=0.43$	$\sum d=0.18$

$$\bar{d}=\frac{0.18}{5}=0.036\ (\mu g/mL)$$

$$相对平均偏差=\frac{0.036}{0.43}\times 100\%=8.4\%$$

使用平均偏差表示精密度比较简单,但平均偏差有时不能确切反映测定的精密度。例如有甲、乙两组数据及其平均偏差分别为

(1) 甲组　10.3、9.8、9.6、10.2、10.1、10.4、10.0、9.7、10.2、9.7

$$\bar{d}_甲=0.24$$

(2) 乙组　10.0、10.1、9.3、10.2、9.9、9.8、10.5、9.8、10.3、9.9

$$\bar{d}_乙=0.24$$

在乙组数据中,明显看出有个别数据偏差较大,但两组数据的平均偏差却相同,没有反映出两者的区别。因此,仅用平均偏差表示测定结果的精密度是不够的。应使用标准偏差来衡量精密度。标准偏差 s 为

$$s=\sqrt{\frac{\sum(x_i-\bar{x})^2}{n-1}}=\sqrt{\frac{\sum d_i^2}{n-1}} \tag{4-8}$$

利用标准偏差来衡量精密度时,将单次测定结果的偏差加以平方,可以避免各次测量偏差相加时正负抵消,能将较大偏差对精密度的影响反映出来。上例两组数据的标准偏差分别为:$s_甲=0.28$,$s_乙=0.33$。可见甲组数据的精密度比乙组数据好。因此用标准偏差表示测定结果的精密度比用平均偏差表示更为精确。另外,在科技文献中还常用相对标准偏差(又称变异系数)表示测定结果的精密度。

$$相对标准偏差=\frac{s}{\bar{x}}\times 100\% \tag{4-9}$$

标准偏差与相对标准偏差无正负号,但标准偏差有与测定值相同的单位,而变异系数用百分数表示。

【例 4-2】 标定某溶液浓度的四次结果是 0.2041mol/L、0.2049mol/L、0.2039mol/L 和 0.2043mol/L。计算其测定结果的平均值、平均偏差、相对平均偏差、标准偏差和相对标准偏差。

解

$$\bar{x} = \frac{0.2041+0.2049+0.2039+0.2043}{4} = 0.2043 \text{ (mol/L)}$$

$$\bar{d} = \frac{|0.0002|+|0.0006|+|0.0004|+|0.0000|}{4}$$

$$= 0.0003 \text{ (mol/L)}$$

$$\text{相对平均偏差} = \frac{0.0003}{0.2043} \times 100\% = 0.15\%$$

$$s = \sqrt{\frac{(0.0002)^2+(0.0006)^2+(0.0004)^2+(0.0000)^2}{4-1}}$$

$$= 0.0004 \text{ (mol/L)}$$

$$\text{相对标准偏差} = \frac{0.0004}{0.2043} \times 100\% = 0.20\%$$

从上述讨论可知，准确度与精密度是判断测定结果好坏的依据，但二者在概念上是有区别的。精密度高的测定结果不一定准确度也高，因为精密度的高低仅由偶然误差所决定，与系统误差的存在无关。只有在减免或校正了系统误差的前提下，精密度高其准确度也高。例如甲、乙、丙、丁四人同时分析一种铁矿石标样，已知标样中 Fe_2O_3 含量为 60.36%。甲、乙、丙、丁四人的分析结果如图 4-2 所示。

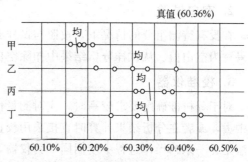

图 4-2 精密度与准确度示意图

显然，甲的测定结果精密但不准确，说明有系统误差存在；乙的结果既不精密也不准确；丙的结果最好，既精密又准确；丁的结果不精密但准确，这只是偶然巧合，如果再做几次重复测定，平均值不可能与原来一致，也就是说精密度差的本身，就失去衡量准确度的意义。

三、提高分析结果准确度的方法

由误差产生的原因看出，要提高分析结果的准确度，必须减小整个测定过程中的误差。系统误差的减免可采取对照试验、空白试验和校正仪器等方法来实现。偶然误差的减免则必须严格控制测定条件、细心操作，并适当增加平行测定次数，取其平均值作为测定结果。

1. 对照试验

常用的对照试验有如下三种方法。

（1）试样与标样对照　用标准样品（简称标样）按所用的分析方法进行分析，将标样的测定结果与标样的标准值比较。若所测定结果符合公差范围，说明试样测定结果可靠；否则，存在系统误差。

（2）拟定方法与标准方法对照　在同一条件下，用两种方法同时测定一种试样，若所得结果符合公差要求，说明新拟定的分析方法准确可靠。

（3）回收试验对照（标准加入法）　在实验条件下，取两等份试样，在一份中加入已知量的待测组分，然后分别进行测定。将得到的结果与试样结果比较，计算出加入量的回收率，可以判断所用分析方法是否可靠。例如，用分光光度法测定试样中 Cd 的含量，用回收试验法得到如下数据，回收率在 95％～105％之间，符合分光光度法要求，所以方法可靠。

加入 Cd 量/μg	测得 Cd 量/μg	回收率/％
0	10.0	
2	11.9	95
4	14.2	105
6	16.1	102
8	17.9	99

如果用对照试验已证明有系统误差存在，就可以采用空白试验或使用校正值予以消除。

2. 空白试验

在没有待测组分的情况下，按照与试样分析完全相同的操作手续和条件进行分析，测得结果称为空白值。从试样分析结果中扣除空白值，就得到比较可靠的分析结果。

3. 校准仪器

对于分析准确度要求较高时，应对测量仪器进行校正，并将校正值考虑到分析结果的计算中去，或者在分析结果计算时直接采用校正值，而不用面值。一般情况下，简单而有效的办法是在一系列操作过程中使用同一套仪器，这样可以使仪器误差抵消。

第三节　标准溶液

在滴定分析中，不论采用何种滴定方法，都必须使用标准溶液，并通过标准溶液的浓度和用量来计算待测组分的含量。因此正确地配制标准溶液、准确地标定其浓度，对于提高滴定分析的准确度意义重大。

一、标准溶液的配制

标准溶液的配制一般有两种方法。

1. 直接法

准确称取一定量的纯物质，溶解后准确稀释至一定体积，根据物质的质量和溶液的体积可直接计算出该标准溶液的准确浓度。

能用直接法配制标准溶液的物质称为基准物质。基准物质必须符合下列要求。

① 具有足够的纯度，一般要求纯度在 99.9％以上；而杂质含量应在滴定分析所允许的误差限度以下。

② 物质的组成与化学式完全符合。若含结晶水，其结晶水的量也必须与化学式相符。

③ 性质稳定。例如贮存时应不起变化，在空气中不吸收水分和二氧化碳，不被空气中

的氧所氧化，在烘干时不分解等。

④ 具有较大的摩尔质量。

但是用来配制标准溶液的物质大多数不能满足上述条件。如 NaOH 极易吸收空气中的 CO_2 和水分，高锰酸钾、硫代硫酸钠都含有少量杂质而且溶液不稳定。因此，对于这一类物质要用标定法配制。

2. 标定法（又称间接法）

将试剂先配制成近似浓度的溶液，然后用基准物质或另一种标准溶液来测定它的准确浓度。这种利用基准物质（或已知准确浓度的溶液）来确定标准溶液准确浓度的操作过程称为标定。例如，欲配制浓度为 0.1mol/L 的盐酸溶液，可先量取适量浓盐酸，稀释，配成浓度大约为 0.1mol/L 的盐酸溶液，然后准确称取一定量的基准物质（如碳酸钠、硼砂）进行标定，或者用已知准确浓度的 NaOH 标准溶液进行标定，这样便可求出 HCl 标准溶液的准确浓度。表 4-1 列出了各种滴定分析中常用的基准物质。

表 4-1　常用基准物质的干燥条件和应用

名　称	化学式	干　燥　条　件	标定对象
碳酸钠	Na_2CO_3	270～300℃（2～2.5h）	酸
邻苯二甲酸氢钾	$KHC_8H_4O_4$	110～120℃（1～2h）	碱
重铬酸钾	$K_2Cr_2O_7$	研细，105～110℃（3～4h）	还原剂
溴酸钾	$KBrO_3$	120～140℃（1.5～2h）	还原剂
碘酸钾	KIO_3	120～140℃（1.5～2h）	还原剂
三氧化二砷	As_2O_3	105℃（3～4h）	氧化剂
草酸钠	$Na_2C_2O_4$	130～140℃（1～1.5h）	氧化剂
碳酸钙	$CaCO_3$	105～110℃（2～3h）	EDTA
锌	Zn	依次用 1+3 HCl、水、乙醇洗后，置干燥器中保存	EDTA
氧化锌	ZnO	800～900℃（2～3h）	EDTA
氯化钠	NaCl	500～650℃（40～45min）	$AgNO_3$
氯化钾	KCl	500～650℃（40～45min）	$AgNO_3$

二、标准溶液的浓度

标准溶液浓度的表示方法通常有两种。

1. 物质的量浓度

国际单位（SI 单位）制和我国颁布的法定计量单位制都把"物质的量"作为一个基本量，并规定以"摩尔"（缩写为 mol）作为物质的量的计算单位。溶液的浓度是物质的量的一个导出量，以物质的量浓度来表示，以物质的量及溶液体积作为计算基础。

物质 B 的物质的量 n_B 的 SI 单位制单位"摩尔"的定义是："摩尔是一系统的物质的量，该系统中所包含的基本单元数与 0.012kg 碳-12 的原子数目相等。在使用摩尔时，基本单元应予指明，可以是原子、分子、离子、电子及其他粒子，或是这些粒子的特定组合"。

根据这个概念，物质B的基本单元，在不同情况下，可以是种种粒子或是这些粒子的种种组合。同样质量的物质，由于它们采用的基本单元不同，物质的量也不同。对某种物质来说，选用什么样的基本单元，应视所研究的具体反应而定。例如，酸碱反应是以接受或给出一个质子的特定组合作为反应物质的基本单元，氧化还原反应是以接受或给出一个电子的特定组合作为反应物质的基本单元。

物质B的物质的量 n_B 与物质B的质量 m_B 的关系为

$$n_B = \frac{m_B}{M_B} \tag{4-10}$$

式中，M_B 为物质的摩尔质量，其值与所选定的基本单元B有关，g/mol。因此使用摩尔为单位时，必须根据摩尔的定义指明基本单元。例如98.08g硫酸，当选 H_2SO_4 作基本单元时，$M(H_2SO_4)=98.08$ g/mol，$n(H_2SO_4)=1$ mol；当选 $\frac{1}{2}H_2SO_4$ 作基本单元时，$M\left(\frac{1}{2}H_2SO_4\right)=49.04$ g/mol，$n\left(\frac{1}{2}H_2SO_4\right)=2$ mol。

物质的量浓度（简称浓度，符号 c_B）表示单位体积溶液所含溶质B的物质的量。即

$$c_B = \frac{n_B}{V} \tag{4-11}$$

式中　V——溶液的体积，L；

　　　c_B——物质B的浓度，mol/L。

由于物质的量浓度 c 是物质的量 n 的导出量，因此，选择的基本单元不同，同一溶液用物质的量浓度表示也不同。所以提到浓度 c 时，必须指明基本单元。例如，每升硫酸溶液中含98.08g H_2SO_4，$c(H_2SO_4)=1$ mol/L，而 $c\left(\frac{1}{2}H_2SO_4\right)=2$ mol/L。

2. 滴定度

在化工分析中有时采用滴定度表示标准溶液的浓度。滴定度是指每毫升标准溶液相当于待测组分的质量，用 $T_{待测溶液/标准溶液}$（有时简写作 T）表示，单位为 g/mL。例如用 $K_2Cr_2O_7$ 标准溶液测定铁含量时，$T_{Fe/K_2Cr_2O_7}=0.005238$ g/mL，表示每毫升 $K_2Cr_2O_7$ 标准溶液可将0.005238g Fe^{2+} 氧化成 Fe^{3+}。如果滴定时消耗 $K_2Cr_2O_7$ 标准溶液的体积为 V mL，则铁的质量很快可求得 $(m=TV)$。在生产单位对大批试样进行同一组分的分析时，使用滴定度能迅速得出分析结果。

三、滴定分析的误差

滴定分析中的误差可分为测量误差、滴定误差和浓度误差。

1. 测量误差

测量误差是滴定分析仪器测量溶液体积时所产生的误差，是由仪器不准确，或随温度不同仪器及溶液的体积发生变化及观察刻度不准确等因素造成的。

例如，使用标准温度（20℃）下校正过的容量瓶，在 t℃使用时，其容积按下式计算。

$$V_t = V_{20} + \beta V_{20}(t-20) \tag{4-12}$$

式中　V_t——t℃时容量瓶的容积，mL；
　　　V_{20}——20℃时容量瓶的容积，mL；
　　　β——玻璃的膨胀系数，其值为0.000025。

溶液体积的校正，可按附录六的校正值进行计算。例如，在27℃时滴定用去浓度为1.000mol/L的HCl溶液32.84mL，换算成20℃时溶液的体积为

$$32.84 - \frac{32.84 \times 1.7}{1000} = 32.78 \text{ （mL）}$$

温差若不超过5℃，水溶液的体积变化较小，可以忽略不计。若超出此限度，可按附录六进行校正。

2. 滴定误差

滴定误差是指滴定过程中所产生的一系列误差，主要包括以下几种。

① 滴定终点与反应的化学计量点不吻合。这是指示剂选择不当所造成的，应正确选用指示剂。

② 指示剂消耗标准溶液。如酸碱滴定法中使用的指示剂本身就是弱酸或弱碱，当其改变颜色时，也消耗少量酸碱标准溶液。因此，应尽量控制指示剂的用量，也可用空白试验进行校正。

③ 标准溶液用量的影响。滴定至终点的最后一滴溶液的体积应尽量减少，以免过量太多引起较大的误差。一般控制在半滴（0.02～0.03mL）以内，按相对误差为±0.1%计算，此时标准溶液用量应为

$$V = \frac{0.02}{0.1\%} = 20 \text{ （mL）}$$

或

$$V = \frac{0.03}{0.1\%} = 30 \text{ （mL）}$$

在滴定中通常规定消耗标准溶液的体积为20～30mL。

④ 杂质的影响。试液中有消耗标准溶液的杂质存在时，应设法消除。

3. 浓度误差

浓度误差是指由于标准溶液浓度不当或标准溶液的浓度随温度改变而变化所带来的影响。

① 标准溶液的浓度不能过浓或过稀。过浓时过量一滴就会对结果造成较大的误差；而过稀时终点不灵敏。因此，一般分析中常用的浓度以0.1～0.2mol/L为宜。

② 标准溶液的浓度随温度的变化而变化。标准溶液给出的是20℃时的浓度，由于标准溶液的体积随温度的变化而变化，所以也引起其浓度的改变。当温度高于20℃时，其浓度下降；低于20℃时，其浓度上升。不同的标准溶液或不同浓度的标准溶液受温度变化的影响是不同的。

a. 直接法配制溶液时，其浓度应按容量瓶校正后的容积计算。

b. 已标定好的标准溶液，当温度改变时，其浓度可按下式计算。

$$c = \frac{c_0}{1 + \beta(t - t_0)} \tag{4-13}$$

式中　c——t℃使用时溶液的浓度，mol/L；

c_0 —— t_0 ℃标定溶液测得的浓度，mol/L；

β —— 溶液的体积膨胀系数。

对于用非水溶剂配制的溶液，如用冰醋酸等溶剂，受温度影响较大，必须按上式进行浓度修正。

滴定分析中的系统误差主要是在标定溶液和使用标准溶液测定组分含量的过程中引入的。当两者操作条件完全相同时，系统误差可以互相抵消。

第四节 滴定分析中的计算

一、计算原则

滴定分析是用标准溶液滴定待测组分溶液。当滴定达到化学计量点时，待测组分的物质的量 n_B 与标准溶液的物质的量 n_A 相等，这就是等物质的量反应规则。它是滴定分析计算的基础。

二、计算示例

1. 两种溶液之间的换算

如果 c_A、c_B 分别代表滴定剂 A 和待测物 B 两种溶液的浓度，V_A、V_B 分别代表两种溶液的体积，则当反应到达化学计量点时

$$n_A = n_B$$

或
$$c_A V_A = c_B V_B \tag{4-14}$$

例如用 NaOH 标准溶液滴定 H_2SO_4 溶液时，其反应式为

$$H_2SO_4 + 2NaOH = Na_2SO_4 + 2H_2O$$

在上式中，H_2SO_4 转移 2 个质子，因此选取 $\frac{1}{2}H_2SO_4$ 作为硫酸的基本单元；而 NaOH 接受一个质子，因此 NaOH 的基本单元就是其化学式。

参加反应的硫酸的物质的量为

$$n\left(\frac{1}{2}H_2SO_4\right) = c\left(\frac{1}{2}H_2SO_4\right) V(H_2SO_4)$$

参加反应的 NaOH 的物质的量为

$$n(NaOH) = c(NaOH) V(NaOH)$$

滴定到化学计量点时

$$c\left(\frac{1}{2}H_2SO_4\right) V(H_2SO_4) = c(NaOH) V(NaOH)$$

【例 4-3】 滴定 25.00mL NaOH 溶液需 $c\left(\frac{1}{2}H_2SO_4\right) = 0.2000$ mol/L 的硫酸溶液 20.00mL，求 $c(NaOH)$。

解 根据参加反应的物质的量相等的原则，有

$$c(\text{NaOH})V(\text{NaOH}) = c\left(\frac{1}{2}\text{H}_2\text{SO}_4\right)V(\text{H}_2\text{SO}_4)$$

$$c(\text{NaOH}) = \frac{c\left(\frac{1}{2}\text{H}_2\text{SO}_4\right)V(\text{H}_2\text{SO}_4)}{V(\text{NaOH})}$$

$$= \frac{0.2000 \times 20.00 \times 10^{-3}}{25.00 \times 10^{-3}}$$

$$= 0.1600 \ (\text{mol/L})$$

式(4-14)也适用于有关溶液配制及稀释的计算。

【例 4-4】 现有 2000mL 浓度为 0.1024mol/L 的某标准溶液,欲将其浓度恰调整为 0.1000mol/L,需加入多少毫升水?

解 因是同一种物质的溶液,基本单元一致,式(4-14)中脚标 A、B 分别代表稀释前后溶液的两种状态。

设应加水 $V_\text{水}$(mL),则 $V_\text{B} = V_\text{A} + V_\text{水}$

由 $$c_\text{A}V_\text{A} = c_\text{B}V_\text{B}$$

得 $$c_\text{A}V_\text{A} = c_\text{B}(V_\text{A} + V_\text{水})$$

$$0.1024 \times 2000 \times 10^{-3} = 0.1000 \times (2000 + V_\text{水}) \times 10^{-3}$$

$$V_\text{水} = 48.00 \ (\text{mL})$$

2. 溶液与物质的质量之间的换算

物质的质量为 m_B 时,其物质的量 n_B 为

$$n_\text{B} = \frac{m_\text{B}}{M_\text{B}}$$

当此物质 B 与浓度为 c_A、体积为 V_A 的标准溶液作用完全时,根据等物质的量反应规则,可得

$$c_\text{A}V_\text{A} = \frac{m_\text{B}}{M_\text{B}} \tag{4-15}$$

【例 4-5】 选用邻苯二甲酸氢钾作基准物质,标定浓度为 0.2mol/L NaOH 溶液的准确浓度。今欲控制消耗 NaOH 溶液体积在 25mL 左右,应称取基准物质的质量为多少克?如改用草酸($\text{H}_2\text{C}_2\text{O}_4 \cdot 2\text{H}_2\text{O}$)作基准物质,又应称取多少克?

解 邻苯二甲酸氢钾与氢氧化钠的反应为

$$\text{C}_6\text{H}_4(\text{COOH})(\text{COOK}) + \text{NaOH} \longrightarrow \text{C}_6\text{H}_4(\text{COONa})(\text{COOK}) + \text{H}_2\text{O}$$

在反应中,$\text{C}_6\text{H}_4(\text{COOH})(\text{COOK})$ 及 NaOH 间反应转移一个质子,故其基本单元都是各自的化学式。

设应称取邻苯二甲酸氢钾的质量为 m_1,由题意可得

$$c(\text{NaOH})V(\text{NaOH}) = \frac{m_1}{M(\text{KHC}_8\text{H}_4\text{O}_4)}$$

$$m_1 = c(\text{NaOH})V(\text{NaOH})M(\text{KHC}_8\text{H}_4\text{O}_4)$$

又 $$M(\text{KHC}_8\text{H}_4\text{O}_4) = 204.2\text{g/mol}$$

则
$$m_1 = 0.2 \times 25 \times 10^{-3} \times 204.2 = 1.0 \text{ (g)}$$

草酸与氢氧化钠的反应为
$$H_2C_2O_4 + 2NaOH \rightleftharpoons Na_2C_2O_4 + 2H_2O$$

因为草酸在反应中给出两个质子,故其基本单元为 $\frac{1}{2}(H_2C_2O_4 \cdot 2H_2O)$。

设应称取草酸的质量为 m_2,同理可得
$$m_2 = c(NaOH)V(NaOH)M\left[\frac{1}{2}(H_2C_2O_4 \cdot 2H_2O)\right]$$

又
$$M\left[\frac{1}{2}(H_2C_2O_4 \cdot 2H_2O)\right] = \frac{1}{2} \times M(H_2C_2O_4 \cdot 2H_2O)$$
$$= \frac{1}{2} \times 126.07$$
$$= 63.04 \text{ (g/mol)}$$

则
$$m_2 = 0.2 \times 25 \times 10^{-3} \times 63.04$$
$$= 0.32 \text{ (g)}$$

由例 4-5 可以看出,邻苯二甲酸氢钾的摩尔质量为 204.2g/mol,草酸的摩尔质量为 63.04g/mol,若与相同物质的量的氢氧化钠作用,前者应称 1.0g 左右,而后者只需称 0.32g 左右。称取这两份基准物质的质量引入的相对误差(%)分别为

$$\frac{\pm 0.0002}{1.0} \times 100\% = 0.02\%$$

$$\frac{\pm 0.0002}{0.32} \times 100\% = 0.06\%$$

可见,对于摩尔质量大的基准物质,标定时称取的质量多一些,因而引入的称量误差就小一些。

式(4-15)还适用于根据所需溶液的浓度及体积计算溶质的质量,根据基准物质的质量及标准溶液所消耗的体积计算标准溶液的浓度等。

【例 4-6】 已知浓硫酸的密度 ρ 为 1.84g/mL,其中 H_2SO_4 的含量 w 为 95.6%。今取该硫酸 5.00mL,稀释至 1000mL,计算所配溶液的浓度 $c\left(\frac{1}{2}H_2SO_4\right)$ 及 $c(H_2SO_4)$。

解 5.00mL 中含硫酸的质量
$$m(H_2SO_4) = \rho V w$$
$$= 1.84 \times 5.00 \times 95.6\%$$
$$= 8.80 \text{ (g)}$$

稀释后溶液中所含硫酸的质量不变,由式(4-15)可得

$$\frac{m(H_2SO_4)}{M\left(\frac{1}{2}H_2SO_4\right)} = c\left(\frac{1}{2}H_2SO_4\right)V(H_2SO_4)$$

又
$$M\left(\frac{1}{2}H_2SO_4\right) = 49.04 \text{g/mol}$$

则
$$c\left(\frac{1}{2}H_2SO_4\right) = \frac{m(H_2SO_4)}{M\left(\frac{1}{2}H_2SO_4\right)V(H_2SO_4)}$$

$$= \frac{8.80}{49.04 \times 1000 \times 10^{-3}}$$

$$= 0.179 \text{ (mol/L)}$$

又 $M(H_2SO_4) = 98.08 \text{g/mol}$

则 $c(H_2SO_4) = 0.0897 \text{mol/L}$

从上述计算看出，当物质的质量 m 及溶液体积 V 固定时，该物质的摩尔质量所选基本单元不同，溶液的浓度 c 也不同。

【例 4-7】 欲配制 $c\left(\frac{1}{6}K_2Cr_2O_7\right) = 0.1000 \text{mol/L}$ 的 $K_2Cr_2O_7$ 标准溶液 250.0mL，应称取 $K_2Cr_2O_7$ 多少克？

解 由式(4-15)可得

$$\frac{m(K_2Cr_2O_7)}{M\left(\frac{1}{6}K_2Cr_2O_7\right)} = c\left(\frac{1}{6}K_2Cr_2O_7\right)V(K_2Cr_2O_7)$$

又

$$M\left(\frac{1}{6}K_2Cr_2O_7\right) = \frac{1}{6} \times M(K_2Cr_2O_7)$$

$$= \frac{1}{6} \times 294.2$$

$$= 49.03 \text{ (g/mol)}$$

$$m(K_2Cr_2O_7) = c\left(\frac{1}{6}K_2Cr_2O_7\right)V(K_2Cr_2O_7)M\left(\frac{1}{6}K_2Cr_2O_7\right)$$

$$= 0.1000 \times 250.0 \times 10^{-3} \times 49.03$$

$$= 1.226 \text{ (g)}$$

3. 待测组分含量的计算

待测组分含量是指待测组分占试样中的质量分数 w_B（以%表示）。设试样质量为 m，试样中待测组分的质量为 m_B，则待测组分 B 的质量分数为

$$w_B = \frac{m_B}{m} \times 100\%$$

再将式(4-15) $m_B = c_A V_A M_B$ 代入，则

$$w_B = \frac{c_A V_A M_B}{m} \times 100\% \tag{4-16}$$

【例 4-8】 测定 Na_2CO_3 试样的含量时，称取试样 0.2009g，滴定至终点时消耗 $c\left(\frac{1}{2}H_2SO_4\right) = 0.2020 \text{mol/L}$ 的硫酸溶液 18.32mL，求试样中 Na_2CO_3 的含量（以%表示）。

解 反应式为

$$H_2SO_4 + Na_2CO_3 = Na_2SO_4 + H_2O + CO_2 \uparrow$$

由于反应中硫酸和碳酸钠间转移两个质子，因此其基本单元分别为 $\frac{1}{2}H_2SO_4$ 和 $\frac{1}{2}Na_2CO_3$。

已知 $M\left(\frac{1}{2}H_2SO_4\right)=49.04\text{g/mol}$，$M\left(\frac{1}{2}Na_2CO_3\right)=53.00\text{g/mol}$，则

$$w(Na_2CO_3)=\frac{0.2020\times18.32\times10^{-3}\times53.00}{0.2009}\times100\%=97.62\%$$

在分析实践中，有时不是滴定全部试样溶液，而是取其中一部分进行滴定。在这种情况下，应将 m 值乘以适当的分数。如将 $m(g)$ 试样溶解后定容为 250.0mL，取出 25.00mL 进行滴定，则每份试样质量应是 $m\times\frac{25.00}{250.0}$。如果在滴定待测试液的同时做了空白试验，则式(4-16)中的 V_A 应减去空白试验所消耗的标准溶液的体积 V_0。

4. 滴定度与物质的量浓度之间的换算

滴定度是指 1mL 标准溶液相当于待测物质的质量，以 T 表示。式(4-15)中为 1mL 时所得 m_B 即为滴定度，写成了 $T_{B/A}$。

$$c_A V_A=\frac{m_B}{M_B}$$

$$c_A\times1\times10^{-3}=\frac{T}{M_B}$$

则
$$T=c_A\times10^{-3}\times M_B \tag{4-17}$$

或
$$c_A=\frac{T\times10^3}{M_B} \tag{4-18}$$

【例 4-9】 计算 $c(HCl)=0.1015\text{mol/L}$ 的 HCl 溶液对 Na_2CO_3 的滴定度。

解 由式(4-17)

$$T_{Na_2CO_3/HCl}=c(HCl)\times10^{-3}M\left(\frac{1}{2}Na_2CO_3\right)$$
$$=0.1015\times10^{-3}\times53.00$$
$$=0.005380\ (g/mL)$$

第五节 分析数据的处理

一、有效数字和运算规则

定量分析测定任一组分都需要经过一系列的实验过程，最后通过计算得出分析结果。这不仅需要准确地测定，而且还需要正确地记录和计算。实际上，要求记录的数字不但能够表示数量的大小，而且要正确地反映出测定时的准确程度。所以，在记录实验数据和计算分析结果时，应当注意数字处理问题。

1. 有效数字的意义

有效数字是指在分析工作中实际能测量到的数字。在有效数字中只有最末一位数字是可疑的，可能有 ±1 的误差。例如用万分之一分析天平称量物质的质量为 0.5180g，这样记录正确，与该天平称量所达到的准确度相适应。在数字"0.5180"中，小数点后三

位是准确的,第四位"0"是可疑的,可能有上下一个单位的误差,它表明试样实际质量在 (0.5180±0.0001)g 之间。此时称量的绝对误差是±0.0001g,相对误差为

$$\frac{\pm 0.0001}{0.5180} \times 100\% = \pm 0.02\%$$

如果把结果记为 0.518g,显然是错误的。因为它表明试样实际质量在 (0.518±0.001)g 之间,即绝对误差为±0.001g,而相对误差则为±0.2%。可见,数据的位数不仅能表示数据的大小,而且重要的是反映了测定的准确程度。现将定量分析中常遇到的一些数据举例如下:

试样的质量	0.1430g	四位有效数字(用分析天平称量)
溶液的体积	22.06mL	四位有效数字(用滴定管测量)
	25.00mL	四位有效数字(用吸量管量取)
	25mL	两位有效数字(用量筒量取)
溶液的浓度	0.1000mol/L	四位有效数字
	0.2mol/L	一位有效数字
含量/%	98.97	四位有效数字
相对标准偏差/%	0.20	两位有效数字
pH	4.30	两位有效数字
离解常数 K	1.8×10^{-5}	两位有效数字

数字"0"在数据中具有双重意义。当用来表示与测量精度有关的数字时,是有效数字;当用它只起定位作用与测量精度无关时,则不是有效数字。在上列数据中,数据之间的"0"和小数上末尾的"0"都是有效数字;数据前面的"0"只起定位作用,不是有效数字。对于含有对数的有效数字位数的确定,其位数仅取决于小数部分数据的位数,整数部分只说明这个数的方次。如 pH=4.30 有两位有效数字,整数 4 只表明相应真数的方次。另外,对于计算公式中含有的自然数,如测定次数 $n=7$,化学反应计量系数 2、3 等都不是测量所得,可视为无穷多位有效数字。

2. 有效数字运算规则

有效数字运算规则包括两方面内容,即数字修约规则和数据运算规则。

(1) 数字修约规则 在处理数据过程中,常会遇到各测量值的数字位数不同的情况,根据有效数字的要求,常常要弃去多余的数字,然后再进行计算。把弃去多余数字的处理过程称为数字的修约。对数字的修约过去常用四舍五入法。这种方法的缺点是见 5 就进,从统计的观点来看,会使数据偏向高的一边,将会引起系统的舍入误差(正)。现在采用"四舍六入五留双"法。当尾数≥6 时则入,尾数≤4 时则舍。当尾数恰为 5,而其后面的数均为 0 时,若 5 的前一位是奇数则入,是偶数(包括"0")则舍;倘若 5 后面还有不为 0 的任何数时皆入。例如将下列数据修约到两位有效数字:

3.148→3.1; 0.736→0.74
2.549→2.5; 76.51→77
75.50→76; 7.050→7.0

修约数字时,只能对原始数据进行一次修约到需要的位数,不能逐级积累修约。如 7.5489 修约到两位有效数字应是 7.5,不能修约成 7.549→7.55→7.6。

(2) 数据运算规则 在用测量值进行运算时,每个测量值的误差都要传递到结果中去。于是,在处理数据时应做到合理取舍,既不能因舍弃某一尾数使准确度受到影响,又不能无

原则地保留过多位数使计算复杂。在运算过程中应按下述规则将各个数据进行修约后,再计算结果。

① 加减法:几个数据相加或相减时,它们的和或差的有效数字位数的保留,应以小数点后位数最少(绝对误差最大)的数据为准。例如

$$0.015+34.37+4.3235=0.02+34.37+4.32=38.71$$

上面相加的三个数据中,34.37 小数点后位数最少,绝对误差最大。故以 34.37 为准,将其他数据修约到小数点后两位,然后进行计算。如果在上述三个数据相加时,把小数点后第三、四位都加进去就毫无意义了。

② 乘除法:几个数据相乘或相除时,它们的积或商的有效数字位数的保留,应以各数据中有效数字位数最少(相对误差最大)的数据为准。例如 0.1034×2.34,对于 0.1034,其相对误差为 $\frac{\pm 0.0001}{0.1034} \times 100\% = \pm 0.1\%$,而对 2.34 其相对误差为 $\frac{\pm 0.01}{2.34} \times 100\% = \pm 0.4\%$。因此这两个数应以 2.34 的三位有效数字为准,即

$$0.103 \times 2.34 = 0.241$$

在乘除运算中,有时会遇到某一数据的第一位有效数字>8,其有效数字的位数可多算一位。如 9.37 虽然只有三位,但它已接近于 10.00,故可按四位有效数字计算。

应当指出,在使用电子计算器进行计算时,特别要注意最后结果中有效数字位数的保留,应根据上述原则决定舍入,不可全部照抄计算器上显示的数字。

二、分析结果的数据处理

1. 可疑值的取舍

在所测得的一组分析实验数据中,往往有个别数据与其他数据相差较远,这一数据称为可疑值。可疑值的取舍,对平均值影响很大,如果不能确定该可疑值确系由于"过失"引起的,就不能为了单纯追求实验结果的"一致性",而把这一数据随意舍弃。正确的做法是按一定的统计学方法处理。目前常用的方法有以下几种。

(1) $4\bar{d}$ 法 首先求出可疑值以外的其余数据的平均值 $\bar{x}$ 和平均偏差 $\bar{d}$。然后,将可疑值与平均值之差的绝对值与 $4\bar{d}$ 比较,如其绝对值大于或等于 $4\bar{d}$,则可疑值舍弃,否则应保留。

【例 4-10】 标定某溶液的浓度得 0.1014mol/L、0.1012mol/L、0.1019mol/L 和 0.1016mol/L,问 0.1019mol/L 是否舍去?

解 首先不包括 0.1019mol/L,求其余数据的平均值和平均偏差。

$$\bar{x} = \frac{0.1014+0.1012+0.1016}{3} = 0.1014 \text{(mol/L)}$$

$$\bar{d} = \frac{|0.0000|+|0.0002|+|0.0002|}{3} = 0.00013 \text{(mol/L)}$$

可疑值与平均值之差的绝对值为

$$|0.1019-0.1014| = 0.0005 \text{(mol/L)}$$

$$4\bar{d} = 4 \times 0.00013 = 0.00052 \text{(mol/L)}$$

因 0.0005 小于 $4\bar{d}$,所以 0.1019 应保留,参与计算,平均值应为 0.1015mol/L。

(2) Q 检验法 将多次测定数据按数值大小顺序排列,求出最大数据与最小数据之差 $x_{最大} - x_{最小}$(极差)。然后用极差除可疑值与邻近值之差的绝对值,得舍弃商 $Q_{计}$,即 $Q_{计} = \dfrac{|x_{可疑} - x_{邻近}|}{x_{最大} - x_{最小}}$。将 $Q_{计}$ 值与表 4-2 中给出的 $Q_{0.90}$ 值比较,若 $Q_{计} \geqslant Q_{0.90}$,则可弃去可疑值,否则应予保留。

表 4-2 不同测定次数的 Q 值(置信度 90%)

测定次数	3	4	5	6	7	8	9	10
$Q_{0.90}$	0.94	0.76	0.64	0.56	0.51	0.47	0.44	0.41

【例 4-11】 测定试样中钙的含量分别为 22.38%、22.39%、22.36%、22.40% 和 22.44%。试用 Q 检验法确定 22.44% 是否舍去?

解 $x_{最大} - x_{最小} = 22.44\% - 22.36\% = 0.08\%$

$$|x_{可疑} - x_{邻近}| = |22.44\% - 22.40\%| = 0.04\%$$

$$Q_{计} = \frac{0.04\%}{0.08\%} = 0.50$$

查表 4-2,$n=5$ 时,$Q_{0.90} = 0.64$,$Q_{计} < Q_{0.90}$,所以 22.44% 应予保留。

以上两种方法,$4\bar{d}$ 法计算简单不必查表,但数据统计处理不够严密,常用于处理一些要求不高的实验数据。Q 检验法符合数理统计原理,比较严谨,方法也简便,置信度可达 90%。表 4-2 所列舍弃商,适用于测定 3~10 次之间的数据处理。

2. 平均值的置信区间

在完成一项测定工作后,一般是把测定数据的平均值作为结果报出。但在准确度要求较高的分析中,只给出测定结果的平均值是不够的,还应给出测定结果的可靠性或可信度,用以说明总体平均值(μ)所在的范围(置信区间)及落在此范围内的概率(置信度)。

置信区间是指在一定的置信度下,以测定结果平均值 $\bar{x}$ 为中心,包括总体平均值 μ 在内的可靠性范围。在消除了系统误差的前提下,对于有限次数的测定,平均值的置信区间为

$$\mu = \bar{x} \pm t\frac{s}{\sqrt{n}} \tag{4-19}$$

式中,s 为标准偏差;n 为测定次数;$\pm t\dfrac{s}{\sqrt{n}}$ 为围绕平均值的置信区间;t 为置信因数,可根据测定次数和置信度从表 4-3 中查得。

表 4-3 不同测定次数和不同置信度的 t 值

测定次数 n	置 信 度				
	50%	90%	95%	99%	99.5%
2	1.000	6.314	12.706	63.657	127.32
3	0.816	2.920	4.303	9.925	14.089
4	0.765	2.353	3.182	5.841	7.453
5	0.741	2.132	2.776	4.604	5.598

续表

测定次数 n	置信度				
	50%	90%	95%	99%	99.5%
6	0.727	2.015	2.571	4.032	4.773
7	0.718	1.943	2.447	3.707	4.317
8	0.711	1.895	2.365	3.500	4.029
9	0.706	1.860	2.306	3.355	3.832
10	0.703	1.833	2.262	3.250	3.690
11	0.700	1.812	2.228	3.169	3.581
21	0.687	1.725	2.086	2.845	3.153
∞	0.674	1.645	1.960	2.576	2.807

置信度又称置信概率，是指以测定结果平均值为中心包括总体平均值落在 $\mu \pm t \dfrac{s}{\sqrt{n}}$ 区间的概率，或者说，分析结果在某一范围内出现的概率。置信度的高低说明估计的把握程度的大小。如置信度为95%，说明以平均值为中心包括总体平均值落在该区间有95%的把握。

【例 4-12】 测定某血液中乙醇的含量，6次测定结果是 0.082%、0.086%、0.084%、0.088%、0.084%和0.089%，计算置信度为95%时平均值的置信区间。

解

$$\bar{x} = \dfrac{0.082\% + 0.086\% + 0.084\% + 0.088\% + 0.084\% + 0.089\%}{6}$$

$$= 0.086\%$$

$$s = \sqrt{\dfrac{(0.004\%)^2 + (0.000\%)^2 + (0.002\%)^2 + (0.002\%)^2 + (0.002\%)^2 + (0.003\%)^2}{6-1}}$$

$$= 0.0027\%$$

查表4-3，置信度为95%、$n=6$ 时，$t=2.571$，则

$$\mu = 0.086\% \pm \dfrac{2.571 \times 0.0027\%}{\sqrt{6}} = 0.086\% \pm 0.003\%$$

计算说明，通过6次测定有95%的把握认定乙醇的真实含量在 0.086%±0.003% 之间。显然用置信区间表示分析结果比用平均值表示的结果更符合实际，其可靠性和可信度更强。此外，利用式(4-19)，还可以通过计算 t 值的方法，用以检验新设计分析方法的可靠性，以及判断测定过程中是否存在系统误差。例如，检验某一新分析方法是否可靠，可用已知含量的标准试样进行对照，求出 n 次测定结果的平均值 $\bar{x}$ 和标准偏差 s 并按下式求出 $t_{计}$ 值。

$$t_{计} = \dfrac{|\bar{x} - \mu|}{s}\sqrt{n} \tag{4-20}$$

然后与表4-3中的 $t_{0.95}$ 相比较（通常选用95%的置信度作为检验标准），如果 $t_{计} < t_{0.95}$ 说明所拟分析方法准确可靠，无系统误差存在。这种检验方法称为 t 检验法。

【例 4-13】 用某新方法测定分析纯 NaCl 中氯的含量10次，得测定的平均值 $\bar{x} = 60.68\%$，$s=0.044\%$，已知样品中氯的实际含量为 60.66%，问这种新方法是否准确可靠，

有无系统误差存在？

解
$$t_{\text{计}} = \frac{|60.68\% - 60.66\%|}{0.044\%}\sqrt{10} = 1.43$$

查表 4-3，置信度为 95%、$n=10$ 时，$t=2.262$，$t_{\text{计}} < t_{0.95}$，说明 $\bar{x}$ 与 μ 之间不存在系统误差，该方法准确可靠。

三、计算示例

【例 4-14】 某矿石中钨的含量测定结果为 20.39%、20.41%、20.43%。计算标准偏差及置信度为 95% 时的置信区间。

解
$$\bar{x} = \frac{20.39\% + 20.41\% + 20.43\%}{3} = 20.41\%$$

$$s = \sqrt{\frac{(0.02\%)^2 + (0.00\%)^2 + (0.02\%)^2}{3-1}} = 0.02\%$$

查表 4-3，置信度为 95%、$n=3$ 时，$t=4.303$，则

$$\mu = \bar{x} \pm t\frac{s}{\sqrt{n}} = 20.41\% \pm 4.303 \times \frac{0.02\%}{\sqrt{3}} = 20.41\% \pm 0.04\%$$

即分析结果的标准偏差为 0.02%，置信度为 95% 时置信区间为 20.41%±0.04%。

【例 4-15】 测定钢中含铬量时，先测定 2 次，其含量为 1.12% 和 1.15%；再测定 3 次，含量分别为 1.11%、1.16% 和 1.12%。试分别按 2 次测定和 5 次测定的数据来计算平均值的置信区间（置信度为 95%），计算结果说明什么问题？

解 2 次测定时

$$\bar{x} = \frac{1.12\% + 1.15\%}{2} = 1.14\%$$

$$s = \sqrt{\frac{(0.02\%)^2 + (0.01\%)^2}{2-1}} = 0.022\%$$

查表 4-3，置信度为 95%、$n=2$ 时、$t=12.7$。

$$\mu = 1.14\% \pm \frac{12.7 \times 0.022\%}{\sqrt{2}} = 1.14\% \pm 0.20\%$$

5 次测定时

$$\bar{x} = \frac{1.12\% + 1.15\% + 1.11\% + 1.16\% + 1.12\%}{5} = 1.13\%$$

$$s = \sqrt{\frac{(0.01\%)^2 + (0.02\%)^2 + (0.02\%)^2 + (0.03\%)^2 + (0.01\%)^2}{5-1}}$$

$$= 0.022\%$$

查表 4-3，置信度为 95%、$n=5$ 时，$t=2.78$，则

$$\mu = 1.13\% \pm 2.78 \times \frac{0.022\%}{\sqrt{5}} = 1.13\% \pm 0.03\%$$

即 2 次测定平均值的置信区间为 $1.14\% \pm 0.20\%$，5 次测定平均值的置信区间为 $1.13\% \pm 0.03\%$，显然增加测定次数，置信区间范围缩小，使测定的平均值越接近总体平均值。

【例 4-16】 测定试样中某组分的含量，4 次测定结果为 65.73%、65.82%、65.85% 和 65.90%，问 65.73% 应否舍去（用 $4\bar{d}$ 法判断）？

解

$$\bar{x} = 65.86\%$$

$$\bar{d} = \frac{|0.04\%| + |0.01\%| + |0.04\%|}{3} = 0.03\%$$

$$4\bar{d} = 4 \times 0.03\% = 0.12\%$$

$$|x_{可疑} - \bar{x}| = |65.73\% - 65.86\%| = 0.13\%$$

即 $|x_{可疑} - \bar{x}| > 4\bar{d}$，$65.73\%$ 应舍弃。

【例 4-17】 某试样中氯的含量经测定为 30.54%、30.52%、30.60% 和 30.12%。根据 Q 检验法，最后一个数据能否舍去？

解

$$Q_{计} = \frac{|x_{可疑} - x_{邻近}|}{x_{最大} - x_{最小}} = \frac{|30.12\% - 30.52\%|}{30.60\% - 30.12\%} = 0.83$$

查表 4-2，$n = 4$ 时，$Q_{0.90} = 0.76$，$Q_{计} > Q_{0.90}$，故 30.12% 应舍去。

【例 4-18】 计算下列各式的结果，以适当的有效数字表示。
(1) $0.0025 + 2.5 \times 10^{-3} + 0.1025$
(2) $1.212 \times 3.18 + 4.8 \times 10^{-4} - 0.0121 \times 0.008142$

解 (1) 在相加的三个数据中，小数点后的位数均是四位，故应以四位有效数字位数进行计算。

$$0.0025 + 2.5 \times 10^{-3} + 0.1025 = 0.1075$$

(2) 对于算式中同时含有加、减、乘、除的运算，有效数字位数的保留应分别按乘除和加减运算规则进行。在乘法四个数据中，0.0121 有效数字位数最少（三位），相对误差最大，因此以 0.0121 数据为准，将其余数据修约到三位，再进行相乘。

$$1.21 \times 3.18 + 4.8 \times 10^{-4} - 0.0121 \times 0.00814$$
$$= 3.85 + 4.8 \times 10^{-4} - 9.85 \times 10^{-5}$$

然后按加减运算规则进行有效数字位数保留。以 3.85 数据为准，其余数据修约到小数点后两位进行加减运算。

$$3.85 + 4.8 \times 10^{-4} - 9.85 \times 10^{-5} = 3.85 + 0.00 - 0.00 = 3.85$$

思考题与习题

1. 什么是滴定分析法？能够用于滴定分析的化学反应必须具备哪些条件？
2. 滴定分析法的分类有哪些？根据什么进行分类？
3. 什么是化学计量点？什么是滴定终点？二者有何区别？

4. 什么是基准物质？它有什么用途？

5. 标准溶液的配制方法有哪些？各适用于什么情况？

6. 下列物质中哪些可用直接法配制标准溶液？哪些只能用间接法配制？

$$H_2SO_4、KOH、KBrO_3、KMnO_4、K_2Cr_2O_7、Na_2S_2O_3 \cdot 5H_2O$$

7. 说明下列名词的含义：质量、物质的量、物质的量浓度、摩尔质量、滴定度。

8. 滴定分析误差的来源主要有哪些？怎样消除？

9. 500mL H_2SO_4 溶液中含有 4.904g H_2SO_4，求 $c(H_2SO_4)$ 及 $c\left(\frac{1}{2}H_2SO_4\right)$。

10. 已知浓盐酸的密度 ρ 为 1.19g/mL，其中含 HCl 约 37%，求 HCl 的物质的量浓度。欲配制 1L 浓度为 0.2mol/L 的 HCl 溶液，应取浓盐酸多少毫升？

11. 在 100mL $c(NaOH)=0.0800$mol/L 的 NaOH 溶液中，应加入多少毫升 $c(NaOH)=0.500$mol/L 的 NaOH 溶液，使最终浓度恰为 0.200mol/L？

12. 浓度为 $c(KOH)=0.093$mol/L 的 KOH 溶液 200mL 中含有 KOH 多少克？

13. 把下列各溶液的浓度换算为以 mg/mL 表示的滴定度。

(1) 用 $c(HCl)=0.1500$mol/L 的 HCl 溶液滴定 $Ca(OH)_2$；

(2) 用 $c(NaOH)=0.0200$mol/L 的 NaOH 溶液滴定 H_2SO_4。

14. 有一 NaOH 溶液，其浓度 $c(NaOH)=0.5450$mol/L，问取该溶液 100.0mL，需加水多少毫升可配成浓度 $c(NaOH)=0.5000$mol/L 的溶液？

15. 滴定 20.00mL NaOH 溶液用去 $c(HCl)=0.09843$mol/L 的 HCl 溶液 21.54mL，求 NaOH 溶液的浓度 $c(NaOH)$ 及其对 $H_2C_2O_4 \cdot 2H_2O$ 的滴定度。

16. 标定某一盐酸溶液，要使消耗的 $c(HCl)=0.1$mol/L 的盐酸溶液约为 30mL，应称取无水碳酸钠多少克？

17. 标定氢氧化钠溶液时，准确称取基准物质邻苯二甲酸氢钾 0.4101g 溶于水，滴定用去该氢氧化钠溶液 36.70mL，求 $c(NaOH)$？

18. 测定工业硫酸时，称样 1.1250g，稀释到 250.0mL，从中移取 25.00mL，滴定消耗 $c(NaOH)=0.1340$mol/L 的 NaOH 溶液 15.40mL。求 H_2SO_4 的质量分数。

19. 密度 ρ 为 1.055g/mL 的醋酸样品 20.00mL，用 40.30mL $c(NaOH)=0.3024$mol/L 的 NaOH 溶液滴至终点，求样品中 CH_3COOH 的质量分数。

20. 石灰石样品 0.3000g，加入 25.00mL $c(HCl)=0.2500$mol/L 的 HCl 溶液，煮沸除去 CO_2 后，用 $c(NaOH)=0.2000$mol/L 的 NaOH 溶液回滴，用去 5.84mL，求样品中 $CaCO_3$ 的质量分数。若折算成 CaO，其质量分数是多少？

21. 准确度和精密度有何不同？它们之间有什么关系？

22. 分析过程中出现如下情况，试回答将引起什么性质的误差？

(1) 砝码被腐蚀；

(2) 称量时样品吸收了少量水分；

(3) 读取滴定管读数时，最后一位数字估测不准；

(4) 称量过程中，天平零点稍有变动；

(5) 试剂中含有少量待测组分；

(6) 在重量分析中待测组分沉淀不完全。

23. 三位同学对同一盐酸溶液进行标定，甲的相对平均偏差为 0.0%，乙为 0.1%，而丙为 0.6%。请对他们的实验结果的准确度发表评论。

24. 甲乙二人同时分析某矿物的含硫量，每次称取试样 3.5g，分析结果为

甲　0.042%、0.041%

乙　　0.04099%、0.04201%

问哪一份记录是合理的，为什么？

25. 下列报告是否合理？为什么？

(1) 称取 0.15g 试样，分析结果报告为 25.36%；

(2) 称取 4.0g 某试剂，配制成 1L 溶液，其浓度表示为 0.1000mol/L。

26. 下列数据中各有几位有效数字。

(1) 0.00607　　　(2) 1.2067　　　(3) 0.020430　　　(4) 2.64×10^{-7}

(5) 48.01%　　　(6) pH=4.12　　　(7) 1000　　　(8) 1000.00

27. 将下列数据按所示的有效数字位数进行修约：

(1) 1.2567 修约成 4 位有效数字；

(2) 1.2384 修约成 4 位有效数字；

(3) 0.21674 修约成 3 位有效数字；

(4) 0.2165 修约成 3 位有效数字；

(5) 2.05 修约成 2 位有效数字；

(6) 2.0511 修约成 2 位有效数字。

28. 有一标准试样，已知含水分 1.31%。学生 A 的报告为 1.28%、1.26% 和 1.29%。另一标准试样，已知水分为 8.67%，学生 B 的报告为 8.48%、8.55% 和 8.63%。试分别计算报告结果的平均偏差、相对平均偏差、水分绝对误差和相对误差。

29. 分析天平的称量误差为 ±0.0002g，为使称量的相对误差小于 ±0.1%，应至少称取多少克试样？若称量试样为 0.0500g，相对误差又是多少？说明什么问题？

30. 在滴定分析中，滴定管的读数误差为 ±0.02mL，为使读数的相对误差小于 ±0.1%，应至少用标准溶液多少毫升？若滴定用去 2.00mL，相对误差又是多少？说明什么问题？

31. 今有甲乙两组数据，其各次测定的偏差分别为

甲　　0.0、−0.4、+0.5、−0.1、+0.2

乙　　+0.1、+0.3、−0.3、+0.3、+0.2

试判断两组数据中哪组数据的精密度高。

32. 测定固体氯化物中氯的含量，结果为 59.83%、60.04%、60.45%、59.88%、60.33%、60.24%、60.28% 和 59.77%。计算分析结果的平均偏差、相对平均偏差、标准偏差和变异系数。

33. 已知某种测定锰的方法的标准偏差 $s=0.12\%$，用该法测定锰的平均值为 9.56%。设分析结果是根据 4 次、9 次实验测得的，计算两种情况下的平均值的置信区间（置信度为 95%）。

34. 测定钙的含量，9 次测定结果的平均值为 10.79%，标准偏差为 0.42%。求该平均值在置信度分别为 90%、95% 和 99% 的置信区间，计算结果说明什么问题？

35. 测定某一热交换器中水垢的 P_2O_5 和 SiO_2 的含量如下（已校正系统误差）：

P_2O_5 含量　8.44%、8.32%、8.45%、8.52%、8.69%、8.38%

SiO_2 含量　1.50%、1.51%、1.68%、1.22%、1.63%、1.72%

根据 Q 检验法对可疑数据决定取舍，然后求平均值、平均偏差、标准偏差，并求置信度分别为 90% 和 99% 时平均值的置信区间。

36. 某矿石标准试样的标准值为 54.46%，某同学分析 4 次，得平均值 54.26，标准偏差为 0.05%，问置信度为 95% 时，分析结果是否存在系统误差？

37. 某汽车有车祸嫌疑，在事故现场发现有剥落的汽车油漆，对油漆的含 Ti 量进行了分析，结果为 4.5%、5.3%、5.5% 和 4.9%。对该汽车生产厂家进行了调查，了解到该汽车油漆的含 Ti 量为 4.3%，从含 Ti 量判断两油漆是否属同一样品，以此能否消除对该汽车的嫌疑？

38. 按有效数字运算规则，计算下列各式：

(1) $\dfrac{51.38}{8.709 \times 0.09460}$

(2) $\sqrt{\dfrac{1.5 \times 10^{-3} \times 6.1 \times 10^{-8}}{3.3 \times 10^{-5}}}$

(3) $\dfrac{1.20 \times (112 - 1.240)}{5.4375}$

39. 某药厂生产含铁剂，要求每克药剂中含铁为 48.00mg。对一批药品分析 5 次，结果为 47.44mg/g、47.15mg/g、47.90mg/g、47.93mg/g 和 48.03mg/g。问这批产品含铁量是否合格（置信度为 95%）。

第五章
酸碱滴定法

学习指南

酸碱滴定法是四大滴定方法中重要的分析方法。通过本章学习,应了解各类酸碱滴定曲线的特征;了解指示剂变色原理、指示剂选择依据,掌握常用酸碱指示剂变色范围及变色点;熟悉弱酸(碱)、多元酸(碱)、混合酸(碱)滴定可行性的判断方法;掌握酸碱标准溶液的配制和标定方法;了解非水滴定法的原理及应用;掌握酸碱滴定的结果计算方法。

第一节 方法简介

酸碱滴定法是以质子传递反应为基础,利用酸标准溶液或碱标准溶液进行滴定的滴定分析方法。例如工业硫酸中硫酸的含量,就是利用酸碱滴定法来测定的。反应如下

$$H_2SO_4 + 2NaOH \Longrightarrow Na_2SO_4 + 2H_2O$$

上述反应的实质是

$$H^+ + OH^- \Longrightarrow H_2O$$

酸碱反应的特点是反应速率快、反应过程简单、副反应少。滴定过程中,溶液中氢离子浓度呈规律性变化,有多种酸碱指示剂可供选用,而且酸碱滴定法所用仪器简单、操作方便,只要有基准物质作标准,就可以测得准确结果。因此,酸碱滴定法是滴定分析中重要的方法之一,应用广泛。一般的酸、碱以及能与酸碱直接或间接发生质子传递反应的物质,几乎都可以利用酸碱滴定法进行测定。

在酸碱滴定过程中,除了了解滴定过程中溶液 pH 的变化规律以外,还要了解与滴定过程相关的知识点,比如酸碱缓冲溶液的作用,酸碱指示剂的性质、变色原理及变色范围,怎样能正确地选择指示剂判断滴定终点,酸碱标准溶液又如何配制等。因此,本章将讨论各种类型的酸碱滴定、缓冲溶液的作用原理、酸碱指示剂、标准溶液的制备,为了分析某些弱酸或弱碱及有机物的含量,还介绍了非水溶液中的酸碱滴定。

 酸碱缓冲溶液

在分析化学实验中，有时为了保证某一试验顺利地完成，往往需要控制试验条件（如溶液 pH）稳定。缓冲溶液就是分析工作者常用以维持溶液酸度不发生变化的一种辅助溶液。

一、酸碱缓冲溶液及其组成

酸碱缓冲溶液是一种对溶液的酸度起稳定作用的溶液。当向溶液中加入少量的酸或碱，或者由于溶液中的化学反应产生了少量的酸或碱，或者将溶液稍加稀释，都能维持溶液中的酸度基本上不变时，这种能对抗外来酸、碱或稀释而使其 pH 不发生变化的性质就称为缓冲作用。

缓冲溶液一般由浓度较大的弱酸及其共轭碱组成。如 HAc-NaAc、$NH_3 \cdot H_2O$-NH_4Cl 等。在高浓度的强酸（pH<2）、强碱（pH>12）溶液中，由于 H^+ 或 OH^- 的浓度本来就很高，故外加少量酸或碱也不会对溶液的酸度产生多大的影响，在这种情况下，强酸或强碱也是缓冲溶液。另一类是标准缓冲溶液，它由规定浓度的某些逐级离解常数相差较小的单一两性物质或由不同型体的两性物质所组成，主要用于 pH 测定中进行标准定位使用。例如，25℃时 0.05mol/L 邻苯二甲酸氢钾的 pH=4.01。

二、缓冲作用的原理及 pH 的计算

1. 缓冲作用的原理

以 HAc-NaAc 溶液为例，说明缓冲溶液的作用原理。在溶液中 NaAc 完全离解成 Na^+ 和 Ac^-，HAc 则部分离解为 H^+ 和 Ac^-。

$$NaAc \Longrightarrow Na^+ + Ac^-$$
$$HAc \Longrightarrow H^+ + Ac^-$$

此时溶液中存在着共轭酸碱对 HAc 和 Ac^-。当向此溶液中加入少量强酸（如 HCl）时，加入的 H^+ 与溶液中的碱 Ac^- 反应生成难离解的共轭酸 HAc，使平衡向左移动，溶液中 $[H^+]$ 增加不多，即 pH 变化很小。当向此溶液中加入少量强碱（如 NaOH）时，加入的 OH^- 与溶液中的 H^+ 反应生成 H_2O，促使 HAc 继续电离出质子，以补充消耗掉的 H^+，使平衡向右移动，溶液中 $[H^+]$ 降低也不多，pH 变化仍很小。如果将溶液加水稀释，HAc 和 Ac^- 的浓度都相应降低，使 HAc 的离解度相应增加，$[H^+]$ 或 pH 仍然变化不大。

2. 缓冲溶液 pH 的计算

缓冲溶液 pH 的计算可从酸的离解平衡求得。以弱酸 HA 及其共轭碱 A^- 组成的缓冲溶液为例，设弱酸及其共轭碱的浓度分别为 c_{HA} 及 c_{A^-}，则

$$HA \Longrightarrow H^+ + A^-$$
$$NaAc \Longrightarrow Na^+ + A^-$$
$$K_a = \frac{[H^+][A^-]}{[HA]}$$

$$[H^+] = K_a \times \frac{[HA]}{[A^-]}$$

因 HA 及 A^- 同时以较高的浓度存在于溶液中,互相抑制对方与水进行的质子转移反应,加之同离子效应的存在,使得 HA 的离解度更小,可以认为 $[HA] \approx c_{HA}$;又因 NaA 是强电解质,所以 $[A^-] \approx c_{A^-}$。因此

$$[H^+] = K_a \times \frac{c_{HA}}{c_{A^-}}$$

$$pH = pK_a + \lg \frac{c_{A^-}}{c_{HA}} \tag{5-1}$$

式中 K_a——弱酸的离解常数;
c_{HA}——弱酸的分析浓度,mol/L;
c_{A^-}——共轭碱的分析浓度,mol/L。

这是计算缓冲溶液 pH 的最简公式。对于由弱酸及其共轭碱所组成的缓冲溶液,其 K_b 值则由 $K_b = \frac{K_w}{K_a}$ 求得。

【例 5-1】 计算 $c(NH_4Cl) = 0.10 \text{mol/L}$ 的 NH_4Cl 和 $c(NH_3) = 0.20 \text{mol/L}$ 的氨水组成的缓冲溶液的 pH。

解 已知 NH_3 的 $K_b = 1.8 \times 10^{-5}$,则 NH_4^+ 的 $K_a = \frac{K_w}{K_b} = \frac{1.0 \times 10^{-14}}{1.8 \times 10^{-5}} = 5.6 \times 10^{-10}$

由式(5-1) 得

$$pH = pK_a + \lg \frac{c(NH_3)}{c(NH_4^+)} = 9.26 + \lg \frac{0.2}{0.1} = 9.56$$

【例 5-2】 分别计算向 50mL 的 0.10mol/L HAc-0.10mol/L NaAc 缓冲溶液中加入 0.050mL 1.0mol/L HCl、0.050mL 1.0mol/L NaOH 或加水稀释 10 倍后的溶液 pH。$K_{HAc} = 1.8 \times 10^{-5}$。

解 原缓冲溶液的 pH 为

$$[H^+] = K_a \times \frac{[HAc]}{[Ac^-]} = 1.8 \times 10^{-5} \times \frac{0.10}{0.10} = 1.8 \times 10^{-5} \text{ (mol/L)}$$

$$pH = 4.74$$

当向上述缓冲溶液中加入 0.050mL 1.0mol/L HCl 时,即向缓冲溶液加入 $[H^+] = \frac{0.050}{50} \times 1.0 = 1.0 \times 10^{-3}$(mol/L),$H^+$ 和 Ac^- 生成 HAc,因此,溶液中增加 $[HAc] = 1.0 \times 10^{-3}$ mol/L,$[Ac^-]$ 减少了 1.0×10^{-3} mol/L,故

$$[Ac^-] = 0.10 - 1.0 \times 10^{-3} = 0.099 \text{ (mol/L)}$$

$$[HAc] = 0.10 + 0.001 = 0.101 \text{ (mol/L)}$$

$$[H^+] = K_a \times \frac{[HAc]}{[Ac^-]} = 1.8 \times 10^{-5} \times \frac{0.101}{0.099} = 1.84 \times 10^{-5} \text{ (mol/L)}$$

$$pH = 4.73$$

当向上述缓冲溶液中加入 0.050mL 1.0mol/L NaOH 时,$[Ac^-]$ 增加了 1.0×10^{-3} mol/L,$[HAc]$ 减少了 1.0×10^{-3} mol/L,所以

$$pH = 4.75$$

如果将上述缓冲溶液稀释 10 倍，则 $[HAc]=[Ac^-]=0.010$ mol/L，代入计算式中，pH 不变。

$$[H^+] = 1.8 \times 10^{-5} \times \frac{0.010}{0.010} = 1.8 \times 10^{-5} \text{ (mol/L)}$$

$$pH = 4.74$$

通过以上计算，可以看出向缓冲溶液中加入少量的酸或碱或者将溶液稀释，缓冲溶液 pH 不变。

三、缓冲容量和缓冲范围

1. 缓冲容量

缓冲溶液的缓冲作用是有一定限度的，当加入的酸或碱超过一定量时，缓冲溶液的缓冲能力将消失。因此，每种缓冲溶液只具有一定的缓冲能力。

缓冲容量是衡量缓冲溶液缓冲能力大小的尺度。一般以使 1L 缓冲溶液的 pH 改变一个 pH 单位所需要加入强酸或强碱的量来表示。所需强酸或强碱的量越大，缓冲容量越大。

缓冲容量的大小，首先与组成缓冲溶液的浓度有关。比如 0.1mol/L HAc-0.1mol/L NaAc 缓冲溶液，pH=4.74，使 pH 改变 1 个单位，即 pH=3.74，需要加入酸量为 x mol/L，则

$$pH = pK_a - \lg\frac{c(HAc)}{c(Ac^-)}$$

$$3.74 = 4.74 - \lg\frac{0.1+x}{0.1-x}$$

$$x = 0.08 \text{ (mol/L)}$$

如果 0.01mol/L HAc-0.01mol/L NaAc 缓冲溶液 pH 由 4.74 变为 3.74，需要加入酸量为 y mol/L，则

$$3.74 = 4.74 - \lg\frac{0.01+y}{0.01-y}$$

$$y = 0.008 \text{ (mol/L)}$$

可见，组成缓冲溶液的浓度增大 10 倍，改变 1 个 pH 单位，需加的酸量也增大 10 倍，即缓冲容量也增大 10 倍。

其次，缓冲容量大小还与组成缓冲溶液的两组分浓度比值有关。比如 0.18mol/L HAc-0.02mol/L NaAc 缓冲溶液，pH 为 3.79，pH 由 3.79 变为 2.79 时，需加入的酸量为 x mol/L，则

$$2.79 = 3.79 - \lg\frac{0.18+x}{0.02-x}$$

$$x = 0.0018 \text{(mol/L)}$$

综上计算，0.1mol/L HAc-0.1mol/L NaAc 缓冲溶液 pH 改变 1 个单位 $[c(HAc)+c(Ac^-)=0.2\text{mol/L}，c(HAc):c(Ac^-)=1:1]$，需加酸 0.08mol/L。而 0.18mol/L HAc-0.02mol/L NaAc 缓冲溶液 $[c(HAc)+c(Ac^-)=0.2\text{mol/L}，c(HAc):c(Ac^-)=9:1]$ pH 改变 1 个单位，需加酸 0.0018mol/L，可见后者缓冲容量降低。因此，缓冲溶液两组分浓度

比值为 1:1 时，缓冲容量最大，此时溶液 pH=pK_a，pOH=pK_b。当两组分浓度比值为 9:1（或 1:9）时，缓冲容量变小，当浓度比值超过 10:1 和 1:10 时，缓冲溶液的缓冲能力更小。

2. 缓冲范围

一般规定，缓冲溶液两组分浓度比在 1:10 和 10:1 之间，即为缓冲溶液有效的缓冲范围，简称缓冲范围。这个范围为

弱酸及其共轭碱缓冲体系（1/10～10/1）　　pH=$pK_a \pm 1$

弱碱及其共轭酸缓冲体系（1/10～10/1）　　pOH=$pK_b \pm 1$

例如，HAc-NaAc 缓冲体系，pK_a=4.74，其缓冲范围是 pH=4.74±1 即 3.74～5.74。$NH_3 \cdot H_2O$-NH_4Cl 缓冲体系（pK_b=4.74），其缓冲范围为 pH=9.26±1。

四、缓冲溶液的选择和配制

1. 缓冲溶液的选择原则

分析化学中用于控制溶液酸度的缓冲溶液很多，选择缓冲溶液时，遵循的基本原则是：缓冲溶液对分析反应没有干扰，有足够的缓冲容量及其 pH 应在所要求稳定的酸度范围之内。

例如，需要 pH 为 5.0 左右的缓冲溶液，则可选择 HAc-NaAc 缓冲体系，因为 HAc 的 pK_a=4.74，与所需的 pH 接近。同理，如需要 pH 为 9.5 左右的缓冲溶液，可选择 $NH_3 \cdot H_2O$-NH_4Cl 体系，因 NH_4^+ 的 pK_a=9.26。若分析反应要求溶液的酸度在 pH 0～2 或 pH 12～14 的范围内，则可用强酸或强碱控制溶液的酸度。表 5-1 列出了常用的酸碱缓冲溶液，供实际选择时参考。

表 5-1　常用的酸碱缓冲溶液

缓冲溶液的组成		共轭酸碱对	pK_a	pH 范围
酸的组成	碱的组成			
盐酸	氨基乙酸	$^+NH_3CH_2COOH/^+NH_3CH_2COO^-$	2.35	1.0～3.7
甲酸	氢氧化钠	$HCOOH/HCOO^-$	3.77	2.8～4.6
乙酸	乙酸钠	HAc/Ac^-	4.74	3.7～5.7
盐酸	六亚甲基四胺	$(CH_2)_6N_4H^+/(CH_2)_6N_4$	5.13	4.2～6.2
磷酸二氢钠	磷酸氢二钠	$H_2PO_4^-/HPO_4^{2-}$	7.21	5.9～8.0
盐酸	三乙醇胺	$^+NH(CH_2CH_2OH)_3/N(CH_2CH_2OH)_3$	7.76	6.7～8.7
氯化铵	氨水	NH_4^+/NH_3	9.26	8.3～10.2
碳酸氢钠	碳酸钠	HCO_3^-/CO_3^{2-}	10.32	9.2～11.0
磷酸氢二钠	氢氧化钠	HPO_4^{2-}/PO_4^{3-}	12.32	11.0～13.0

2. 缓冲溶液的配制

（1）普通缓冲溶液　简单缓冲体系的配制方法可利用有关公式计算得到。

【例 5-3】　欲配制 pH=5.00、$c(HAc)$=0.20mol/L 的缓冲溶液 1L，需 $c(HAc)$=1.0mol/L 的 HAc 及 $c(NaAc)$=1.0mol/L 的 NaAc 溶液各多少毫升？

解　已知 pH=5.00，$c(HAc)$=0.20mol/L，由式(5-1)得

$$c(Ac^-)=\frac{K_a c(HAc)}{[H^+]}=\frac{1.8\times10^{-5}\times0.20}{1.0\times10^{-5}}=0.36\ (mol/L)$$

需浓度 1.0mol/L 的 HAc 和 NaAc 体积分别为

$$V(HAc)=\frac{0.20\times1000}{1.0}=200\ (mL)$$

$$V(NaAc)=\frac{0.36\times1000}{1.0}=360\ (mL)$$

将 200mL 浓度为 1.0mol/L 的 HAc 溶液和 360mL 浓度为 1.0mol/L 的 NaAc 溶液混合后，用水稀释至 1000mL，即得 pH＝5.00 的 HAc-NaAc 缓冲溶液。

【例 5-4】 欲配制 pH＝5.00 的缓冲溶液 500mL，若用浓度为 6.00mol/L 的 HAc 溶液 34.0mL，问需加 $NaAc\cdot3H_2O$ 多少克？

解 溶液中 HAc 的浓度为

$$c(HAc)=\frac{6.00\times34.0\times10^{-3}}{500\times10^{-3}}=0.408\ (mol/L)$$

$$c(Ac^-)=\frac{1.8\times10^{-5}\times0.408}{1.0\times10^{-5}}=0.734\ (mol/L)$$

在 500mL 溶液中需加 $NaAc\cdot3H_2O$ 的质量为

$$m=cVM=0.734\times0.500\times136.1=49.9\ (g)$$

常用缓冲溶液的配制方法见附录三。

(2) 标准缓冲溶液　标准缓冲溶液的 pH 是在一定温度下实验测得的 H^+ 活度的负对数。标准缓冲溶液可用作测量某溶液 pH 的参照溶液。几种常用的标准缓冲溶液列于表 5-2 中。

表 5-2　几种常用的标准缓冲溶液

标准缓冲溶液	pH(25℃)
饱和酒石酸氢钾(0.034mol/L)	3.56
邻苯二甲酸氢钾(0.05mol/L)	4.01
0.025mol/L KH_2PO_4-0.025mol/L Na_2HPO_4	6.86
0.01mol/L 硼砂	9.18

第三节　酸碱指示剂

利用酸碱滴定法测定物质含量的反应，绝大多数没有外观上的变化，因此必须借助指示剂颜色的变化来确定终点是否到达。

一、酸碱指示剂的作用原理

酸碱指示剂一般是结构复杂的有机弱酸或弱碱，其酸式和共轭碱式具有不同的颜色。当溶液 pH 改变时，指示剂或给出质子由酸式变为共轭碱式，或接受质子由碱式变为共轭酸式，由于结构的变化而引起颜色的改变。

例如酚酞指示剂是弱有机酸，它在水溶液中发生如下离解作用和颜色变化。

无色(内酯式)　　无色(羟式)　　红色(醌式)

在碱性溶液中平衡向右移动，由无色变成红色；反之，在酸性溶液中由红色变为无色。

又如甲基橙是一种双色指示剂，它在溶液中发生如下离解作用和颜色变化。

红色(醌式)

黄色(偶氮式)

在酸性溶液中平衡向左移动，溶液呈红色；在碱性溶液中平衡向右移动，溶液呈黄色。

由此可见，当溶液的 pH 发生变化时，由于指示剂结构的变化，颜色也随之发生变化，因而可通过酸碱指示剂颜色的变化确定滴定的终点。

二、指示剂的变色范围

以 HIn 代表指示剂的酸式，以 In^- 代表指示剂的碱式，在溶液中存在如下离解平衡：

$$HIn \rightleftharpoons H^+ + In^-$$
（酸式色）　　（碱式色）

当离解达到平衡时，

$$K_{HIn} = \frac{[H^+][In^-]}{[HIn]}$$

则

$$\frac{[In^-]}{[HIn]} = \frac{K_{HIn}}{[H^+]}$$

或

$$pH = pK_{HIn} + \lg\frac{[In^-]}{[HIn]} \tag{5-2}$$

由式(5-2)可知，酸碱指示剂颜色的变化是由 $\dfrac{[In^-]}{[HIn]}$ 的比值决定的。一般来说，在一种颜色的浓度大于另一种颜色浓度的 10 倍时，人眼通常只能看到浓度大的颜色，因此

当 $\dfrac{[In^-]}{[HIn]} \leqslant \dfrac{1}{10}$，即 $pH \leqslant pK_{HIn} + \lg\dfrac{1}{10} = pK_{HIn} - 1$ 时，只能看到酸式色；

当 $\dfrac{[In^-]}{[HIn]} \geqslant 10$，即 $pH \geqslant pK_{HIn} + \lg\dfrac{10}{1} = pK_{HIn} + 1$ 时，只能看到碱式色；

当 $\dfrac{[In^-]}{[HIn]}$ 在 $\dfrac{1}{10} \sim \dfrac{10}{1}$ 时，看到的是酸式色与碱式色复合后的颜色。

从以上的分析可以看出，当溶液pH由$pK_{HIn}-1$变化到$pK_{HIn}+1$时，溶液的颜色才由酸式色变为碱式色，这时人们的视觉才能明显看出指示剂颜色的变化。这种能明显看出指示剂由一种颜色转变成另一种颜色的pH范围，称为指示剂变色范围。

指示剂的pK_{HIn}不同，变色范围也不同。当$[In^-]=[HIn]$时，$pH=pK_{HIn}$，此时的pH为指示剂的理论变色点。例如，甲基红$pK_{HIn}=5.0$，所以甲基红的理论变色范围为pH 4.0～6.0。由于人眼对各种颜色的敏感程度不同，加以两种颜色互相掩盖，影响观察，实际变色范围与上述$pH=pK\pm1$的变色范围并不完全一致。

如上例的甲基红$pK_{HIn}=5.0$，$pK_{HIn}\pm1$变色范围应为4.0～6.0，而实测变色范围是4.4～6.2。产生这种差异的原因是由于人们的眼睛对红颜色较之对黄颜色更为敏感的缘故。所以甲基红的变色范围在pH小的一端就短些。表5-3列出了常用的几种指示剂，供使用时参考。

表5-3 常用酸碱指示剂

指示剂	变色范围（pH）	颜色变化	pK_{HIn}	浓度/(g/L)	用量/(滴/10mL试液)
百里酚蓝	1.2～2.8	红色～黄色	1.7	1g/L的20%乙醇溶液	1～2
甲基黄	2.9～4.0	红色～黄色	3.3	1g/L的90%乙醇溶液	1
甲基橙	3.1～4.4	红色～黄色	3.4	0.5g/L的水溶液	1
溴酚蓝	3.0～4.6	黄色～紫色	4.1	1g/L的20%乙醇溶液或钠盐水溶液	1
溴甲酚绿	4.0～5.6	黄色～蓝色	4.9	1g/L的20%乙醇溶液或钠盐水溶液	1～3
甲基红	4.4～6.2	红色～黄色	5.0	1g/L的60%乙醇溶液或钠盐水溶液	1
溴百里酚蓝	6.2～7.6	黄色～蓝色	7.3	1g/L的20%乙醇溶液或钠盐水溶液	1
中性红	6.8～8.0	红色～黄橙色	7.4	1g/L的60%乙醇溶液	1
苯酚红	6.8～8.4	黄色～红色	8.0	1g/L的60%乙醇溶液或钠盐水溶液	1
酚酞	8.0～10.0	无色～红色	9.1	5g/L的90%乙醇溶液	1～3
百里酚蓝	8.0～9.6	黄色～蓝色	8.9	1g/L的20%乙醇溶液	1～4
百里酚酞	9.4～10.6	无色～蓝色	10.0	1g/L的90%乙醇溶液	1～2

三、影响指示剂变色范围的因素

影响指示剂变色范围的因素是多方面的，其中主要有滴定温度、溶剂、指示剂的用量及滴定顺序等。

1. 温度

温度的改变会引起指示剂离解常数的变化，因而指示剂的变化范围也随之变动。温度升高，对酸性指示剂，变色范围向酸性方向移动；对碱性指示剂，变色范围向碱性方向移动。例如18℃时甲基橙的变色范围为3.1～4.4，而100℃时则为2.5～3.7。

2. 溶剂

指示剂在不同的溶剂中其pK_{HIn}是不相同的。例如甲基橙在水溶液中$pK_{HIn}=3.4$，在甲醇中$pK_{HIn}=3.8$。因此，指示剂在不同的溶剂中具有不同的变色范围。

3. 指示剂的用量

指示剂用量的多少直接影响滴定终点的准确到达，即影响滴定结果的准确度。

对于单色指示剂，即只有碱式（或酸式）有色，而相应的酸式（或碱式）无色的指示剂，看到的只是 In^-（或 HIn）的颜色。对于酚酞来讲就是碱式，即

$$[In^-] = \frac{K_{HIn}}{[H^+]} \cdot [HIn]$$

如果 $[H^+]$ 维持不变，当指示剂 $[HIn]$ 增大时，$[In^-]$ 也相应增大，使 $[In^-]$ 颜色提前出现。因此，使用单色指示剂时必须严格控制指示剂的用量，使其在终点时的浓度与对照溶液中的浓度相等。

对于双色指示剂，即碱式和酸式都有颜色的指示剂，看到的是 $[In^-]$-$[HIn]$ 混合色，只有碱式和酸式浓度之比相差 10 倍时，才能看到碱式色，如果加入指示剂量过大，到达终点时，有部分指示剂变为 In^-，大部分还以 HIn 形式存在，所以 $\frac{[In^-]}{[HIn]}$ 比值仍未达到 10 倍以上，因此终点不明显，且终点向后推迟。

总之，指示剂用量过多（或浓度过高）会使终点颜色变化不明显，而且指示剂本身也会多消耗一些滴定剂，带来测定误差。这种影响无论对单色指示剂还是双色指示剂都是共同的。因此在不影响指示剂变色灵敏度的条件下，一般以少量为佳。

4. 滴定顺序

由于深色较浅色更易被人辨别，因此，在滴定顺序选择上应考虑指示剂颜色变化的趋势，尽量做到由浅色向深色方向滴定。例如酚酞由酸式色变为碱式色，即由无色变为红色时，颜色变化明显，易于辨别；甲基橙或甲基红由黄变红比由红变黄易于辨别。因此，用强酸滴定强碱时应选甲基橙或甲基红作指示剂；用强碱滴定强酸时则选用酚酞作指示剂。

四、混合指示剂

单一指示剂变色范围一般都较宽，其中有些指示剂，例如甲基橙，变色过程中有过渡色，不易辨别。然而在酸碱滴定中有时需要将滴定终点限制在很窄的 pH 范围内，这时可采用混合指示剂。混合指示剂具有变色范围窄、变色明显等优点。

混合指示剂有两种：一种是由两种或两种以上指示剂混合而成，利用颜色的互补作用，使变色更加敏锐；另一种是由一种指示剂和一种不随 H^+ 浓度变化而改变颜色的染料混合而成。

例如甲基橙和靛蓝二磺酸钠组成的混合指示剂，甲基橙酸式色为红色，碱式色为黄色，而靛蓝二磺酸钠是一种染料，本身为蓝色不变，混合后，颜色变化为

溶液的酸度	甲基橙的颜色	靛蓝的颜色	甲基橙＋靛蓝的颜色
pH≥4.4	黄色	蓝色	绿色
pH=4.0	橙色	蓝色	灰色
pH≤3.1	红色	蓝色	紫色

可见，单一的甲基橙由黄色（或红色）变到红色（或黄色）时，中间有一过渡的橙色，难于辨别，而混合指示剂由绿色（或紫色）变到紫色（或绿色），变色非常敏锐，容易辨别。

又如溴甲酚绿和甲基红两种指示剂所组成的混合指示剂,颜色变化如下。

溶液的酸度	溴甲酚绿的颜色	甲基红的颜色	溴甲酚绿+甲基红的颜色
pH<4.0	黄色	红色	橙色
pH=5.1	绿色	橙红色	灰色
pH≥6.2	蓝色	黄色	绿色

配制混合指示剂,应严格控制两组分比例,否则颜色变化不明显。表5-4列出了常用混合指示剂及其配制方法。

表 5-4 常用混合指示剂及其配制方法

指示剂溶液的组成(体积比)	变色点 pH	颜色 酸式色	颜色 碱式色	备 注
1份 0.1%甲基黄乙醇溶液 1份 0.1%亚甲基蓝乙醇溶液	3.25	蓝紫色	绿色	pH=3.2,蓝紫色 pH=3.4,绿色
1份 0.1%甲基橙水溶液 1份 0.25%靛蓝二磺酸水溶液	4.1	紫色	黄绿色	
1份 0.1%溴甲酚绿钠盐水溶液 1份 0.2%甲基橙水溶液	4.3	橙色	蓝绿色	pH=3.5,黄色 pH=4.05,绿色 pH=4.3,浅绿色
3份 0.1%溴甲酚绿乙醇溶液 1份 0.2%甲基红乙醇溶液	5.1	酒红色	绿色	
1份 0.1%溴甲酚绿钠盐水溶液 1份 0.1%氯酚红钠盐水溶液	6.1	黄绿色	蓝绿色	pH=5.4,蓝绿色 pH=5.8,蓝色 pH=6.0,蓝色带紫色 pH=6.2,蓝紫色
1份 0.1%中性红乙醇溶液 1份 0.1%亚甲基蓝乙醇溶液	7.0	蓝紫色	绿色	pH=7.0,紫蓝色
1份 0.1%甲酚红钠盐水溶液 3份 0.1%百里酚蓝钠盐水溶液	8.3	黄色	紫色	pH=8.2,玫瑰红色 pH=8.4,紫色
1份 0.1%百里酚蓝 50%乙醇溶液 3份 0.1%酚酞 50%乙醇溶液	9.0	黄色	紫色	从黄色到绿色,再到紫色
1份 0.1%酚酞乙醇溶液 1份 0.1%百里酚酞乙醇溶液	9.9	无色	紫色	pH=9.6,玫瑰红色 pH=10,紫色
2份 0.1%百里酚酞乙醇溶液 1份 0.1%茜素黄R乙醇溶液	10.2	黄色	紫色	

第四节 酸碱滴定曲线及指示剂的选择

在酸碱滴定过程中,滴定终点可借助指示剂颜色的变化给以确认,然而,指示剂颜色的变化完全取决于溶液pH的变化。因此,为了给某一特定酸碱反应选择一合适的指示剂,必须了解在其滴定过程中溶液 pH 的变化，特别是化学计量点附近 pH 的变化。把滴定过程中 pH 随标准溶液滴加量［或不同中和（或滴定）程度，以％表示］变化而改变的曲线叫作滴定曲线。各种不同类型的酸碱滴定过程中 H^+ 浓度的变化规律是各不相同的，下面分别进行讨论。

一、强碱滴定强酸

强酸或强碱的滴定，因为它们在溶液中全部离解，滴定的基本反应为

$$H^+ + OH^- \rightleftharpoons H_2O$$

现以 0.1000mol/L 的 NaOH 溶液滴定 20.00mL 0.1000mol/L 的 HCl 溶液为例，说明强碱滴定强酸过程中溶液 pH 的变化和指示剂的选择。

该滴定过程可分为四个阶段。

1. 滴定前

溶液的 pH 由 HCl 溶液的初始浓度决定。即

$$[H^+] = 0.1000 \text{mol/L}$$
$$pH = 1.00$$

2. 滴定开始至化学计量点前

溶液的 pH 取决于剩余 HCl 溶液的浓度。例如，滴定进行到 90％，即滴入 NaOH 溶液 18.00mL 时，剩余 HCl 溶液 2.00mL，则

$$[H^+] = \frac{2.00 \times 0.1000}{20.00 + 18.00} = 5.26 \times 10^{-3} \text{ (mol/L)}$$
$$pH = 2.28$$

滴定进行到 99.9％，即滴入 NaOH 溶液 19.98mL 时，剩余 HCl 溶液 0.02mL，则

$$[H^+] = \frac{0.02 \times 0.1000}{20.00 + 19.98} = 5.00 \times 10^{-5} \text{ (mol/L)}$$
$$pH = 4.30$$

3. 化学计量点时

溶液的 pH 由生成产物的离解决定。滴定进行到 100％，即滴入 NaOH 溶液 20.00mL 时，溶液中 H^+ 全部被中和，溶液呈中性。$[H^+]$ 来自水的离解。

$$[H^+] = [OH^-] = 1.0 \times 10^{-7} \text{ (mol/L)}$$
$$pH = 7.00$$

4. 化学计量点后

溶液的 pH 由过量的 NaOH 浓度决定。如滴定进行到 100.1％，即滴入 NaOH 溶液 20.02mL 时，NaOH 溶液过量 0.02mL（过量 0.1％），则

$$[OH^-] = \frac{0.02 \times 0.1000}{20.00 + 20.02} = 5.00 \times 10^{-5} \text{ (mol/L)}$$
$$pOH = 4.30 \quad pH = 9.70$$

其他各点可参照上述方法逐一计算，将计算结果列于表 5-5 中。按表 5-5 中的数据以滴加的 NaOH 体积（mL）为横坐标，以 pH 为纵坐标绘制关系曲线，就得酸碱滴定曲线，如图 5-1 所示。

表 5-5　0.1000mol/L NaOH 滴定 20.00mL 0.1000mol/L HCl 时 pH 的变化

加入 NaOH 溶液的体积/mL	HCl 被滴定的体积分数/%	剩余 HCl 溶液体积/mL	过量 NaOH 溶液体积/mL	$[H^+]$ /(mol/L)	pH
0.00	0.0	20.00		1.00×10^{-1}	1.00
18.00	90.0	2.00		5.26×10^{-3}	2.28
19.80	99.0	0.20		5.02×10^{-4}	3.30
19.98	99.9	0.02		5.00×10^{-5}	4.30
20.00	100.0	0		1.00×10^{-7}	7.00
20.02	100.1		0.02	2.00×10^{-10}	9.70
20.20	101.0		0.20	2.01×10^{-11}	10.70
22.00	110.0		2.00	2.10×10^{-12}	11.68
40.00	200.0		20.00	3.00×10^{-13}	12.52

从表 5-5 的数据和图 5-1 的滴定曲线可以看出，从滴定开始到加入 19.98mL NaOH 溶液（即 99.9% 的 HCl 被滴定），溶液 pH 变化缓慢，只改变了 3.3 个 pH 单位。再滴入 0.02mL（约半滴，共滴入 20.00mL）NaOH 溶液，正好到化学计量点，此时 pH 迅速增至 7.00，再滴入 0.02mL NaOH 溶液，pH 变为 9.70。此后过量 NaOH 溶液所引起的 pH 变化又越来越小。

由此可见，在化学计量点前后，从剩余 0.02mL HCl 到过量 0.02mL NaOH，即滴定由不足 0.1% 到过量 0.1%，溶液的 pH 从 4.30 增加到 9.70，变化近 5.4 个 pH 单位，形成滴定曲线中的"突跃"部分。指示剂的选择主要以此为依据。理想的指示剂应恰好在化学计量点时变色。但实际应用时，凡指示剂变色范围包括在滴定突跃范围以内的都可使用。所以甲基红（pH 为 4.4~6.2）、酚酞（pH 为 8.0~10.0）等都可使用。若使用甲基橙（pH 为 3.1~4.4）作指示剂，必须滴定至完全显碱式色（黄色）时，溶液的 pH≈4.4，才能保证滴定误差不超过 0.1%。

必须指出，强碱滴定强酸滴定突跃范围的大小，不仅与体系的性质有关，而且还与酸碱溶液的浓度有关。按上述方法可以计算出在不同浓度的酸碱滴定中的突跃范围。如图 5-2 所示。

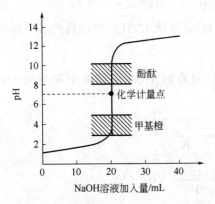

图 5-1　0.1000mol/L NaOH 溶液滴定 0.1000mol/L HCl 溶液的滴定曲线

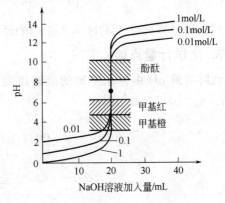

图 5-2　不同浓度 NaOH 溶液滴定 20.00mL 不同浓度 HCl 溶液的滴定曲线

从图 5-2 的滴定曲线可以看出，当酸碱浓度增大 10 倍时，滴定突跃范围为 pH 为 3.3～10.7，增加 2 个 pH 单位；当酸碱浓度减小 10 倍时，滴定突跃范围为 pH 为 5.3～8.7，约减少 2 个 pH 单位。显然，溶液越浓，突跃范围越大；溶液越稀，突跃范围越小。这样能在浓溶液滴定中选用的指示剂，在稀溶液中不一定适用。如用 1.00mol/L NaOH 溶液滴定 1.00mol/L HCl 溶液时，可选用甲基橙作指示剂，但用 0.01mol/L NaOH 溶液滴定 0.01mol/L HCl 溶液时，再选用甲基橙指示剂就不合适了。

二、强碱滴定弱酸

这一类型滴定的基本反应为

$$OH^- + HA \rightleftharpoons A^- + H_2O$$

现以浓度为 0.1000mol/L 的 NaOH 溶液滴定 20.00mL 0.1000mol/L 的 HAc 溶液为例，说明强碱滴定弱酸的滴定曲线和指示剂的选择。

1. 滴定前

滴定之前溶液中的 [H^+] 浓度主要来自 HAc 的离解。[H^+] 可由弱酸离解公式 [H^+]=$\sqrt{K_a c}$ 计算得到。

$$[H^+] = \sqrt{1.8 \times 10^{-5} \times 0.1000} = 1.34 \times 10^{-3} \text{ (mol/L)}$$

$$pH = 2.78$$

2. 滴定开始至化学计量点前

滴加 NaOH 后，溶液中生成的 NaAc 与溶液中剩余的 HAc 组成一个缓冲体系，pH 可按式 (5-1) 计算。

当滴入 NaOH 溶液 19.80mL（剩余 HAc 0.20mL）时，

$$c(\text{HAc}) = \frac{0.20 \times 0.1000}{20.00 + 19.80} = 5.03 \times 10^{-4} \text{ (mol/L)}$$

$$c(\text{Ac}^-) = \frac{19.80 \times 0.1000}{20.00 + 19.80} = 4.97 \times 10^{-2} \text{ (mol/L)}$$

$$pH = 4.74 + \lg\frac{4.97 \times 10^{-2}}{5.03 \times 10^{-4}} = 6.73$$

同样可计算出当 NaOH 滴入 19.98mL（剩余 HAc 为 0.02mL）时溶液的 pH 为 7.74。

3. 化学计量点时

此时溶液 pH 由体系产物的离解决定。化学计量点时 HAc 全部被中和生成 NaAc 与 H_2O，Ac^- 为一弱碱。因此

$$[OH^-] = \sqrt{K_b c} = \sqrt{\frac{K_w}{K_a} c}$$

$$= \sqrt{\frac{1.00 \times 10^{-14}}{1.80 \times 10^{-5}} \times 0.05000}$$

$$= 5.27 \times 10^{-6} \text{ (mol/L)}$$

$$pOH = 5.28 \quad pH = 8.72$$

4. 化学计量点后

滴入过量 NaOH，溶液 pH 主要由过量的 NaOH 溶液决定，计算方法与强碱滴定强酸时相同。如滴入 NaOH 溶液 20.02mL（NaOH 过量 0.02mL），则

$$[OH^-] = \frac{0.02 \times 0.1000}{20.00 + 20.02} = 5.0 \times 10^{-5} \text{（mol/L）}$$

$$pOH = 4.30 \qquad pH = 9.70$$

如此逐一计算，将计算结果列入表 5-6 中，并以此绘制滴定曲线，见图 5-3。

表 5-6 0.1000mol/L NaOH 滴定 20.00mL 0.1000mol/L HAc 时 pH 的变化

加入 NaOH 溶液的量 /%	/mL	剩余 HAc 溶液体积/mL	过量 NaOH 溶液体积/mL	pH
0	0.00	20.00		2.78
90	18.00	2.00		5.70
99	19.80	0.20		6.73
99.9	19.98	0.02		7.74
100.0	20.00	0.00		8.72
100.1	20.02		0.02	9.70
101	20.20		0.20	10.70
110	22.00		2.00	11.70
200	40.00		20.00	12.50

从表 5-6 和图 5-3 可以看出（与表 5-5 和图 5-1 比较），滴定前 HAc 溶液的 pH=2.78 比同浓度 HCl 溶液的 pH 约高 2 个单位。这是因为 HAc 是弱酸，其离解常数比 HCl 小得多。滴定开始后 pH 升高较快，是由于中和生成的 Ac^- 产生同离子效应，使 HAc 更难离解，$[H^+]$ 较快地降低所致。但在继续滴入 NaOH 后，由于 NaAc 不断生成，在溶液 HAc 的滴定曲线中形成 HAc-NaAc 缓冲体系，使 pH 增加缓慢，这一段曲线较为平坦。在近化学计量点时，剩余的 HAc 已很少，溶液的缓冲能力逐渐减弱；于是随着 NaOH 溶液的滴入，溶液的 pH 又迅速升高。化学计量点时，溶液中 Ac^- 是弱碱而显碱性；pH 突跃范围是 7.74～9.70，比强酸强碱滴定时小得多。化学计量点以后溶液 pH 的变化规律与强碱滴定强酸相同。

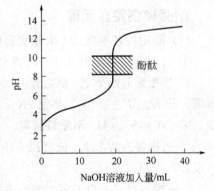

图 5-3 0.1000mol/L NaOH 滴定 20.00mL 0.1000mol/L HAc 溶液的滴定曲线

由滴定过程中 pH 突跃范围可知，在酸性范围内变色的指示剂，如甲基橙、甲基红等都不能作为 NaOH 滴定 HAc 的指示剂，否则将引起很大的误差。酚酞（pH 为 8.0～10.0）和百里酚蓝（pH 为 8.0～9.6）等变色范围恰在突跃范围之内，可作为这一滴定类型的指示剂。

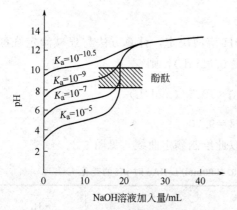

图 5-4　0.1mol/L NaOH 溶液滴定 0.1mol/L 不同强度弱酸的滴定曲线

用 NaOH 滴定不同强度的一元弱酸时，滴定的突跃范围的大小，与弱酸的 K_a 值和浓度有关。图 5-4 是用浓度为 0.1mol/L NaOH 溶液滴定 0.1mol/L 不同强度弱酸的滴定曲线。从图 5-4 中可以看出，当酸的浓度一定时，K_a 值越小，滴定突跃范围也越小。当 $K_a = 10^{-9}$ 时已无明显突跃。在这种情况下已无法使用一般的酸碱指示剂来确定滴定终点。另一方面，当 K_a 值一定时，酸的浓度越大，突跃范围也越大。因此，得出以下结论：

① 强碱滴定弱酸达化学计量点时，由于生成共轭碱，溶液呈碱性，pH>7。酸越弱，其共轭碱越强，化学计量点时 pH 越高。

② 化学计量点的突跃范围落在碱性范围内，应选用在碱性范围内变色的指示剂。

③ 酸越弱，pH 突跃越小；酸的浓度越小，pH 突跃越小。一般来说，当 $K_a < 10^{-7}$ 时，突跃就太小了，不能进行直接滴定；考虑浓度增大突跃增大因素，只有 $cK_a \geqslant 10^{-8}$ 时，才能进行直接滴定。故常以 $cK_a \geqslant 10^{-8}$ 作为弱酸能否直接被滴定的判断依据。

三、多元酸、混合酸和多元碱的滴定

多元酸碱或混合酸的滴定比一元酸碱的滴定要复杂得多，因为对它们不仅考虑能否滴定的问题，而且还必须考虑另外两种情况：一是能否滴定酸或碱的总量；二是能否分级滴定或分别滴定。

1. 强碱滴定多元酸

(1) 滴定的基本规则　大量实验证明，多元酸滴定的情况依下述规则进行判断。

① 当 $cK_a \geqslant 10^{-8}$ 时，这一级离解的 H^+ 可被直接滴定，也是可被直接滴定的基本规则。

② 当相邻的两个 K_a 值之比 $\geqslant 10^5$ 时，可以分步滴定，这也是判断能否分步滴定的基本规则。若 $K_{a1}/K_{a2} \geqslant 10^5$，满足 $cK_{a1} \geqslant 10^{-8}$，而 $cK_{a2} < 10^{-8}$ 时，第一级离解的 H^+ 可被滴定，第二级离解的 H^+ 不能被滴定。

③ 当相邻的两个 K_a 值之比 $< 10^5$ 时，滴定时只出现一个滴定突跃，此时两个滴定突跃已混合在一起。

上述规则对二元以上多元酸的滴定可依此类推。

(2) H_3PO_4 的滴定　H_3PO_4 是弱酸，在水溶液中分步离解。

$$H_3PO_4 \rightleftharpoons H^+ + H_2PO_4^- \quad K_1 = 7.5 \times 10^{-3}$$
$$H_2PO_4^- \rightleftharpoons H^+ + HPO_4^{2-} \quad K_2 = 6.3 \times 10^{-8}$$
$$HPO_4^{2-} \rightleftharpoons H^+ + PO_4^{3-} \quad K_3 = 4.4 \times 10^{-13}$$

现用 0.10mol/L NaOH 滴定 0.1mol/L H_3PO_4，根据滴定的基本规则，首先判断滴定的可能性。$cK_1 > 10^{-8}$，$cK_2 \approx 10^{-8}$，$cK_3 < 10^{-8}$；又 $K_1/K_2 > 10^5$，$K_2/K_3 > 10^5$。因此，H_3PO_4 的第一级和第二级离解的 H^+ 均可被滴定，获得两个滴定突跃，而第三级离解的 H^+ 不能直接滴定。根据 H^+ 浓度计算的最简式 $[H^+] = \sqrt{K_{a_1} K_{a_2}}$，第一化学计量点

的 pH 为

$$pH = \frac{1}{2}(pK_{a_1} + pK_{a_2}) = \frac{1}{2}(2.12 + 7.20) = 4.66$$

可选用甲基橙或溴酚蓝作指示剂。

同理第二化学计量点按 $[H^+] = \sqrt{K_{a_2} K_{a_3}}$ 计算，此时 $H_2PO_4^-$ 被滴定到 HPO_4^{2-}。溶液的 pH 为

$$pH = \frac{1}{2}(pK_{a_2} + pK_{a_3}) = \frac{1}{2}(7.20 + 12.37) = 9.78$$

可选用酚酞或百里酚酞作指示剂。滴定曲线见图 5-5。

混合酸的滴定与多元酸类似。若两种酸的离解常数分别为 K_a 及 K_a'，浓度分别为 c 及 c'。在两种酸浓度相等且 $cK_a \geqslant 10^{-8}$，$K_a/K_a' \geqslant 10^5$ 时，可用碱标准溶液准确滴定第一种酸而不受第二种酸的干扰。第一化学计量点时溶液中 H^+ 的浓度可按式 $[H^+] = \sqrt{K_{a_1} K_{a_2}}$ 计算，只是将式中的 K_{a_1}、K_{a_2} 分别用 K_a 和 K_a' 代替即可。

$$[H^+] = \sqrt{K_a K_a'}$$
$$pH = \frac{1}{2}(pK_a + pK_a')$$

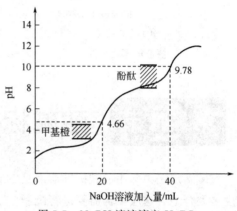

图 5-5 NaOH 溶液滴定 H_3PO_4 溶液的滴定曲线

若两者浓度不相等，则要求 $cK_a/c'K_a' \geqslant 10^5$ 才能准确滴定第一种酸。如果 $c'K_a' \geqslant 10^{-8}$，则可继续滴定第二种酸。

2. 强酸滴定多元碱

强酸滴定多元碱，其情况与多元酸的滴定相似，因此，有关多元酸滴定的结论也适合多元碱的情况。例如用 0.10mol/L HCl 滴定 0.10mol/L Na_2CO_3 溶液。Na_2CO_3 的 $K_{b_1} = 1.8 \times 10^{-4}$，$K_{b_2} = 2.4 \times 10^{-8}$。判断 $cK_{b_1} > 10^{-8}$，$cK_{b_2} \approx 10^{-8}$，$K_{b_1}/K_{b_2} \approx 10^4$。因此，在满足一般分析的要求下，$Na_2CO_3$ 还是能够进行分步滴定的，只是滴定突跃范围小。第一化学计量点时滴定产物为 HCO_3^-，溶液中 H^+ 的浓度按式 $[H^+] = \sqrt{K_{a_1} K_{a_2}}$ 计算（H_2CO_3 的 $pK_{a_1} = 6.38$，$pK_{a_2} = 10.25$），则

$$[H^+] = \sqrt{10^{-6.38} \times 10^{-10.25}} = 10^{-8.32} \text{（mol/L）}$$
$$pH = 8.32$$

此时选用酚酞作指示剂（pH 为 8~10），终点误差较大。若使用甲酚红-百里酚蓝混合指示剂（变色范围为 8.2~8.4，颜色由粉红变到紫），并用 $NaHCO_3$ 溶液作参比，滴定结果的准确度可提高，误差约为 0.5%。

第二化学计量点时，溶液是 CO_2 的饱和溶液，H_2CO_3 的浓度约为 0.040mol/L。因此，按二元弱酸 pH 的最简式计算，则

$$[H^+] = \sqrt{cK_{a_1}} = \sqrt{0.04 \times 10^{-6.38}} = 1.3 \times 10^{-4} \text{（mol/L）}$$

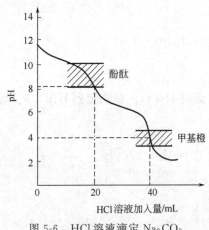

图 5-6　HCl 溶液滴定 Na_2CO_3 溶液的滴定曲线

pH＝3.89

可选择甲基橙（pH 为 3.1～4.4）为指示剂，但在室温下滴定时，终点变化不敏锐。为提高滴定准确度，可采用为 CO_2 所饱和并含有相同浓度 NaCl 和指示剂的溶液作对比。若选择甲基红（pH 为 4.4～6.2）为指示剂，需在滴定过程中加热除去 CO_2。即当滴定溶液刚变红时 pH＜4.4，加热除去 CO_2，此时溶液又变回黄色 pH＞6.2，继续滴定到红色，重复操作 2～3 次，直到使溶液冷却至室温后颜色再不发生变化为止。滴定曲线如图 5-6 所示。

第五节　酸碱标准溶液的配制和标定

酸碱滴定法中常用的碱标准溶液是 NaOH，酸标准溶液是 HCl 或 H_2SO_4。标准溶液的浓度多大合适，这应根据需要进行配制。

一、NaOH 标准溶液的配制和标定

1. 配制方法

氢氧化钠有很强的吸水性且吸收空气中的 CO_2，因而市售 NaOH 常含有 Na_2CO_3。由于 Na_2CO_3 的存在，在滴定弱酸时会带入较大的误差，应设法除去，最常用的方法是：将 NaOH 先配制成饱和溶液（约 20mol/L），在此浓碱中 Na_2CO_3 几乎不溶解，慢慢沉淀出来；配制时根据所需浓度移取一定体积的 NaOH 饱和溶液的上层清液，再用无 CO_2 的蒸馏水稀释至所需的体积。

配制过程：称取分析纯 NaOH 约 110g，溶于 100mL 无 CO_2 的蒸馏水中，摇匀，注入聚乙烯容器中，密闭放置至溶液清亮。用塑料管吸取一定体积的上清液，注入配制所需体积的无 CO_2 的蒸馏水中，摇匀。配制成的 NaOH 标准滴定溶液应保存在装有虹吸管及碱石灰管的瓶中，防止吸收空气中的 CO_2。放置过久的 NaOH 溶液浓度会发生变化，使用时重新标定。

2. 标定

标定 NaOH 标准滴定溶液浓度常用的基准物质是邻苯二甲酸氢钾。邻苯二甲酸氢钾容易用重结晶法制得纯品，不含结晶水，在空气中不吸水，易保存，摩尔质量大（M＝204.2g/mol），是标定碱标准溶液较好的基准物质。标定前邻苯二甲酸氢钾应于 105～110℃ 干燥恒重后备用，标定中指示剂为酚酞，终点时溶液由无色到浅红色。

标定过程：称取一定量的于 105～110℃ 烘至质量恒定的邻苯二甲酸氢钾，称准至 0.0001g，溶于规定体积的无 CO_2 的蒸馏水中，加 2 滴酚酞指示液（10g/L），用配制好的

NaOH 溶液滴定至溶液呈浅红色，同时做空白试验。按下式计算 NaOH 溶液的浓度。

$$c(NaOH) = \frac{m(KHC_8H_4O_4) \times 1000}{M(KHC_8H_4O_4)(V-V_0)}$$

式中　$m(KHC_8H_4O_4)$——$KHC_8H_4O_4$ 的质量，g；

$M(KHC_8H_4O_4)$——$KHC_8H_4O_4$ 的摩尔质量，204.2g/mol；

V——滴定消耗 NaOH 溶液的体积，mL；

V_0——空白试验消耗 NaOH 溶液的体积，mL。

二、HCl 标准溶液的配制和标定

1. 配制方法

盐酸标准溶液一般用间接法配制，即量取市售的盐酸试剂，先配制成接近所需浓度的溶液，然后再用基准物质标定其准确浓度。由于浓盐酸具有挥发性，量取时可稍多于计算量。

2. 标定

标定 HCl 标准滴定溶液浓度常用的基准物质是无水碳酸钠。

无水碳酸钠（Na_2CO_3）易吸收空气中的水分，使用前必须在 270～300℃高温炉中灼烧至恒重，然后密封于称量瓶内，保存在干燥器中备用。标定中指示剂为溴甲酚绿-甲基红混合指示剂，终点时溶液由绿色到暗红色。

标定过程：称取一定量的于 270～300℃烘至质量恒定的 Na_2CO_3，称准至 0.0001g，溶于 50mL 蒸馏水中，加 10 滴溴甲酚绿-甲基红混合指示剂。用配制好的盐酸溶液滴定至溶液由绿色变为暗红色，煮沸 2min（以除去 CO_2），冷却后继续滴定至溶液再呈暗红色。同时做空白试验。按下式计算 HCl 溶液的浓度。

$$c(HCl) = \frac{m(Na_2CO_3) \times 1000}{M(\frac{1}{2}Na_2CO_3)(V-V_0)}$$

式中　$m(Na_2CO_3)$——Na_2CO_3 的质量，g；

$M(\frac{1}{2}Na_2CO_3)$——$\frac{1}{2}Na_2CO_3$ 的摩尔质量，52.99g/mol；

V——滴定消耗 HCl 溶液的体积，mL；

V_0——空白试验消耗 HCl 溶液的体积，mL。

3. 比较法

用一种标准溶液确定另一种溶液准确浓度的方法。此法无需称量基准物质，方便简单，但准确度没有标定法高。如某一 NaOH 溶液浓度的确定，其步骤为：量取 30.00～35.00mL HCl 标准溶液，加 50mL 无 CO_2 的蒸馏水及 2 滴酚酞指示液（10g/L），用浓度相当的待确定浓度的 NaOH 溶液滴定，近终点时加热至 80℃，继续滴定至溶液呈浅红色。按 $c(NaOH) = \frac{c(HCl)V(HCl)}{V(NaOH)}$ 计算 NaOH 溶液的浓度。

与上述标定结果作一比较，要求两种方法测得浓度的相对平均偏差≤0.2%，若相差较大时，以标定所得数值为准。

第六节 酸碱滴定法的应用及计算示例

一、酸碱滴定法的应用

酸碱滴定法在生产实际中应用极为广泛，能直接测定许多酸、碱，以及间接测定能与酸、碱发生定量反应的物质含量。现以不同滴定方式简述酸碱滴定法的应用。

1. 直接滴定

① 各种强酸、强碱都可以用标准碱溶液或标准酸溶液直接进行滴定。化学计量点附近有较大的 pH 突跃。变色范围处于或大部分处于突跃范围内的酸碱指示剂都可以准确地指示滴定终点。如盐酸、硫酸、烧碱（NaOH）等的测定。

② 无机弱酸或弱碱、能溶于水的有机弱酸或弱碱，只要它们的 $cK_a \geqslant 10^{-8}$ 或 $cK_b \geqslant 10^{-8}$，都可以用标准碱溶液或标准酸溶液直接进行滴定。滴定弱酸时，由于化学计量点时有共轭碱生成，使溶液呈碱性，pH 突跃处于碱性范围内，应选用在碱性范围内变色的指示剂；滴定弱碱时，在化学计量点时生成的是共轭酸，使溶液呈酸性，pH 突跃处于酸性范围内，故应选用在酸性范围内变色的指示剂。如醋酸、酒石酸、甲胺（NH_2CH_3）等的测定。

③ 多元酸或碱，只要它们的 K_{a_1}/K_{a_2}（或 K_{b_1}/K_{b_2}）$\geqslant 10^5$，各级 $cK_{a(b)} \geqslant 10^{-8}$ 时，均可用标准碱溶液或标准酸溶液进行分步滴定。如纯碱（Na_2CO_3）、磷酸钠（Na_3PO_4）的测定。

2. 返滴定

对于一些易挥发或难溶于水的物质，不能用直接法测定。这时可先加入一种过量的标准溶液，待反应完全后，再用另一种标准溶液回滴。如氨水、碳酸钙等的测定。

3. 置换滴定

有些物质本身没有酸碱性，或者其酸（或碱）性很弱，不能直接滴定。这时可利用某些化学反应使它们转化为相当量的酸或碱，然后再用标准碱溶液或标准酸溶液进行滴定。例如硼酸，其 $K_{a_1} = 7.3 \times 10^{-10}$，不能用标准碱溶液直接滴定。若将硼酸先与多元醇反应，生成离解常数较大的配位酸后，便可用标准碱溶液进行滴定了。

4. 间接滴定

对于某些非酸、碱的有机物质，可以通过某些化学反应释放出相当量的酸或碱，间接地测定其含量。如肟化法、亚硫酸钠法测定醛、酮，都属此类滴定。

二、酸碱滴定法计算示例

【例 5-5】 称取纯 $CaCO_3$ 0.5000g，溶于 50.00mL HCl 溶液中，多余的酸用 NaOH 溶液回滴，消耗 6.20mL，若 1mL NaOH 溶液相当于 1.010mL HCl 溶液，求两种溶液的浓度。

解 已知 $CaCO_3$ 和 HCl 的反应为

$$2HCl + CaCO_3 = CaCl_2 + H_2O + CO_2 \uparrow$$

取 $\frac{1}{2}CaCO_3$ 为 $CaCO_3$ 的基本单元，又 6.20mL NaOH 溶液相当于 $6.20 \times 1.010 = 6.26$ mL HCl 溶液，因此与 $CaCO_3$ 反应的 HCl 溶液的实际体积为

$$50.00 - 6.26 = 43.74 (mL)$$

$$M\left(\frac{1}{2}CaCO_3\right) = \frac{1}{2} \times 100.0 = 50.00 (g/mol)$$

由式(4-15)得

$$c(HCl) = \frac{m}{V(HCl)M\left(\frac{1}{2}CaCO_3\right)}$$

$$= \frac{0.5000}{43.74 \times 10^{-3} \times 50.00} = 0.2285 (mol/L)$$

$$c(NaOH) = \frac{c(HCl)V(HCl)}{V(NaOH)}$$

$$= \frac{0.2285 \times 1.010}{1.000} = 0.2308 (mol/L)$$

【例 5-6】 质量为 1.000g 的发烟硫酸试样溶于水后，需用 42.82mL $c(NaOH) = 0.5000$ mol/L 的 NaOH 溶液来滴定，计算试样中各成分的质量分数（数值以％表示）。

解 发烟硫酸是 SO_3 和 H_2SO_4 的混合物，它们与 NaOH 的反应分别为

$$2NaOH + SO_3 = Na_2SO_4 + H_2O$$
$$2NaOH + H_2SO_4 = Na_2SO_4 + H_2O$$

取 $\frac{1}{2}SO_3$、$\frac{1}{2}H_2SO_4$ 分别为 SO_3 及 H_2SO_4 的基本单元。$M\left(\frac{1}{2}SO_3\right) = 40.03$ g/mol，$M\left(\frac{1}{2}H_2SO_4\right) = 49.04$ g/mol。

设试样中含 SO_3 质量为 m(g)，含 H_2SO_4 质量为 $1.000g - m$(g)，则

$$\frac{m}{M\left(\frac{1}{2}SO_3\right)} + \frac{1.000 - m}{M\left(\frac{1}{2}H_2SO_4\right)} = c(NaOH)V(NaOH)$$

$$m = 0.2217g$$

硫酸质量 $= 1.000 - 0.2217 = 0.7783$(g)

则

$$w(SO_3) = 22.17\%$$
$$w(H_2SO_4) = 77.83\%$$

【例 5-7】 称取混合碱（NaOH 和 Na_2CO_3 或 Na_2CO_3 和 $NaHCO_3$ 的混合物）试样 1.200g，溶于水，用 0.5000mol/L HCl 溶液滴定至酚酞褪色，用去 15.00mL。然后加入甲基橙指示剂，继续滴加 HCl 溶液至呈现橙色，又用去 22.00mL。试样中含有哪些组分？其质量分数各为多少？

解 HCl 与 Na_2CO_3 的滴定反应分两步进行。

$$Na_2CO_3 + HCl = NaHCO_3 + NaCl \quad (酚酞)$$

第一化学计量点 pH = 8.32。

$$NaHCO_3 + HCl = H_2CO_3 + NaCl \quad (甲基橙)$$

第二化学计量点 pH＝3.9。当用 HCl 溶液滴至酚酞变色时，NaOH 已完全被中和，Na_2CO_3 则被中和为 $NaHCO_3$；继续滴定到甲基橙变橙色时，溶液中 $NaHCO_3$ 全部被中和至 H_2CO_3。现以 V_1 表示酚酞变色时所消耗 HCl 溶液的体积；以 V_2 表示加入甲基橙指示剂后，其变色时所消耗 HCl 溶液的体积。

从反应式可知，在同一份混合碱溶液中有如下判别式：

只含 NaOH 时，$V_1 > 0$，$V_2 = 0$；

只含 $NaHCO_3$ 时，$V_1 = 0$，$V_2 > 0$；

只含 Na_2CO_3 时，$V_1 = V_2$ ($\neq 0$)；

含 NaOH 与 Na_2CO_3 时，$V_1 > V_2$；

含 Na_2CO_3 与 $NaHCO_3$ 时，$V_1 < V_2$。

NaOH 与 $NaHCO_3$ 不会同时存在。本题中 $V_1 < V_2$，说明试样的组成为 Na_2CO_3 和 $NaHCO_3$。

所以

$$w(Na_2CO_3) = \frac{c(HCl) \times 2V_1 M\left(\frac{1}{2}Na_2CO_3\right)}{m \times 1000} \times 100\%$$

$$= \frac{0.5000 \times 2 \times 15.00 \times 53.00}{1.200 \times 1000} \times 100\%$$

$$= 66.25\%$$

将溶液中的 $NaHCO_3$ 中和成 H_2CO_3 所消耗的 HCl 标准滴定溶液的体积为 $(V_2 - V_1)$，所以

$$w(NaHCO_3) = \frac{c(HCl)(V_2 - V_1)M(NaHCO_3)}{m \times 1000} \times 100\%$$

$$= \frac{0.5000 \times (22.00 - 15.00) \times 84.01}{1.200 \times 1000} \times 100\%$$

$$= 24.50\%$$

第七节 非水溶液中的酸碱滴定

酸碱滴定一般是在水溶液中进行的。但是以水作介质有时会遇到困难：第一，离解常数小于 10^{-7} 的弱酸或弱碱一般不能准确滴定；第二，许多有机化合物在水中的溶解度小，使滴定无法进行；第三，在水溶液中一些强酸（或强碱）混合溶液不能分别进行滴定等。这些困难的存在使得在水溶液中进行酸碱滴定受到一定限制。如果采用非水溶剂（包括有机溶剂与不含水的无机溶剂）作为滴定介质，常常可以克服这些困难，从而扩大酸碱滴定的应用范围。

一、溶剂的拉平效应和区分效应

根据酸碱质子理论，一种物质在某种溶液中表现出的酸（或碱）的强度，不仅与酸（或

碱）的本质有关，也与溶剂的性质有关。例如在水溶液中 HCl 和 HAc 是两种强度显著不同的酸，但在液氨中均表现出强酸性。这种现象可由溶剂的拉平效应和区分效应进行解释。HCl 和 HAc 在液氨中分别有如下酸碱反应：

$$HCl + NH_3 \rightleftharpoons NH_4^+ + Cl^-$$

$$HAc + NH_3 \rightleftharpoons NH_4^+ + Ac^-$$

由于 NH_3 接受质子的能力强，上述两个反应向右进行得都很完全，以致无法通过试验来区分这两个平衡状态的差别。HCl 和 HAc 都被转变成另一种酸——氨合质子（NH_4^+），即它们在液氨中都被拉平到 NH_4^+ 的强度水平，故二者的强度不存在差异性。这种将不同强度的酸拉平到溶剂化质子（如氨合质子）水平的效应称为拉平效应。具有拉平效应的溶剂叫作拉平性溶剂。液氨即是 HCl 和 HAc 的拉平性溶剂。又如 $HClO_4$、H_2SO_4、HCl 和 HNO_3 在水溶液中，它们的强度全部被拉平到 H_3O^+ 的水平，均表现为强酸，这里 H_2O 是 $HClO_4$、H_2SO_4、HCl 和 HNO_3 的拉平性溶剂。如果在冰醋酸介质中，由于醋酸接受质子的倾向比水小，碱性比水弱，在这种情况下这四种酸给出质子的能力在程度上就有了差别，因而它们表现出来的酸性也具有差异性。

$$HClO_4 + HAc \rightleftharpoons H_2Ac^+ + ClO_4^- \qquad K_a = 2.0 \times 10^7$$

$$H_2SO_4 + HAc \rightleftharpoons H_2Ac^+ + HSO_4^- \qquad K_a = 1.3 \times 10^6$$

$$HCl + HAc \rightleftharpoons H_2Ac^+ + Cl^- \qquad K_a = 1.3 \times 10^3$$

$$HNO_3 + HAc \rightleftharpoons H_2Ac^+ + NO_3^- \qquad K_a = 22$$

显然这四种酸在冰醋酸中的强度顺序是：$HClO_4 > H_2SO_4 > HCl > HNO_3$。这种能区分酸（或碱）强度的效应称为区分效应。具有区分效应的溶剂叫作区分性溶剂。冰醋酸是上述四种酸的区分性溶剂。同理，水是 HCl 和 HAc 的区分性溶剂。

由以上讨论可知，一种溶剂（如 H_2O）可以是某些酸（或碱）的拉平性溶剂，也可以是另一些酸（或碱）的区分性溶剂。溶剂的拉平效应和区分效应与溶剂和溶质的酸碱相对强度有关。碱性较强的溶剂对弱酸有拉平效应。如液氨能将 HAc 拉平到与 HCl 相同的强度；碱性较弱的溶剂对弱酸具有区分效应，如水能区分 HAc 与 HCl 的强度。同理，酸性较强的溶剂（如冰醋酸）是强酸（如 HCl、H_2SO_4）的区分性溶剂，而是弱碱的拉平性溶剂；酸性较弱的溶剂对弱碱具有区分效应，如水能区分 NH_3 与 NaOH 的强度；但对强酸具有拉平效应（如 HCl、H_2SO_4 等）。惰性溶剂没有明显的酸碱性，因此没有拉平效应，但却具有区分效应，是一种很好的区分性溶剂。

溶剂的拉平效应和区分效应不仅可以用来解释物质酸碱强度的相对性，而且在实际工作中还可以应用溶剂的这两种效应，使某些在水溶液中不能进行的酸碱滴定能在非水溶液中得以实现。

二、溶剂的种类及其选择

1. 溶剂的分类

非水溶液酸碱滴定中常用的溶剂种类很多，根据溶剂的酸碱性可分为以下四大类。

（1）两性溶剂 这类溶剂的酸碱性与水接近，即它们给出和接受质子的能力相当。属于这一类溶剂的主要有甲醇、乙醇、乙二醇。主要用作滴定较强的有机酸或有机碱时的介质。

（2）酸性溶剂　这类溶剂给出质子的能力比水强，接受质子的能力比水弱，故成为酸性溶剂，也称疏质子溶剂。如甲酸、冰醋酸、丙酸等。其中用得最多的是冰醋酸。主要用作滴定弱碱性物质时的介质。

（3）碱性溶剂　这类溶剂接受质子的能力比水强，给出质子的能力比水弱，故成为碱性溶剂，也称亲质子溶剂。如乙二胺、丁胺、二甲基甲酰胺等。主要用作滴定弱酸性物质时的介质。

（4）惰性溶剂　不接受质子也不给出质子的溶剂称为惰性溶剂。在这类溶剂中质子的转移过程只发生在溶质分子之间。由于惰性溶剂没有明显的酸性或碱性，因此没有拉平效应。这样就使惰性溶剂成为一种很好的区分性溶剂。如苯、四氯化碳、丙酮等。这类溶剂常与其他溶剂混合使用。

2. 溶剂的选择

在非水溶液滴定中，溶剂的选择至关重要。在选择溶剂时首先考虑的是溶剂的酸碱性，因为它直接影响到滴定反应的完全程度。

例如，吡啶在水中是一个极弱的有机碱（$K_b = 1.4 \times 10^{-9}$），在水溶液中直接进行滴定非常困难。如果用冰醋酸作溶剂，由于冰醋酸是酸性溶剂，给出质子的能力比水强，因而增强了吡啶的碱性，这样就可以顺利地用 $HClO_4$ 进行滴定。其反应为

$$HClO_4 \rightleftharpoons H^+ + ClO_4^-$$

$$CH_3COOH + H^+ \rightleftharpoons CH_3COOH_2^+$$

$$CH_3COOH_2^+ + C_5H_5N \rightleftharpoons C_5H_5NH^+ + CH_3COOH$$

3式相加得

$$HClO_4 + C_5H_5N \rightleftharpoons C_5H_5NH^+ + ClO_4^-$$

在这个反应中，冰醋酸的碱性比 ClO_4^- 强，因此它接受 $HClO_4$ 给出的质子，生成溶剂合质子 $CH_3COOH_2^+$，C_5H_5N 接受 $CH_3COOH_2^+$ 给出的质子生成 $C_5H_5NH^+$。

因此，在选择溶剂时，应考虑以下几个问题。

① 溶剂能增强试样的酸碱性，与试样及滴定剂不发生化学反应。
② 对试样的溶解能力要强，并能溶解滴定产物及过量的滴定剂。
③ 溶剂的纯度要高，不应含有酸性或碱性杂质。
④ 滴定弱酸时选用碱性溶剂；滴定弱碱时选用酸性溶剂；滴定混合酸或混合碱时应选用具有良好区分效应的溶剂。

除考虑上述条件外，还应考虑到使用安全、价廉、挥发性小、易于回收和精制。

三、标准溶液和化学计量点的检测

1. 酸标准溶液

在非水介质中滴定碱时，常用的溶剂为冰醋酸，因为它是这些酸的区分性溶剂。在冰醋酸中高氯酸的酸性最强，所以常用高氯酸的冰醋酸溶液作标准溶液。滴定过程中生成的共轭碱（ClO_4^-）具有较大的溶解度。由于 $HClO_4$ 的冰醋酸溶液用70%～72%的 $HClO_4$ 配制而成，其中水的存在影响质子的转移，也影响滴定终点的观察。因此在配制标准溶液时加入一定量的醋酐除去水分。

$HClO_4$ 的冰醋酸溶液一般用邻苯二甲酸氢钾作基准物,在冰醋酸溶液中进行标定。反应为

$$\underset{COOK}{\underset{|}{C_6H_4}}\!\!\!\!-COOH + HClO_4 \rightleftharpoons \underset{COOH}{\underset{|}{C_6H_4}}\!\!\!\!-COOH + KClO_4$$

标定时以甲基紫或结晶紫为指示剂。

2. 碱标准溶液

最常用的碱标准溶液是醇钾和醇钠。如甲醇钠的苯-甲醇溶液,它是由金属钠与甲醇反应制得的。

$$2CH_3OH + 2Na \rightleftharpoons 2CH_3ONa + H_2\uparrow$$

常用苯甲酸作基准物,其标定反应为

$$C_6H_5COOH + CH_3ONa \rightleftharpoons C_6H_5COO^- + Na^+ + CH_3OH$$

季铵碱碱性较强,也可用作标准溶液。

碱标准溶液在贮存和使用时必须注意防止吸收水分和 CO_2。

由于有机溶剂膨胀系数大,当温度变化时,要注意校正溶液的浓度。

3. 化学计量点的检测

化学计量点的检测方法很多,最常用的有电位法和指示剂法。

电位法一般以玻璃电极或锑电极为指示电极,饱和甘汞电极为参比电极,通过绘制滴定曲线来检测化学计量点。

用指示剂检测化学计量点的关键在于选择合适的指示剂。关于指示剂的选择,通常是用实验方法来确定的。即在电位滴定的同时观察指示剂颜色的变化,从而确定何种指示剂与电位滴定确定的计量点相符。水溶液中各种指示剂的变色范围也可作为非水溶液中选择指示剂的依据。一般来讲,非水滴定中使用的指示剂随溶剂而异,见表5-7所列,可供参考。

表 5-7 非水溶液酸碱滴定中常用的指示剂

溶 剂	指 示 剂
酸性溶剂(冰醋酸)	甲基紫、结晶紫、中性红等
碱性溶剂(乙二胺、二甲基甲酰胺)	百里酚蓝、偶氮紫、邻硝基苯胺、对羟基偶氮紫等
惰性溶剂(氯仿、甲苯等)	甲基红等

四、非水溶液中酸碱滴定的应用

非水溶液中酸碱滴定主要用来解决那些在水溶液中不能滴定的极弱酸或极弱碱,以及不溶性试样的滴定。

1. 酸性物质的测定

酸性物质主要是指羧酸类、酚类、氨基酸类、磺酰胺等有机物质及无机弱酸,可在碱性溶剂(如乙二胺)中用甲醇钠或季铵碱进行滴定。

2. 碱性物质的测定

碱性物质主要是指胺类、生物碱、含氮杂环化合物等有机碱及无机弱碱。冰醋酸是滴定碱时可选用的较好溶剂,滴定剂是高氯酸的冰醋酸溶液。

例如非水滴定法测定钢铁中碳的含量,试样在氧气流中经高温燃烧,产生的二氧化碳被含有百里香酚蓝-百里酚酞指示剂的丙酮-甲醇混合液吸收,然后用甲醇钾标准溶液滴定至终点,根据消耗甲醇钾的用量计算试样中碳的质量分数。

在上述反应中,钢铁中碳与甲醇钾之间的定量关系为

$$1 \text{ 份 } C \rightarrow 1 \text{ 份 } CO_2 \rightarrow 1 \text{ 份 } CH_3OK$$

则

$$w(C) = \frac{c(CH_3OK)(V_1 - V_0)M(C)}{m \times 1000} \times 100\%$$

式中 $w(C)$——钢铁中碳的质量分数,%;

$c(CH_3OK)$——甲醇钾标准溶液的浓度,mol/L;

V_1——试样测定消耗甲醇钾标准溶液的体积,mL;

V_0——空白试验消耗甲醇钾标准溶液的体积,mL;

$M(C)$——碳的摩尔质量,g/mol;

m——试样的质量,g。

思考题与习题

1. 举例说明缓冲溶液作用的原理。缓冲容量的大小与哪些因素有关?在什么条件下缓冲溶液具有最大的缓冲容量?

2. 什么是指示剂的变色范围?甲基橙的实际变色范围(3.1~4.4)与 $pK_{HIn} = \pm 1$ 变色范围(2.4~4.4)不一致,如何解释?

3. 某一溶液使甲基橙呈黄色,使甲基红呈红色。指出该溶液的 pH 范围。

4. 某一溶液使酚酞呈无色,使甲基红呈黄色。指出该溶液的 pH 范围。

5. 何谓滴定曲线?如何选择指示剂?

6. 为什么 NaOH 可直接滴定 HAc 而不能直接滴定硼酸?

7. 根据下列情况,分别判断含有 K_2CO_3、KOH 和 $KHCO_3$ 中的哪些组分。

(1) 用酚酞和用甲基橙作指示剂滴定溶液时用去 HCl 标准溶液量相同;

(2) 用酚酞作指示剂时所用 HCl 溶液体积为用甲基橙作指示剂所用 HCl 溶液体积的一半;

(3) 加酚酞时溶液不显色,但可用甲基橙作指示剂以 HCl 溶液滴定;

(4) 用酚酞作指示剂所用 HCl 溶液比继续加甲基橙作指示剂所用 HCl 溶液少;

(5) 用酚酞作指示剂所用 HCl 溶液比继续加甲基橙作指示剂所用 HCl 溶液多。

8. 用非水滴定法滴定下列物质。哪些宜用酸性溶剂?哪些宜用碱性溶剂?为什么?

醋酸钠、乳酸钠、水杨酸、苯甲酸、苯酚、吡啶。

9. 计算下列溶液的 pH。

(1) 0.050mol/L 的 HCl 溶液;

(2) 0.200mol/L 的 HAc 溶液;

(3) 0.050mol/L 的 NaOH 溶液;

(4) 0.200mol/L 的 $NH_3 \cdot H_2O$ 溶液。

10. 将 pH 换算成 $[H^+]$ 和 $[OH^-]$。

(1) pH=3.45;(2) pH=6.28;(3) pH=10.62;(4) pH=12.8。

11. 欲配制 pH=10.0 的缓冲溶液 1L,用去 15mol/L 氨水 350mL,还需加 NH_4Cl 多少克?

12. 用 $c(NaOH)=0.1000mol/L$ NaOH 溶液滴定 20.00mL $c(HCOOH)=0.1000mol/L$ 蚁酸，计算化学计量点时的 pH 及突跃范围。选用何种指示剂。

13. 有一种三元酸（$K_{a1}=1\times10^{-2}$，$K_{a2}=1\times10^{-6}$，$K_{a3}=1\times10^{-12}$），用 NaOH 滴定，计算第一和第二化学计量点的 pH。两个计量点附近有无滴定突跃？各选用何种指示剂？能否出现第三个 pH 突跃？

14. 用无水 Na_2CO_3 标定 HCl 溶液，若要消耗约 30mL $c(HCl)=0.10mol/L$ HCl 溶液，应称取 Na_2CO_3 多少克？

15. 下列各种弱酸、弱碱（浓度均为 0.1mol/L）能否用酸碱滴定法直接滴定？如果可以，应选用何种指示剂？

（1）一氯乙酸；（2）苯酚；（3）吡啶；（4）苯甲酸；（5）羟氨；（6）氟化钠；（7）苯甲酸钠；（8）醋酸钠。

16. 用 NaOH 溶液滴定下列各种多元酸时，哪些能分步滴定？会出现几个 pH 突跃？（基本单元皆为其化学式，浓度皆为 0.1mol/L）。

（1）H_3PO_4；（2）H_2CO_3；（3）H_2SO_4；（4）$H_2C_2O_4$；（5）H_2SO_3。

17. 有工业硼砂 1.000g，用 25.00mL 0.2000mol/L HCl 溶液恰中和至计量点，试计算试样中 $Na_2B_4O_7 \cdot 10H_2O$ 及 $Na_2B_4O_7$ 的质量分数。

18. 在 0.2815g 含 $CaCO_3$ 的石灰石里加入 20.00mL 0.1175mol/L HCl 溶液，滴定过量盐酸时用去 5.06mL NaOH 溶液。HCl 溶液对 NaOH 溶液的体积比为 0.9750，计算石灰石中 CO_2 的质量分数。

19. 有一含 NaOH 和 Na_2CO_3 的试样 1.179g，溶解后用酚酞作指示剂时，消耗 8.16mL 0.3000mol/L HCl 溶液。再加甲基橙指示剂，又用该酸滴定，则需 24.04mL。计算试样中 NaOH 和 Na_2CO_3 的质量分数。

20. 某混合碱样品可能含有 NaOH、$NaHCO_3$、Na_2CO_3 中的一种或两种。称取 0.3019g 样品，用酚酞作指示剂，滴定用去 0.1035mol/L 的 HCl 溶液 20.10mL；再加入甲基橙指示剂，继续以同一 HCl 标准溶液滴定，一共用去 HCl 标准溶液 47.70mL。试判断试样的组成及各组分的含量。

21. 标定甲醇钠溶液时，称取苯甲酸 0.4680g，消耗甲醇钠溶液 25.50mL，计算甲醇钠的物质的量浓度。

22. 测定钢铁中的碳含量。称取试样 20.0000g，试样经高温灼烧，产生的二氧化碳被含有百里香酚蓝-百里酚酞指示剂的丙酮-甲醇混合液吸收，然后用 21 题中的甲醇钠标准溶液滴定至终点，用去 30.50mL。计算样品中碳的质量分数。

第六章
配位滴定法

> **学习指南**
>
> 配位滴定法是以配位反应为基础的滴定分析方法。通过本章学习，应了解 EDTA 与金属离子形成配合物的特点、副反应对主反应的影响；明确金属指示剂的作用原理及使用条件；掌握配位滴定基本原理、条件以及标准溶液制备的方法；了解配位滴定方式和应用范围；掌握配位滴定法的计算。

第一节 方法简介

利用形成配合物的反应进行滴定分析的方法称为配位滴定法。例如用 $AgNO_3$ 标准溶液滴定氰化物时，Ag^+ 与 CN^- 发生配位反应，生成配离子 $[Ag(CN)_2]^-$，反应如下：

$$Ag^+ + 2CN^- \rightleftharpoons [Ag(CN)_2]^-$$

当滴定到化学计量点时，稍过量的 Ag^+ 与 $[Ag(CN)_2]^-$ 结合形成 $Ag[Ag(CN)_2]$ 白色沉淀，使溶液变浑浊，从而指示终点到达。

但是能够用于配位滴定的反应必须具备下列条件。

① 形成的配合物要相当稳定，即 $K_稳$ 值要大（$>10^8$），以保证反应进行完全。
② 在一定的反应条件下配位数必须固定（即只形成一种配位数的配合物）。
③ 配位反应速率要快。
④ 要有适当的方法确定滴定终点。

能够形成无机配合物的反应很多，但能用于配位滴定的并不多。原因是大多数无机配合物的稳定性不高，且存在着分级配位等情况。例如 CN^- 与 Cd^{2+} 的配位反应，分别生成 $[Cd(CN)]^+$、$Cd(CN)_2$、$[Cd(CN)_3]^-$、$[Cd(CN)_4]^{2-}$ 等四种形式的配合物，其稳定常数分别为 3.5×10^5、1.0×10^5、5.0×10^4、3.5×10^3。稳定常数值不大，说明生成的配合物稳定性较差，且各级稳定常数之间的差别也较小，即不能分步配位，更重要的是难以确定计量关系。由于无机配位剂存在着使用上的局限性，所以在配位滴定中应用不广泛。

随着有机配位剂的出现和在分析上的运用，使得配位滴定得到了迅速发展。目前应用最为广泛的配位剂是氨羧配位剂。

氨羧配位剂是一种含有氨基乙酸基团 $\left(-\mathrm{N}\begin{smallmatrix}\mathrm{CH_2COOH}\\\mathrm{CH_2COOH}\end{smallmatrix}\right)$ 的有机化合物，其分子中含有氨基和羧基两种配位能力很强的配位基团，可以和许多金属离子形成环状结构的配合物，或称螯合物。

常见的用于配位滴定的氨羧配位剂有以下几种。

（1）乙二胺四乙酸及其二钠盐（简称 EDTA）

$$\begin{array}{c}\mathrm{HOOCH_2C}\\\mathrm{HOOCH_2C}\end{array}\!\!\!\!\!>\!\mathrm{N-CH_2-CH_2-N}\!<\!\!\!\!\!\begin{array}{c}\mathrm{CH_2COOH}\\\mathrm{CH_2COOH}\end{array}$$

（2）1,2-二氨基环己烷四乙酸（简称 CYDTA 或 DCTA）

（3）乙二醇二乙醚二胺四乙酸（简称 EGTA）

（4）乙二胺四丙酸（简称 EDTP）

$$\begin{array}{c}\mathrm{HOOCH_2CH_2C}\\\mathrm{HOOCH_2CH_2C}\end{array}\!\!\!\!\!>\!\mathrm{N-CH_2-CH_2-N}\!<\!\!\!\!\!\begin{array}{c}\mathrm{CH_2CH_2COOH}\\\mathrm{CH_2CH_2COOH}\end{array}$$

其中 EDTA 是目前应用最广泛的一种氨羧配位剂，采用 EDTA 作配位剂的滴定分析法称为 EDTA 滴定法。用 EDTA 标准溶液可以滴定几十种金属离子。

第二节 EDTA 及其配合物

一、EDTA 的结构及性质

乙二胺四乙酸简称 EDTA，通常用 H_4Y 表示，微溶于水（22℃时溶解度为 0.02g/100mL H_2O），难溶于酸和有机溶剂，易溶于碱或氨水中生成相应的盐，因此，乙二胺四乙酸不适宜作滴定剂。EDTA 二钠盐（$Na_2H_2Y \cdot 2H_2O$，也称为 EDTA）为白色结晶粉末，无臭无味，无毒，易精制，并且易溶于水（22℃时溶解度为 11.1g/100mL H_2O，浓度约 0.3mol/L，pH≈4.4）。故常以 EDTA 二钠盐作为滴定剂。EDTA 是一种多元酸，两个羧基上的 H 转移至 N 原子上，形成双偶极离子。

$$\text{HOOCH}_2\text{C} \diagdown \text{N-CH}_2\text{-CH}_2\text{-N} \diagup \text{CH}_2\text{COOH}$$
$$\text{HOOCH}_2\text{C} \diagup \qquad \diagdown \text{CH}_2\text{COO}^-$$

当 H_4Y 溶于水时，如果溶液的酸度很高，它的两个羧基可再接受 H^+，形成 H_6Y^{2+}。这样，EDTA 就相当于六元酸，有六级离解平衡。

$$H_6Y^{2+} \rightleftharpoons H^+ + H_5Y^+ \qquad K_{a_1} = 1.3 \times 10^{-1}$$
$$H_5Y^+ \rightleftharpoons H^+ + H_4Y \qquad K_{a_2} = 2.5 \times 10^{-2}$$
$$H_4Y \rightleftharpoons H^+ + H_3Y^- \qquad K_{a_3} = 1.0 \times 10^{-2}$$
$$H_3Y^- \rightleftharpoons H^+ + H_2Y^{2-} \qquad K_{a_4} = 2.14 \times 10^{-3}$$
$$H_2Y^{2-} \rightleftharpoons H^+ + HY^{3-} \qquad K_{a_5} = 6.92 \times 10^{-7}$$
$$HY^{3-} \rightleftharpoons H^+ + Y^{4-} \qquad K_{a_6} = 5.5 \times 10^{-11}$$

在任何水溶液中，EDTA 总是以 H_6Y^{2+}、H_5Y^+、H_4Y、H_3Y^-、H_2Y^{2-}、HY^{3-} 和 Y^{4-} 等七种形式存在，它们的分布系数（存在形式的浓度与 EDTA 总浓度之比）与溶液的 pH 有关。图6-1是溶液中 EDTA 各种存在形式的分布图（为书写简便起见，EDTA 的各种存在形式均略去其电荷，用 H_6Y、H_5Y、$\cdots$、Y 等表示）。

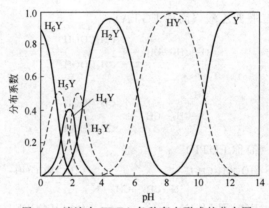

图 6-1 溶液中 EDTA 各种存在形式的分布图

由图 6-1 可以看出，不论 EDTA 的原始存在形式是 H_4Y 还是 Na_2H_2Y，在 pH<1 的强酸性溶液中，主要是以 H_6Y 的形式存在；在 pH 为 2.67~6.16 的溶液中主要以 H_2Y 形式存在；在 pH>10.26 的碱性溶液中主要以 Y 形式存在。

在这七种型体中，只有 Y 能与金属离子直接配位。因此溶液中的酸度越低，Y 的分布系数越大，EDTA 的配位能力越强。

二、EDTA 与金属离子的配位特点

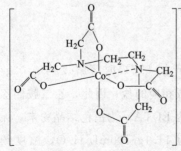

图 6-2 Co(Ⅲ)-EDTA 螯合物的立体结构

由于 EDTA 阴离子 Y^{4-} 的结构具有两个氨基和四个羧基，而氮、氧原子又都具有孤对电子，能与金属离子形成配位键，为六基配位体。因此，在元素周期表中绝大多数金属离子均能与 EDTA 形成稳定配合物。其配位反应具有以下特点。

① EDTA 与金属离子配位时形成五个五元环。EDTA 金属配合物的立体结构如图6-2所示。在与金属离子相键

合的氮原子和氧原子之间，间隔两个碳原子，因而形成具有五元环结构的稳定的螯合物。

② EDTA 与不同价态的金属离子生成配合物时，配位比较简单，一般情况下形成 1∶1 配合物。如

$$Zn^{2+} + H_2Y^{2-} \rightleftharpoons ZnY^{2-} + 2H^+$$
$$Fe^{3+} + H_2Y^{2-} \rightleftharpoons FeY^- + 2H^+$$
$$Sn^{4+} + H_2Y^{2-} \rightleftharpoons SnY + 2H^+$$

这样在计算时均可取它们的化学式作为基本单元，计算简便。

③ 生成的配合物易溶于水。由于 EDTA 分子中含有四个亲水性的羧酸基团，使滴定反应就能在水溶液中进行，而且大多数配位反应速率快，瞬时即可完成。

④ 生成的配合物多数无色。EDTA 与无色的金属离子配位时，生成无色配合物，有利于用指示剂指示滴定终点。但有色金属离子与 EDTA 配位时，一般生成颜色更深的配合物。例如，NiY^{2-}（蓝绿色）、CuY^{2-}（深蓝色）、CoY^{2-}（紫红色）、MnY^{2-}（紫红色）、CrY^-（深紫色）和 FeY^-（黄色）等。滴定这些离子时，试液浓度应稀一些，以利于用指示剂确定终点。

⑤ EDTA 与金属离子的配位能力与溶液的酸度有密切的关系，这点在应用时注意。

第三节 配合物在水溶液中的离解平衡

一、配合物的稳定常数

在配位反应中，配合物的形成和离解同处于相对平衡的状态中，其平衡常数可用稳定常数（形成常数）或不稳定常数（离解常数）表示。

1. ML 型（1+1）配合物

对于 1+1 型的配合物 ML，其配位反应（为简便起见，略去电荷）为

$$M + Y \rightleftharpoons MY$$

$$K_{MY} = \frac{[MY]}{[M][Y]}$$

K_{MY} 即为金属离子 EDTA 配合物的绝对稳定常数（或形成常数，有时用 $K_{稳}$ 表示），$K_{稳}$ 的倒数即为配合物的不稳定常数（也称为离解常数）。

即 $$K_{稳} = \frac{1}{K_{不稳}} \qquad \lg K_{稳} = pK_{不稳} \qquad (6-1)$$

对于具有相同配位数的配合物或配位离子，$K_{稳}$ 或 $\lg K_{稳}$ 值越大，生成的配合物越稳定；反之，$K_{不稳}$ 越大，生成的配合物越不稳定。对于（1+1）型配合物，两种表示方法互为倒数。

EDTA 与部分金属离子所形成配合物的 $\lg K_{MY}$ 值列于表 6-1 中。

由表 6-1 可知，金属离子与 EDTA 配合物的稳定性随金属离子的不同差别较大。碱金属离子的配合物最不稳定，碱土金属离子配合物的 $\lg K_{稳} = 8 \sim 11$；过渡元素、稀土元素、Al^{3+} 配合物的 $\lg K_{稳} = 15 \sim 19$；三价、四价金属离子和 Hg^{2+}、Sn^{2+} 配合物的 $\lg K_{稳} > 20$。

表 6-1　部分金属离子 EDTA 配合物的 $\lg K_{MY}$ 值

金属离子	$\lg K_{MY}$	金属离子	$\lg K_{MY}$
Na^+	1.66	Pb^{2+}	18.04
Li^+	2.79	Y^{3+}	18.09
Ag^+	7.32	VO^+	18.1
Ba^{2+}	7.86	Ni^{2+}	18.60
Mg^{2+}	8.69	VO^{2+}	18.8
Sr^{2+}	8.73	Cu^{2+}	18.80
Be^{2+}	9.20	Ga^{2+}	20.3
Ca^{2+}	10.69	Ti^{3+}	21.3
Mn^{2+}	13.87	Hg^{2+}	21.8
Fe^{2+}	14.33	Sn^{2+}	22.1
La^{3+}	15.50	Th^{4+}	23.2
Ce^{4+}	15.98	Cr^{3+}	23.4
Al^{3+}	16.30	Fe^{3+}	25.1
Co^{2+}	16.31	U^{4+}	25.8
Cd^{2+}	16.49	Bi^{3+}	27.94
Zn^{2+}	16.50	Co^{3+}	36.0

2. ML_n 型（1+n）配合物

（1）逐级稳定常数和逐级离解常数　对于（1+n）型的配合物，由于 ML_n 的形成是逐级进行的，其逐级形成过程和有关常数如下。

$$M + L \rightleftharpoons ML \qquad K_{稳1} = \frac{[ML]}{[M][L]}$$

$$ML + L \rightleftharpoons ML_2 \qquad K_{稳2} = \frac{[ML_2]}{[ML][L]}$$

$$\vdots \qquad \vdots$$

$$ML_{n-1} + L \rightleftharpoons ML_n \qquad K_{稳n} = \frac{[ML_n]}{[ML_{n-1}][L]} \tag{6-2}$$

反之，对于 ML_n 的逐级离解常数为

$$K_{不稳n} = \frac{[M][L]}{[ML]}$$

应当注意，对于非（1+1）型配合物，其第一级稳定常数是第 n 级离解常数的倒数，其余类推。

（2）累积稳定常数　累积稳定常数是指逐级稳定常数渐次相乘的乘积，用符号 β 表示。

第一级累积稳定常数　　$\beta_1 = K_{稳1} = \dfrac{[ML]}{[M][L]}$

$$\lg\beta_1 = \lg K_{稳1}$$

第二级累积稳定常数　　$\beta_2 = K_{稳1} K_{稳2} = \dfrac{[ML_2]}{[ML][L]^2}$

$$\lg\beta_2 = \lg K_{稳1} + \lg K_{稳2}$$

第 n 级累积稳定常数　　$\beta_n = K_{稳1} K_{稳2} \cdots K_{稳n} = \dfrac{[ML_n]}{[M][L]^n}$

$$\lg\beta_n = \lg K_{\text{稳}1} + \lg K_{\text{稳}2} + \cdots + \lg K_{\text{稳}n} \tag{6-3}$$

最后一级累积稳定常数 β_n 又叫总稳定常数，所以，根据配位化合物的各级累积稳定常数可以计算各级配合物及游离金属和游离配位剂的浓度。

【例 6-1】 在 pH=12 的 5.0×10^{-3} mol/L CaY 溶液中，Ca^{2+} 浓度和 pCa 为多少？

解 已知 pH=12 时，$c(CaY)=5.0\times10^{-3}$ mol/L，查表 6-1 得 $K_{CaY}=10^{10.7}$。由于 $[Ca^{2+}]=[Y]$，$[CaY^{2-}]\approx c(CaY)$，根据平衡关系式 $K_{CaY}=\dfrac{[CaY^{2-}]}{[Ca^{2+}][Y]}$ 得

$$[Ca^{2+}]^2 = \frac{c(CaY)}{K_{CaY}}$$

$$[Ca^{2+}] = \left[\frac{c(CaY)}{K_{CaY}}\right]^{\frac{1}{2}} = \left(\frac{10^{-2.30}}{10^{10.7}}\right)^{\frac{1}{2}} = 10^{-6.5}$$

即
$$[Ca^{2+}] = 3\times10^{-7}\ \text{mol/L}$$

$$pCa = \frac{1}{2}(\lg K_{CaY} - \lg[CaY]) = \frac{1}{2}(10.7+2.3) = 6.5$$

二、影响配位平衡的主要因素和条件稳定常数

配位平衡不仅要受温度和溶液离子强度的影响，而且也与其他离子与分子的存在有关。通常把在滴定过程中 EDTA 与待测金属离子的反应称为主反应，溶液中存在的其他反应都称为副反应，如下式所示：

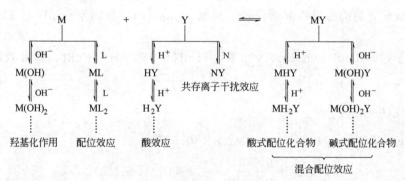

上式中除主反应（M+Y $\rightleftharpoons$ MY）以外的各种反应一律称为副反应，均能影响主反应式的平衡，副反应影响主反应的现象称为"效应"。为了定量处理各种因素对配位平衡的影响，引入副反应系数的概念。副反应系数是描述副反应对主反应影响大小程度的量度，以 α 表示。

1. 酸效应和酸效应系数

因 H^+ 的存在使配位体参加主反应能力降低的现象称为酸效应，酸效应大小的程度以酸效应系数 $\alpha_{Y(H)}$ 衡量。酸效应系数是指在一定的 pH 下未与 M 配位的 EDTA 总浓度 c_Y 与游离 EDTA 酸根离子浓度 $[Y]$ 的比值。即

$$\alpha_{Y(H)} = \frac{c_Y}{[Y]} \tag{6-4}$$

式中

$$c_Y = [H_6Y] + [H_5Y] + [H_4Y] + [H_3Y] + [H_2Y] + [HY] + [Y]$$

不同酸度下的 $\alpha_{Y(H)}$ 值可按下式计算。

$$\alpha_{Y(H)} = 1 + \frac{[H]}{K_6} + \frac{[H]^2}{K_6 K_5} + \frac{[H]^3}{K_6 K_5 K_4} + \cdots + \frac{[H]^6}{K_6 K_5 K_4 \cdots K_1} \tag{6-5}$$

显然酸效应系数 $\alpha_{Y(H)}$ 随着溶液酸度的变化而变化，溶液的酸度越大，$\alpha_{Y(H)}$ 值越大，而游离的浓度即有效浓度 [Y] 越小，配位剂的配位能力越弱。表 6-2 列出了 EDTA 在不同 pH 溶液中的 $\lg\alpha_{Y(H)}$ 值。

表 6-2 不同 pH 时 EDTA 的 $\lg\alpha_{Y(H)}$

pH	$\lg\alpha_{Y(H)}$	pH	$\lg\alpha_{Y(H)}$	pH	$\lg\alpha_{Y(H)}$
0.0	23.64	3.4	9.70	6.8	3.55
0.4	21.32	3.8	8.85	7.0	3.32
0.8	19.08	4.0	8.44	7.5	2.78
1.0	18.01	4.4	7.64	8.0	2.26
1.4	16.02	4.8	6.84	8.5	1.77
1.8	14.27	5.0	6.45	9.0	1.29
2.0	13.52	5.4	5.69	9.5	0.83
2.4	12.19	5.8	4.98	10.0	0.45
2.8	11.09	6.0	4.65	11.0	0.07
3.0	10.60	6.4	4.06	12.0	0.00

由表 6-2 可知，当溶液的 pH>12 时，EDTA 基本上完全离解为 Y^{4-}，此时 EDTA 的配位能力最强，生成的配合物也最稳定。随着酸度的增高，$\lg\alpha_{Y(H)}$ 值增大，说明 EDTA 与金属离子形成配合物的稳定性显著降低。根据 $\alpha_{Y(H)}$ 可以计算出不同 pH 时 EDTA 的有效浓度。

【例 6-2】 0.05mol/L 的 EDTA 溶液，当 pH=5 和 pH=10 时，其有效浓度分别是多少？

解 由式(6-4) $[Y] = \dfrac{c_Y}{\alpha_{Y(H)}}$

pH=5 时，$\lg\alpha_{Y(H)} = 6.45$，$\alpha_{Y(H)} = 2.8 \times 10^6$，则

$$[Y] = \frac{5 \times 10^{-2}}{2.8 \times 10^6} = 1.8 \times 10^{-8} (mol/L)$$

pH=10 时，$\lg\alpha_{Y(H)} = 0.45$，$\alpha_{Y(H)} = 2.8$，则

$$[Y] = \frac{0.05}{2.8} = 1.8 \times 10^{-2} (mol/L)$$

计算结果表明，同一 EDTA 溶液当 pH 由 5 变成 10 时，[Y] 的浓度增加 10^6 倍。所以说酸度对 EDTA 的配位能力有非常重要的影响，酸效应系数就能定量地反映这个影响。

2. 配位效应和配位效应系数

由于其他配位剂的存在使金属离子与 EDTA 反应能力降低的现象称为配位效应。这种由配位剂 L 引起副反应大小的程度以配位效应系数 $\alpha_{M(L)}$ 衡量。配位效应系数是指没有参加主反应的金属离子总浓度 c_M 与游离金属离子浓度 [M] 的比值。即

$$\alpha_{M(L)} = \frac{c_M}{[M]} = 1 + \beta_1[L] + \beta_2[L]^2 + \cdots + \beta_n[L]^n \tag{6-6}$$

当配位剂（L）的浓度一定时，$\alpha_{M(L)}$ 为一定值，此时游离金属离子浓度则为

$$[M] = \frac{c_M}{\alpha_{M(L)}}$$

$\alpha_{M(L)}$ 越大，表示副反应越严重。

3. 条件稳定常数

经过上述讨论得知，配合物的稳定性只用绝对稳定常数来表示是不符合实际的，理应将副反应因素考虑进去，由此推导出的稳定常数称为条件稳定常数，也叫表观稳定常数，用 K'_{MY} 表示。K'_{MY} 与 $\alpha_{M(L)}$、$\alpha_{Y(H)}$ 和 K_{MY} 的关系如下

$$K'_{MY} = \frac{K_{MY}}{\alpha_{Y(H)}\alpha_{M(L)}} \tag{6-7}$$

当条件恒定时，$\alpha_{M(L)}$、$\alpha_{Y(H)}$ 均为定值，故条件稳定常数 K'_{MY} 为常数。当副反应系数为 1 时，$K'_{MY}=K_{MY}$。

将式(6-7)用对数式表示为

$$\lg K'_{MY} = \lg K_{MY} - \lg \alpha_{Y(H)} - \lg \alpha_{M(L)} \tag{6-8}$$

此式是处理配位平衡的重要公式。

当溶液中没有其他配位剂存在，或其他配位剂 L 不与被测金属离子反应，只有酸效应的影响时

$$\lg \alpha_{M(L)} = 0$$

则

$$\lg K'_{MY} = \lg K_{MY} - \lg \alpha_{Y(H)} \tag{6-9}$$

条件稳定常数的大小说明配合物 MY 在一定条件下的实际稳定程度，它是判断滴定可能性的重要数据。对于 0.01mol/L 的被测离子，要是测定误差<0.1%，要求 $K_{MY} \geq 10^8$；考虑到副反应的影响，就应当是 $K'_{MY} \geq 10^8$。

【例 6-3】 计算 pH=2.0 和 pH=5.0 时 ZnY 的条件稳定常数。

解 已知 $\lg K_{ZnY} = 16.50$

查表 6-2，知 pH=2.0 时 $\lg \alpha_{Y(H)} = 13.52$，pH=5.0 时 $\lg \alpha_{Y(H)} = 6.45$，则

$$\lg K'_{ZnY} = 16.50 - 13.52 = 2.98$$
$$\lg K'_{ZnY} = 16.50 - 6.45 = 10.05$$

此例说明，尽管 $\lg K_{ZnY} = 16.50$，但在 pH=2.0 时 $\lg K'_{ZnY}$ 仅为 2.98，此时 ZnY 极不稳定，在此条件下 Zn^{2+} 不能被准确滴定；而在 pH=5.0 时 $\lg K'_{ZnY}$ 为 10.05，生成的 ZnY 稳定，可以被滴定。

第四节　配位滴定的基本原理

一、滴定曲线

在配位滴定中，被滴定的是金属离子，随着滴定剂的加入，金属离子的浓度不断减小。当到达化学计量点时，金属离子的浓度发生突变，即溶液的 pM（$-\lg[M]$）值发生突跃。

由滴定剂的加入量和对应的 pM 值可绘制出滴定曲线。

如当 pH＝12 时，用浓度为 0.01000mol/L 的 EDTA 标准溶液滴定 20.00mL 浓度为 0.01000mol/L 的 Ca^{2+} 溶液，由于 Ca^{2+} 不易水解也不与其他配位剂反应，因此只考虑酸效应，在 pH＝12 时 CaY 的条件稳定常数为

$$\lg K'_{CaY} = \lg K_{CaY} - \lg \alpha_{Y(H)} = 10.69 - 0.0 = 10.69$$

1. 滴定前

$$[Ca^{2+}] = 0.01000 \text{mol/L}，pCa = 2.00$$

2. 滴定开始至化学计量点前

当加入 18.00mL EDTA 溶液（即已滴定 90%）时

$$[Ca^{2+}] = 0.01000 \times \frac{20.00-18.00}{20.00+18.00} = 5.26 \times 10^{-3} (\text{mol/L})$$

$$pCa = -\lg[Ca^{2+}] = 2.28$$

当加入 19.98mL EDTA 溶液（滴定至 99.9%）时，

$$[Ca^{2+}] = 0.01000 \times \frac{20.00-19.98}{20.00+19.98} = 5 \times 10^{-6} (\text{mol/L})$$

$$pCa = 5.30$$

3. 化学计量点时

当加入 EDTA 溶液 20.00mL 时，Ca^{2+} 与 EDTA 几乎完全配位生成 CaY，所以

$$[CaY] = 0.01000 \times \frac{20.00}{20.00+20.00}$$

$$= 5 \times 10^{-3} (\text{mol/L})$$

此时由于配合物离解产生的 Ca^{2+} 与 c_Y 浓度相等，即 $[Ca^{2+}] = [Y^{4-}]$，则

$$K'_{MY} = \frac{[CaY]}{[Ca^{2+}]^2} = \frac{5 \times 10^{-3}}{[Ca^{2+}]^2} = 10^{10.69}$$

$$[Ca^{2+}] = 3.2 \times 10^{-7} \text{mol/L}$$

$$pCa = 6.5$$

4. 化学计量点后

当加入 20.02mL EDTA 溶液时，EDTA 溶液过量 0.02mL（滴定至 100.1%），此时

$$c_Y = 0.01000 \times \frac{20.02-20.00}{20.00+20.02} = 5 \times 10^{-6} (\text{mol/L})$$

则

$$\frac{5 \times 10^{-3}}{[Ca^{2+}] \times 5 \times 10^{-6}} = 10^{10.69}$$

$$[Ca^{2+}] = 10^{-7.69} \text{mol/L}$$

$$pCa = 7.69$$

将各计算数据列于表 6-3。

由表 6-3 看出，用 0.01000mol/L EDTA 滴定 0.01000mol/L Ca^{2+}，计量点时的 pCa 为 6.5，滴定突跃的 pCa 为 5.3～7.7。

表 6-3 EDTA 滴定 Ca^{2+} 时的 pCa 值

加入 EDTA 的量		Ca^{2+} 被滴定的体积分数/%	EDTA 过量的体积分数/%	pCa
/mL	/%			
0	0			2.0
10.80	90.0	90.0		3.3
19.80	99.0	99.0		4.3
19.98	99.9	99.9		5.3
20.00	100.0	100.0		6.5
20.02	100.1		0.1	7.7
20.20	101.0		1.0	8.7
40.00	200.0		100	10.7

二、影响滴定突跃大小的主要因素

配合物的条件稳定常数和被滴定金属离子的浓度是影响滴定突跃的主要因素。

1. 配合物条件稳定常数对滴定突跃的影响

图 6-3 是金属离子浓度为 0.01mol/L 情况下不同 $\lg K'_{MY}$ 时的滴定曲线。

由图 6-3 可以看出，配合物的条件稳定常数越大，滴定突跃也越大。当 $\lg K'_{MY} \leqslant 8$ 时，突跃范围不十分明显，此时难以用指示剂准确进行终点滴定。显然决定配合物条件稳定常数大小的因素是绝对稳定常数，但是对于给定的金属离子来讲绝对稳定常数是一个恒定值，此时溶液的酸度、掩蔽剂、缓冲溶液及其他辅助配位剂的配位作用将起决定作用。

（1）绝对稳定常数 当溶液的 pH 一定时，金属离子-EDTA 配合物的绝对稳定常数越大，条件稳定常数也越大，滴定曲线的平台部分升高，滴定突跃增大。

（2）酸度 溶液的酸度越高，$\lg \alpha_{Y(H)}$ 越大，$\lg K'_{MY}$ 就越小。这样，滴定曲线中化学计量点后的平台部分降低，滴定突跃减小。

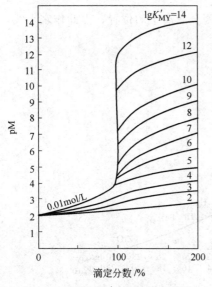

图 6-3 不同 $\lg K'_{MY}$ 时的滴定曲线

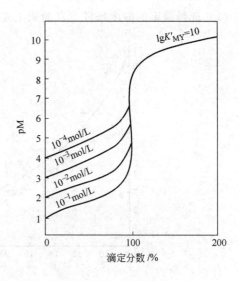

图 6-4 EDTA 滴定不同浓度溶液时的滴定曲线

(3) 掩蔽剂等的配位作用 掩蔽剂、缓冲溶液及其他辅助配位剂的配位作用常能增大 $\lg \alpha_{Y(H)}$ 值,使 $\lg K'_{MY}$ 减小,滴定突跃也减小。

2. 金属离子的浓度对滴定突跃的影响

图 6-4 是 EDTA 滴定不同浓度溶液时的滴定曲线。

由图 6-4 可以看出,金属离子的浓度越低,滴定曲线的起点就越高,滴定突跃就越小。实验证明,滴定突跃有 0.2~0.4 个 pM 单位的变化时可利用指示剂确定化学计量点。一般来讲,当金属离子浓度为 0.01mol/L 时,需 $\lg K'_{MY} \geqslant 8$ 能够准确进行滴定(由图 6-3 曲线突跃得知),因此,将"$\lg(cK'_{MY}) \geqslant 6$"作为判断金属离子能否被准确滴定的判别式。

三、配位滴定的最高允许酸度和酸效应曲线

在被测金属离子的浓度为 0.01mol/L 时,金属离子能被准确滴定的条件是 $\lg(cK'_{MY}) \geqslant 6$(或 $\lg K'_{MY} \geqslant 8$)。如果在滴定反应中除 EDTA 酸效应外没有其他副反应,则 $\lg K'_{MY}$ 值主要取决于溶液的酸度。当酸度高于某一限度时,就不能准确滴定,这一限度就是配位滴定允许的最高酸度(或允许的最小 pH)。于是

$$\lg K'_{MY} = \lg K_{MY} - \lg \alpha_{Y(H)} \geqslant 8$$
$$\lg \alpha_{Y(H)} \leqslant \lg K_{MY} - 8 \tag{6-10}$$

将各种金属离子的 $\lg K_{MY}$ 代入式(6-10),计算出对应的最大 $\lg \alpha_{Y(H)}$ 值,再从表 6-2 查得与它对应的最小 pH,就是滴定该金属离子允许的最高酸度(最小 pH)。例如用 EDTA 滴定浓度为 0.01mol/L Zn^{2+} 允许的最高酸度,将 $\lg K_{ZnY} = 16.50$ 代入式(6-10),得 $\lg \alpha_{Y(H)} \leqslant 8.5$。从表 6-2 得 pH $\geqslant 4.0$,即滴定 Zn^{2+} 允许的最小 pH 为 4.0。将金属离子的 $\lg K_{MY}$ 值与最小 pH(或对应的 $\lg \alpha_{Y(H)}$ 与最小 pH)绘制曲线,得到酸效应曲线(或称 Ringboim 曲线),如图 6-5 所示。

酸效应曲线有以下几个作用。

(1) 选择滴定的酸度条件 在曲线上先找出被测金属离子的位置,由此作水平线,所得

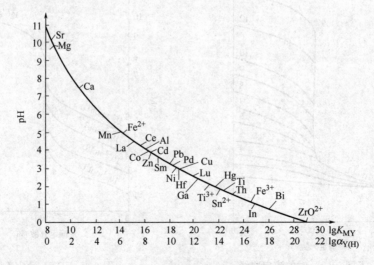

图 6-5 EDTA 的酸效应曲线

pH 就是单独滴定该金属离子允许的最小 pH（或最高酸度）。例如滴定 Fe^{3+}，pH 必须大于 1；滴定 Zn^{2+} 就必须大于 4.0。如果曲线上没有直接标明被测的离子，可由被测离子的 lgK_{MY} 处作横轴的垂线，与曲线的交点即为被测离子允许的最小 pH。

（2）判断干扰情况　在一定 pH 下滴定某一金属离子时，究竟哪些离子有干扰？一般地说，酸效应曲线上被测离子以下的离子都干扰测定。例如在 pH=4 滴定 Zn^{2+} 时，位于 Zn^{2+} 下面的金属离子（如 Pb^{2+}、Cu^{2+}、Sn^{2+}、Fe^{3+} 等）有干扰。而位于 Zn^{2+} 上面的金属离子是否不干扰，这要看它们与 EDTA 形成的配合物的稳定常数相差多少及所控制的酸度是否适宜来决定。经验表明，在酸效应曲线上，一种离子由开始部分被配位到全部定量配位的过渡，大约相当于 5 个 lgK_{MY} 单位；当两种离子浓度相近时，若其配合物的 lgK_{MY} 之差≥5 就可连续滴定，离子之间互不干扰。因此，酸效应曲线上在 Zn^{2+} 上面的 lgK_{MY} 与 lgK_{ZnY} 之差<5 的金属离子，如 Fe^{2+}、Al^{3+} 等，由于部分被配位而干扰 Zn^{2+} 的滴定。

（3）兼作 pH-$lg\alpha_{Y(H)}$ 表使用　图 6-5 中第二横坐标是用 $lg\alpha_{Y(H)}$ 表示的，它与 lgK_{MY} 之间相差 8 个单位，也是 pH-$lg\alpha_{Y(H)}$ 曲线，可代替表 6-2 使用。

必须指出，实际滴定时所采用的 pH 要比允许的最小 pH 高一些，这样可以保证被滴定的金属离子配位更完全。但是 pH 过高会引起金属离子与 OH^- 作用，生成 $[M(OH)_m]^{n-m}$ 型的羟基化合物，从而降低了 EDTA 的配位能力，甚至生成 $M(OH)_n$ 沉淀而妨碍 MY 配合物的形成。例如 Mg^{2+} 在强碱性介质中会形成 $Mg(OH)_2$ 沉淀而不能与 EDTA 配位。但利用这个性质可以在强碱性介质中滴定 Ca^{2+}、Mg^{2+} 混合溶液中的 Ca^{2+}。所以在配位滴定法中控制适宜的酸度范围是十分必要的。

第五节　金属指示剂

一、金属指示剂的作用原理

在配位滴定中，通常利用一种能与金属离子生成有色配合物的显色剂来指示滴定过程中金属离子浓度的变化，这种显色剂称为金属离子指示剂，简称金属指示剂。金属指示剂也是一种配位剂，它能与被滴定的金属离子反应，形成一种与自身颜色不同的配合物。

化学计量点前

$$M + In \rightleftharpoons MIn$$

溶液显示被测金属离子与金属指示剂形成的配合物颜色（MIn 色）；

化学计量点时

$$MIn + Y \rightleftharpoons MY + In$$

溶液显示金属指示剂的颜色。

例如，铬黑 T 在 pH=10 的水溶液中为蓝色，与 Ca^{2+}、Mg^{2+} 等金属离子配位时呈酒红色。化学计量点时，EDTA 夺取 MIn 配合物中的金属离子，使铬黑 T 游离出来，溶液由酒红色转为蓝色，滴定终点到达。

由于金属指示剂本身都是有机弱酸或弱碱，故金属指示剂自身的颜色也受溶液酸度的影响，这点在使用时要特别注意。

二、金属指示剂应具备的条件

作为滴定中使用的金属指示剂是否满足分析的需要,一般是通过实验的方法进行选择的,即先试验滴定终点时颜色变化是否敏锐,再检查滴定结果是否准确,这样就可以确定该金属指示剂是否符合要求。

作为金属指示剂必须具备下列条件。

① 在滴定的 pH 范围内,金属指示剂本身的颜色与它和金属离子形成配合物的颜色有显著的差别。

② 在滴定的 pH 范围内,金属指示剂与金属离子形成的配合物 MIn 必须有适当的稳定性。一般要求 $K'_{MIn} > 10^4$。如果稳定性太小,终点提前且变色不敏锐。同时 K'_{MIn} 还要小于 K'_{MY} 100 倍,即 $K'_{MY}/K'_{MIn} \geq 10^2$ 或 $\lg K'_{MY} - \lg K'_{MIn} \geq 2$;否则到终点时 Y 不易把金属指示剂从 MIn 中置换出来,终点变色不敏锐且滞后。

③ 显色反应灵敏、迅速,有良好的变色可逆性。

④ 金属指示剂与金属离子形成的配合物易溶于水,这样便于滴定。

⑤ 金属指示剂应比较稳定,便于贮藏和使用。

三、金属指示剂的理论变色点与使用中存在的问题

1. 金属指示剂的理论变色点

金属指示剂与被滴定金属离子 M 形成的配合物 MIn 在溶液中有如下离解平衡。

$$MIn \rightleftharpoons M + In$$

考虑金属指示剂的酸效应,则

$$K'_{MIn} = \frac{[MIn]}{[M]c'_{In}}$$

$$\lg K'_{MIn} = pM + \lg \frac{[MIn]}{c'_{In}}$$

与酸碱指示剂类似,当 $[MIn] = c'_{In}$ 时,溶液呈现 MIn 与 In 的混合色,此时 pM 即为金属指示剂的理论变色点。

$$pM = \lg K'_{MIn} \tag{6-11}$$

配位滴定中所用的金属指示剂一般为有机弱酸,存在着酸效应。它与金属离子 M 所形成的有色配合物的条件稳定常数 K'_{MIn} 随 pH 的变化而变化。所以金属指示剂不可能像酸碱指示剂那样有一个确定的变色点。在选择金属指示剂时必须考虑体系的酸度,使变色点的 pM 值与化学计量点的 pM 值一致,至少应在化学计量点附近的 pM 值突跃范围内。

2. 金属指示剂在使用中存在的问题

(1) 金属指示剂的封闭现象 由于金属指示剂与某些金属离子生成极稳定的配合物,即 $\lg K'_{MIn} > \lg K'_{MY}$,致使滴入过量的 Y 也不能夺取 MIn 中的金属离子,溶液颜色不变化。这种现象称为金属指示剂的封闭现象。

对于封闭现象,通常需加入适当的掩蔽剂来消除干扰离子的影响。例如,用铬黑 T 作指示剂,在 pH=10 时用 EDTA 滴定 Ca^{2+}、Mg^{2+}。若溶液中有 Al^{3+}、Fe^{3+}、Ni^{2+} 或

Co^{2+} 等离子存在，则对铬黑T有封闭作用。这时可加入少量三乙醇胺（掩蔽 Fe^{3+}、Al^{3+}）和 KCN（掩蔽 Ni^{2+}、Co^{2+}）以消除干扰。如果封闭现象是由被滴定离子本身所引起的，则可先加入过量的 EDTA，然后采用返滴定方式完成滴定。例如 Al^{3+} 对二甲酚橙有封闭现象，在测定 Al^{3+} 时可先加入过量 EDTA，然后用 Zn^{2+} 标准溶液进行返滴定。

（2）金属指示剂的僵化现象　有些金属指示剂与金属离子形成的配合物溶解度很小，使终点的颜色变化不明显；还有些金属指示剂与金属离子形成的配合物稳定性只稍差于对应的 MY 配合物，以致 EDTA 与 MIn 之间反应缓慢，使终点拖长。这类现象叫作金属指示剂的僵化现象。这时可加入适当的有机溶剂或加热，以增大其溶解度。例如，用 PAN 作指示剂时，可加入少量甲醇或乙醇，或将溶液进行加热，以加快置换反应速率。

四、常用金属指示剂

1. 铬黑T（EBT）

铬黑T化学名称为1-(1-羟基-2-萘偶氮基)-6-硝基-2-萘酚-4-磺酸钠，简称EBT，是黑褐色粉末，带有金属光泽。它有两个可离解的 H^+，所以是一种二元弱酸，简写为 H_2In。随着溶液pH的不同，H_2In 分两步离解，呈现三种颜色。铬黑T在溶液中有下列平衡。

$$H_2In^- \underset{pK_{a_2}=6.3}{\overset{-H^+}{\rightleftharpoons}} HIn^{2-} \underset{pK_{a_3}=11.6}{\overset{-H^+}{\rightleftharpoons}} In^{3-}$$

（红色）　　　（蓝色）　　　（橙色）
pH<6.3　　pH=8~11　　pH>11.6

铬黑T与二价金属离子形成的配合物都显酒红色。可见，在 pH<6.3 和 pH>11.6 的溶液中，由于指示剂本身接近红色，不能使用。使用铬黑T的最适宜酸度是 pH 9~11.0。通常在 pH=10 的缓冲溶液中用 EDTA 可直接滴定 Mg^{2+}、Zn^{2+}、Cd^{2+}、Pb^{2+} 和 Hg^{2+} 等离子，终点由酒红色变为纯蓝色。Fe^{3+}、Al^{3+}、Cu^{2+}、Co^{2+}、Ni^{2+} 及铂族金属离子有封闭作用。

固体铬黑T性质稳定。但其水溶液易发生分子聚合而变质，尤其在 pH<6.3 时最严重。加入三乙醇胺可防止聚合。在碱性溶液中铬黑T易为空气中的氧或氧化性离子氧化而褪色。加入盐酸羟胺或抗坏血酸等还原剂可防止其氧化。

2. 二甲酚橙

二甲酚橙化学名称为3,3′-双[N,N-二(羧甲基)-氨甲基]-邻甲酚磺酞，简写为XO。分析中常用二甲酚橙的四钠盐，它为紫色结晶，易溶于水。在 pH>6.3 时呈红色，pH<6.3 时呈黄色。它与金属离子生成的配合物都呈红紫色。因此它只适宜于在 pH<6.3 的酸性溶液中使用，终点由红紫色变为黄色。

许多金属离子都可用二甲酚橙作指示剂直接滴定。如 pH=5~6 时，滴定 Pb^{2+}、Zn^{2+}、Cd^{2+}、Hg^{2+} 等离子变色非常敏锐。Fe^{3+}、Al^{3+}、Ni^{2+}、Cu^{2+} 等离子，可在加入适量 EDTA 后用 Zn^{2+} 标准溶液返滴定。

Al^{3+}、Fe^{3+}、Ni^{2+}、Ti^{4+} 对二甲酚橙有封闭作用。Al^{3+}、Ti^{4+} 可用 NH_4F 来掩蔽；Fe^{3+} 可用抗坏血酸使之还原；Ni^{2+} 可用邻二氮菲掩蔽。

二甲酚橙通常配成 5g/L 的水溶液，可保存2~3周。

3. PAN

PAN 化学名称为 1-(2-吡啶偶氮)-2-萘酚，PAN 为橘红色针状结晶，难溶于水，可溶于碱、氨溶液及甲醇、乙醇等溶剂。通常利用 PAN 与 Cu^{2+} 反应的灵敏性，用 Cu-PAN 作间接指示剂来测定其他金属离子。Cu-PAN 指示剂是 CuY 和少量 PAN 的混合液。将此液加到含有被测金属离子 M 的试液中时，发生如下置换反应：

$$CuY + PAN + M \rightleftharpoons MY + Cu\text{-}PAN$$
$$\text{（黄色）} \qquad\qquad \text{（红色）}$$

此时溶液呈现红色。化学计量点时，EDTA 将夺取 Cu-PAN 中的 Cu^{2+}，使 PAN 游离出来，终点由红色变为黄色。因滴定前加入的 CuY 与最后生成的 CuY 是相等的，故加入的 CuY 不影响测定结果。采用这种方法可以滴定相当多的能与 EDTA 形成稳定配合物的金属离子，而且可连续滴定几种离子，不需再加其他指示剂。但 Ni^{2+} 对 Cu-PAN 指示剂有封闭作用。另外，在使用该指示剂时不应有氰化钾、硫脲、硫代硫酸钠等能掩蔽 Cu^{2+} 的试剂存在。

常用金属指示剂的使用条件及其主要应用列于表 6-4。

表 6-4 常用的金属指示剂

指示剂	离解常数	滴定离子	颜色变化	配制方法
酸性铬蓝 K	$pK_{a1}=6.7$ $pK_{a2}=10.2$ $pK_{a3}=14.6$	Mg(pH=10) Ca(pH=12)	红色→蓝色	0.1%乙醇溶液
钙指示剂	$pK_{a2}=3.8$ $pK_{a3}=9.4$ $pK_{a4}=13\sim14$	Ca(pH 12~13)	酒红色→蓝色	与 NaCl 按 1∶100 的质量比混合
铬黑 T	$pK_{a1}=3.9$ $pK_{a2}=6.4$ $pK_{a3}=11.5$	Ca(pH=10, EDTA-Mg) Mg(pH=10) Pb(pH=10) Zn(pH 6.8~10)	酒红色→蓝色 酒红色→蓝色 酒红色→蓝色 酒红色→蓝色	与 NaCl 按 1∶100 的质量比混合
紫脲酸胺	$pK_{a1}=1.6$ $pK_{a2}=8.7$ $pK_{a3}=10.3$ $pK_{a4}=13.5$ $pK_{a5}=14$	Ca(pH>10) Cu(pH 7~8) Ni(pH 8.5~11.5)	红色→紫色 黄色→紫色 黄色→紫红色	与 NaCl 按 1∶100 的质量比混合
PAN	$pK_{a1}=2.9$ $pK_{a2}=11.2$	Cu(pH=6) Zn(pH 5~7)	红色→黄色 粉红色→黄色	1g/L 乙醇溶液
磺基水杨酸	$pK_{a1}=2.6$ $pK_{a2}=11.7$	Fe(Ⅲ)(pH 1.5~3)	红紫色→黄色	10~20g/L

提高配位滴定选择性的方法

由于 EDTA 具有相当强的配位能力，能与多种金属离子形成稳定的配合物，因此得到广泛应用。正因为EDTA有强的配位能力,所以必须提高配位滴定的选择性,也就是要设法消除在滴定过程中共存金属离子(N)的干扰,以达到准确地对待测金属离子(M)滴定的目的。提高配位滴定的选择性常用控制酸度和使用掩蔽剂等方法。

一、控制溶液的酸度

前面已经讨论过,当用EDTA标准溶液滴定一种金属离子时,如果满足$\lg(cK'_{MY}) \geqslant 6$(或$\lg K_{MY} \geqslant 8$)就可以准确滴定,误差$\leqslant 0.1\%$。但当溶液中有两种以上的金属离子共存时,就要考虑离子间的干扰情况,干扰程度与共存离子的K'值和浓度c有关。被测定的金属离子浓度c_M越大、配合物的K'_{MY}越大;而干扰离子的浓度c_N越小、配合物的K'_{NY}越小,则滴定M时,N离子的干扰也就越小。要准确滴定M离子而N离子不干扰,一般要求

$$\frac{c_M K'_{MY}}{c_N K'_{NY}} \geqslant 10^5$$

或 $$\lg(c_M K'_{MY}) - \lg(c_N K'_{NY}) \geqslant 5 \tag{6-12}$$

由于准确滴定M时$\lg(cK'_{MY}) \geqslant 6$,因此

$$\lg(c_N K_{NY}) \leqslant 1 \tag{6-13}$$

当$c_N = 0.01 \text{mol/L}$时,

$$\lg\alpha_{Y(H)} \geqslant \lg K_{NY} - 3 \tag{6-14}$$

根据式(6-14)计算得到$\lg\alpha_{Y(H)}$,再查表6-2对应的pH即为最低酸度(最高pH)。例如,在溶液中Bi^{3+}和Pb^{2+}同时存在,其浓度$c_{Bi^{3+}} = c_{Pb^{2+}} = 0.01\text{mol/L}$。稳定常数$\lg K_{BiY} = 27.94$,$\lg K_{PbY} = 18.04$,得

$$\lg(c_{Bi^{3+}} K_{BiY}) - \lg(c_{Pb^{2+}} K_{PbY}) = 27.94 - 18.04 = 9.9 > 5$$

可以利用控制溶液酸度的方法滴定Bi^{3+},Pb^{2+}不干扰。
由于 $$\lg\alpha_{Y(H)} \leqslant \lg K_{MY} - 8 = 27.94 - 8 = 19.94$$
查表6-2得 $$pH \geqslant 0.8$$
所以滴定Bi^{3+}的最高酸度pH=0.8。
滴定Bi^{3+}的最低酸度应考虑滴定Bi^{3+}时Pb^{2+}不干扰,即

$$\lg(c_{Pb^{2+}} K'_{PbY}) \leqslant 1$$

由于Pb^{2+}的浓度为0.01mol/L,所以

$$\lg K'_{PbY} \leqslant 3$$

即 $$\lg\alpha_{Y(H)} \geqslant \lg K_{PbY} - 3 = 18.04 - 3 = 15.04$$

查表6-2(或图6-5)得pH$\leqslant$1.6。因此,准确滴定Bi^{3+}而Pb^{2+}不干扰的酸度范围是:pH为0.8~1.6,实际测定中选pH=1。

二、使用掩蔽剂

对于利用控制溶液的酸度不能消除干扰的离子,常采用掩蔽法来达到消除干扰的目的。常用的掩蔽方法有配位掩蔽法、沉淀掩蔽法和氧化还原掩蔽法。

1. 配位掩蔽法

这种方法利用掩蔽剂与干扰离子形成稳定的配合物来消除干扰。

例如，测定石灰石（或水中）中的 Ca^{2+}、Mg^{2+} 时，Fe^{3+}、Al^{3+} 的存在干扰测定，在 pH＝10 时加入三乙醇胺（TEA），可以掩蔽 Fe^{3+} 和 Al^{3+}，消除干扰。又如测定 Al^{3+} 和 Zn^{2+} 共存溶液中的 Zn^{2+} 时，可加入 NH_4F 与干扰离子 Al^{3+} 形成十分稳定的 AlF_6^{3-}，因而消除 Al^{3+} 对 Zn^{2+} 测定的干扰。

使用配位掩蔽法时，掩蔽剂的选择应注意以下几个问题。

① 干扰离子与掩蔽剂形成的配合物应比与 EDTA 形成的配合物稳定得多，而且这些配合物应无色或浅色，不影响终点的判断。

② 掩蔽剂应不与待测离子配位，即使能形成配合物，其稳定性也应远小于待测离子与 EDTA 配合物的稳定性。这样，在滴定时它才能被 EDTA 置换。

③ 掩蔽作用与滴定反应的 pH 条件相对应，否则即使加入掩蔽剂也达不到掩蔽的作用。例如，pH＝10 时，测定 Ca^{2+}、Mg^{2+} 总量可用三乙醇胺来掩蔽 Fe^{3+} 和 Al^{3+} 的干扰，但若在 pH＝1 时测定 Bi^{3+} 就不能再使用三乙醇胺来掩蔽，此时，三乙醇胺已不具备掩蔽作用。

2. 沉淀掩蔽法

这种方法通过加入选择性沉淀剂与干扰离子形成沉淀以达到消除干扰的目的。

例如，在 Ca^{2+} 和少量 Mg^{2+} 共存的溶液中，加入 NaOH 溶液，使 pH＞12，则 Mg^{2+} 生成 $Mg(OH)_2$ 沉淀，这时就可以用 EDTA 滴定 Ca^{2+}。

利用沉淀掩蔽法应具备下列条件。

① 生成的沉淀溶解度要小，否则掩蔽不完全。

② 生成的沉淀应是无色或浅色的，且致密，最好是晶形沉淀，其吸附作用小。否则会吸附指示剂或待测离子，从而影响终点的观察。

3. 氧化还原掩蔽法

这种方法利用改变干扰离子的价态以达到消除干扰的目的。

例如，用 EDTA 滴定 Bi^{3+}、Zr^{4+}、Th^{4+} 等离子时，Fe^{3+} 有干扰。可加入抗坏血酸或盐酸羟胺，将 Fe^{3+} 还原成 Fe^{2+}，因 $\lg K_{FeY^{2-}}=14.3$ 比 $\lg K_{FeY^-}=25.1$ 小得多，故能消除干扰。

此外，需指出的是，要根据滴定条件慎选掩蔽剂，特别要注意对剧毒物的使用和处理。例如 KCN 应在碱性溶液中使用，否则生成剧毒的 HCN，将严重危害生命安全。对用后的 KCN 废液应以含 Na_2CO_3 的 $FeSO_4$ 溶液进行处理，使 CN^- 变为 $[Fe(CN)_6]^{4-}$，以免造成污染。

常用的掩蔽剂列于表 6-5 及表 6-6 中。

表 6-5 部分常用的配位掩蔽剂

掩蔽剂	被掩蔽的金属离子	pH
三乙醇胺	Al^{3+}、Fe^{3+}、Sn^{4+}、TiO_2^{2+}	10
氟化物	Al^{3+}、Sn^{4+}、TiO_2^{2+}、Zr^{4+}	4～6
乙酰丙酮	Al^{3+}、Fe^{3+}、Be^{2+}、VO^{2+}、Hg^{2+}、Cr^{3+}、Ti^{4+}	5～6
邻二氮菲	Cu^{2+}、Co^{2+}、Ni^{2+}、Cd^{2+}、Hg^{2+}	5～6
氰化物	Cu^{2+}、Co^{2+}、Ni^{2+}、Cd^{2+}、Hg^{2+}、Ag^+、Zn^{2+}、Tl^+	
2,3-二巯基丙醇	Zn^{2+}、Pb^{2+}、Bi^{3+}、Sn^{4+}、As^{3+}、Ag^+、Hg^{2+} 及少量 Cu^{2+}、Co^{2+}、Ni^{2+}、Fe^{3+}	＞8
硫脲	Cu^{2+}、Hg^{2+}、Tl^+	
碘化物	Hg^{2+}	10

表 6-6　部分常用的沉淀掩蔽剂

掩蔽剂	被掩蔽离子	被测离子	pH	指示剂
氢氧化物	Mg^{2+}	Ca^{2+}	12	钙指示剂
碘化物	Cu^{2+}	Zn^{2+}	5～6	PAN
氟化物	Ba^{2+}、Sr^{2+}、Ca^{2+}、Mg^{2+}	Zn^{2+}、Cd^{2+}、Mn^{2+}	10	EBT
硫酸盐	Ba^{2+}、Sr^{2+}	Ca^{2+}、Mg^{2+}	10	EBT
铜试剂	Bi^{3+}、Cu^{2+}、Cd^{2+}	Ca^{2+}、Mg^{2+}	10	EBT

三、利用化学分离

当用控制溶液酸度或掩蔽剂法掩蔽干扰离子都有困难时，可以采用化学分离法排除干扰。所谓分离，即将待测组分或干扰组分与其他组分分开。分离的方法很多，将在第十章中详细讨论。

应该指出，为了避免待测组分的损失，一般不允许先分离大量的干扰离子后再测定少量的待测组分。另外应选用能同时沉淀多种干扰离子的试剂来进行分离，以简化分离操作手续。

四、选用其他配位剂滴定

氨羧配位剂的种类很多，除 EDTA 外，还有 CYDTA（环己烷二氨基四乙酸）、EDTP（乙二胺四丙酸）、TTHA（三乙基四胺六乙酸）、EGTA（乙二醇二乙醚二胺四乙酸）等。它们与金属离子形成配合物的稳定性各有特点，如在大量 Mg^{2+} 存在下滴定 Ca^{2+}，采用 EDTA 作滴定剂就不如用 EGTA，因为 Mg^{2+} 与 EGTA 生成的配合物稳定性差，而 Ca^{2+} 与 EGTA 生成的配合物稳定性高。又如，利用 EDTP 与 Cu^{2+} 结合生成稳定性高的配合物的特性，可以在 Zn^{2+}、Cd^{2+}、Mn^{2+} 和 Mg^{2+} 共存时，用 EDTP 滴定 Cu^{2+}。所以，可以根据具体情况择优选用配位剂进行滴定，以提高滴定的选择性。

第七节　配位滴定的方式和计算示例

在配位滴定中，选用不同的滴定方式不但可以扩大配位滴定的应用范围，同时也可以提高滴定的选择性。

一、配位滴定方式

1. 直接滴定

这是配位滴定中最基本的方法。这种方法是将待测物质处理成溶液后调节酸度，加入金属指示剂（有时还需加入适当的辅助配位剂及掩蔽剂），直接用 EDTA 标准溶液进行滴定。然后根据消耗 EDTA 标准溶液的体积计算试样中待测组分的含量。

采用直接滴定法必须符合以下几个条件。
① 待测组分与EDTA形成的配合物要有足够的稳定性,即$\lg K'_{MY} \geqslant 8$,而且反应迅速。
② 有变色敏锐的金属指示剂,而且不受干扰。
③ 在选用的滴定条件下,待测金属离子不发生水解、沉淀等反应。

2. 返滴定

返滴定法是在试液中先加入一定量过量的EDTA标准溶液,待与测定的组分反应完全后,再用另外一种标准溶液滴定剩余量的EDTA,根据两种标准溶液的浓度和用量,即可求得待测物质的含量。

返滴定法主要应用于下列情况。
① 直接滴定时没有合适的金属指示剂,或待测离子对金属指示剂有封闭作用。
② 待测离子与EDTA的配位速率很慢。
③ 待测离子发生副反应,影响测定。

例如Al^{3+}的测定就不能用直接滴定法,因为Al^{3+}对二甲酚橙等金属指示剂有封闭作用;Al^{3+}与EDTA配位缓慢;在酸度不高时Al^{3+}易与水作用生成一系列多核氢氧基配合物,如$[Al_2(H_2O)_6(OH)_3]^{3+}$、$[Al_3(H_2O)_6(OH)_6]^{3+}$等,铝的这种多核配合物与EDTA反应缓慢,配位比不恒定。

返滴定法测定Al^{3+}时,在试液中先加入一定量过量的EDTA标准溶液,在pH$\approx$3.5时将溶液煮沸。由于此时酸度较大(pH<4.1),不能形成多核氢氧基配合物;又因EDTA过量较多,故能使Al^{3+}与EDTA配位完全。配位完全后调节溶液pH至5~6(AlY稳定),加入二甲酚橙,用Zn^{2+}标准溶液进行返滴定。

返滴定法适用于测定Mn^{2+}、Pb^{2+}、Al^{3+}、Hg^{2+}、Co^{2+}、Ni^{2+}等金属离子。

3. 置换滴定

利用置换反应,置换出一定量的金属离子或一定量的EDTA,然后进行滴定。置换滴定不仅能扩大配位滴定的应用范围,同时还可以提高配位滴定的选择性。

(1) 置换出金属离子　当待测离子M与EDTA反应不完全或形成的配合物不稳定时,被测离子M置换出另一配合物NL中的N,用EDTA滴定N,从而求得M的含量。

例如Ag^+与EDTA的配合物不稳定,不能用EDTA直接滴定。若将Ag^+加入到$[Ni(CN)_4]^{2-}$溶液中,则

$$2Ag^+ + [Ni(CN)_4]^{2-} = 2[Ag(CN)_2]^- + Ni^{2+}$$

在pH=10的氨性溶液中,以紫脲酸铵作金属指示剂,用EDTA滴定置换出来的Ni^{2+},即可求得Ag^+的含量。又如测Ba^{2+}、Sr^{2+}用直接滴定没有合适的金属指示剂,可把它们加入Mg-EDTA配合物中,置换出相应的Mg^{2+},再用EDTA滴定。

(2) 置换出EDTA　当干扰离子较多时,可将待测离子M与干扰离子全部用EDTA配位,然后加入选择性高的配位剂L夺取M,并释放出一定量的EDTA,再用金属盐标准溶液回滴释放的EDTA,从而求得M的量。

例如当Cu^{2+}、Zn^{2+}、Al^{3+}等共存时,首先全部用EDTA配位,然后加入氟化物与Al^{3+}配位,放出的EDTA用Pb^{2+}标准溶液回滴,可求出Al^{3+}的含量。再加入硫脲与Cu^{2+}配位,放出的EDTA也用Pb^{2+}标准溶液回滴,从而求出Cu^{2+}的含量。

4. 间接滴定

有些金属离子（如 Li^+、Na^+、K^+ 等）和非金属离子（如 SO_4^{2-}、PO_4^{3-} 等）不能和 EDTA 配位或配合物极不稳定，这时可采用间接滴定法。

例如 Na^+ 的测定，是将 Na^+ 沉淀为醋酸铀酰锌钠 $[NaAc·Zn(Ac)_2·3UO_2(Ac)·9H_2O]$，分离沉淀，洗净并将它溶解。然后用 EDTA 标准溶液滴定溶解后产生的 Zn^{2+}，从而求得试样中 Na^+ 的含量。

间接滴定手续较繁，引入误差的机会也较多，不是一种理想的方法。

5. 连续滴定

利用控制溶液的酸度或利用掩蔽和解蔽等方法，可提高配位滴定的选择性，甚至在不分离的情况下，可连续滴定数种金属离子。

例如用 EDTA 标准溶液连续滴定 Bi^{3+} 和 Pb^{2+}，即在 pH=1 时，以二甲酚橙作指示剂，Bi^{3+} 可被 EDTA 直接滴定，然后将溶液的 pH 调整到 5~6，再用 EDTA 滴定 Pb^{2+}。根据两次标准溶液的用量，分别计算 Bi^{3+} 和 Pb^{2+} 的含量。

二、配位滴定法的计算

与酸碱滴定法比较，配位滴定法的计算相对简单，主要原因是 EDTA 与金属离子形成的配合物，不论金属离子的价态如何，配位均为 1。但有一点需要特别注意，即在间接滴定法和置换滴定法中，由于有其他组分参加反应，计算时要注意配位数是否还是 1，要根据实际反应情况具体分析，不能一概而论。

【例 6-4】 欲配制 $c=0.05$ mol/L EDTA 溶液 2000mL，如何配制和标定？

解 由公式 $m_B = c_B \times \dfrac{V}{1000} \times M_B$ 得

$$m(EDTA) = 0.05 \times 372.24 \times \frac{2000}{1000} = 37.2 \text{（g）}$$

配制：称取 40g EDTA（因试剂纯度不够 100%），溶于 2000mL 热水中，冷却摇匀，如有沉淀需过滤。

标定：称取于 800℃ 灼烧至恒重的基准 ZnO 1.2g（称准至 0.0002g），加 1+1 HCl 10mL 至溶解，移入 250mL 容量瓶中，加水至刻度，摇匀。用滴定管取 30.00~35.00mL，加水 70mL，用 1+1 氨水中和至 pH 为 7~8，加 10mL 氨-氯化铵缓冲溶液(pH=10) 及 5 滴铬黑 T 指示液（5g/L），用配好的 EDTA 溶液滴定至溶液由酒红色变为纯蓝色。同时做空白试验。

EDTA 标准溶液的准确浓度按下式计算：

$$c(EDTA) = \frac{m \times 1000 \times \dfrac{V_2}{250}}{(V_1 - V_0) \times M(ZnO)}$$

式中 V_2——从容量瓶中取出 $ZnCl_2$ 溶液的体积，mL；

$M(ZnO)$——ZnO 的摩尔质量，81.38g/mol。

【例 6-5】 欲测定 $ZnCl_2$ 试剂中 $ZnCl_2$ 的含量，先准确称取样品 0.2500g，溶于水后，在 pH=6 时,以二甲酚橙为指示剂,用 0.1024mol/L 的 EDTA 标准溶液滴定,用去 17.90mL,求试样中 $ZnCl_2$ 的质量分数。

解 滴定反应是

$$Zn^{2+} + H_2Y^{2-} = ZnY^{2-} + 2H^+$$

EDTA 及含一个金属离子的化合物皆以化学式为其基本单元。

即

$$w(ZnCl_2) = \frac{c(EDTA)V(EDTA)M(ZnCl_2)}{m} \times 100\%$$

$$= \frac{0.1024 \times 17.90 \times 10^{-3} \times 136.3}{0.2500} \times 100\%$$

$$= 99.93\%$$

【例 6-6】 称取不纯 $BaCl_2$ 试样 0.2000g,溶解后加入 40.00mL 浓度为 0.1000mol/L 的 EDTA 标准溶液,待 Ba^{2+} 与 EDTA 配位后,再以 $NH_3·H_2O-NH_4Cl$ 缓冲溶液调节至 pH=10,以铬黑 T 为指示剂,用 0.1000mol/L 的 $MgSO_4$ 标准溶液滴定过量的 EDTA,用去 31.00mL,求 $BaCl_2$ 的质量分数。

解

$$n(BaCl_2) = n(EDTA) - n(MgSO_4)$$

$$w(BaCl_2) = \frac{[c(EDTA)V(EDTA) - c(MgSO_4)V(MgSO_4)]M(BaCl_2)}{m \times 1000} \times 100\%$$

$$= \frac{(40.00 \times 0.1000 - 31.00 \times 0.1000) \times 208.3}{0.2000 \times 1000} \times 100\%$$

$$= 93.74\%$$

【例 6-7】 称取含磷的试样 0.1000g,处理成试液并把磷沉淀为 $MgNH_4PO_4$。将沉淀过滤、洗涤后再溶解,并调节溶液的 pH=10,以铬黑 T 为指示剂,用 0.01000mol/L 的 EDTA 标准溶液滴定其中的 Mg^{2+},用去 20.00mL,求试样中 P 和 P_2O_5 的质量分数。

解 以 Mg 作为基本单元,其摩尔质量为 $M(Mg)$,则 P 和 P_2O_5 的基本单元分别为 P 和 $\frac{1}{2}P_2O_5$,其摩尔质量分别为 $M(P)$ 和 $M\left(\frac{1}{2}P_2O_5\right)$。

$$w(P) = \frac{c(EDTA)V(EDTA)M(P)}{m \times 1000} \times 100\%$$

$$= \frac{0.01000 \times 20.00 \times 30.97}{0.1000 \times 1000} \times 100\% = 6.19\%$$

$$w(P_2O_5) = \frac{c(EDTA)V(EDTA)M\left(\frac{1}{2}P_2O_5\right)}{m \times 1000} \times 100\%$$

$$= \frac{0.01000 \times 20.00 \times \frac{1}{2} \times 142.0}{0.1000 \times 1000} \times 100\% = 14.20\%$$

思考题与习题

1. 什么是配位滴定法?用于配位滴定的反应必须符合哪些条件?

2. EDTA 与金属离子的配位反应有哪些特点？

3. 何谓酸效应和配位效应？与条件稳定常数有何关系？

4. 酸效应曲线在配位滴定中有什么用途？

5. 在配位滴定中影响 pM 突跃范围大小的主要因素是什么？

6. 配位滴定的条件应如何选择？主要从哪些方面考虑？

7. 配位滴定中为什么使用缓冲溶液？

8. 金属指示剂应具备哪些条件？什么是金属指示剂的封闭现象和僵化现象？

9. 如何提高配位滴定的选择性？其具体形式有哪些？

10. 掩蔽干扰离子的方法有哪些？配位掩蔽剂和沉淀掩蔽剂各应具备什么条件？

11. 在 pH 分别为 5、10 和 12 时，能否用 EDTA 滴定钙？

12. 欲连续滴定溶液中 Fe^{3+}、Al^{3+}、Ca^{2+} 的含量，试利用 EDTA 的酸效应曲线拟定主要滴定条件（pH）。

13. 欲测定含 Bi^{3+}、Pb^{2+}、Al^{3+} 和 Mg^{2+} 的溶液中 Pb^{2+} 的含量，问其他三种离子是否干扰？为什么？

14. 在用 EDTA 滴定 Ca^{2+}、Mg^{2+} 时，可用 KCN 掩蔽 Fe^{3+}，而不能使用抗坏血酸来掩蔽，但用 EDTA 滴定 Bi^{3+} 时（pH=1）则恰好相反，只能用抗坏血酸来掩蔽 Fe^{3+}，而不能用 KCN，为什么？

15. pH=5 时锌和 EDTA 配合物的条件稳定常数是多少？假设 Zn^{2+} 和 EDTA 的浓度皆为 10^{-2} mol/L（不考虑其他副反应），这时能否用 EDTA 标准溶液滴定 Zn^{2+}？

16. 在 pH=2.0 时用 0.02000mol/L 的 EDTA 标准溶液滴定 20.00mL 0.02000mol/L 的 Fe^{3+}，计算当滴入 18.00mL、19.98mL、20.00mL、20.02mL 和 22.00mL EDTA 溶液时的 pFe 值，并绘出滴定曲线。

17. 有 EDTA 标准溶液，其浓度为 0.1000mol/L，计算每毫升该溶液相当于下列物质各多少克。

(1) Fe_2O_3；(2) Al_2O_3；(3) ZnO；(4) $CaCO_3$；(5) MgO。

18. 测定水的总硬度时，取 100.0mL 水样，以铬黑 T 为指示剂，用 0.01000mol/L 的 EDTA 标准溶液滴定，共消耗 3.00mL。计算水样中含有以 CaO 表示的钙、镁总量是多少（用 mg/L 表示）。

19. 测定水中钙、镁含量时，取 100.0mL 水样，调节 pH=10，以铬黑 T 作指示剂，用去浓度为 0.01000mol/L 的 EDTA 标准溶液 25.40mL，另取一份 100.0mL 水样，调节 pH=12，用钙指示剂作指示剂，用去 EDTA 14.25mL。计算每升水中含 CaO、MgO 各多少毫克。

20. 氯化锌样品 0.2500g 溶于水后控制溶液的酸度为 pH=6，以二甲酚橙为指示剂，用浓度为 0.1024mol/L 的 EDTA 标准溶液 17.90mL 滴定至终点，计算 $ZnCl_2$ 的质量分数。

21. 测定硫酸盐中的 SO_4^{2-}，称取试样 3.000g，溶解后用 250mL 容量瓶稀释至刻度。用吸量管取 25.00mL，加入 0.05000mol/L 的 $BaCl_2$ 溶液 25.00mL，过滤后用浓度为 0.05000mol/L 的 EDTA 标准溶液滴定剩余的 Ba^{2+}，消耗 17.15mL。计算试样中 SO_4^{2-} 的质量分数。

22. 称取 0.5000g 黏土试样，用碱熔融后分离去 SiO_2，在容量瓶中稀释至 250mL。吸取 100.0mL 试液，在 pH 为 2~2.5 的热溶液中，以磺基水杨酸作指示剂，用 0.0200mol/L 的 EDTA 溶液滴定 Fe^{3+}，用去 7.20mL。将滴定后的溶液调节至 pH=3，加入过量的 EDTA 溶液，煮沸使 Al^{3+} 配位完全。再调节至 pH 为 4~6，用 PAN 作指示剂，以 $CuSO_4$ 标准溶液（每毫升含 $CuSO_4·5H_2O$ 0.00500g）滴定多余的 EDTA。再加入 NH_4F 煮沸后使 Al^{3+} 生成 AlF_6^{3-}，置换出的 EDTA 又用 $CuSO_4$ 标准溶液滴定，用去 25.20mL。试计算黏土中 Fe_2O_3 和 Al_2O_3 的质量分数。

23. 将含磷试样 0.1000g 处理成溶液并把磷沉淀为 $BiPO_4$，将沉淀过滤、洗涤后再溶解，然后用 0.01000mol/L 的 EDTA 标准溶液滴定 Bi^{3+}，用去 20.00mL。求试样中 P_2O_5 的质量分数。

24. 测定锡青铜合金中锡的含量。试样质量为 0.2000g，溶解后加入过量的 EDTA 溶液，多余的 EDTA 在 pH 为 5~6 时以二甲酚橙作指示剂，用锌盐标准溶液滴定至终点。然后加入适量的 NH_4F 将 SnY

中的 Y 置换出来，用 0.01000mol/L 的锌盐标准溶液 22.30mL 滴定置换出来的 EDTA。计算锡青铜中锡的质量分数。

25. 分析含铜、锌、镁合金时，称取 0.5000g 试样，溶解后在容量瓶中稀释至 100.0mL，吸取 25.00mL 试液，调节至 pH=6，用 PAN 作指示剂，以 0.0500mol/L EDTA 标准溶液滴定铜和锌的总量，用去 37.30mL。另外又取 25.00mL 试液，调节至 pH=10，加 KCN 掩蔽铜和锌，用同浓度的 EDTA 溶液滴定镁，用去 4.10mL。然后再滴加甲醛以解蔽锌，又用同浓度 EDTA 溶液滴定之，用去 13.40mL。计算试样中含铜、锌、镁的质量分数。

第七章
沉淀滴定法

学习指南

沉淀滴定法主要是指银量法，包括莫尔法、佛尔哈德法和法扬司法。通过本章学习，应了解沉淀滴定法对沉淀反应的要求，掌握莫尔法、佛尔哈德法和法扬司法的测定原理、滴定条件和应用范围；掌握沉淀滴定结果的计算方法。

第一节 方法简介

沉淀滴定法是以沉淀反应为基础的滴定分析方法。在化学反应中，有许多能生成沉淀的反应，但是用于滴定的反应并不多。能够用于沉淀滴定的反应必须符合下列条件。

① 沉淀的溶解度要小，并按一定的化学计量关系进行。
② 反应速率要快，生成的沉淀应具有恒定的组成。
③ 沉淀的吸附现象应不妨碍终点的观察。
④ 能够用适当的指示剂或其他方法确定滴定终点。

由于上述条件的限制，能用于沉淀滴定法的反应不多。在分析上最常用的是生成难溶银盐的银量法。例如水溶液中 Cl^- 和 SCN^- 的分析，常用 $AgNO_3$ 标准溶液来滴定。

$$Ag^+ + Cl^- \Longrightarrow AgCl\downarrow \text{（白色）}$$
$$Ag^+ + SCN^- \Longrightarrow AgSCN\downarrow \text{（白色）}$$

银量法主要用于测定 Cl^-、Br^-、I^-、SCN^-、Ag^+ 等，以及某些汞盐和一些含卤素的有机化合物，在化学工业、环境监测、水质分析、农药检验及冶金工业等方面具有重要的意义。

除银量法以外，在沉淀滴定法中，还有一些沉淀反应也可以用于滴定分析。例如，Hg^{2+} 与 S^{2-} 生成 HgS 的反应，Ba^{2+} 与 SO_4^{2-} 生成 $BaSO_4$ 的反应，K^+ 与 $NaB(C_6H_5)_4$ 生成 $KB(C_6H_5)_4$ 的反应以及 Zn^{2+} 与 $K_4[Fe(CN)_6]$ 生成 $K_2Zn_3[Fe(CN)_6]_2$ 的反应等，都可用于沉淀滴定法。

本章主要讨论银量法。根据滴定方式、滴定条件和选用指示剂的不同，银量法又分为莫尔法、佛尔哈德法及法扬司法。

第二节 莫尔法——铬酸钾指示剂法

一、原理

莫尔法是在中性或弱碱性介质中，以铬酸钾（K_2CrO_4）作指示剂的一种银量法。例如用 $AgNO_3$ 溶液滴定 Cl^- 的反应。

化学计量点前

$$Ag^+ + Cl^- = AgCl\downarrow\ （白色）$$

化学计量点及化学计量点后

$$2Ag^+ + CrO_4^{2-} = Ag_2CrO_4\downarrow\ （砖红色）$$

由于 Ag_2CrO_4 沉淀的溶解度（$S_{Ag_2CrO_4} = 8\times10^{-5}$ mol/L）比 AgCl 沉淀的溶解度（$S_{AgCl} = 1.3\times10^{-5}$ mol/L）大，用 $AgNO_3$ 标准溶液滴定时，首先析出 AgCl 白色沉淀，当滴定到化学计量点时，稍微过量的 Ag^+ 与 CrO_4^{2-} 反应，溶液中就析出砖红色 Ag_2CrO_4 沉淀，表示到达滴定终点。

二、滴定条件及应用范围

1. 滴定条件

（1）指示剂用量　化学计量点时 CrO_4^{2-} 浓度过大使滴定终点超前，若 CrO_4^{2-} 浓度过低则终点滞后，这样都会给滴定终点带来误差。因此要求 Ag_2CrO_4 沉淀应该恰好在滴定反应的化学计量点时产生。

根据溶度积原理，在化学计量点恰好析出 Ag_2CrO_4 沉淀时，所需 CrO_4^{2-} 的浓度应为

$$[CrO_4^{2-}] = \frac{2.0\times10^{-12}}{[Ag^+]^2}$$

化学计量点时，

$$[Ag^+] = [Cl^-] = \sqrt{K_{sp}(AgCl)} = \sqrt{1.8\times10^{-10}}$$
$$= 1.34\times10^{-5}\ （mol/L）$$

故

$$[CrO_4^{2-}] = \frac{2.0\times10^{-12}}{(1.3\times10^{-5})^2} = 1.2\times10^{-2}\ （mol/L）$$

计算表明，在化学计量点时，恰好析出 Ag_2CrO_4 沉淀所需的 CrO_4^{2-} 浓度为 1.2×10^{-2} mol/L。由于 K_2CrO_4 溶液呈黄色，要在黄色存在下观察到微量砖红色 Ag_2CrO_4 沉淀，是比较困难的。实际采用的 CrO_4^{2-} 浓度比理论计算量要低一些，在 0.1mol/L Cl^- 的滴定中，CrO_4^{2-} 浓度为 5×10^{-3} mol/L（相当于每 50~100mL 溶液中加入 5% K_2CrO_4 溶液 0.5~1.0mL）为宜，滴定误差小于 0.1%。对于较稀溶液的滴定（如 0.01mol/L $AgNO_3$ 滴定 0.01mol/L Cl^-），滴定误差可达 0.6%，此时应做指示剂空白实验进行校正。即取与滴定中生成 AgCl 沉淀的量相当的 $CaCO_3$（不含 Cl^-），加入与滴定溶液体积大致相当的水和等量

的 K_2CrO_4 指示剂，用同一 $AgNO_3$ 标准溶液滴定至与试液相同的终点颜色，$AgNO_3$ 用量即为空白值。从滴定试液时所消耗的 $AgNO_3$ 体积中减去空白值即可。

（2）溶液酸度　莫尔法滴定所需的适宜酸度条件为中性或弱碱性。因为在酸性溶液中，CrO_4^{2-} 有如下反应。

$$CrO_4^{2-} + H^+ \Longrightarrow HCrO_4^-$$

降低了 CrO_4^{2-} 的浓度，使 Ag_2CrO_4 沉淀出现过迟，甚至不生成沉淀。

在强碱性溶液中，会有褐色 Ag_2O 沉淀析出。

$$2Ag^+ + 2OH^- \Longrightarrow Ag_2O\downarrow（褐色）+ H_2O$$

因此，滴定时溶液的 pH 控制在 6.5～10.5 为宜。若溶液酸性太强，可用 $Na_2B_4O_7 \cdot 10H_2O$、$NaHCO_3$ 或 $CaCO_3$ 中和；若溶液碱性太强，可用稀硝酸中和后再进行滴定。另外，有 NH_4^+ 存在时，滴定的 pH 范围应控制在 6.5～7.2 之间。

（3）干扰离子　在滴定条件下，凡能与 Ag^+ 生成沉淀的阴离子和能与 CrO_4^{2-} 生成沉淀的阳离子都不应存在，如 PO_4^{3-}、AsO_4^{3-}、SO_3^{2-}、S^{2-}、CO_3^{2-}、Ba^{2+} 和 Pb^{2+} 等。此外，有色离子（如 Cu^{2+}、Co^{2+}、Ni^{2+} 等）也不应存在，否则，会给滴定终点的观察带来误差。

（4）温度与振荡　室温下进行滴定，可避免 Ag_2CrO_4 沉淀溶解度增大。振荡可以减少 AgCl 沉淀对 Cl^- 的吸附作用，提高分析结果的准确度。

2. 应用范围

莫尔法主要用于测定 Cl^-、Br^- 和 Ag^+。当 Cl^- 和 Br^- 共存时，测得的结果是它们的总量。测定 Ag^+ 时，需用返滴定法，即向试液中加入过量的 NaCl 标准溶液，然后再用 $AgNO_3$ 标准溶液滴定剩余量的 Cl^-。若直接滴定，由于指示剂已与 Ag^+ 生成 Ag_2CrO_4 沉淀，Ag_2CrO_4 转化为 AgCl 的速率缓慢，滴定终点难以确定。

莫尔法不宜测定 I^- 和 SCN^-，因为滴定生成的 AgI 和 AgSCN 会强烈吸附 I^- 和 SCN^-，使滴定终点过早出现，造成较大的滴定误差。

第三节　佛尔哈德法——铁铵矾指示剂法

一、原理

佛尔哈德法是在酸性介质中，以铁铵矾 $[NH_4Fe(SO_4)_2 \cdot 12H_2O]$ 作指示剂来确定滴定终点的一种银量法。根据滴定方式的不同，佛尔哈德法分为直接滴定法和返滴定法两种。

1. 直接滴定法

在稀 HNO_3 溶液中，以铁铵矾作指示剂，用 NH_4SCN 标准溶液滴定被测物质，当滴定到化学计量点时，稍微过量的 SCN^- 与 Fe^{3+} 生成稳定的 $[FeSCN]^{2+}$ 配离子，溶液呈红色，说明滴定已到终点。如 Ag^+ 的测定，反应如下。

化学计量点前

$$Ag^+ + SCN^- \Longrightarrow AgSCN\downarrow（白色）$$

化学计量点后
$$Fe^{3+} + SCN^- \rightleftharpoons [FeSCN]^{2+} \text{（红色）}$$

2. 返滴定法

向试液中加入过量的 $AgNO_3$ 标准溶液，待 $AgNO_3$ 与被测物质反应完全后，剩余的 Ag^+ 再用 NH_4SCN 标准溶液回滴，以铁铵矾为指示剂，滴定到溶液浅红色出现时为终点。如 Cl^- 的测定，反应如下。

$$Ag^+ + Cl^- \rightleftharpoons AgCl\downarrow \text{（白色）} \quad K_{sp} = 1.8 \times 10^{-10}$$

化学计量点前
$$Ag^+ + SCN^- \rightleftharpoons AgSCN\downarrow \text{（白色）} \quad K_{sp} = 1.0 \times 10^{-12}$$

化学计量点后
$$SCN^- + Fe^{3+} \rightleftharpoons [FeSCN]^{2+} \text{（红色）} \quad K = 200$$

二、反应条件及应用范围

1. 反应条件

（1）指示剂用量　铁铵矾指示剂要适量。如加入过多使滴定终点超前，加入过少使终点现象不明显。实验证明，化学计量点时，能观察到红色 $[FeSCN]^{2+}$ 的最低浓度为 $6.4 \times 10^{-6} mol/L$，此时 Fe^{3+} 的浓度为 $0.03 mol/L$。这样的浓度，尽管在酸度较大的条件下，仍有较明显的棕黄色，影响终点观察。在实际操作中通常保持 $[Fe^{3+}] = 0.015 mol/L$ 左右，对于 $0.1 mol/L\ SCN^-$ 与 $0.1 mol/L\ Ag^+$ 的滴定（终点溶液体积为 50mL 时），其滴定误差为 0.2%，仍符合滴定分析要求。

（2）溶液的酸度　佛尔哈德法适于在酸性（稀 HNO_3）溶液中进行。在中性或碱性溶液中，Fe^{3+} 将生成红棕色的 $Fe(OH)_3$ 沉淀，降低了溶液中 Fe^{3+} 的浓度。Ag^+ 在碱性溶液中生成褐色的 Ag_2O 沉淀，影响滴定终点的确定。溶液的酸度不宜过高（HSCN 的 $K_a = 1.4 \times 10^{-1}$），否则会使 SCN^- 浓度降低，同样也会影响滴定终点的确定。所以，溶液适宜的酸度为 $0.1 \sim 1 mol/L$（HNO_3）。在该酸度下进行滴定，许多弱酸根离子（如 PO_4^{3-}、SO_4^{2-}、CO_3^{2-}、$C_2O_4^{2-}$ 等）都不会与 Ag^+ 生成沉淀，提高了方法的选择性。强氧化剂、氮的低价氧化物及铜盐、汞盐等能与 SCN^- 作用，应预先除去。

2. 应用范围

（1）直接滴定法测定 Ag^+　试液中 Ag^+ 的测定，可直接用 NH_4SCN 标准溶液滴定。但应注意，由于在滴定过程中生成的 AgSCN 沉淀对 Ag^+ 有较强的吸附能力，将会使滴定终点提前到达。因此，当滴定到溶液开始出现红色时，应用力振荡，使吸附在沉淀表面上的 Ag^+ 及时释放出来。若溶液的红色消失，应继续滴定，直到出现稳定的红色不褪即为滴定终点。

（2）返滴定法测定 Cl^-、Br^-、I^-、SCN^-　在这些测定项目中，值得注意的是 Cl^- 的测定，因为在滴定的同一溶液中，存在着两种不同的沉淀 $AgCl(K_{sp} = 1.8 \times 10^{-10})$ 和 $AgSCN(K_{sp} = 1.0 \times 10^{-12})$。由于 AgSCN 的溶度积小于 AgCl 的溶度积。在化学计量点后，过量的 SCN^- 能与 AgCl 沉淀发生反应，使 AgCl 转化为 AgSCN。

$$AgCl + SCN^- \Longrightarrow AgSCN + Cl^-$$

因此当滴定到溶液红色出现时，随着不停地摇动溶液，生成的红色又逐渐地消失。如果继续滴定到持久性红色，必然多消耗 NH_4SCN 溶液，使测得的 Cl^- 含量偏低。为避免转化反应的发生，一般采用的方法是向生成 AgCl 沉淀的试液中加 1~2mL 硝基苯（硝基苯有毒，可用邻苯二甲酸二丁酯 5mL 代替）用力摇动，使 AgCl 沉淀的周围包上一层硝基苯（或邻苯二甲酸二丁酯）与溶液隔离开，然后再用 NH_4SCN 标准溶液滴定。或者在试液中加入过量的 $AgNO_3$ 标准溶液，待 AgCl 沉淀完全后，将溶液煮沸，使 AgCl 凝聚成细小的颗粒沉淀，过滤分离，再用稀 HNO_3 洗涤沉淀，洗涤液与滤液合并，最后用 NH_4SCN 标准溶液滴定滤液中剩余的 Ag^+。这种方法操作比较麻烦，易丢失 Ag^+，使测定结果偏高。

测定 Br^- 及 I^- 时，由于 $K_{sp}(AgBr) = 5.0 \times 10^{-13}$ 和 $K_{sp}(AgI) = 8.3 \times 10^{-17}$，均小于 AgSCN 的溶度积，无需采取上述措施。值得注意的是测定 I^- 时，由于指示剂中的 Fe^{3+} 能将 I^- 氧化为 I_2 而使测定结果偏低，故应在加入 $AgNO_3$ 后再加入指示剂。

本法除用于测定可溶性无机物外，还可以测定一些有机卤化物中的卤素含量。如农药敌百虫含量、润滑油添加剂中氯的测定等。

第四节 法扬司法——吸附指示剂法

一、原理

法扬司法是以吸附指示剂确定滴定终点的一种银量法。吸附指示剂是一类有色的有机化合物，一般为有机弱酸。它们在水溶液中离解为具有一定颜色的阴离子，被带正电荷的沉淀吸附后发生结构改变，从而引起颜色变化，指示终点到达。现以 $AgNO_3$ 标准溶液滴定 Cl^- 为例，说明指示剂荧光黄的作用原理。

荧光黄是一种有机弱酸，用 HFI 表示，在水溶液中可离解为荧光黄阴离子 FI^-，呈黄绿色。

$$HFI \Longrightarrow FI^- + H^+$$

在化学计量点前，生成的 AgCl 沉淀在过量的 Cl^- 溶液中，AgCl 沉淀吸附 Cl^- 形成 $(AgCl) \cdot Cl^-$，而带负电荷，不吸附荧光黄阴离子 FI^-，溶液仍为黄绿色。达化学计量点后，微过量的 Ag^+ 可使 AgCl 吸附 Ag^+ 形成 $(AgCl) \cdot Ag^+$ 带正电荷，进而吸附 FI^-，结构发生变化，呈现粉红色，指示终点到达。

$$\underset{\text{(黄绿色溶液)}}{(AgCl) \cdot Ag^+ + FI^-} \xrightarrow{\text{吸附}} \underset{\text{(沉淀表面粉红色)}}{(AgCl) \cdot AgFI}$$

若用 NaCl 标准溶液滴定 Ag^+，则滴定终点颜色变化正好相反，即由沉淀的粉红色变为溶液的黄绿色。

二、反应条件及应用范围

由上述讨论可以看出，法扬司法滴定终点颜色的变化发生在沉淀表面上，这与其他滴定方法终点颜色变化不同。用该法进行滴定时，应注意以下几个条件的控制。

1. 保持沉淀呈胶体状态

由于滴定终点的确定是利用沉淀表面吸附作用而发生颜色变化，欲使滴定终点变色敏锐，应保持沉淀处于胶体状态，以拥有较大的沉淀表面积。因此，在滴定前可加入糊精或淀粉，使生成的 AgCl 沉淀微粒处于高度分散状态。此外，被滴定组分的浓度不能太低，否则生成沉淀量很少，终点难于观察。

2. 控制溶液酸度

吸附指示剂多为有机弱酸，而用于指示终点颜色变化的又是其离解部分的阴离子。因此，溶液酸度大小能直接影响滴定终点变色的敏锐程度。例如荧光黄是一种弱酸（$K_a = 10^{-7}$），当溶液酸度 pH＜7 时，荧光黄主要以分子形式（HFI）存在，不被卤化银沉淀吸附，终点没有颜色变化，故用荧光黄作指示剂时，溶液 pH 范围应在 7～10 之间。又如二氯荧光黄酸性较强（$K_a = 10^{-4}$），可以在 pH 为 4～10 范围使用；曙红酸性更强（$K_a = 10^{-2}$），可以在 pH＝2～10 的溶液中使用。

3. 吸附指示剂的选择

吸附指示剂的选择除根据滴定条件选择之外，还应根据沉淀胶粒对指示剂离子的吸附力及对被测离子的吸附力大小进行选择。

基本规则是沉淀胶粒对指示剂离子的吸附力应略小于对被测离子的吸附力。否则指示剂将会在化学计量点前变色；倘若沉淀胶粒对指示剂离子的吸附力太小，会使滴定至化学计量点时，指示剂颜色变化不敏锐，使终点滞后。卤化银沉淀对卤素离子和常用的几种吸附指示剂的吸附力大小顺序是

$$I^- > 二甲基二碘荧光黄 > Br^- > 曙红 > Cl^- > 荧光黄$$

由此看出，测定 Cl^- 时应选择荧光黄作指示剂。如果选用曙红，则在化学计量点前就被 AgCl 沉淀胶粒吸附，终点提前出现；测定 Br^- 时，曙红可作指示剂，而不能选用二甲基二碘荧光黄；测定 I^- 时，二甲基二碘荧光黄则是良好的指示剂。表 7-1 中列举了几种常用的吸附指示剂及其应用范围。

表 7-1　常用的吸附指示剂及其应用范围

指 示 剂	被测离子	滴定剂	pH 条件	终点颜色变化
荧光黄	Cl^-、Br^-、I^-	$AgNO_3$	7～10	黄绿色→粉红色
二氯荧光黄	Cl^-、Br^-、I^-	$AgNO_3$	4～10	黄绿色→红色
曙红	Br^-、SCN^-、I^-	$AgNO_3$	2～10	橙黄色→红紫色
甲基紫	Ag^+	NaCl	酸性溶液	黄红色→红紫色
溴甲酚绿	SCN^-	$AgNO_3$	4～5	黄色→蓝色
二甲基二碘荧光黄	I^-	$AgNO_3$	中性溶液	黄红色→红紫色

4. 避免强光照射

卤化银胶体对光极为敏感，遇光分解并析出金属银，使沉淀变成灰黑色，影响滴定终点的观察。所以，不要在强光直射下进行滴定。

在银量法中，$AgNO_3$ 和 NH_4SCN 是常用的两种标准溶液。$AgNO_3$ 标准溶液可用基准

试剂直接配制，也可以用 NaCl 基准试剂标定。NH_4SCN 不易提纯，又易潮解，只能配成近似浓度的溶液，再用 $AgNO_3$ 标准溶液进行标定。

第五节 沉淀滴定的应用及计算示例

沉淀滴定法主要用于测定 Cl^-、Br^-、I^-、Ag^+ 及 SCN^- 等。下面列举几个实例，说明沉淀法的应用。

一、应用实例

1. 纯碱中氯化钠的测定

纯碱一般采用食盐作原料应用氯碱法或联碱法生产制得，所以纯碱中含有氯化钠。氯化钠的测定常采用银量法中的莫尔法。

纯碱中氯化钠的测定是在经过硫酸中和后，以 K_2CrO_4 作指示剂，用硝酸银标准溶液滴定，滴定反应为

$$Ag^+ + Cl^- == AgCl(白色)$$

$$2Ag^+ + CrO_4^{2-} == Ag_2CrO_4(砖红色)$$

因为反应中 $n(AgNO_3) = n(NaCl)$，所以氯化钠质量分数 $w(NaCl)$ 的计算公式为

$$w(NaCl) = \frac{c(AgNO_3)V(AgNO_3)M(NaCl)}{m \times 1000} \times 100\%$$

式中　$c(AgNO_3)$——硝酸银标准溶液的浓度，mol/L；

　　　$V(AgNO_3)$——硝酸银标准溶液的体积，mL；

　　　$M(NaCl)$——氯化钠的摩尔质量，g/mol；

　　　m——试样的质量，g。

在应用莫尔法进行滴定时，应控制溶液 pH=6.5～10.5。

2. 氢氧化钾中氯化钾的测定

工业用的氢氧化钾主要通过隔膜法电解制得，主要用于合成纤维、染料、塑料、钾盐等工业。此法生产的氢氧化钾中含有氯化钾，氯化钾的含量可用佛尔哈德法测定。反应为

$$Ag^+ + Cl^- == AgCl \downarrow （白色）$$

$$Ag^+ + SCN^- == AgSCN \downarrow （白色）$$

因为　　　　　$n(AgNO_3) = n(NH_4SCN) + n(KCl)$

$$n(KCl) = n(AgNO_3) - n(NH_4SCN)$$

所以氢氧化钾中的氯化钾质量分数为

$$w(KCl) = \frac{[c(AgNO_3)V(AgNO_3) - c(NH_4SCN)V(NH_4SCN)]M(KCl)}{m \times 1000} \times 100\%$$

式中　$c(AgNO_3)$——硝酸银标准溶液的浓度，mol/L；

　　　$V(AgNO_3)$——硝酸银标准溶液的体积，mL；

　　　$c(NH_4SCN)$——硫氰酸铵标准溶液的浓度，mol/L；

$V(NH_4SCN)$——硫氰酸铵标准溶液的体积，mL；

$M(KCl)$——氯化钾的摩尔质量，g/mol；

m——试样的质量，g。

佛尔哈德法要求在稀硝酸溶液中进行；为防止沉淀的转化，滴定中加入硝基苯或邻苯二甲酸二丁酯。

3. 硝酸银含量的测定

硝酸银是无色透明晶体，在纯净空气中，露光不变色，当有机物存在时变黑，同时分解成金属银，易溶于水，极易溶于氨水。硝酸银纯度的测定常用硫氰酸钠滴定法。

在含有 Ag^+ 的酸性溶液中，以铁铵矾作指示剂，用硫氰酸钠标准溶液滴定。溶液中首先析出 AgSCN 沉淀，当 Ag^+ 定量沉淀后，过量的 NaSCN 溶液与 Fe^{3+} 生成红色配合物，即为终点。反应为

$$Ag^+ + SCN^- \rightleftharpoons AgSCN\downarrow（白色）$$

$$Fe^{3+} + SCN^- \rightleftharpoons [FeSCN]^{2+}（红色）$$

因为 $n(NaSCN) = n(AgNO_3)$，所以硝酸银的质量分数为

$$w(AgNO_3) = \frac{c(NaSCN)V(NaSCN)M(AgNO_3)}{m \times 1000} \times 100\%$$

式中 $c(NaSCN)$——硫氰酸钠标准溶液的浓度，mol/L；

$V(NaSCN)$——消耗硫氰酸钠标准溶液的体积，mL；

$M(AgNO_3)$——硝酸银的摩尔质量，g/mol；

m——硝酸银试样的质量，g。

滴定时，必须充分摇动溶液，防止生成的 AgSCN 沉淀吸附 Ag^+，使结果偏低。

二、计算示例

【例 7-1】 称取基准物质 NaCl 0.2000g，溶于水后加过量的 $AgNO_3$ 溶液 50.00mL，以铁铵矾为指示剂，用 NH_4SCN 溶液滴定至微红色，用去 25.00mL。已知 1.00mL NH_4SCN 溶液相当于 1.20mL $AgNO_3$ 溶液，计算 $c(AgNO_3)$ 和 $c(NH_4SCN)$。

解 根据公式 $\frac{m(NaCl)}{M(NaCl)} = c(AgNO_3)V(AgNO_3)$，计算出 $c(AgNO_3)$：

$$c(AgNO_3) = \frac{0.2000}{58.44 \times (0.05000 - 1.20 \times 0.02500)}$$

$$= 0.1711 \text{ (mol/L)}$$

则

$$c(NH_4SCN) = \frac{0.1711 \times 1.20 \times 10^{-3}}{1.00 \times 10^{-3}}$$

$$= 0.2053 \text{ (mol/L)}$$

【例 7-2】 溶解不纯 $SrCl_2$ 试样 0.5000g，其中除 Cl^- 外不含其他与 Ag^+ 起作用的物质。加入纯 $AgNO_3$ 1.7840g，剩余的 $AgNO_3$ 用 $c(KSCN) = 0.2800$ mol/L 的 KSCN 溶液回滴，用去 25.50mL。求试样中 $SrCl_2$ 的质量分数。

解 加入纯 $AgNO_3$ 的物质的量 $= \frac{1.7840}{169.9} = 0.01050$ (mol)

回滴需 KSCN 的物质的量 $=0.2800\times0.02550=0.007140$（mol）

因为
$$M\left(\frac{1}{2}SrCl_2\right)=\frac{1}{2}\times158.52=79.26 \text{ (g/mol)}$$

所以
$$w(SrCl_2)=\frac{(0.01050-0.007140)\times79.26}{0.5000}\times100\%$$
$$=53.26\%$$

【例 7-3】 称取纯 LiCl 和 $BaBr_2$ 的混合物 0.6000g，溶于水后，加过量的 $c(AgNO_3)=0.2017mol/L$ 的硝酸银溶液 47.50mL。然后以铁铵矾作指示剂，用 $c(NH_4SCN)=0.1000mol/L$ NH_4SCN 溶液回滴剩余的 Ag^+，用去 25.00mL。分别计算混合物中 LiCl 和 $BaBr_2$ 的质量分数。

解 设 $BaBr_2$ 的质量为 m(g)，则 LiCl 的质量为 $0.6000-m$ (g)。则

$$\frac{0.6000-m}{M(LiCl)}+\frac{m}{M\left(\frac{1}{2}BaBr_2\right)}=0.2017\times0.04750-0.1000\times0.02500$$

$$m=0.4194g$$

LiCl 的质量为

$$0.6000-0.4194=0.1806 \text{ (g)}$$

所以

$$w(BaBr_2)=\frac{0.4194}{0.6000}\times100\%=69.90\%$$

$$w(LiCl)=\frac{0.1806}{0.6000}\times100\%=30.10\%$$

【例 7-4】 称烧碱样品 4.850g，溶解后酸化定容至 250mL。吸取 25.00mL 于锥形瓶中，加入 $c(AgNO_3)=0.0514mol/L$ 的硝酸银溶液 30.00mL，用 $c(NH_4SCN)=0.05290mol/L$ 的 NH_4SCN 溶液回滴过量的 $AgNO_3$，消耗 21.30mL。计算烧碱中 NaCl 的质量分数。

解 根据公式 $n(NaCl)=\frac{m(NaCl)}{M(NaCl)}=c(AgNO_3)V(AgNO_3)-c(NH_4SCN)V(NH_4SCN)$ 得

$m(NaCl)$
$=[c(AgNO_3)V(AgNO_3)-c(NH_4SCN)V(NH_4SCN)]M(NaCl)$
$=[0.0514\times30.00-0.05290\times21.30]\times10^{-3}\times55.44$
$=0.02302$ (g)

$$w(NaCl)=\frac{0.02302}{4.850\times\frac{25}{250}}\times100\%=4.75\%$$

思考题与习题

1. 沉淀滴定法应具备哪些条件？
2. 为什么佛尔哈德法需在酸性溶液中进行滴定，而莫尔法却需在中性或弱碱性下进行滴定？
3. 使用吸附指示剂时，为使终点变化敏锐应注意哪些问题？

4. 莫尔法中的指示剂用量多少对测定结果有何影响？

5. 在下列条件中，银量法测定的结果偏高还是偏低？为什么？

(1) $pH=2$ 时，用莫尔法测定 Cl^-；

(2) 用佛尔哈德法测定 Cl^-，未加入邻苯二甲酸二丁酯（或硝基苯）；

(3) 吸附指示剂法测定 Cl^-，选用曙红指示剂。

6. 用银量法测定下列试样中 Cl^- 的含量时，应选用何种指示剂指示终点？

(1) $BaCl_2$；(2) NH_4Cl；(3) $FeCl_3$；(4) $CaCl_2$；(5) $NaCl+Na_3PO_4$。

7. 称取 NaCl 0.1256g，溶解后调至一定酸度，加入 30.00mL $AgNO_3$ 溶液，过量的 Ag^+ 需用 3.20mL NH_4SCN 溶液滴至终点。已知滴定 20.00mL $AgNO_3$ 溶液需用 19.85mL NH_4SCN 溶液，计算 $c(AgNO_3)$ 和 $c(NH_4SCN)$。

8. 称取可溶性氯化物样品 0.2173g，加入 $c(AgNO_3)=0.1068$mol/L $AgNO_3$ 溶液 30.00mL，过量的 $AgNO_3$ 用 $c(NH_4SCN)=0.1158$mol/L 的 NH_4SCN 溶液回滴，用去 1.24mL。计算试样中氯的质量分数。

9. 某碱厂用莫尔法测定原盐中氯的含量，以 $c(AgNO_3)=0.1000$mol/L 的 $AgNO_3$ 溶液滴定，欲使滴定时用去的标准溶液的体积（mL），在数值上等于氯的质量分数，应称取试样多少克？

10. 有一瓶试剂，因标签损坏只能看清 KIO_x 字样。为了确定 KIO_x 中的 x 值，称取此盐 0.5000g，将其还原为碘化物后，用 $c(AgNO_3)=0.1000$mol/L 的 $AgNO_3$ 溶液滴定至终点，用去 23.36mL。求此化合物的分子式。

11. 称取纯 KCl 和 KBr 的混合样品 0.2330g，溶解于水后用莫尔法进行滴定，用去 $c(AgNO_3)=0.1000$mol/L 的 $AgNO_3$ 溶液 22.77mL。试求试样中 KCl 和 KBr 的质量分数。

12. 称取烧碱样品 5.0380g，溶于水中，用硝酸调 pH 后，定容于 250mL 容量瓶中，摇匀。吸取 25.00mL 置于锥形瓶中，加入 25.00mL $c(AgNO_3)=0.1043$mol/L 的 $AgNO_3$ 溶液，沉淀完后加入 5mL 邻苯二甲酸二丁酯，用 $c(NH_4SCN)=0.1015$mol/L 的 NH_4SCN 回滴 Ag^+，用去 21.45mL。计算烧碱中 NaCl 的质量分数。

13. 某化学家欲测量一个大水桶的容积。他把 380g NaCl 放入桶中，用水溶解充满后混匀。从中取出 100.00mL 溶液，用莫尔法滴定，终点时用去 $c(AgNO_3)=0.07470$mol/L 的 $AgNO_3$ 32.24mL。计算该水桶的容积。

14. 称取含砷农药样品 0.2041g，溶于 HNO_3 后样品中砷转变为 H_3AsO_4，将溶液调至中性，加 $AgNO_3$ 溶液使其生成 Ag_3AsO_4 沉淀，将沉淀过滤、洗涤后，溶于稀 HNO_3 中，用 $c(NH_4SCN)=0.1105$mol/L 的 NH_4SCN 溶液滴定 Ag^+，用去 34.14mL。计算农药中 As_2O_3 的质量分数。

15. 用 $c(AgNO_3)=0.1000$mol/L 的 $AgNO_3$ 分别滴定 $c(NaCl)=0.1000$mol/L 的 NaCl、$c(NaBr)=0.1000$mol/L 的 NaBr、$c(NaI)=0.1000$mol/L 的 NaI 20.00mL，分别求出：

(1) 化学计量点时的 pCl、pBr、pI；

(2) 化学计量点前后±0.1%相对误差时溶液的 pCl、pBr、pI。

这些数据大小说明哪些问题？

16. 测定某煤样中的含硫量，称取 2.1000g 煤样，经燃烧处理成 H_2SO_4 后，加入 $c\left(\frac{1}{2}BaCl_2\right)=0.2000$mol/L 的 $BaCl_2$ 25.00mL，剩余的 Ba^{2+} 以玫瑰红酸钠作指示剂，用 $c\left(\frac{1}{2}Na_2SO_4\right)=0.1760$mol/L 的 Na_2SO_4 溶液滴定，用去 1.00mL。计算试样中硫的质量分数。

第八章
氧化还原滴定法

学习指南

氧化还原滴定法是四大滴定方法之一，测定对象是具有氧化还原性的物质的含量，也可以通过间接的方式测定那些不具有氧化还原性的物质的含量。通过本章学习，了解氧化还原滴定过程中溶液电极电位变化情况与滴定终点的关系，掌握氧化还原滴定确定终点的方法，能够正确选择指示剂；熟练掌握高锰酸钾法、重铬酸钾法和碘量法的原理、特点、滴定条件、标准溶液的制备及应用范围；了解溴酸钾法和铈量法的测定原理及应用；掌握氧化还原滴定法分析结果的计算。

第一节 方法简介

一、氧化还原滴定法的特点

氧化还原滴定法是以氧化还原反应为基础的滴定分析法。所以，它是以氧化剂或还原剂为标准溶液来测定还原性或氧化性物质含量的方法。

氧化还原反应与酸碱、配位、沉淀等反应不同。酸碱、配位、沉淀等反应都是基于离子间相互结合的反应，反应比较简单，一般瞬间即可完成。氧化还原反应是基于电子转移的反应，机理比较复杂，反应往往分步进行，速率较慢，有的反应需要一定时间才能完成。因此，在应用氧化还原反应进行滴定时，应注意滴定速率与反应速率要相适应。

在氧化还原反应中，除了主反应外，还经常伴有各种副反应发生，有时因反应条件不同而生成不同的产物。因此，滴定时要创造适当的滴定条件，使它符合滴定分析的基本要求。

二、氧化还原滴定法的分类及应用范围

氧化还原滴定法以氧化剂或还原剂作为标准溶液。根据标准溶液所用氧化剂或还原剂的不同，可分为下面几种方法。

1. 高锰酸钾法

利用 $KMnO_4$ 作为标准溶液,在强酸性溶液中,其反应为

$$MnO_4^- + 8H^+ + 5e \Longrightarrow Mn^{2+} + 4H_2O$$

2. 重铬酸钾法

利用 $K_2Cr_2O_7$ 作为标准溶液,在强酸性溶液中,其反应为

$$Cr_2O_7^{2-} + 14H^+ + 6e \Longrightarrow 2Cr^{3+} + 7H_2O$$

3. 碘量法

利用 I_2 作为标准溶液,直接测定还原性较强的物质,其反应为:

$$I_2 + 2e \Longrightarrow 2I^-$$

另外,还可以利用 I^- 的还原性与氧化性物质反应:

$$2I^- - 2e \Longrightarrow I_2$$

然后再用另一还原剂($Na_2S_2O_3$)作为标准溶液滴定生成的 I_2,间接测定氧化性物质。

$$2S_2O_3^{2-} + I_2 \Longrightarrow S_4O_6^{2-} + 2I^-$$

除上述三种方法外,还有溴酸盐法、铈量法等。

由此可知,氧化还原滴定法不仅可以直接测定具有氧化性或还原性的物质,而且可以间接测定能与氧化剂或还原剂发生定量反应的非氧化还原性物质。氧化还原滴定法也是应用十分广泛的滴定分析方法之一。

第二节 氧化还原滴定曲线及指示剂

一、氧化还原滴定曲线

在氧化还原滴定过程中,氧化剂或还原剂的浓度随标准溶液的加入不断变化,因此,溶液的电位不断变化。表示电位值随标准溶液加入体积的变化而不断变化的曲线,称为氧化还原滴定曲线。滴定曲线可以通过实验测得的数据进行描绘,也可以根据能斯特公式计算的数据描绘。

下面以在 $c(H_2SO_4)=1mol/L$ 的 H_2SO_4 溶液中,用 $c[Ce(SO_4)_2]=0.1000mol/L$ 的 $Ce(SO_4)_2$ 标准溶液滴定 20.00mL $c(FeSO_4)=0.1000mol/L$ 的 $FeSO_4$ 溶液为例来讨论滴定曲线。反应按下式进行:

$$Ce^{4+} + Fe^{2+} \Longrightarrow Ce^{3+} + Fe^{3+}$$

$$\varphi^{\ominus\prime}(Ce^{4+}/Ce^{3+}) = 1.44V \quad \varphi^{\ominus\prime}(Fe^{3+}/Fe^{2+}) = 0.68V$$

1. 滴定开始至化学计量点前

在这个阶段中,溶液中存在 Fe^{2+} 不断被 Ce^{4+} 氧化为 Fe^{3+} 的过程,因此决定溶液电位的电对是 Fe^{3+}/Fe^{2+},电位值按能斯特公式计算。

$$\varphi = \varphi^{\ominus\prime}(Fe^{3+}/Fe^{2+}) + 0.059\lg\frac{c(Fe^{3+})}{c(Fe^{2+})}$$

为简便起见,采用 Fe^{3+} 与 Fe^{2+} 的百分比代替 $c(Fe^{3+})/c(Fe^{2+})$。当滴入 10.00mL $Ce(SO_4)_2$ 溶液时,有 50% 的 Fe^{2+} 被氧化成 Fe^{3+},这时

$$\frac{c(Fe^{3+})}{c(Fe^{2+})}=\frac{50\%}{50\%}$$

$$\varphi=0.68+0.059\lg\frac{50\%}{50\%}=0.68\ (V)$$

当加入 18.00mL $Ce(SO_4)_2$ 溶液时,即有 90% 的 Fe^{2+} 氧化成 Fe^{3+},则

$$\varphi=0.68+0.059\lg\frac{90\%}{10\%}=0.74\ (V)$$

当加入 19.98mL $Ce(SO_4)_2$ 溶液时,有 99.9% 的 Fe^{2+} 被氧化成 Fe^{3+},则

$$\varphi=0.68+0.059\lg\frac{99.9\%}{0.1\%}=0.86\ (V)$$

2. 化学计量点时

滴定到达化学计量点时,Fe^{2+} 完全和 Ce^{4+} 反应,反应处于氧化还原平衡状态,此时电对的电极电位按以下关系计算。

化学计量点时,$c(Fe^{3+})=c(Ce^{3+})$、$c(Fe^{2+})=c(Ce^{4+})$,且两电对的电极电位相等,以 $\varphi_{计}$ 表示。即

$$\varphi_{计}=0.68+0.059\lg\frac{c(Fe^{3+})}{c(Fe^{2+})}$$

$$\varphi_{计}=1.44+0.059\lg\frac{c(Ce^{4+})}{c(Ce^{3+})}$$

两式相加,得

$$2\varphi_{计}=1.44+0.68+0.059\lg\frac{c(Fe^{3+})c(Ce^{4+})}{c(Fe^{2+})c(Ce^{3+})}$$

其中 $\lg\frac{c(Fe^{3+})c(Ce^{4+})}{c(Fe^{2+})c(Ce^{3+})}=0$,则

$$\varphi_{计}=\frac{0.68+1.44}{2}=1.06\ (V)$$

对于一般氧化还原滴定而言,当达到化学计量点时,其电位可利用下面的通式求得:

$$\varphi_{计}=\frac{n_1\varphi_1^{\ominus'}+n_2\varphi_2^{\ominus'}}{n_1+n_2} \tag{8-1}$$

式中,$\varphi_1^{\ominus'}$、$\varphi_2^{\ominus'}$ 分别为氧化剂电对和还原剂电对的条件电位;n_1、n_2 分别为氧化剂和还原剂得失的电子数。

3. 化学计量点后

化学计量点后,Ce^{4+} 过量,可根据 Ce^{4+}/Ce^{3+} 电对计算溶液中的电位。

$$\varphi=\varphi^{\ominus'}(Ce^{4+}/Ce^{3+})+0.059\lg\frac{c(Ce^{4+})}{c(Ce^{3+})}$$

当加入 20.02mL $Ce(SO_4)_2$ 溶液时,即过量 0.1%。这时

$$\varphi=1.44+0.059\lg\frac{0.1\%}{100\%}=1.26\ (V)$$

若加入 22.00mL Ce(SO$_4$)$_2$ 溶液，Ce^{4+} 则有 10% 过量。这时

$$\varphi = 1.44 + 0.059 \lg \frac{10\%}{100\%} = 1.38 \text{（V）}$$

同样，可求出不同过量硫酸铈溶液时溶液的电位值。将各计算结果列于表 8-1 中，并绘成滴定曲线，见图 8-1。

表 8-1　用 0.1000mol/L Ce(SO$_4$)$_2$ 溶液滴定 0.1000mol/L FeSO$_4$ 溶液的电位变化

加入 Ce^{4+} 溶液的量		Fe^{2+} 剩余量		过量的 Ce^{4+}		φ/V
/mL	/%	/mL	/%	/mL	/%	
0.00	0.0	20.00	100.0			—
1.00	5.0	19.00	95.0			0.60
4.00	20.0	16.00	80.0			0.64
8.00	40.0	12.00	60.0			0.67
10.00	50.0	10.00	50.0			0.68
18.00	90.0	2.00	10.0			0.74
19.80	99.0	0.20	1.0			0.80
19.98	99.9	0.02	0.1			0.86
20.00	100.0					1.06
20.02	100.1			0.02	0.1	1.26
22.00	110.0			2.00	10.0	1.38
40.00	200.0			20.00	100.0	1.44

注：在 c(H$_2$SO$_4$)=1mol/L 的 H$_2$SO$_4$ 溶液中滴定。

从表 8-1 及图 8-1 可以看出以下几点。

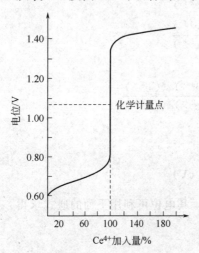

图 8-1　用 0.1000mol/L Ce(SO$_4$)$_2$ 溶液滴定 0.1000mol/L FeSO$_4$ 溶液的滴定曲线
[在 c(H$_2$SO$_4$)=1mol/L 的 H$_2$SO$_4$ 溶液中]

① 在氧化还原滴定化学计量点附近存在一个电位突跃，电位从 0.86V 到 1.26V。

② 用氧化剂滴定还原剂时，滴入氧化剂的百分率为 50% 时的电位是还原剂电对的条件电位，滴入氧化剂的百分率为 200% 时的电位是氧化剂电对的条件电位。这两个条件电位相差越大，滴定突跃也越大。一般说来，若两电对的条件电位（或标准电位）之差大于 0.4V 时，可选用氧化还原指示剂检测滴定终点。若差值在 0.2～0.4V，用指示剂检测误差较大，可采用电位法检测。

③ 化学计量点电位为 1.06V，其电位值由 $\varphi_{\text{计}} = \dfrac{n_1 \varphi_1^{\ominus'} + n_2 \varphi_2^{\ominus'}}{n_1 + n_2}$ 公式计算而得，其中若 $n_1 = n_2$，化学计量点恰为滴定突跃的中点。若 $n_1 \neq n_2$，化学计量点偏向 n 值较大（即电子转移数较多）的电对一方。如在 c(H$_2$SO$_4$)=1mol/L 的 H$_2$SO$_4$ 溶液中，用 KMnO$_4$ 溶液滴定 Fe^{2+} 时，化学计量点为 1.32V，在滴定突跃的上部。

二、氧化还原滴定中的指示剂

在氧化还原滴定过程中，除了用电位法检测化学计量点外，还可利用某些物质在化学计量点附近颜色的改变来指示滴定终点。这种物质称为氧化还原指示剂。

常用的氧化还原指示剂有以下几种类型。

1. 自身指示剂

在氧化还原滴定中，利用本身的颜色变化指示滴定终点的标准溶液或被滴定物质称为自身指示剂。例如，$KMnO_4$ 本身显紫红色，用它来滴定 Fe^{2+} 等还原性物质时，反应产物为 Mn^{2+}、Fe^{3+} 等无色或颜色很浅的离子，滴定到化学计量点后，只要 $KMnO_4$ 稍微过量半滴就可使溶液呈粉红色，由此确定滴定终点，$KMnO_4$ 就是自身指示剂。

2. 专属指示剂

有的物质本身没有颜色，也无氧化还原性，但能与氧化剂或还原剂产生特殊颜色，因而可以指示滴定终点。例如碘量法中，可溶性淀粉能与碘形成蓝色化合物，由蓝色的出现或消失来确定滴定终点，反应极为灵敏，颜色也非常鲜明。淀粉就是碘量法的专属指示剂。

3. 氧化还原指示剂

这类指示剂本身具有氧化还原性质。它们的氧化态和还原态具有不同的颜色，在滴定过程中指示剂由氧化态变为还原态或由还原态变为氧化态时，溶液颜色随之发生变化，根据颜色的突变来指示滴定终点。例如，用 $K_2Cr_2O_7$ 溶液滴定 Fe^{2+} 时，常用二苯胺磺酸钠为指示剂。二苯胺磺酸钠的还原态为无色，氧化态为紫红色。当滴定至化学计量点时，稍过量的 $K_2Cr_2O_7$ 使二苯胺磺酸钠由还原态转变为氧化态，溶液显紫红色，指示滴定终点。

用 $In(Ox)$ 和 $In(Red)$ 分别表示指示剂的氧化态和还原态，n 表示电子转移的数目，滴定过程中，指示剂的电极反应用下式表示。

$$In(Ox) + ne \rightleftharpoons In(Red)$$

$$\varphi_{In} = \varphi_{In}^{\ominus\prime} + \frac{0.059}{n} \lg \frac{c[In(Ox)]}{c[In(Red)]}$$

显然，溶液中氧化还原电对的电位改变时，指示剂的氧化态和还原态浓度比 $c[In(Ox)]/c[In(Red)]$ 也发生改变，因而溶液的颜色也发生变化。与酸碱指示剂的变色情况相似，氧化还原指示剂也只能在一定电位范围内看到这种颜色的变化，这个范围就是指示剂变色的电位范围，即 $c[In(Ox)]/c[In(Red)]$ 从 10/1 到 1/10 时变色的电位范围，用下式表示。

$$\varphi = \varphi_{In}^{\ominus\prime} \pm \frac{0.059}{n}$$

当被滴定溶液的电位值恰好等于 $\varphi_{In}^{\ominus\prime}$ 时，指示剂呈现中间颜色，称为指示剂的理论变色点。表 8-2 列出了一些常用的氧化还原指示剂的条件电位及颜色变化。

表 8-2 常用的氧化还原指示剂

指示剂	$\varphi_{In}^{\ominus\prime}/V$ [$c(H^+)=1mol/L$]	颜色变化 氧化态	颜色变化 还原态	配制方法
亚甲基蓝	0.36	蓝色	无色	0.5g/L 水溶液
二苯胺磺酸钠	0.84	紫红色	无色	0.5g 指示剂、2g Na_2CO_3，加水稀释至 100mL
邻苯氨基苯甲酸	0.89	紫红色	无色	0.11g 指示剂溶于 20mL 0.5g/L Na_2CO_3 溶液中，加水稀释至 100mL
邻二氮菲亚铁	1.06	浅蓝色	红色	1.485g 邻二氮菲、0.695g $FeSO_4 \cdot 7H_2O$，加水稀释至 100mL

选择这类指示剂时，应使指示剂变色点的电位尽量接近滴定反应化学计量点的电位。例如，在 1mol/L 的 H_2SO_4 溶液中，用 Ce^{4+} 滴定 Fe^{2+}，滴定突跃范围为 $0.86\sim1.26V$。显然，在上述指示剂中选择邻苯氨基苯甲酸和邻二氮菲亚铁是合适的。若选择二苯胺磺酸钠终点会提前，终点误差较大。

第三节 高锰酸钾法

一、概述

高锰酸钾法是用 $KMnO_4$ 作氧化剂配成标准溶液进行滴定的氧化还原滴定法。高锰酸钾是一种强氧化剂，它的氧化作用和溶液的酸度有关。在强酸性溶液中，MnO_4^- 与还原剂作用，自身被还原为 Mn^{2+}。

$$MnO_4^- + 8H^+ + 5e = Mn^{2+} + 4H_2O \qquad \varphi^{\ominus} = 1.51V$$

由于 $KMnO_4$ 在强酸性溶液中有更强的氧化性，因而高锰酸钾滴定法一般多在 $0.5\sim1mol/L$ 的 H_2SO_4 介质中使用（不用盐酸和硝酸）。

在微酸性、中性或弱碱性溶液中，MnO_4^- 被还原为 MnO_2。

$$MnO_4^- + 2H_2O + 3e = MnO_2\downarrow + 4OH^- \qquad \varphi^{\ominus} = 0.59V$$

由于生成褐色 MnO_2 沉淀，妨碍滴定终点的观察，所以很少使用。

高锰酸钾法具有以下特点。

① $KMnO_4$ 氧化能力强，应用范围广，可直接或间接地测定多种无机物和有机物。如直接测定 Fe^{2+}、H_2O_2、$C_2O_4^{2-}$、$As(Ⅲ)$、NO_2^- 等；返滴定可测 MnO_2、PbO_2 等物质；还可以利用 $KMnO_4$ 与 $C_2O_4^{2-}$ 反应间接测定 Ca^{2+}、Th^{4+} 等某些非氧化还原物质。

② $KMnO_4$ 溶液为紫红色，所以用它滴定无色或浅色试液时不需要另加指示剂。

③ 由于 $KMnO_4$ 的氧化能力强，可以和很多还原性物质发生作用，所以方法的选择性不是十分理想。

④ 高锰酸钾标准溶液不能直接配制，且溶液浓度不够稳定，不能长时间放置保存，需经常标定。

二、标准溶液

纯的 $KMnO_4$ 溶液相当稳定。但是市售的 $KMnO_4$ 试剂中常含有少量的 MnO_2 和其他杂质，而且使用的蒸馏水中也常含微量还原性物质，它们都能促进 $KMnO_4$ 溶液的分解，故不能用直接法配制成标准溶液。通常先配成近似浓度的溶液，为了获得比较稳定的 $KMnO_4$ 溶液，需将配好的溶液加热至沸，并保持微沸约 1h，使溶液中可能存在的还原性物质完全被氧化。放置 1 周后，过滤除去析出的沉淀，避光保存于棕色试剂瓶中，然后进行标定（执行 GB 601—2002）。

标定 $KMnO_4$ 溶液的基准物质很多，如 As_2O_3、$(NH_4)_2Fe(SO_4)_2 \cdot 6H_2O$、$H_2C_2O_4 \cdot$

$2H_2O$、$Na_2C_2O_4$、$(NH_4)_2C_2O_4$ 和纯铁丝等。其中以 $Na_2C_2O_4$ 使用较多。$Na_2C_2O_4$ 容易提纯，性质稳定，不含结晶水，在 105～110℃ 烘干至恒重，即可使用。其反应如下：

$$2MnO_4^- + 5C_2O_4^{2-} + 16H^+ = 2Mn^{2+} + 10CO_2\uparrow + 8H_2O$$

此时，$KMnO_4$ 的基本单元为 $\frac{1}{5}KMnO_4$，$Na_2C_2O_4$ 的基本单元为 $\frac{1}{2}Na_2C_2O_4$。

在用 $Na_2C_2O_4$ 标定 $KMnO_4$ 溶液时，应注意以下滴定条件。

(1) 酸度　溶液酸度应保持在 0.5～1mol/L 范围。若酸度不足，易生成 MnO_2 沉淀；酸度过高，则会使 $H_2C_2O_4$ 分解。

(2) 温度　滴定终点的温度应保持在 >65～<90℃ 范围。温度 >90℃ 时 $Na_2C_2O_4$ 分解，使标定结果偏高。

(3) 终点　用 $KMnO_4$ 溶液滴定至溶液呈现 $KMnO_4$ 所致的淡粉红色，并保持 30s 不褪色即为终点。

用草酸钠标定高锰酸钾的结果按下式计算：

$$c\left(\frac{1}{5}KMnO_4\right) = \frac{m(Na_2C_2O_4)}{(V-V_0)M\left(\frac{1}{2}Na_2C_2O_4\right)\times 10^{-3}}$$

式中　$m(Na_2C_2O_4)$——称取 $Na_2C_2O_4$ 的质量，g；

V——滴定时消耗 $KMnO_4$ 标准溶液的体积，mL；

V_0——空白试验时消耗 $KMnO_4$ 标准溶液的体积，mL；

$M\left(\frac{1}{2}Na_2C_2O_4\right)$——以 $\frac{1}{2}Na_2C_2O_4$ 为基本单元的 $Na_2C_2O_4$ 摩尔质量，67.00g/mol。

【例 8-1】　配制 $c\left(\frac{1}{5}KMnO_4\right) = 0.1mol/L$ 的 $KMnO_4$ 标准溶液 1000mL，应称取 $KMnO_4$ 多少克？配制 1000mL $T_{Fe^{2+}/KMnO_4} = 0.00600g/mL$ 的溶液，应称取 $KMnO_4$ 多少克？

解　已知 $M(KMnO_4) = 158g/mol$，$M(Fe) = 55.85g/mol$。

(1) $m(KMnO_4) = c\left(\frac{1}{5}KMnO_4\right)V(KMnO_4)M\left(\frac{1}{5}KMnO_4\right)$

$$= 0.1 \times 1 \times \frac{1}{5} \times 158 = 3.16 \text{ (g)}$$

(2) 依题意，$KMnO_4$ 与 Fe^{2+} 的反应为

$$MnO_4^- + 5Fe^{2+} + 8H^+ = Mn^{2+} + 5Fe^{3+} + 4H_2O$$

在反应中，Fe^{2+} 的基本单元为自身，则

$$c\left(\frac{1}{5}KMnO_4\right) = \frac{T_{Fe^{2+}/KMnO_4} \times 1000}{M(Fe)}$$

$$= \frac{0.00600 \times 1000}{55.85}$$

$$= 0.108 \text{ (mol/L)}$$

称取 $KMnO_4$ 的质量为

$$m(KMnO_4) = c\left(\frac{1}{5}KMnO_4\right)V(KMnO_4)M\left(\frac{1}{5}KMnO_4\right)$$

$$=0.108\times1\times\frac{1}{5}\times158=3.4\ (g)$$

三、高锰酸钾法应用实例

1. 过氧化氢的测定

过氧化氢又称为双氧水，可以通过电解法或蒽醌法制得。主要作为氧化剂使用，也可作漂白剂。在酸性溶液中，$KMnO_4$ 与 H_2O_2 的反应为

$$2MnO_4^- + 5H_2O_2 + 6H^+ = 2Mn^{2+} + 5O_2\uparrow + 8H_2O$$

此滴定反应是在室温下的 H_2SO_4 介质中完成的。开始滴定时滴加速度应特别慢，当第一滴 $KMnO_4$ 颜色消失后再继续滴定，随着 Mn^{2+} 的生成反应速率不断加快，这时滴定速率也可以加快，但不能太快。滴定过程中保持溶液呈强酸性，这样才能保证 $KMnO_4$ 被还原为 Mn^{2+}，用 $KMnO_4$ 标准溶液滴定至溶液呈粉红色，并在 30s 内不消失即为终点。H_2O_2 的质量分数按下式计算：

$$w(H_2O_2) = \frac{c\left(\frac{1}{5}KMnO_4\right)VM\left(\frac{1}{2}H_2O_2\right)}{m\times1000}\times100\%$$

式中 $c\left(\frac{1}{5}KMnO_4\right)$ ——$KMnO_4$ 标准溶液的浓度，mol/L；

V——滴定时消耗 $KMnO_4$ 标准溶液的体积，mL；

m——H_2O_2 试样的质量，g；

$M\left(\frac{1}{2}H_2O_2\right)$——以 $\frac{1}{2}H_2O_2$ 为基本单元的 H_2O_2 摩尔质量，17.01g/mol。

2. 氯化钙含量的测定

氯化钙通常用石灰石与盐酸反应，经浓缩、干燥而制得。氯化钙常用于污水处理及循环冷却水的预膜剂。$KMnO_4$ 法测定氯化钙含量采用间接滴定法，将试样处理成溶液后，用 $C_2O_4^{2-}$ 将 Ca^{2+} 沉淀为 CaC_2O_4。经过滤、洗涤后，草酸钙用热稀 H_2SO_4 溶解产生一定量草酸，再用 $KMnO_4$ 标准溶液滴定草酸，滴定至微红色保持 30s 不变即为终点，间接计算钙的含量。其反应如下：

$$Ca^{2+} + C_2O_4^{2-} = CaC_2O_4\downarrow\ （白色）$$
$$CaC_2O_4 + H_2SO_4 = CaSO_4 + H_2C_2O_4$$
$$2MnO_4^- + 5C_2O_4^{2-} + 16H^+ = 2Mn^{2+} + 10CO_2\uparrow + 8H_2O$$

此方法的依据是 Ca^{2+} 与 $C_2O_4^{2-}$ 生成 1+1 型的 CaC_2O_4 沉淀，由滴定 $C_2O_4^{2-}$ 所消耗的 $KMnO_4$ 标准溶液的体积，按下式计算氯化钙的含量。

根据反应式得

$$n\left(\frac{1}{5}KMnO_4\right) = n\left(\frac{1}{2}CaCl_2\right)$$

$$c\left(\frac{1}{5}KMnO_4\right)V = \frac{m(CaCl_2)}{M\left(\frac{1}{2}CaCl_2\right)\times10^{-3}}$$

$$w(CaCl_2) = \frac{c\left(\frac{1}{5}KMnO_4\right)VM\left(\frac{1}{2}CaCl_2\right)}{m \times 1000} \times 100\%$$

式中 $c\left(\frac{1}{5}KMnO_4\right)$ ——高锰酸钾标准溶液的浓度，mol/L；

V——消耗高锰酸钾标准溶液的体积，mL；

$M\left(\frac{1}{2}CaCl_2\right)$ ——以 $\frac{1}{2}CaCl_2$ 为基本单元的 $CaCl_2$ 摩尔质量，55.5g/mol；

m——试样的质量，g。

第四节 重铬酸钾法

一、概述

重铬酸钾法是以 $K_2Cr_2O_7$ 作标准溶液进行氧化还原滴定的方法。它具有较强的氧化性，在酸性溶液中与还原性物质作用，$Cr_2O_7^{2-}$ 被还原成 Cr^{3+}，反应为

$$Cr_2O_7^{2-} + 14H^+ + 6e \Longrightarrow 2Cr^{3+} + 7H_2O \qquad \varphi^{\ominus} = 1.33V$$

$K_2Cr_2O_7$ 的基本单元为 $\frac{1}{6}K_2Cr_2O_7$。

虽然 $K_2Cr_2O_7$ 的氧化能力比 $KMnO_4$ 稍弱些，但仍是较强的氧化剂，在酸性条件下使用，它与 $KMnO_4$ 法相比，具有如下优点。

① $K_2Cr_2O_7$ 易提纯，在 105~110℃ 干燥恒重后，可作为基准物直接配制标准溶液。
② $K_2Cr_2O_7$ 标准溶液相当稳定，只要保存在密封容器中，其浓度可长期保持不变。
③ $K_2Cr_2O_7$ 的标准电位低于 Cl_2/Cl^- 的标准电位 1.36V，因此，在盐酸溶液中滴定，Cl^- 不干扰（高温及高浓度盐酸除外）。
④ $K_2Cr_2O_7$ 溶液为橘黄色，反应生成浅绿色 Cr^{3+}，但颜色不灵敏，所以不能作为自身指示剂，需采用二苯胺磺酸钠或邻苯氨基苯甲酸作指示剂。

二、标准溶液

1. 直接配制法

$K_2Cr_2O_7$ 标准滴定溶液可用直接法配制，但在配制前应将 $K_2Cr_2O_7$ 基准试剂在 105~110℃下烘至恒重。$K_2Cr_2O_7$ 标准滴定溶液的浓度按下式计算：

$$c\left(\frac{1}{6}K_2Cr_2O_7\right) = \frac{m(K_2Cr_2O_7)}{\frac{V(K_2Cr_2O_7)}{1000} \times M\left(\frac{1}{6}K_2Cr_2O_7\right)}$$

2. 间接配制法

执行 GB 601—2002。使用分析纯 $K_2Cr_2O_7$ 试剂配制标准滴定溶液时，需进行标定。步

骤是移取一定体积的 $K_2Cr_2O_7$ 溶液，加入过量的 KI 和 H_2SO_4，用已知浓度的 $Na_2S_2O_3$ 标准滴定溶液进行滴定，以淀粉指示液指示滴定终点。反应为

$$Cr_2O_7^{2-} + 6I^- + 14H^+ = 2Cr^{3+} + 3I_2 + 7H_2O$$

$$I_2 + 2S_2O_3^{2-} = S_4O_6^{2-} + 2I^-$$

$K_2Cr_2O_7$ 标准滴定溶液的浓度按下式计算：

$$c\left(\frac{1}{6}K_2Cr_2O_7\right) = \frac{(V_1 - V_0)c(Na_2S_2O_3)}{V}$$

式中　V_1——滴定时消耗硫代硫酸钠标准滴定溶液的体积，mL；

V_0——空白试验时消耗硫代硫酸钠标准滴定溶液的体积，mL；

V——重铬酸钾标准滴定溶液的体积，mL。

三、重铬酸钾法应用实例

1. 铁矿石中全铁量的测定

重铬酸钾法是测定铁矿石中全铁含量的标准方法。测定方法主要是 $SnCl_2$-$HgCl_2$ 法和 $SnCl_2$-$TiCl_3$ 法。

（1）$SnCl_2$-$HgCl_2$ 法　试样用浓 HCl 加热溶解，趁热用 $SnCl_2$ 将 Fe^{3+} 还原成 Fe^{2+}，冷却后，过量的 $SnCl_2$ 用 $HgCl_2$ 氧化，再用水稀释，并加入 H_2SO_4-H_3PO_4 混合酸和二苯胺磺酸钠指示剂，立即用 $K_2Cr_2O_7$ 标准溶液滴定至溶液由浅绿色（Cr^{3+}）变为紫红色为终点。反应为

$$Cr_2O_7^{2-} + 6Fe^{2+} + 14H^+ = 2Cr^{3+} + 6Fe^{3+} + 7H_2O$$

测定中加入 H_3PO_4 的目的：一是降低 Fe^{3+}/Fe^{2+} 电对的电极电位，使滴定突跃范围增大，这样二苯胺磺酸钠的变色点的电位恰好落在此范围之内；二是使 Fe^{3+} 生成无色的 $[Fe(HPO_4)_2]^-$，消除了 Fe^{3+} 的黄色造成的干扰，有利于终点的观察。而加入硫酸的作用是增加溶液的酸度。

（2）$SnCl_2$-$TiCl_3$ 法（无汞测定法）　试样用酸溶解后，趁热用 $SnCl_2$ 将大部分 Fe^{3+} 还原为 Fe^{2+}，然后以钨酸钠为指示剂，用 $TiCl_3$ 溶液还原剩余的 Fe^{3+}。反应为

$$Fe^{3+} + Ti^{3+} = Fe^{2+} + Ti^{4+}$$

在 Fe^{3+} 全部被还原后，稍过量的 $TiCl_3$ 使钨酸钠还原为五价钨化合物（俗称"钨蓝"），溶液显蓝色。然后滴加 $K_2Cr_2O_7$ 溶液，使钨蓝恰好褪色，或以 Cu^{2+} 为催化剂使稍过量的 Ti^{3+} 被水中溶解的氧所氧化，消除过量还原剂的影响。最后溶液中的 Fe^{2+} 以二苯胺磺酸钠为指示剂，用 $K_2Cr_2O_7$ 标准溶液滴定至终点。

2. 利用 $K_2Cr_2O_7$ 与 Fe^{2+} 反应测定其他物质

$K_2Cr_2O_7$ 与 Fe^{2+} 氧化还原反应速率快，计量关系好，无副反应，指示剂变色敏锐。此反应不仅用于铁的测定，还可以用它间接测定许多物质。

（1）测定氧化性物质　一些较强的氧化性物质（如 NO_3^- 等）与 $K_2Cr_2O_7$ 作用缓慢，测定时可加入过量的 Fe^{2+} 标准溶液与其反应。

$$3Fe^{2+} + NO_3^- + 4H^+ = 3Fe^{3+} + NO + 2H_2O$$

待完全反应后，再用 $K_2Cr_2O_7$ 标准滴定溶液滴定剩余的 Fe^{2+}，即可计算出 NO_3^- 的

含量。

（2）测定还原性物质 一些强还原性物质（如 Ti^{3+} 等）不稳定，易被空气中的氧所氧化。因此，将 Ti^{4+} 流经还原柱，流出液用盛有 Fe^{3+} 溶液的锥形瓶接收，此时发生反应为

$$Ti^{3+} + Fe^{3+} \rightleftharpoons Ti^{4+} + Fe^{2+}$$

置换出来的 Fe^{2+} 用 $K_2Cr_2O_7$ 标准滴定溶液滴定。

（3）污水或工业废水中化学耗氧量的测定（COD_{Cr}） COD_{Cr} 是衡量水被污染程度的重要指标之一。$KMnO_4$ 法测定的化学耗氧量 COD_{Mn} 只适用于较清洁的水样，测定污染严重的水样时一般采用重铬酸钾法。测定原理是在强酸性条件下，于水样中加入过量的重铬酸钾标准溶液，以 Ag_2SO_4 为催化剂，加热回流 2h，氧化水中的还原性物质，过量的重铬酸钾以试亚铁灵作指示剂，用硫酸亚铁铵标准滴定溶液滴定至由黄色经蓝绿色到红褐色为终点。滴定反应为

$$Cr_2O_7^{2-} + 6Fe^{2+} + 14H^+ \rightleftharpoons 2Cr^{3+} + 6Fe^{3+} + 7H_2O$$

根据所消耗的硫酸亚铁铵标准滴定溶液的量和加入水样中的重铬酸钾标准溶液的量，按下式计算水样中的化学耗氧量：

$$COD_{Cr} = \frac{(V_0 - V_1)c(Fe^{2+}) \times 8.000 \times 1000}{V}$$

式中 V_0——空白滴定时消耗硫酸亚铁铵标准滴定溶液的体积，mL；

V_1——水样滴定时消耗硫酸亚铁铵标准滴定溶液的体积，mL；

V——水样体积，mL；

$c(Fe^{2+})$——硫酸亚铁铵标准滴定溶液的浓度，mol/L；

8.000——氧$\left(\frac{1}{2}O\right)$的摩尔质量，g/mol。

第五节 碘量法

一、概述

碘量法是利用 I_2 的氧化性和 I^- 的还原性进行滴定的方法。固体 I_2 在水中的溶解度很小（298K 时为 1.18×10^{-3} mol/L），且易挥发。通常将 I_2 溶解在 KI 溶液中，此时它以 I_3^- 形式存在，其半反应为

$$I_3^- + 2e \rightleftharpoons 3I^- \quad \varphi^{\ominus}(I_3^-/I^-) = 0.54V$$

一般仍简写为 I_2。

I_2 是较弱的氧化剂，能与较强的还原剂作用；而 I^- 是中等强度的还原剂，能与许多氧化剂作用。因此碘量法包括直接碘量法和间接碘量法。

1. 直接碘量法

电极电位比 $\varphi^{\ominus}(I_3^-/I^-)$ 低的还原性物质，可以直接用 I_2 标准溶液滴定。如 S^{2-}、SO_3^{2-}、Sn^{2+}、$S_2O_3^{2-}$、维生素 C、亚砷酸化合物等，这种方法称为直接碘量法或碘滴定法。直接碘量法不能在碱性溶液中进行滴定，因为碘与碱作用发生歧化反应。

$$I_2 + 2OH^- = IO^- + I^- + H_2O$$
$$3IO^- = IO_3^- + 2I^-$$

2. 间接碘量法

电极电位比 $\varphi^{\ominus}(I_3^-/I^-)$ 高的氧化性物质可在一定条件下用 I^- 还原，定量析出 I_2，然后用 $Na_2S_2O_3$ 标准溶液滴定 I_2，这种方法称为间接碘量法或滴定碘法。基本反应为

$$2I^- - 2e = I_2$$
$$I_2 + 2S_2O_3^{2-} = S_4O_6^{2-} + 2I^-$$

间接碘量法可以测定很多氧化性物质，如 Cu^{2+}、$Cr_2O_7^{2-}$、IO_3^-、BrO_3^-、AsO_4^{3-}、ClO^-、NO_2^-、MnO_4^- 和 Fe^{3+} 等。

3. 终点的确定

碘量法的滴定终点的确定是采用淀粉指示液法。I_2 与淀粉结合形成蓝色物质，其灵敏度除与 I_2 浓度有关外，还与淀粉的性质、加入时间、温度及酸度等条件有关。因此，使用淀粉指示液时应注意下列事项。

① 淀粉指示液应在中性或弱酸性介质中使用。因为在 pH<2 时，淀粉水解成糊精，与 I_2 作用显红色；而在 pH>9 时，I_2 发生歧化反应以 IO^- 形式存在，与淀粉作用不显色。

② I_2 与淀粉结合形成的蓝色在热溶液中会消失，故不能在热溶液中使用。

③ 直接碘量法淀粉指示液在滴定开始时加入，终点时溶液由无色突变为蓝色；间接碘量法淀粉指示液应在滴定到近终点时加入（溶液呈浅黄色），终点时溶液由蓝色变为无色。

二、反应及滴定条件

在间接碘量法中，为了获得准确的结果，必须注意以下两点。

1. 控制溶液的酸度

$S_2O_3^{2-}$ 与 I_2 之间的反应很迅速、完全，但必须在中性或弱酸性溶液中进行。在碱性溶液中 I_2 与 $S_2O_3^{2-}$ 将发生下列副反应。

$$S_2O_3^{2-} + 4I_2 + 10OH^- = 2SO_4^{2-} + 8I^- + 5H_2O$$

而且 I_2 在碱性溶液中会发生歧化反应

$$3I_2 + 6OH^- = IO_3^- + 5I^- + 3H_2O$$

在强酸性溶液中 $Na_2S_2O_3$ 会发生分解

$$S_2O_3^{2-} + 2H^+ = SO_2\uparrow + S\downarrow + H_2O$$

同时 I^- 在酸性溶液中易被空气中的 O_2 氧化

$$4I^- + 4H^+ + O_2 = 2I_2 + 2H_2O$$

2. 防止 I_2 的挥发和空气中的 O_2 氧化 I^-

碘量法的误差主要有两方面的来源：一是 I_2 易挥发；二是在酸性溶液中 I^- 容易被空气中的 O_2 氧化。所以在测定过程中应采取以下措施。

（1）防止 I_2 挥发

① 加入过量的 KI（一般比理论值大 2~3 倍），I_2 生成 I_3^-。

② 反应在室温下进行。

③ 被测氧化性物质与 KI 的反应最好在碘量瓶（或带塞锥形瓶）中进行。在滴定 I_2 时，不要剧烈摇动。

（2）防止 I^- 被氧化

① 溶液的酸度不宜太高，否则会增加 O_2 氧化 I^- 的速率。

② Cu^{2+}、NO_2^- 等能催化 O_2 对 I^- 的氧化，应设法除去；日光也有催化作用，应避免阳光直接照射，析出 I_2 的反应瓶应置于暗处。

③ 析出 I_2 的反应完成后，应立即用 $Na_2S_2O_3$ 溶液滴定。

④ 滴定速度宜适当地快些。

三、标准溶液

碘量法中使用的标准溶液是 $Na_2S_2O_3$ 标准滴定溶液和 I_2 标准滴定溶液两种。

1. $Na_2S_2O_3$ 标准溶液

$Na_2S_2O_3$ 标准溶液的配制和标定执行 GB 601—2002。市售 $Na_2S_2O_3 \cdot 5H_2O$ 含有少量 S^{2-}、S、SO_3^{2-}、CO_3^{2-}、Cl^- 等杂质，因此不能用直接法配制成标准溶液。

配制后的 $Na_2S_2O_3$ 溶液在空气中不稳定，容易分解。这是由于水中的微生物、CO_2、空气中的 O_2 与 $Na_2S_2O_3$ 溶液有如下作用：

$$Na_2S_2O_3 \xrightarrow{微生物} Na_2SO_3 + S\downarrow$$

$$3Na_2S_2O_3 + 4CO_2 + 3H_2O = 2NaHSO_4 + 4NaHCO_3 + 4S\downarrow$$

$$2Na_2S_2O_3 + O_2 = 2Na_2SO_4 + 2S\downarrow$$

因此用新煮沸并冷却的蒸馏水配制 $Na_2S_2O_3$ 溶液，并加入少量的 Na_2CO_3，保持溶液呈弱碱性，配制好的 $Na_2S_2O_3$ 溶液贮存于棕色瓶中，置于暗处 2 周，滤去沉淀，然后再标定。标定后的 $Na_2S_2O_3$ 溶液如果发现溶液变浑浊应重新标定或重新配制。

标定 $Na_2S_2O_3$ 溶液的基准物质有 KIO_3、$KBrO_3$ 或 $K_2Cr_2O_7$ 等，其中 $K_2Cr_2O_7$ 价廉、易提纯，最为常用。

标定时，$K_2Cr_2O_7$ 在酸性溶液中与 I^- 发生如下反应：

$$Cr_2O_7^{2-} + 6I^- + 14H^+ = 2Cr^{3+} + 3I_2 + 7H_2O$$

析出的碘以淀粉为指示剂，用待标的 $Na_2S_2O_3$ 溶液滴定至溶液由蓝色变为亮绿色，同时做空白试验。

$$2S_2O_3^{2-} + I_2 = 2I^- + S_4O_6^{2-}$$

标定时应注意：$Cr_2O_7^{2-}$ 与 I^- 的反应较慢，在稀溶液中反应更慢，为加速反应，需加入过量的 KI 并维持一定的酸度（控制酸度 0.2~0.4mol/L 为宜），于暗处放置 10min，淀粉指示液必须在近终点时加入。$Na_2S_2O_3$ 溶液的浓度按下式计算：

$$c(Na_2S_2O_3) = \frac{m(K_2Cr_2O_7) \times 1000}{(V-V_0)M\left(\frac{1}{6}K_2Cr_2O_7\right)}$$

式中　$m(K_2Cr_2O_7)$——$K_2Cr_2O_7$ 的质量，g；

　　　　V——滴定时消耗 $Na_2S_2O_3$ 标准滴定溶液的体积，mL；

　　　　V_0——空白试验时消耗 $Na_2S_2O_3$ 标准滴定溶液的体积，mL；

$M\left(\frac{1}{6}K_2Cr_2O_7\right)$——以 $\frac{1}{6}K_2Cr_2O_7$ 为基本单元的 $K_2Cr_2O_7$ 摩尔质量，49.03g/mol。

2. 碘标准溶液

碘标准溶液的配制与标定执行 GB 601—2002。用市售的碘先配制一个近似浓度的溶液，然后用基准试剂或已知准确浓度的 $Na_2S_2O_3$ 标准滴定溶液进行标定。

(1) 碘标准溶液的配制　I_2 难溶于水，易溶于 KI 溶液，所以在配制时常将 I_2、KI（I_2 与 KI 比例为 1+3）与少量水一起研磨，溶解后再用水稀释，并保存在棕色瓶中，避光保存，避免与橡皮等有机物接触。

(2) 碘标准溶液的标定　I_2 溶液可以用 As_2O_3（俗称砒霜，剧毒）作为基准物进行标定。As_2O_3 难溶于水，易溶于 NaOH 溶液，溶于碱后生成亚砷酸钠，再用 I_2 溶液滴定。

$$As_2O_3 + 6NaOH \Longrightarrow 2Na_3AsO_3 + 3H_2O$$

$$AsO_3^{3-} + I_2 + H_2O \Longrightarrow AsO_4^{3-} + 2I^- + 2H^+$$

在中性或微碱性溶液中反应能定量地向右进行。为使溶液的 pH 保持在 8 左右，通常在溶液中加入固体 $NaHCO_3$，以中和反应生成的 H^+。碘标准溶液的浓度按下式计算：

$$c\left(\frac{1}{2}I_2\right) = \frac{m(As_2O_3) \times 1000}{(V-V_0)M\left(\frac{1}{4}As_2O_3\right)}$$

式中　$m(As_2O_3)$——As_2O_3 的质量，g；

V——滴定时消耗 I_2 溶液的体积，mL；

V_0——空白试验时消耗 I_2 溶液的体积，mL；

$M\left(\frac{1}{4}As_2O_3\right)$——以 $\frac{1}{4}As_2O_3$ 为基本单元的 As_2O_3 摩尔质量，g/mol。

As_2O_3 因剧毒，一般不使用，常用已知浓度的 $Na_2S_2O_3$ 标准滴定溶液标定 I_2。

四、碘量法应用实例

1. 维生素 C 含量的测定

维生素 C 又称为抗坏血酸 $[C_6H_8O_6；\varphi^{\ominus}(C_6H_6O_6/C_6H_8O_6)=0.18V$，摩尔质量 17.6g/mol]，它是预防和治疗坏血病及促进身体健康、抵抗疾病传染的医药，也是分析中常用的掩蔽剂。由于维生素 C 分子中的烯二醇基具有较强的还原性，能被 I_2 定量地氧化成二酮基。所以可直接用 I_2 的标准滴定溶液滴定。

维生素 C 测定步骤是：准确称取试样，用新煮沸冷却的蒸馏水溶解，以 HAc 酸化，加入淀粉指示液，立即用 I_2 标准滴定溶液滴定至稳定的蓝色为终点。按下式计算维生素 C 的质量分数：

$$w(C_6H_8O_6) = \frac{c\left(\frac{1}{2}I_2\right)V(I_2)M\left(\frac{1}{2}C_6H_8O_6\right)}{m \times 1000} \times 100\%$$

式中　$c\left(\frac{1}{2}I_2\right)$——$\frac{1}{2}I_2$ 标准滴定溶液的浓度，mol/L；

$V(I_2)$——滴定时消耗 I_2 标准滴定溶液的体积，mL；

$M\left(\frac{1}{2}C_6H_8O_6\right)$ —— $\frac{1}{2}C_6H_8O_6$ 的摩尔质量，g/mol；

m —— 维生素 C 试样的质量，g。

测定过程中应注意到维生素 C 在空气中易被氧化，所以在用 HAc 酸化后应立即滴定。蒸馏水含有氧，因此蒸馏水必须事先煮沸，否则会使测定结果偏低。

2. 胆矾含量的测定

工业胆矾的主要成分是 $CuSO_4 \cdot 5H_2O$，是一种无机农药，为蓝色结晶，在空气中易风化。

测定方法是在弱酸性溶液中，Cu^{2+} 与过量的 KI 作用，定量析出 I_2，以淀粉作指示液，用 $Na_2S_2O_3$ 标准溶液滴定至溶液蓝色刚好消失为终点。反应如下：

$$2Cu^{2+} + 4I^- = 2CuI\downarrow + I_2$$

$$I_2 + 2S_2O_3^{2-} = 2I^- + S_4O_6^{2-}$$

KI 既是还原剂（将 Cu^{2+} 还原为 Cu^+）、沉淀剂（将 Cu^+ 沉淀为 CuI），又是配位剂（与 I_2 配位成 I_3^-）。由于 CuI 沉淀表面易吸附 I_2，致使分析结果偏低。为了减少 CuI 对 I_2 的吸附，在大部分 I_2 被 $Na_2S_2O_3$ 溶液滴定后，加入适量 NH_4SCN，使 CuI 转化为溶解度更小的 CuSCN 沉淀。

$$CuI + SCN^- = CuSCN\downarrow + I^-$$

同时将包藏在 CuI 沉淀中的 I_2 释放出来，这样就可以提高分析结果的准确度。按下式计算 $CuSO_4 \cdot 5H_2O$ 的质量分数。

$$w(CuSO_4 \cdot 5H_2O) = \frac{c(Na_2S_2O_3)V(Na_2S_2O_3)M(CuSO_4 \cdot 5H_2O)}{m \times 1000} \times 100\%$$

式中，m 为工业胆矾试样的质量，g。

测定过程中应注意以下几点。

(1) SCN^- 只能在近终点时加入，否则会直接与 Cu^{2+} 作用，使测定结果偏低。

(2) 溶液酸度必须控制在 pH 3～4 范围内。酸度过高，I^- 易被氧化为 I_2，使结果偏高；酸度过低，Cu^{2+} 将水解生成沉淀，使结果偏低。

(3) Fe^{3+} 能氧化 I^- 而析出 I_2，可用 NH_4HF_2 消除 Fe^{3+} 的干扰，同时 NH_4HF_2 又是缓冲剂，使溶液的 pH 保持在 3～4。

用碘量法测铜时，最好用纯铜标定 $Na_2S_2O_3$ 溶液，以抵消测定方法的系统误差。

第六节　其他氧化还原滴定法

一、溴酸钾法

$KBrO_3$ 是一种强氧化剂，在酸性溶液中与还原性物质作用时，BrO_3^- 被还原为 Br^-，其半反应为

$$BrO_3^- + 6H^+ + 6e = Br^- + 3H_2O \qquad \varphi^{\ominus} = 1.44V$$

由于操作方法不同，溴酸钾法又分为直接法和间接法两种。

1. 直接法

在酸性溶液中用甲基橙或甲基红作指示剂,以溴酸钾标准溶液直接滴定待测物质的方法为直接法。在反应中 $KBrO_3$ 被还原成 Br^-,化学计量点后稍过量的 $KBrO_3$ 与 Br^- 作用生成 Br_2。

$$BrO_3^- + 5Br^- + 6H^+ = 3Br_2 + 3H_2O$$

定量析出的 Br_2 与待测还原性物质反应,达到化学计量点后,稍过量的 Br_2 可使指示剂(甲基橙或甲基红)变色,指示终点到达。

利用这种方法可以测定 Sb^{3+}、N_2H_4、Cu^+ 等还原性物质的含量。

$$BrO_3^- + 3Sb^{3+} + 6H^+ = Br^- + 3Sb^{5+} + 3H_2O$$
$$2BrO^- + N_2H_4 = 2Br^- + N_2 + 2H_2O$$
$$BrO_3^- + 6Cu^+ + 6H^+ = Br^- + 6Cu^{2+} + 3H_2O$$

2. 间接法

间接法也称溴量法。溴量法常与碘量法配合使用,即在酸性溶液中加入一定量过量的 $KBrO_3$-KBr 标准溶液,与待测物质反应完全后,过量的 Br_2 与加入的 KI 反应,析出 I_2,以淀粉作指示液,再用 $Na_2S_2O_3$ 标准溶液滴定。

$$Br_2 + 2I^- = 2Br^- + I_2$$
$$2S_2O_3^{2-} + I_2 = 2I^- + S_4O_6^{2-}$$

这种溴量法在有机分析中应用较多,特别是利用 Br_2 的取代反应可以测定多种酚类和芳香胺类等物质的含量。例如,苯酚含量的测定就是利用苯酚与溴的反应。

$$\text{苯酚} + 6Br_2 \longrightarrow \text{三溴苯酚} \downarrow + 3HBr$$

待反应完全后,使剩余的 Br_2 与过量的 KI 作用,析出相当量的 I_2,再用 $Na_2S_2O_3$ 标准溶液滴定。根据两种标准溶液的用量和浓度即可求出试样中苯酚的含量。

二、铈量法

$Ce(SO_4)_2$ 是强氧化剂,在水溶液中易水解,须在酸度较高的溶液中使用。在酸性溶液中 Ce^{4+} 与还原剂作用时,Ce^{4+} 被还原为 Ce^{3+}。其半反应为

$$Ce^{4+} + e = Ce^{3+} \qquad \varphi^{\ominus} = 1.61V$$

另外,由表 8-3 看出,当酸的种类和浓度不同时,Ce^{4+}/Ce^{3+} 电对的条件电位也不同,并且有的相差较大。

表 8-3 在不同介质中 Ce^{4+}/Ce^{3+} 电对的 $\varphi^{\ominus\prime}$ 单位:V

酸的浓度 $c/(mol/L)$	$HClO_4$ 溶液	HNO_3 溶液	H_2SO_4 溶液	HCl 溶液
0.5			1.44	
1.0	1.70	1.61	1.44	1.28
2.0	1.71	1.62	1.44	
4.0	1.75	1.61	1.43	
6.0	1.82			
8.0	1.87	1.65	1.42	

铈量法有如下特点。

① 配制溶液所用的硫酸铈铵[$Ce(SO_4)_2 \cdot (NH_4)_2SO_4 \cdot 2H_2O$]易提纯，可直接配制标准溶液，不必标定。标准溶液稳定，放置较长时间或加热也不分解。

② 凡是 $KMnO_4$ 能够测定的物质几乎都能用铈量法测定。

③ Ce^{4+} 还原为 Ce^{3+} 时只有一个电子转移，不形成中间产物，反应简单。

④ 硫酸铈虽是强氧化剂，但在 $c(HCl)=1mol/L$ 的溶液中，$\varphi^{\ominus\prime}=1.28V$，低于 Cl_2/Cl^- 电对的电位（$\varphi^{\ominus\prime}=1.36V$），故可在 HCl 溶液中滴定 Fe^{2+} 而不受 Cl^- 的干扰。

⑤ Ce^{4+} 与有机物如醇类、醛类、蔗糖、淀粉等在滴定条件下不起作用，可直接测定许多药品中的铁含量。

⑥ Ce^{4+} 标准溶液呈黄色，而 Ce^{3+} 为无色，可用 Ce^{4+} 本身的黄色指示滴定终点，但灵敏度不高。一般仍采用邻二氮菲亚铁作指示剂，终点变色敏锐。

铈量法具有上述特点，铈盐又不像六价铬离子那样有毒，因此铈量法逐渐为人们所采用。

第七节 氧化还原滴定的计算

氧化还原滴定的计算仍然是根据滴定反应选取特定组合作为氧化剂和还原剂的基本单元，以等物质的量反应规则为计算基础的。

氧化还原反应是电子转移的反应，所以氧化剂、还原剂的基本单元可根据在反应中转移或接受一个电子的特定组合作为基本单元。例如，MnO_4^- 与 $C_2O_4^{2-}$ 的氧化还原半反应分别为

$$MnO_4^- + 8H^+ + 5e \Longrightarrow Mn^{2+} + 4H_2O$$

$$C_2O_4^{2-} - 2e \Longrightarrow 2CO_2 \uparrow$$

根据反应，可选取 $\frac{1}{5}MnO_4^-$ 和 $\frac{1}{2}C_2O_4^{2-}$ 作为氧化剂和还原剂的基本单元。

【例 8-2】 用 30.00mL $KMnO_4$ 溶液恰能氧化一定质量的 $KHC_2O_4 \cdot H_2O$，同样质量的 $KHC_2O_4 \cdot H_2O$ 又恰能被 25.00mL $c(KOH)=0.2000mol/L$ 的 KOH 溶液中和，计算 $KMnO_4$ 溶液的浓度 $c\left(\frac{1}{5}KMnO_4\right)$。

解 $KMnO_4$ 与 $KHC_2O_4 \cdot H_2O$ 的基本单元分别为 $\frac{1}{5}KMnO_4$ 和 $\frac{1}{2}(KHC_2O_4 \cdot H_2O)$。根据等物质的量反应规则

$$c\left(\frac{1}{5}KMnO_4\right)V(KMnO_4) = \frac{m(KHC_2O_4 \cdot H_2O)}{M\left[\frac{1}{2}(KHC_2O_4 \cdot H_2O)\right]}$$

故与 $KMnO_4$ 作用的 $KHC_2O_4 \cdot H_2O$ 的质量为

$$m(KHC_2O_4 \cdot H_2O) = c\left(\frac{1}{5}KMnO_4\right)V(KMnO_4)M\left[\frac{1}{2}(KHC_2O_4 \cdot H_2O)\right]$$

KOH 与 $KHC_2O_4 \cdot H_2O$ 的反应属酸碱反应，它们之间转移一个质子，故其基本单元分

别为 KOH 和 $KHC_2O_4 \cdot H_2O$。

$$c(KOH)V(KOH) = \frac{m(KHC_2O_4 \cdot H_2O)}{M(KHC_2O_4 \cdot H_2O)}$$

$$m(KHC_2O_4 \cdot H_2O) = c(KOH)V(KOH)M(KHC_2O_4 \cdot H_2O)$$

$KHC_2O_4 \cdot H_2O$ 在两反应中的质量相同,且

$$m(KHC_2O_4 \cdot H_2O) = 2M\left[\frac{1}{2}(KHC_2O_4 \cdot H_2O)\right]$$

所以

$$2c(KOH)V(KOH) = c\left(\frac{1}{5}KMnO_4\right)V(KMnO_4)$$

$$c\left(\frac{1}{5}KMnO_4\right) = \frac{2 \times 0.2000 \times 25.00 \times 10^{-3}}{30.00 \times 10^{-3}} = 0.3333(mol/L)$$

【例 8-3】 以 $K_2Cr_2O_7$ 为基准物,采用析出 I_2 的方式标定 0.020mol/L 的 $Na_2S_2O_3$ 溶液。若滴定时欲将消耗 $Na_2S_2O_3$ 溶液的体积控制在 25mL 左右,应称取 $K_2Cr_2O_7$ 多少克?如何做能使称量误差控制在 0.1% 以内(若天平称量的绝对误差为 ±0.0002g)?

解 标定反应为

$$Cr_2O_7^{2-} + 6I^- + 14H^+ == 2Cr^{3+} + 3I_2 + 7H_2O$$

$$2S_2O_3^{2-} + I_2 == 2I^- + S_4O_6^{2-}$$

取 $\frac{1}{6}K_2Cr_2O_7$ 为 $K_2Cr_2O_7$ 的基本单元,$Na_2S_2O_3$ 的基本单元就是其化学式。根据等物质的量反应规则

$$\frac{m(K_2Cr_2O_7)}{M\left(\frac{1}{6}K_2Cr_2O_7\right)} = c(Na_2S_2O_3)V(Na_2S_2O_3)$$

又

$$M\left(\frac{1}{6}K_2Cr_2O_7\right) = 49.03 g/mol$$

故 $m(K_2Cr_2O_7) = 0.020 \times 25 \times 10^{-3} \times 49.03 = 0.025$ (g)

由称量造成的相对误差(%)是

$$\frac{\pm 0.0002}{0.025} \times 100\% = \pm 0.8\%$$

可见误差过大。为使称量误差控制在 0.1% 以内,可称取 10 倍量的 $K_2Cr_2O_7$(0.25g 左右),溶解并稀释至 250mL 容量瓶中,然后用吸量管移取 25.00mL 进行标定。

【例 8-4】 称取苯酚试样 0.4083g,用 NaOH 溶解后转移到 250mL 容量瓶中,稀释至刻度,摇匀。移取 25.00mL 试液于碘量瓶中,加入 $KBrO_3$-KBr 标准溶液 25.00mL 及 HCl 溶液,使苯酚溴代为三溴苯酚。加入 KI 溶液与多余的 Br_2 反应,析出的碘用 $c(Na_2S_2O_3) = 0.1084$ mol/L 的硫代硫酸钠标准溶液滴定,消耗 20.04mL。另取 25.00mL $KBrO_3$-KBr 溶液及 25.00mL 蒸馏水进行空白试验,消耗硫代硫酸钠溶液 41.60mL。试计算试样中苯酚的质量分数。

解 主要反应为

$$BrO_3^- + 5Br^- + 6H^+ == 3Br_2 + 3H_2O$$

$$3Br_2 + C_6H_5OH == C_6H_2Br_3OH + 3HBr$$

$$Br_2 + 2I^- = I_2 + 2Br^-$$
$$2S_2O_3^{2-} + I_2 = 2I^- + S_4O_6^{2-}$$

在溴代反应中每分子苯酚消耗 3 分子 Br_2，相当于 3 分子 I_2、6 分子 $Na_2S_2O_3$，即转移 6 个电子，因此取 $\frac{1}{6}C_6H_5OH$ 作为 C_6H_5OH 的基本单元；$Na_2S_2O_3$ 在反应中只接受一个电子，基本单元就是其化学式。所以

$$w(C_6H_5OH) = \frac{c(Na_2S_2O_3)V(Na_2S_2O_3)M\left(\frac{1}{6}C_6H_5OH\right)}{m \times 1000} \times 100\%$$

$$= \frac{0.1084 \times (41.60 - 20.04) \times 15.68}{0.4083 \times \frac{25.00}{250.0} \times 1000} \times 100\%$$

$$= 89.72\%$$

【例 8-5】 称取 NaClO 试样 5.8600g 于 250mL 容量瓶中，稀释定容后，移取 25.00mL 于碘量瓶中，加水稀释，并加入适量 HCl 溶液和 KI，盖紧碘量瓶塞子后静置片刻，以淀粉作指示液，用 $Na_2S_2O_3$ 标准滴定溶液（$T_{I_2/Na_2S_2O_3} = 0.01335 \text{g/mL}$）滴定至终点，用去 20.64mL。计算试样中 Cl 的质量分数。

解 根据题意，测定中有关的反应式如下：
$$NaClO + 2HCl = Cl_2 + H_2O + NaCl$$
$$Cl_2 + 2I^- = 2Cl^- + I_2$$
$$I_2 + 2S_2O_3^{2-} = S_4O_6^{2-} + 2I^-$$

由以上反应可得出 I_2 的基本单元为 $\frac{1}{2}I_2$，Cl 的基本单位 Cl。

$$c(Na_2S_2O_3) = \frac{T_{I_2/Na_2S_2O_3} \times 10^3}{M\left(\frac{1}{2}I_2\right)}$$

$$= \frac{0.01335 \times 1000}{126.9} = 0.1052 \text{ (mol/L)}$$

所以
$$w(Cl) = \frac{c(Na_2S_2O_3)V(Na_2S_2O_3)M(Cl)}{m \times \frac{25.00}{250.0} \times 1000} \times 100\%$$

$$= \frac{0.1052 \times 20.64 \times 35.45}{5.860 \times \frac{25.00}{250.0} \times 1000} \times 100\% = 13.14\%$$

思考题与习题

1. 什么是氧化还原滴定法？它与酸碱滴定法、配位滴定法及沉淀滴定法有什么相同点和不同点？
2. 氧化还原滴定法所使用的指示剂有几种类型？举例说明。
3. Cl^- 对 $KMnO_4$ 法测定 Fe^{2+} 及 $K_2Cr_2O_7$ 法测定 Fe^{2+} 有无干扰？为什么？
4. 用 $K_2Cr_2O_7$ 法测铁的方法有哪些？它们的原理是什么？

5. 什么是碘量法？直接法和间接法有何区别？

6. 碘量法测定胆矾的原理和注意事项是什么？为什么要加 KSCN 和 NH_4HF_2？

7. 什么是溴量法？溴量法测定苯酚的原理是什么？

8. 试比较 $KMnO_4$、$K_2Cr_2O_7$ 和 $Ce(SO_4)_2$ 作滴定剂的优缺点。

9. 配平下列各反应式，各反应中氧化剂和还原剂的基本单元如何确定？

(1) $I_2 + Na_2S_2O_3 \longrightarrow NaI + Na_2S_4O_6$

(2) $FeSO_4 + K_2Cr_2O_7 + H_2SO_4 \longrightarrow Fe_2(SO_4)_2 + Cr_2(SO_4)_3 + K_2SO_4 + H_2O$

(3) $Na_2C_2O_4 + KMnO_4 + H_2SO_4 \longrightarrow Na_2SO_4 + MnSO_4 + CO_2 + K_2SO_4 + H_2O$

(4) $HCOONa + KMnO_4 + NaOH \longrightarrow K_2MnO_4 + Na_2MnO_4 + Na_2CO_3 + H_2O$

(5) $CH_3COCH_3 + I_2 + NaOH \longrightarrow CH_3COONa + CH_3I + NaI + H_2O$

10. 配制 $c\left(\dfrac{1}{5}KMnO_4\right) = 0.5\,mol/L$ 的高锰酸钾溶液 700 mL，计算应称取固体 $KMnO_4$ 多少克？若以草酸为基准物质标定，应称取 $H_2C_2O_4 \cdot 2H_2O$ 多少克（约消耗 $KMnO_4$ 溶液 30 mL）？

11. 高锰酸钾溶液的浓度为 $c\left(\dfrac{1}{5}KMnO_4\right) = 0.6210\,mol/L$，求其对 Fe、$Fe_2O_3$ 和 $FeSO_4 \cdot 7H_2O$ 的滴定度。

12. 量取 H_2O_2 试液 25.00 mL，置于 250 mL 容量瓶中，加水稀释至刻度，摇匀。从中吸取 25.00 mL，加 H_2SO_4 酸化，用 $c\left(\dfrac{1}{5}KMnO_4\right) = 0.01366\,mol/L$ 的 $KMnO_4$ 标准溶液滴定，消耗 35.86 mL。试计算试样中 H_2O_2 的含量（以 g/L 表示）。

13. 100.0 mL 溶液中含有 0.1580 g $KMnO_4$ 和 0.4909 g $K_2Cr_2O_7$ 的混合物，在酸性溶液中用作氧化剂时，它的浓度是多少？取上述溶液 40.00 mL，需 $c(FeSO_4) = 0.1000\,mol/L$ 的亚铁溶液多少毫升恰能作用完全？

14. 将 0.1602 g 石灰石试样溶解在 HCl 溶液中，然后将钙沉淀为 CaC_2O_4。沉淀经过滤、洗涤后，溶解在稀 H_2SO_4 中，以 $KMnO_4$ 标准溶液滴定，用去 20.74 mL。已知 $KMnO_4$ 溶液对 $CaCO_3$ 的滴定度为 0.006020 g/L。求石灰石中 $CaCO_3$ 的质量分数。

15. 以 500 mL 容量瓶配制 $c\left(\dfrac{1}{6}K_2Cr_2O_7\right) = 0.05000\,mol/L$ 的重铬酸钾溶液，应准确称取 $K_2Cr_2O_7$ 基准物多少克？

16. 以 $K_2Cr_2O_7$ 标准溶液滴定 0.4000 g 褐铁矿（主要成分为 Fe_2O_3），若消耗 $K_2Cr_2O_7$ 溶液的体积与试样中 Fe_2O_3 的质量分数在数值上相等，则 $K_2Cr_2O_7$ 标准溶液的滴定度是多少？

17. (1) 用 KIO_3 标定 $Na_2S_2O_3$ 溶液时，称取 KIO_3 0.3567 g，溶于水并稀释至 100 mL。移取 25.00 mL，加入 H_2SO_4 和 KI 溶液，用去 24.98 mL $Na_2S_2O_3$ 溶液滴定析出的 I_2，求 $c(Na_2S_2O_3)$。

(2) 取上述 $Na_2S_2O_3$ 溶液 25.00 mL，用碘溶液 24.83 mL 滴定至终点，求碘溶液的浓度 $c\left(\dfrac{1}{2}I_2\right)$。

18. 用 $c(Na_2S_2O_3) = 0.1000\,mol/L$ 的硫代硫酸钠溶液测定铜矿石中铜的含量，欲从滴定管上直接读得 Cu 含量（以%表示），应称样多少克？

19. 称取漂白粉 5.000 g，溶解后于 250 mL 容量瓶中稀释至刻度，摇匀后吸取 25.00 mL，加入 KI 和 HCl，析出的 I_2 用 $c(Na_2S_2O_3) = 0.1010\,mol/L$ 的硫代硫酸钠溶液滴定，消耗 40.20 mL，计算漂白粉中有效氯的质量分数 [漂白粉释放 Cl_2 的反应为 $Ca(ClO)Cl + 2H^+ = Ca^{2+} + Cl_2\uparrow + H_2O$]。

20. 标定 $KBrO_3$-KBr 标准溶液时，吸取该溶液 25.00 mL 于酸性溶液中与 KI 作用，析出的 I_2 用 $c(Na_2S_2O_3) = 0.1060\,mol/L$ 的硫代硫酸钠溶液滴定，消耗 24.94 mL。计算 $KBrO_3$-KBr 溶液的浓度及对苯酚的滴定度。

21. 测定某试样中丙酮的含量时，称取试样 0.1000 g 于盛有 NaOH 溶液的碘量瓶中，振荡。准确加入

50.00mL $c\left(\dfrac{1}{2}I_2\right)=0.1000$mol/L 的碘标准溶液，盖好放置一定时间后，用 H_2SO_4 调节溶液至呈微酸性，立即用 $c(Na_2S_2O_3)=0.1000$mol/L 的硫代硫酸钠溶液滴定至终点，消耗 10.00mL。计算试样中丙酮的质量分数。

$$CH_3COCH_3+3I_2+4NaOH\longrightarrow CH_3COONa+3NaI+3H_2O+CHI_3$$

22. 化学耗氧量（COD）是指每升水中的还原性物质在一定条件下被强氧化剂氧化时所消耗的氧的质量。今取废水样 100mL，用 H_2SO_4 酸化后，加 25.00mL $c(K_2Cr_2O_7)=0.01667$mol/L 的重铬酸钾溶液，以 Ag_2SO_4 为催化剂煮沸，待水样中还原性物质完全被氧化后，以邻二氮菲亚铁为指示剂，用 $c(FeSO_4)=0.1000$mol/L 的 $FeSO_4$ 标准溶液滴定剩余的 $Cr_2O_7^{2-}$。计算水样的化学耗氧量，以 ρ(g/L) 表示。

第九章
重量分析法

学习指南

重量分析法是经典的化学分析方法之一。该方法的特点是准确度高，操作费时、步骤烦琐。通过本章学习，应了解重量分析法的类型、沉淀形成及影响沉淀纯度的因素；掌握重量分析法的原理、沉淀条件和测定过程及结果计算。

第一节 方法简介

一、重量分析法的特点及分类

重量分析法（又称称量分析法）是将被测组分以某种形式与试样中其他组分分离，然后转化为一定的形式，用称量的方法计算出该组分在试样中的含量。显然，重量分析法具有两个最显著的特点：第一是分离，第二是称量。根据分离方法的不同，重量分析法可分为沉淀法和汽化法两类。

1. 沉淀法

沉淀法是重量分析的主要方法。方法实质是使待测的组分与试剂作用生成一种难溶的化合物沉淀，经过滤、洗涤、烘干或灼烧等步骤转化为组成一定的物质，最后进行称量。由称得的质量计算待测组分的含量。例如，煤炭中硫的测定，试样与 MgO、Na_2CO_3 等熔剂混合，在高温下进行灼烧，试样中的硫转变成易溶于水的硫酸盐。然后加入过量的 $BaCl_2$，使 SO_4^{2-} 完全生成难溶的、组成一定的 $BaSO_4$ 沉淀，经过滤、洗涤、干燥和灼烧后，称量 $BaSO_4$ 的质量，再计算煤炭中硫的含量。

2. 汽化法

汽化法（又称挥发法）是利用物质的挥发性质，通过加热或其他方法使试样中待测组分挥发逸出，根据试样减轻的质量计算该组分的含量；或用某种吸收剂吸收逸出的组分，根据吸收剂增加的质量计算试样中该组分的含量。例如氯化钡样品（$BaCl_2 \cdot 2H_2O$）中水分的测定，可将一定质量的样品放入烘箱中，在 105～110℃烘干至恒重，根据样品加热前后减少的质量计算出样品中水分的含量。也可以用高氯酸镁[$Mg(ClO_4)_2$]吸收逸出的水分,根据高氯酸镁质量的增加计算水分的含量。

除以上两种方法外还有电解法等。

重量分析是化学分析法中的经典方法。特点是重量分析法直接称量试样及待测组分最后形式的质量来获得分析结果,不需用基准物质和容量仪器,引入误差小,准确度高。对于常量组分的测定,只要方法选择适当,操作细心,一般测定的相对误差为 0.1%~0.2%。因此高含量组分(如硅、硫、磷、钨、钼、镍、稀土元素等)的精确分析及某些仲裁分析和标样分析,迄今仍以重量分析法作为标准方法。重量分析法的不足之处是操作比较烦琐,费时较多,满足不了快速分析的要求,灵敏度低,不适用于微量和痕量组分的测定。

上述方法中,沉淀法应用较多,它的理论和基本操作是分析化学中分离和提纯的重要基础。本章主要讨论沉淀法。

二、试样称取量的估算

称取试样质量的多少,主要取决于沉淀的类型。对于生成体积小、易过滤和洗涤的沉淀,称取量可多一些,但不能过多,否则会延长过滤和洗涤时间。对于生成体积大、不易过滤和洗涤的沉淀,称取量应少一些,但也不能太少,否则会引起较大的称量误差。一般来讲,要求沉淀适宜的质量为:晶形沉淀 0.3~0.5g,无定形沉淀 0.1~0.2g。由所要求的沉淀量的质量,可计算出试样的称取量。

【例 9-1】 测定 $BaCl_2 \cdot 2H_2O$ 中 Ba 的含量,使 Ba^{2+} 沉淀为 $BaSO_4$,问应称取多少克氯化钡试样。

解 $BaSO_4$ 为晶形沉淀,沉淀适宜的质量应在 0.3~0.5g 之间,本题定为 0.4g。设需称氯化钡 $m(g)$。

则
$$BaCl_2 \cdot 2H_2O \longrightarrow BaSO_4$$
$$244.3 \qquad\qquad 233.4$$
$$m \qquad\qquad 0.4$$

$$m = 0.4 \times \frac{244.3}{233.4} = 0.42 \text{ (g)}$$

计算表明,样品的称取量可在 0.4~0.5g 之间。

三、重量分析对沉淀的要求

利用沉淀法进行分析时,首先将试样分解为试液,然后加入适当的沉淀剂,使待测组分以"沉淀形式"分离出来,然后经过滤、洗涤、烘干或灼烧等步骤,沉淀形式转变成可用来称量的"称量形式",再进行称量。沉淀形式和称量形式可以相同,也可以不同。例如

$$Ba^{2+} \xrightarrow{\text{沉淀}} BaSO_4 \xrightarrow{\text{灼烧}} BaSO_4$$
待测组分　　　沉淀形式　　　称量形式

$$Fe^{3+} \xrightarrow{\text{沉淀}} Fe(OH)_3 \xrightarrow{\text{灼烧}} Fe_2O_3$$
待测组分　　　沉淀形式　　　称量形式

用硫酸钡重量法测 Ba^{2+} 时,沉淀形式和称量形式都是 $BaSO_4$,两者相同。而用氢氧化

铁重量法测定 Fe^{3+} 时,沉淀形式是 $Fe(OH)_3$,而称量形式为 Fe_2O_3,两者不同。

在重量分析中,为获得准确的分析结果,沉淀形式和称量形式必须满足以下要求。

1. 对沉淀形式的要求

(1) **沉淀的溶解度要小** 沉淀的溶解度必须足够小,才能保证待测组分沉淀完全,通常要求沉淀溶解损失的量(包括过滤、洗涤等损失),不应大于分析天平的称量误差,即 0.2mg。例如,测定 Ca^{2+} 时,以形成 $CaSO_4$ 和 CaC_2O_4 作比较,$K_{sp}(CaSO_4)=2.45\times10^{-5}$,$K_{sp}(CaC_2O_4)=1.78\times10^{-9}$,显然,用草酸铵作沉淀剂比用硫酸作沉淀剂分离得更完全。

(2) **沉淀必须纯净,易过滤和洗涤** 沉淀纯净是获得分析结果的重要因素之一。易过滤和洗涤不仅便于操作,同时也是保证纯度的一个重要方面。例如,磷酸铵镁($MgNH_4PO_4 \cdot 6H_2O$)沉淀,是一种颗粒粗大的晶形沉淀,易过滤和洗涤,吸附杂质量也少。相反,$Fe(OH)_3$、$Al(OH)_3$ 等易形成结构疏松、体积庞大、吸附杂质量较多的胶体溶液,过滤和洗涤都很困难。对于这类沉淀应严格控制沉淀的条件,使之形成结构紧密、比较容易过滤和洗涤的沉淀。

(3) **沉淀形式易转化为称量形式** 沉淀经烘干或灼烧时,应易于转化为称量形式。例如 Al^{3+} 的测定,用 8-羟基喹啉铝法在 130℃ 烘干至恒重后,即可称量。若用氢氧化铝法,则需在 1200℃ 将 $Al(OH)_3$ 灼烧成无吸湿性的 Al_2O_3 后,方可称量。因此,测定 Al^{3+} 时采用前法比后法好。

2. 对称量形式的要求

(1) **组成必须与化学式相符** 称量形式的组成与化学式相符,这是定量计算的基本依据。例如磷钼酸铵是一种溶解度很小的晶形沉淀,但组成不固定,无法用它作为称量形式来测定 PO_4^{3-}。若采用磷钼酸喹啉法测定 PO_4^{3-},则可得到组成与化学式相符的磷钼酸喹啉沉淀。

(2) **称量形式有足够的稳定性** 称量形式必须稳定,保证在称量过程中,不易吸收空气中的 CO_2、H_2O 或与 O_2 作用而发生改变。如将 Ca^{2+} 沉淀为 $CaC_2O_4 \cdot H_2O$,灼烧后以 CaO 作为称量形式是不合适的,因为 CaO 易吸收空气中的 CO_2 和水分。

(3) **称量形式的摩尔质量要大** 称量形式的摩尔质量要大。这样,被测组分在称量形式中所占比率小,可以减少称量误差。例如,在铝的测定中,分别用 Al_2O_3 和 8-羟基喹啉铝 $[Al(C_9H_6NO)_3]$ 两种称量形式进行测定。假如 Al 的质量为 0.1000g,分别得到 0.1888g 的 Al_2O_3 和 1.7040g 的 $Al(C_9H_6NO)_3$。两种称量形式由称量误差所引起的相对误差分别为 ±0.1% 和 ±0.01%。由此可见,以摩尔质量较大的 $Al(C_9H_6NO)_3$ 作为称量形式比用摩尔质量较小的 Al_2O_3 作为称量形式测定 Al 的准确度要高。

第二节 影响沉淀完全的因素

由上节可知,利用沉淀反应进行重量分析时,要求沉淀进行得越完全越好,即待测组分残留在溶液中的量越少越好。但是大多数沉淀的溶解度都受外界条件的影响,难以达到要求。影响沉淀溶解度的因素很多,如同离子效应、盐效应、酸效应等。此外,温度、溶剂、沉淀颗粒大小及结构等对沉淀的溶解度也有影响。

一、同离子效应

组成沉淀的离子称为构晶离子。在沉淀反应达到平衡时,由于向溶液中加入含有某一构晶离子的试剂或溶液,使沉淀溶解度降低,这种现象称为同离子效应。

例如,用 $BaCl_2$ 将 SO_4^{2-} 沉淀成 $BaSO_4$,$K_{sp}(BaSO_4)=1.1\times10^{-10}$,当加入的 $BaCl_2$ 与 SO_4^{2-} 计量关系相等时,在 200mL 溶液中因溶解损失的 $BaSO_4$ 质量为

$$\sqrt{1.1\times10^{-10}}\times233\times\frac{200}{1000}=5\times10^{-4}(g)=0.5(mg)$$

溶解损失的量已超过重量分析的允许误差(0.2mg)。如果向溶液中加入过量的 $BaCl_2$,使溶液中 $[Ba^{2+}]=0.01mol/L$,则 $BaSO_4$ 在 200mL 溶液中因溶解损失的质量为

$$\frac{1.1\times10^{-10}}{0.01}\times233\times\frac{200}{1000}=5\times10^{-7}(g)=0.0005(mg)$$

显然,这个损失量远小于重量分析的允许误差,可以认为 SO_4^{2-} 沉淀完全。

在实际工作中,利用同离子效应可以使待测组分沉淀完全。但是沉淀剂过量太多会引起其他效应(如盐效应、配位效应等),反而使沉淀溶解度增大。沉淀剂过量多少合适,应根据沉淀剂的性质决定。一般来讲,对在烘干或灼烧时易挥发除去的沉淀剂可过量 50%~100%,对不易挥发除去的沉淀剂以过量 20%~30% 为宜。

二、盐效应

沉淀反应达到平衡时,由于强电解质的存在或加入其他强电解质,使沉淀的溶解度增大,这一现象称为盐效应。例如,$PbSO_4$ 在不同浓度的 Na_2SO_4 溶液中,$PbSO_4$ 的溶解度变化情况见表 9-1。

表 9-1　$PbSO_4$ 在 Na_2SO_4 溶液中的溶解度

Na_2SO_4/(mol/L)	0	0.001	0.01	0.02	0.04	0.100	0.200
$PbSO_4$/(mmol/L)	0.15	0.024	0.016	0.014	0.013	0.016	0.023

从表 9-1 可以看出,当 Na_2SO_4 的浓度低于 0.04mol/L 之前,$PbSO_4$ 的溶解度随 Na_2SO_4 浓度的增大而降低,同离子效应占优势;在 Na_2SO_4 的浓度大于 0.04mol/L 以后,$PbSO_4$ 的溶解度随 Na_2SO_4 的浓度增大而增大,盐效应占优势。

应当指出,如果沉淀本身溶解度很小,一般来讲,盐效应的影响很小,可以不予考虑。只有当沉淀的溶解度较大,且溶液中离子浓度又比较高时,才考虑盐效应的影响。

三、酸效应

溶液的酸度对沉淀溶解度的影响称为酸效应。酸效应的发生主要是溶液中 H^+ 浓度的大小对弱酸盐和多元酸盐的溶解度影响,而对强酸盐的溶解度影响不大。例如对 $BaSO_4$、$AgCl$ 等强酸盐的沉淀,酸度对溶解度没有什么影响;但对 CaC_2O_4 等弱酸盐的沉淀,酸效

应的影响十分显著。因为 CaC_2O_4 沉淀在溶液中有如下平衡：

$$CaC_2O_4 \rightleftharpoons Ca^{2+} + C_2O_4^{2-}$$

当酸度较高时，上述平衡将向右移动，从而使 CaC_2O_4 的溶解度增大。

【例 9-2】 计算 CaC_2O_4 沉淀在 pH＝5 和 pH＝2 溶液中的溶解度。已知 $H_2C_2O_4$ 的 $K_1=5.9\times10^{-2}$，$K_2=6.4\times10^{-5}$，$K_{sp}(CaC_2O_4)=2.0\times10^{-9}$。

解 pH＝5 时，CaC_2O_4 的酸效应系数为

$$\alpha_{C_2O_4^{2-}(H)} = \frac{c}{[C_2O_4^{2-}]}$$

$$= \frac{[C_2O_4^{2-}]+[HC_2O_4^-]+[H_2C_2O_4]}{[C_2O_4^{2-}]}$$

$$= 1 + \frac{[H^+]}{K_2} + \frac{[H^+]^2}{K_2K_1}$$

由沉淀在溶液中离解平衡的酸度影响公式 $S=\sqrt{K_{sp}(MA)\alpha_A(H)}$ 计算出溶解度 S_1：

$$S_1 = \sqrt{K_{sp}(CaC_2O_4)\alpha_{C_2O_4^{2-}}(H)}$$

$$= \sqrt{2.0\times10^{-9}\times1.16} = 4.8\times10^{-5}(\text{mol/L})$$

同理可求出 pH＝2 时，CaC_2O_4 的溶解度 S_2：

$$S_2 = \sqrt{2.0\times10^{-9}\times183.7} = 6.1\times10^{-4}(\text{mol/L})$$

$$\frac{S_2}{S_1} = \frac{6.1\times10^{-4}}{4.8\times10^{-5}} = 12.7$$

计算表明 CaC_2O_4 溶解度随溶液酸度的增高而增大，CaC_2O_4 在 pH＝2 的溶解度比 pH＝5 时要增大约 13 倍。

由此可见，酸效应增大沉淀溶解度的主要原因是 H^+ 与溶液中的弱酸根离子结合生成了更难离解的弱酸。组成沉淀的酸根越弱，溶液的 pH 对其溶解度的影响越大。因此，对于弱酸盐的沉淀，应选择在较低的酸度下进行，以减少酸度对沉淀溶解度的影响。

四、配位效应

进行沉淀反应时，若溶液中存在能与构晶离子形成可溶性配合物的配位剂，则会使沉淀溶解度增大，这种现象称为配位效应。配位剂主要来自两方面，一是沉淀剂本身就是配位剂，二是另加入的其他试剂。例如用 Cl^- 沉淀 Ag^+ 时，得到 AgCl 白色沉淀，若向此溶液加氨水，则因 NH_3 与 Ag^+ 配位形成 $[Ag(NH_3)_2]^+$，使 AgCl 的溶解度增大甚至全部溶解。如果在沉淀 Ag^+ 时，加入过量的 Cl^-，则 Cl^- 能与 AgCl 沉淀进一步形成 $AgCl_2^-$ 和 $AgCl_3^{2-}$ 等配离子，也使 AgCl 沉淀溶解。这里 Cl^- 既是沉淀剂，又是配位剂。由此可见，在用沉淀剂进行沉淀时，必须严格控制沉淀剂的用量，同时注意到外加试剂的影响。

配位效应使沉淀溶解度增大的程度，主要取决于配位剂的浓度、沉淀的溶度积和形成配合物的稳定常数。配位剂的浓度越大，沉淀的溶度积越大，形成的配合物越稳定，配位效应越显著，沉淀越容易溶解。

综上所述，在实际工作中应根据具体情况来考虑哪种效应是主要的。对无配位反应且由强酸根形成的沉淀，主要考虑同离子效应和盐效应；对由弱酸根形成的沉淀或难溶酸的沉

淀，多数情况考虑的是酸效应；而对于有配位反应且沉淀的溶度积又较大，又易形成稳定的配合物时，则主要考虑配位效应。

五、其他影响因素

除上述因素外，体系的温度，其他溶剂的存在，沉淀的结构、形态和沉淀颗粒大小等都对沉淀溶解度有影响。

1. 温度的影响

沉淀的过程是放热反应，而沉淀的溶解则是吸热反应，因此大多数沉淀的溶解度随着温度升高而增大。对于一些在热溶液中溶解度较大的沉淀，在过滤、洗涤时必须在室温下进行，如 $MgNH_4PO_4$、CaC_2O_4 等；对于一些溶解度小、冷时又较难过滤和洗涤的沉淀，则采用趁热过滤，并用热的洗涤液进行洗涤，如 $Fe(OH)_3$、$Al(OH)_3$ 等。

2. 溶剂的影响

无机物沉淀大部分是离子晶体，它们在有机溶剂中的溶解度一般比在纯水中要小。例如 $PbSO_4$ 沉淀在 100mL 50％ C_2H_5OH 溶液中的溶解度为 7.58×10^{-6} mol/L，而在 100mL 水中的溶解度则为 1.48×10^{-4} mol/L。因此，常在分析实验中，加入乙醇、丙酮等有机溶剂，以降低沉淀的溶解度。相反由有机沉淀剂生成的沉淀，则在水中的溶解度往往比在有机溶剂中要小。

3. 沉淀颗粒大小和结构的影响

实验证明，同一种沉淀，在质量相同时，颗粒越小，其总表面积越大，溶解度越大。这是因为小晶体比大晶体有更多的棱角、边和表面，处于这些位置上的离子，受晶体内离子的引力小，在受到溶剂分子的吸引时，易脱离晶体而进入溶液。因此，小颗粒沉淀的溶解度比大颗粒沉淀的溶解度要大。所以，在实际分析中，要尽量创造利于形成大颗粒晶体的条件。

第三节 影响沉淀纯度的因素

沉淀纯度关系到最终测量结果的准确性，而影响纯度的因素来自许多方面，包括沉淀形成的全过程，乃至沉淀类型和沉淀方式及沉淀的条件等。

一、沉淀类型

沉淀按其物理性质不同（指沉淀颗粒大小和外表形状等），大致分为晶形沉淀和无定形沉淀两大类。晶形沉淀是指具有一定形状的晶体，如 $BaSO_4$、CaC_2O_4 是典型的晶形沉淀。无定形沉淀（又称非晶形沉淀和胶状沉淀）则是指无晶体结构特征的一类沉淀，如 $Fe_2O_3 \cdot nH_2O$、$Al_2O_3 \cdot nH_2O$ 是典型的无定形沉淀。用 X 射线分析法对无定形沉淀的研究结果表明，在许多无定形沉淀中也存在着不十分明显的晶格。从这点看，晶形沉淀和无定形沉淀之间没有明显的界限。它们之间的主要差别是：晶形沉淀是由较大的沉淀颗粒（直径为 $0.1 \sim 1 \mu m$）组成的，内部排列规则有序，结构紧密，极易沉降，具有明显的晶面；无定形沉淀是由许多聚集在一起的微小颗粒（直径小于 $0.02\mu m$）组成的，内部排列杂乱无章，结构疏松，常常是体积庞大的絮状沉淀，不能很好地沉降，无明显的晶面。此外，介于晶形沉淀与无定形沉淀之间，即颗粒直径在 $0.02\sim0.1\mu m$ 的沉淀，称为凝乳状沉淀，如 AgCl 沉淀。三种类型沉淀的特点见表 9-2。

表 9-2　三种类型沉淀的特点

沉淀类型	实例	颗粒直径/μm	沉 淀 特 点
晶形沉淀	$BaSO_4$	$0.1\sim1$	内部排列整齐,沉淀所占体积小,比表面积小,沾污少。沉淀易沉降,易过滤和洗涤
凝乳状沉淀	AgCl	$0.02\sim0.1$	由结构紧密的微小晶体凝聚在一起组成,结构疏松、多孔,比表面积大。较易过滤和洗涤
无定形沉淀（胶状沉淀）	$Fe_2O_3 \cdot nH_2O$	<0.02	由细小的胶体微粒凝聚在一起组成,结构疏松、多孔,带有大量水分,体积庞大,比表面积大,吸附杂质多,难于过滤和洗涤

由表 9-2 可以看出，不同类型的沉淀，对重量分析的测定有很大影响。生成的沉淀究竟属于哪一种类型，既决定于沉淀本身的性质，又与沉淀的条件有关。

二、沉淀的形成过程

沉淀的形成是一个复杂的过程。一般来讲，沉淀的形成要经过晶核形成和晶核长大两个过程，简单表示如下：

$$\text{构晶离子} \xrightarrow{\text{成核作用}} \text{晶核} \xrightarrow{\text{成长}} \text{沉淀微粒} \longrightarrow \begin{cases} \text{不长大} \\ \text{疏松聚集} \end{cases} \text{无定形沉淀} \\ \begin{cases} \text{继续长大} \\ \text{定向排列} \end{cases} \text{晶形沉淀}$$

1. 晶核的形成

将沉淀剂加入试液中，当形成沉淀的离子浓度的乘积大于沉淀的溶度积 K_{sp} 时，离子相互碰撞聚集成微小的晶核。晶核的形成一般有两种情况，一种是均相成核，另一种是异相成核。均相成核是指构晶离子在过饱和溶液中，通过缔合作用自发地形成晶核。异相成核是指构晶离子聚集在混入溶液中的固体微粒表面上形成晶核。这些固体微粒（如外来的悬浮微粒、空气中的尘埃、试剂中的杂质、器皿壁上的微粒等）在沉淀过程中起着晶种作用，诱导沉淀的形成。由此可见，在沉淀时，异相成核的作用总是存在着的。在溶液过饱和程度较高时，异相成核和均相成核两者同时存在，使形成的晶核数目极多，很难成长为较大的沉淀颗粒，这种情况下得到的是小颗粒的沉淀。

2. 晶形沉淀和无定形沉淀的形成

当微小的晶核形成后，溶液中的构晶离子向晶核表面扩散并沉积在晶核上，晶核逐渐长大形成沉淀微粒。在沉淀过程中，由构晶离子聚集成晶核的速度称为聚集速度；构晶离子按一定晶格定向排列的速度称为定向速度。如果定向速度大于聚集速度较多，溶液中最初生成的晶核不很多，有更多的离子以晶核为中心，并有足够的时间依次定向排列长大，形成颗粒较大的晶形沉淀。反之，聚集速度大于定向速度，则离子很快地聚集成大量晶核，溶液中没有更多的离子定向排列到晶核上,于是沉淀就迅速聚集成许多微小的颗粒,这样得到的是无定形沉淀。可见,获得何种类型的沉淀,主要取决于沉淀形成过程中定向速度和聚集速度的相对大小。

定向速度主要与沉淀物质的性质有关,极性较强的物质(如 $MgNH_4PO_4$、$BaSO_4$ 和 CaC_2O_4 等)一般具有较大的定向速度,易形成晶形沉淀。AgCl 的极性较弱,逐步生成凝乳状沉淀。氢氧化物,特别是高价金属离子的氢氧化物,如 $Fe(OH)_3$、$Al(OH)_3$ 等,由于含有大量水分子,阻碍离子的定向排列,一般生成无定形沉淀。

聚集速度不仅与物质的性质有关,也与沉淀的条件有关,其中最重要的是生成沉淀时溶液的相对过饱和度。聚集速度与溶液的相对过饱和度成正比,这可用冯·韦曼(Vonweimarn)经验公式表示。

$$v = k \times \frac{Q-S}{S} \tag{9-1}$$

式中　v——聚集速度(形成沉淀的初始速度);

　　　Q——加入沉淀剂瞬间物质的总浓度;

　　　S——沉淀的溶解度;

　　　$Q-S$——开始沉淀时溶液的过饱和度;

　　　$\frac{Q-S}{S}$——溶液的相对过饱和度;

　　　k——比例常数,与沉淀的性质、介质、温度等因素有关。

由上式可以看出,溶液相对过饱和度越大,聚集速度也越大,则形成晶核数目多,易形成无定形沉淀;反之,相对过饱和度小,则聚集速度小,晶核生成少,有利于生成颗粒较大的晶形沉淀。对 Q 相同的溶液,S 越大,溶液的相对过饱和度越小,生成晶核的数目也越少。例如,$BaSO_4$ 沉淀的形状与大小,随溶液相对过饱和度的变化而有显著的差别,当 $\frac{Q-S}{S} < 25$ 时,形成粗大的晶形沉淀;当 $\frac{Q-S}{S} > 100$ 时,形成的是细小颗粒的晶形沉淀;而当 $\frac{Q-S}{S} > 25000$ 时,则形成无定形沉淀。

由此可见,要得到较小的相对过饱和度,除了采用较稀的溶液外,还要设法增大沉淀的溶解度。一般情况下,$S > 10^{-5}$ mol/L 时,易形成晶形沉淀;$S < 10^{-5}$ mol/L 时,往往形成无定形沉淀。因此,通过控制溶液的过饱和度,即控制 Q 和 S,可以得到不同类型的沉淀。冯·韦曼经验公式的意义就在于能定性地解释某些沉淀现象,并且能对沉淀条件的选择起到指导作用。

三、沉淀的纯度

在重量分析中,要求获得的沉淀是纯净的,但是,当沉淀析出时,总会或多或少地夹杂溶液中的其他组分,使沉淀沾污。因此,为了在沉淀过程中得到一个纯净的沉淀,必须了解沉淀被沾污的原因,采取减少杂质混入的措施,以获得符合分析要求的沉淀。

1. 影响沉淀纯度的因素

影响沉淀纯度的因素主要有共沉淀和后沉淀两种。

(1) 共沉淀　当一种难溶物质从溶液中析出时，溶液中的某些可溶性杂质也同难溶物质一起被沉淀下来，这种现象称为共沉淀现象。共沉淀是引起沉淀不纯净的主要原因，也是重量分析误差的主要来源之一。

产生共沉淀的原因主要有表面吸附、机械吸留和形成混晶等。

① 表面吸附。当难溶物质沉淀时，由于沉淀表面离子的电荷未完全达到平衡，特别是在棱边和顶角，还存在自由的静电力场，能选择吸引溶液中的离子，使沉淀微粒带电，带电微粒又吸引溶液中带相反电荷的离子，结果使沉淀表面吸附了杂质分子。如加过量的 H_2SO_4 到 $BaCl_2$ 溶液中，生成 $BaSO_4$ 晶体沉淀，沉淀表面上的 Ba^{2+} 由于静电引力强烈地吸引溶液中的 SO_4^{2-}，形成第一吸附层，使沉淀表面带负电荷，然后它又吸引溶液中带正电荷的离子，如 Fe^{3+}，构成电中性的双电层，如图 9-1 所示。

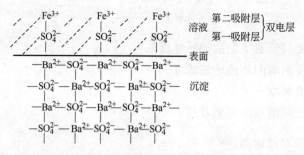

图 9-1　晶体表面吸附示意图

双电层能随颗粒一起下沉，因而使沉淀掺入杂质。至于沉淀吸附杂质量的多少，则与沉淀总表面积、杂质离子的浓度及温度有关。沉淀总表面积越大，溶液中杂质离子的浓度越高，吸附杂质的量越多。对相同量的沉淀，粗晶形沉淀吸附杂质量少；细晶形沉淀吸附杂质量稍多；无定形沉淀吸附杂质量最多。吸附是一个放热过程，温度越高吸附杂质量就越少。

② 吸留和包藏。吸留（又称机械吸留）是指被吸附的杂质离子机械地嵌入沉淀之中。包藏常指母液机械地包藏在沉淀中。这些现象的发生，是由于沉淀剂加入太快，沉淀表面上吸附的杂质离子还来不及离开沉淀表面，就被随后生成的沉淀所覆盖，使杂质离子或母液被吸留或包藏在沉淀内部。这种吸留或包藏在沉淀内部的杂质离子，不能用洗涤沉淀的方法除去，可以借助改变沉淀条件或重结晶的方法来改善或减免。

③ 混晶。当溶液中杂质离子与构晶离子的半径相近，晶体结构相同时，杂质离子将进入晶格排列中形成混晶。例如，Pb^{2+} 和 Ba^{2+} 半径相近、电荷相同，在用 H_2SO_4 沉淀 Ba^{2+} 时，Pb^{2+} 能够取代 $BaSO_4$ 中的 Ba^{2+} 进入晶格形成 $PbSO_4$ 与 $BaSO_4$ 的混晶共沉淀。又如，$MgNH_4PO_4 \cdot 6H_2O$ 和 $MgNH_4AsO_4 \cdot 6H_2O$、$AgCl$ 和 $AgBr$、$ZnHg(SCN)_4$ 和 $CoHg(SCN)_4$ 等都易形成混晶。混晶引入的杂质离子，不能用洗涤或陈化的方法除去，应该在进行沉淀之前将这些杂质离子分离除去。

(2) 后沉淀　在沉淀析出后，当沉淀与母液一起放置时，溶液中某些杂质离子会慢慢地沉积到原沉淀上，放置时间越长，杂质离子析出的量越多，这种现象称为后沉淀。例如 Mg^{2+} 存在时以 $(NH_4)_2C_2O_4$ 沉淀 Ca^{2+}，Mg^{2+} 易形成稳定的 $Mg_2C_2O_4$ 过饱和溶液而不立即析出。但在形成 CaC_2O_4 沉淀后，$Mg_2C_2O_4$ 会在沉淀的表面上析出。析出 $Mg_2C_2O_4$ 的量随溶液放置时间的增长而增多。因此，为防止后沉淀的发生，某些沉淀的陈化时间不宜过长。

2. 沉淀沾污的减免方法

为了得到符合重量分析要求的沉淀，可采取下列一些措施。

(1) 选择适当的分析程序　当溶液中几种组分同时存在时，首先应沉淀低含量的组分，再沉淀高含量组分，否则当大量沉淀析出时，会使部分低含量的组分掺入沉淀，产生测定误差。

(2) 降低易被吸附杂质离子的浓度　对于易被吸附的杂质离子，可采用适当的掩蔽方法来降低其浓度。若掩蔽效果不高，再采用分离方法除去。例如Fe^{3+}易被吸附，可把Fe^{3+}还原为不易被吸附的Fe^{2+}，或加入酒石酸、EDTA等，使Fe^{3+}生成稳定的配离子，可减少沉淀对Fe^{3+}的吸附。

(3) 再沉淀　必要时可将沉淀过滤、洗涤、溶解后，再进行一次沉淀，这种操作称为再沉淀。经过二次沉淀后，可除去沉淀表面吸附和由吸留或包藏引入沉淀内部的大部分杂质离子。

(4) 选择适当的洗涤液洗涤沉淀　吸附作用是可逆过程，用适当的洗涤液通过洗涤交换的方法，可洗去沉淀表面吸附的杂质离子。例如，$Fe(OH)_3$吸附Mg^{2+}，用NH_4NO_3稀溶液洗涤时，吸附在沉淀表面的Mg^{2+}与洗涤液中的NH_4^+发生交换，Mg^{2+}进入溶液，NH_4^+留在沉淀表面上，沉淀表面上的NH_4^+则可在灼烧时分解除去。

(5) 选择沉淀条件　沉淀条件包括称样量的多少、溶液酸度、温度、试剂加入次序和速度、陈化与否等。对不同类型的沉淀应选用不同的沉淀条件，以获得符合重量分析要求的沉淀。

(6) 选择合适的沉淀剂　无机沉淀剂一般选择性差，易形成胶状沉淀，吸附杂质多，难以过滤和洗涤。有机沉淀剂选择性高，与待测组分作用常能获得结构较好的晶形沉淀，吸附杂质少，易过滤和洗涤。因此，在可能的情况下尽量选用有机试剂作沉淀剂。

另外，为了提高洗涤沉淀的效率，同体积的洗涤液应尽可能分多次洗涤，通常称为"少量多次"的洗涤原则。原理为：设过滤后，沉淀上残留溶液的体积为V_0(mL)，杂质离子的质量为m_0(mg)，每次加入洗涤液为V(mL)，洗涤后残留液的体积仍为V_0(mL)，则每次洗涤后残留在沉淀表面上杂质离子的质量为

洗涤一次
$$m_1 = \frac{V_0}{V+V_0} \times m_0$$

洗涤两次
$$m_2 = \frac{V_0}{V+V_0}\left(\frac{V_0}{V+V_0} \times m_0\right) = \left(\frac{V_0}{V+V_0}\right)^2 \times m_0$$

洗涤n次
$$m_n = \left(\frac{V_0}{V+V_0}\right)^n \times m_0 \tag{9-2}$$

由上式看出，沉淀上残留溶液的体积V_0越小，洗涤液的体积V越大，洗涤次数n越多，洗涤效果越好。

【例 9-3】 设沉淀含有杂质离子10mg，用36mL洗涤液洗涤。每次残留液为1mL，分别采用36mL一次洗涤、36mL分两次洗涤（每次用18mL）和36mL分四次洗涤（每次用9mL），计算洗涤效果。

解　36mL一次洗涤，残留杂质离子的质量为

$$m_1 = \frac{1}{36+1} \times 10 = 0.270 \text{ (mg)}$$

36mL 分两次洗涤，每次 18mL，残留杂质离子的量为

$$m_2 = \left(\frac{1}{18+1}\right)^2 \times 10 = 0.027 \text{ (mg)}$$

36mL 分四次洗涤，每次 9mL，残留杂质离子的量为

$$m_4 = \left(\frac{1}{9+1}\right)^4 \times 10 = 0.001 \text{ (mg)}$$

计算表明，当所用洗涤液体积相等时，分多次洗涤，洗涤的效果好。

这一原则不仅适用于沉淀的洗涤，也适用于蒸馏水或标准溶液润洗定量分析用的各种玻璃仪器。

第四节 沉淀的条件

在重量分析中，为了获得准确的分析结果，就要保证所得沉淀必须符合分析要求。因此，对于不同类型的沉淀，应选择不同的沉淀条件。

一、晶形沉淀的沉淀条件

为了能获得颗粒较粗大的晶形沉淀，按下面沉淀条件进行。

1. 在适当稀、热溶液中沉淀

在稀、热溶液中进行沉淀，可使溶液相对过饱和度保持较低（即 Q 值小，S 值大，聚集速度小），有利于生成晶形沉淀。但是，对于溶解度较大的沉淀，溶液不能太稀，否则沉淀溶解损失较多，影响结果的准确度。在沉淀完全后，应将溶液冷却后再进行过滤。

2. 慢加快搅拌

在搅拌的同时缓慢滴加沉淀剂，可使沉淀剂有效地分散开，避免局部相对过饱和度过大而产生大量小晶粒。

3. 陈化

陈化是指沉淀完全后，将沉淀连同母液放置一段时间，使微小的晶粒转变为较大的晶粒，不纯净的沉淀转变为纯净沉淀的过程。陈化可在室温条件下进行，但所需时间较长；若适当加热与搅拌可缩短陈化时间，能从数小时缩短至 1~2h。

陈化过程可以除去由吸附和吸留引入的杂质离子，但不能除去由混晶共沉淀带入的杂质离子。当有后沉淀的杂质离子存在时，应注意陈化时间的控制。

二、无定形沉淀的沉淀条件

无定形沉淀的特点是表观体积庞大，疏松，含水量大，溶解度小，易形成胶体，吸附杂质多，过滤和洗涤困难。对这类沉淀，关键问题是创造适宜的沉淀条件来改善沉淀的结构，

使这类沉淀不致形成胶体，并具有较紧密的结构，便于过滤和减小杂质吸附。因此，在沉淀中应严格控制如下条件。

1. 在较浓的溶液中进行沉淀

在浓溶液中进行沉淀，离子水化程度小，微粒凝聚比较紧密，表观体积较小，这样的沉淀较易过滤和洗涤。但在浓溶液中杂质的浓度也比较高，得到的沉淀吸附杂质的量也较多。因此，在沉淀完毕后，应立即加入大量热水稀释并搅拌，使被吸附的杂质离子重新转入溶液中。

2. 在热溶液中及电解质存在下进行沉淀

在热溶液中进行沉淀可防止胶体生成，同时减少杂质的吸附。电解质的存在，可促使带电的胶体粒子相互凝聚，加快沉降速度；同时电解质离子也取代其他杂质离子在沉淀表面上的位置。因此，电解质一般选用易挥发性物质，如 NH_4NO_3、NH_4Cl 或氨水等，它们在灼烧时均可挥发除去，不影响分析结果的准确性。

3. 趁热过滤洗涤，不需陈化

沉淀凝聚后，应趁热过滤。因为沉淀放置后逐渐失去水分，聚集得更为紧密，使沉淀表面上吸附的杂质不易洗去。

洗涤这类沉淀时，一般选用热、稀的电解质溶液作洗涤液，主要是防止沉淀重新变为胶体，难于过滤和洗涤。常用的洗涤液有 NH_4Cl、NH_4NO_3 和氨水。

无定形沉淀吸附杂质较严重，一次沉淀很难保证纯净，必要时进行再沉淀。

三、均匀沉淀法

为改善沉淀条件，避免因加入沉淀剂所引起的溶液局部相对过饱和度过大的现象发生，采用均匀沉淀法（又称均相沉淀法）为好。均匀沉淀法是通过某一化学反应，在溶液内部逐渐地产生沉淀剂，使沉淀在整个溶液中缓慢均匀析出的方法。由此法得到的沉淀颗粒粗大，结构紧密，纯净，易过滤和洗涤。例如，用草酸铵法沉淀 Ca^{2+} 时，如果直接加入 $(NH_4)_2C_2O_4$ 沉淀剂，尽管加入的速度缓慢并不断搅拌，最后得到的仍是颗粒细小的 CaC_2O_4 沉淀。若在含有 Ca^{2+} 的溶液中，先以 HCl 酸化，再加入 $(NH_4)_2C_2O_4$，此时溶液中主要存在的是 $HC_2O_4^-$ 和 $H_2C_2O_4$，然后向溶液中加入尿素并加热至约 90℃，尿素逐渐水解生成 NH_3，反应如下：

$$CO(NH_2)_2 + H_2O \longrightarrow CO_2\uparrow + 2NH_3$$

生成的 NH_3 均匀地分布在整个溶液的内部，逐渐降低溶液的酸度，$C_2O_4^{2-}$ 的浓度逐渐增加并缓慢地与 Ca^{2+} 形成 CaC_2O_4 沉淀。在沉淀生成的过程中，整个溶液的相对过饱和度始终是比较小的，所以可得到粗大而又纯净的 CaC_2O_4 沉淀。

均匀沉淀法还可以利用酯类的水解、配合物的分解、氧化还原反应等方式来进行，见表 9-3。

四、沉淀剂的选择

如何选择合适的沉淀剂是完成重量分析任务的一个重要环节。选择沉淀剂的一般原则如下。

表 9-3 某些均匀沉淀法的应用

加入试剂	反应	产生沉淀剂	待测组分
尿素	$CO(NH_2)_2 + H_2O \longrightarrow CO_2 + 2NH_3$	OH^-	Al^{3+}、Fe^{3+}、Bi^{3+}、Cr^{3+}
硫代乙酰胺	$CH_3CSNH_2 + H_2O \longrightarrow CH_3CONH_2 + H_2S$	S^{2-}	金属离子
磷酸三甲酯	$(CH_3)_3PO_4 + 3H_2O \longrightarrow 3CH_3OH + H_3PO_4$	PO_4^{3-}	Zr^{4+}、Hf^{4+}
六亚甲基四胺	$(CH_2)_6N_4 + 6H_2O \longrightarrow 6HCHO + 4NH_3$	OH^-	Th^{4+}
硫酸二甲酯	$(CH_3)_2SO_4 + 2H_2O \longrightarrow 2CH_3OH + SO_4^{2-} + 2H^+$	SO_4^{2-}	Ba^{2+}、Sr^{2+}、Pb^{2+}
草酸二甲酯	$(CH_3)_2C_2O_4 + 2H_2O \longrightarrow 2CH_3OH + H_2C_2O_4$	$C_2O_4^{2-}$	Ca^{2+}、Th^{4+}、稀土元素离子
Ba-EDTA	$BaY^{2-} + 4H^+ \longrightarrow H_4Y + Ba^{2+}$	Ba^{2+}	SO_4^{2-}

1. 选择生成的沉淀具有最小溶解度的沉淀剂

这样的沉淀剂能使待测组分从试液中沉淀得更完全。例如生成难溶的钡化合物有 $BaCO_3$、$BaCrO_4$、BaC_2O_4 和 $BaSO_4$，它们在室温下的溶解度见表 9-4。

表 9-4 难溶钡化合物的溶解度

钡化合物	$BaCO_3$	$BaCrO_4$	BaC_2O_4	$BaSO_4$
溶解度/(mol/L)	8.0×10^{-9}	2.4×10^{-10}	1.7×10^{-7}	1.1×10^{-10}

从表 9-4 中的数据可知，$BaSO_4$ 溶解度最小。因此以硫酸钡的形式沉淀 Ba^{2+} 比生成其他难溶化合物好。

2. 选择易挥发或灼烧易除去的沉淀剂

这样可以减少或避免由于沉淀剂掺入沉淀带来的误差。例如用生成硫酸钡法沉淀 Ba^{2+} 时，可选用 H_2SO_4 作沉淀剂，而不用 Na_2SO_4；用氯化物沉淀 Ag^+ 时，选用 HCl 作沉淀剂，而不用 NaCl；用氢氧化物沉淀 Fe^{3+} 时，选用氨水而不用 NaOH 作沉淀剂等。

3. 选择溶解度较大的沉淀剂

使用这类沉淀剂可以减少沉淀对沉淀剂的吸附作用。例如利用生成难溶钡化合物沉淀 SO_4^{2-} 时，应选 $BaCl_2$ 作沉淀剂，而不用 $Ba(NO_3)_2$。因为 $Ba(NO_3)_2$ 的溶解度比 $BaCl_2$ 小，$BaSO_4$ 吸附 $Ba(NO_3)_2$ 比吸附 $BaCl_2$ 严重。

4. 选择高选择性的沉淀剂

选择高选择性的沉淀剂既可以简化分析程序，又能够提高分析结果的准确度。例如 Ni^{2+} 可以沉淀为 $Ni(OH)_2$ 和 NiS，但有许多阳离子也能生成氢氧化物和硫化物沉淀。因此，在测定 Ni^{2+} 的重量分析中，常选用对 Ni^{2+} 有较高选择性的有机沉淀剂丁二酮肟。在氨性溶液中，丁二酮肟与 Ni^{2+} 生成红色螯合物沉淀，沉淀溶解度小，组成恒定，烘干后可直接称量。又如沉淀锆离子时，选用在盐酸溶液中与锆有特效反应的苦杏仁酸作沉淀剂，即使有铁、钒、铝、铬、钛等十多种离子存在，也不发生干扰。目前，有机沉淀剂在沉淀分离中的应用越来越广泛。

第五节 重量分析结果的计算

一、换算因数

在重量分析中,当最后称量形式与待测组分形式相同时,可以直接计算分析结果。如测定要求计算 SiO_2 的含量,最后的称量形式恰好也是 SiO_2,分析结果按下式计算:

$$w(SiO_2) = \frac{m(SiO_2)}{m_s} \times 100\%$$

式中　$w(SiO_2)$——SiO_2 的质量分数,%;

　　　$m(SiO_2)$——SiO_2 称量形式的质量,g;

　　　m_s——试样质量,g。

如果最后称量形式与待测组分形式不相同,分析结果就要进行适当的换算。例如,测定钡时,得到 $BaSO_4$ 沉淀 0.5051g,可按下列方法换算成待测组分的质量:

$$BaSO_4 \longrightarrow Ba$$
$$233.4 \quad\quad 137.4$$
$$0.5051 \quad\quad m(Ba)$$

则

$$m(Ba) = 0.5051 \times \frac{137.4}{233.4} = 0.297 \text{ (g)}$$

即

$$m(Ba) = m(BaSO_4) \times \frac{M(Ba)}{M(BaSO_4)}$$

式中,$m(BaSO_4)$ 为称量形式 $BaSO_4$ 的质量,g;$\frac{M(Ba)}{M(BaSO_4)}$ 是将 $BaSO_4$ 的质量换算成 Ba 的质量的分数,此分数是一个常数,与试样质量无关,这一比值称为换算因数或化学因数,常以 F 表示。将称量形式的质量换算成待测组分的质量后,就可以按上述计算 SiO_2 分析结果的方法进行计算了。

在计算换算因数时,一定要注意使分子和分母所含待测组分的原子或分子数目相等,所以在待测组分的摩尔质量和称量形式的摩尔质量之前有时需乘以适当的系数。

二、计算示例

【例 9-4】 分析矿石中锰的含量。如果 1.520g 试样产生 0.1260g Mn_3O_4,计算试样中 Mn_2O_3 和 Mn 的质量分数。

解　由 Mn_3O_4 换算为 Mn_2O_3 的换算因数为

$$F = \frac{3M(Mn_2O_3)}{2M(Mn_3O_4)}$$

则

$$w(Mn_2O_3) = \frac{0.1260}{1.520} \times \frac{3M(Mn_2O_3)}{2M(Mn_3O_4)} \times 100\%$$

$$= \frac{0.1260}{1.520} \times \frac{3 \times 157.9}{2 \times 228.8} \times 100\% = 8.58\%$$

由 Mn_3O_4 换算为 Mn 的换算因数为 $F = \dfrac{3 \times M(Mn)}{M(Mn_3O_4)}$，则

$$w(Mn) = \dfrac{0.1260}{1.520} \times \dfrac{3 \times 54.94}{228.8} \times 100\% = 5.97\%$$

【例 9-5】 称取含 NaCl 和 KCl 的试样 0.5000g，经处理得纯 NaCl 和 KCl 的质量为 0.1180g，溶于水后用 $AgNO_3$ 沉淀，得 AgCl 0.2451g，计算试样中 Na_2O 和 K_2O 的质量分数。

解 设 NaCl 的质量为 m(g)，KCl 的质量为 $0.1180 - m$(g)。

$$\dfrac{M(AgCl)}{M(NaCl)} \times m + \dfrac{M(AgCl)}{M(KCl)} \times (0.1180 - m) = 0.2451$$

$$m = 0.03440 \text{ (g)}$$

$$0.1180 - 0.03440 = 0.08360 \text{ (g)}$$

由 NaCl 换算为 Na_2O 的化学因数为 $F = \dfrac{M(Na_2O)}{2M(NaCl)}$，则

$$w(Na_2O) = 0.03440 \times \dfrac{\dfrac{61.98}{2 \times 58.44}}{0.5000} \times 100\% = 3.65\%$$

由 KCl 换算为 K_2O 的化学因数为 $F = \dfrac{M(K_2O)}{2M(KCl)}$，则

$$w(K_2O) = 0.08360 \times \dfrac{\dfrac{94.20}{2 \times 74.55}}{0.5000} \times 100\% = 10.56\%$$

【例 9-6】 分析不纯的 NaCl 和 NaBr 混合物时，称取试样 1.000g，溶于水后加入 $AgNO_3$，得到 AgCl 和 AgBr 混合物的质量为 0.5260g。将此沉淀在氯气流中加热，使 AgBr 转变为 AgCl，称其质量为 0.4260g。计算试样中 NaCl 和 NaBr 的质量分数。

解 设 NaCl 的质量为 m(g)，NaBr 的质量为 m'(g)。

$$\text{AgCl 的质量} = m \times \dfrac{M(AgCl)}{M(NaCl)}$$

$$\text{AgBr 的质量} = m' \times \dfrac{M(AgBr)}{M(NaBr)}$$

则

$$m \times \dfrac{M(AgCl)}{M(NaCl)} + m' \times \dfrac{M(AgBr)}{M(NaBr)} = 0.5260$$

$$m \times \dfrac{143.3}{58.44} + m' \times \dfrac{187.8}{102.9} = 0.5260$$

$$2.451m + 1.826m' = 0.5260 \tag{1}$$

经氯气处理后 AgCl 的质量应为

$$m \times \dfrac{M(AgCl)}{M(NaCl)} + m' \times \dfrac{M(AgCl)}{M(NaBr)} = 0.4260$$

$$2.451m + 1.393m' = 0.4260 \tag{2}$$

联立式 (1) 和式 (2) 解得

$$m = 0.04225\text{g} \quad m' = 0.2314\text{g}$$

则
$$w(\text{NaCl}) = \frac{0.04225}{1.000} \times 100\% = 4.23\%$$

$$w(\text{NaBr}) = \frac{0.2314}{1.000} \times 100\% = 23.14\%$$

【例 9-7】 分析某一化学纯 AlPO_4 的试样，得到 0.1126g $\text{Mg}_2\text{P}_2\text{O}_7$，计算可以得到多少 Al_2O_3。

解 已知 $M(\text{Mg}_2\text{P}_2\text{O}_7) = 222.6\text{g/mol}$，$M(\text{Al}_2\text{O}_3) = 102.0\text{g/mol}$。

按题意
$$\text{Mg}_2\text{P}_2\text{O}_7 \rightarrow 2\text{P} \rightarrow 2\text{Al} \rightarrow \text{Al}_2\text{O}_3$$

因此
$$m(\text{Al}_2\text{O}_3) = m(\text{Mg}_2\text{P}_2\text{O}_7) \times \frac{M(\text{Al}_2\text{O}_3)}{M(\text{Mg}_2\text{P}_2\text{O}_7)}$$

$$= 0.1126 \times \frac{102.0}{222.6} = 0.05160 \text{ (g)}$$

思考题与习题

1. 重量分析对沉淀形式和称量形式各有哪些要求？为什么？
2. 为使沉淀完全，需加入过量沉淀剂，但为什么又不能过量太多？
3. 影响沉淀完全的因素有哪些？在实际工作中，对于较复杂的体系，怎样确定出主要影响因素？
4. 均匀沉淀法的原理及优点是什么？
5. 在测定 Ba^{2+} 时，如果 BaSO_4 中有少量 BaCl_2 共沉淀，测定结果将偏高还是偏低？如有 BaCrO_4、$(\text{NH}_4)_2\text{SO}_4$、$\text{Fe}_2(\text{SO}_4)_3$ 共沉淀，它们对测定结果有哪些影响？如果测定 SO_4^{2-} 时，BaSO_4 中带有少量 BaCl_2、$(\text{NH}_4)_2\text{SO}_4$、$\text{Fe}_2(\text{SO}_4)_3$、$\text{BaCrO}_4$ 对测定结果又分别有何影响？
6. 试解释为什么：
   (1) 氯化银在 $c(\text{HCl}) = 1\text{mol/L}$ 的 HCl 溶液中比在水中易溶解；
   (2) BaSO_4 沉淀需要陈化，而 Fe(OH)_3 沉淀不必陈化；
   (3) BaSO_4 可用水洗涤，而 Fe(OH)_3 要用稀 NH_4NO_3 洗涤。
7. 什么是换算因数？计算下列换算因数：
   (1) 从 BaSO_4 的质量计算 S 的质量；
   (2) 从 PbCrO_4 的质量计算 Cr_2O_3 的质量；
   (3) 从 $\text{Mg}_2\text{P}_2\text{O}_7$ 的质量计算 MgO 的质量。
8. 计算 Pb(SCN)_2 ($K_{sp} = 2.0 \times 10^{-5}$) 在下列 100mL 溶液中溶解损失各多少克。
   (1) 纯水；
   (2) $c\left[\frac{1}{2}\text{Pb(NO}_3)_2\right] = 1.000\text{mol/L}$ 的 $\text{Pb(NO}_3)_2$ 溶液；
   (3) $c(\text{KSCN}) = 0.500\text{mol/L}$ 的 KSCN 溶液。
9. 称取含银的试样 0.2500g，用重量分析法测定时得 AgCl 0.2991g，问：
   (1) 若沉淀为 AgI，可得此沉淀多少克？
   (2) 试样中银的质量分数为多少？
10. 称取磷矿粉试样 0.5432g，溶解后将磷沉淀为 $\text{MgNH}_4\text{PO}_4 \cdot 6\text{H}_2\text{O}$，经灼烧为 $\text{Mg}_2\text{P}_2\text{O}_7$，称得其

质量为 0.2234g，求试样中 P 和 P_2O_5 的质量分数。

11. 称取只含 $FeCl_3$ 和 $AlCl_3$ 的混合物 5.9500g，两种氯化物转变成水合氧化物后，灼烧得到 Fe_2O_3 和 Al_2O_3 的混合氧化物的质量为 2.6200g，计算原混合物中 Fe 和 Al 的质量分数。

12. 称取合金钢 0.4289g，将镍离子沉淀为丁二酮肟镍（$NiC_8H_{14}O_4N_4$），烘干后的质量为 0.2671g，计算合金钢中镍的质量分数。

13. 分析一磁铁矿 0.5000g，得 Fe_2O_3 质量为 0.4980g，计算磁铁矿中 Fe 和 Fe_3O_4 的质量分数。

第十章
定量化学分析中常用的分离方法

学习指南

化学分离法是分析化学的重要组成部分，是获得准确分析结果必不可缺的分离手段。通过本章学习，应掌握沉淀分离法、溶剂萃取分离法的原理；了解离子交换分离法、色谱法的原理，掌握溶剂萃取、离子交换、纸色谱和薄层色谱的分离技术及应用；了解蒸馏与挥发分离法的原理及应用。

第一节 方法简介

一、定量分离的任务

在定量化学分析中，如果试样比较单纯，一般可以直接进行测定。但在实际分析工作中，大多数试样都是由多种物质组成的混合物，测定其中某一组分时共存的其他组分往往会产生干扰。

定量分离的任务包括两方面：一是将待测组分从试液中定量分离出来（或将干扰组分从试液中分离除去）；二是通过分离使待测的痕量组分达到浓缩和富集，以满足测定方法灵敏度的要求。因此，对于复杂物质的分析，分离和测定具有同等重要意义。

二、分离方法的分类

为使试样中某一待测组分和其他组分分离，可将它们通过某些物理或化学性质的差异，使其分别存在于不同的两相中，再通过机械的方法把两相完全分开。常用的分离方法如下。

1. 沉淀分离法

沉淀分离法是最古老、经典的分离法，通过在待测试样中加入某种沉淀剂，使与待测离子或干扰离子反应，生成难溶于水的沉淀，从而达到分离的目的。虽然该法操作较烦琐费时，某些沉淀分离选择性较差，分离不完全；但是由于分离操作的改进及选择性高的有机沉淀剂的应用，提高了分离效率，因而到目前为止，沉淀分离法在定量化学分析中还是一种常用的分离方法。

2. 溶剂萃取分离法

溶剂萃取分离法是将与水不混溶的有机溶剂与试样的水溶液一起充分振荡，使某组分从水相转移到与水互不相溶的有机相中，从而达到相互分离的目的。

3. 离子交换分离法

离子交换分离法是利用离子交换树脂与溶液中的阳离子和阴离子发生交换反应而进行分离的方法。常用于性质相近或带有相同电荷的离子的分离、微量组分的富集以及高纯物质的制备。

4. 色谱分离法

色谱分离法是利用物质在固定相和流动相中具有不同的分配系数而进行分离的方法。按操作方式不同又分为柱色谱、纸色谱和薄层色谱等。

5. 蒸馏与挥发分离法

蒸馏分离法是将待分离的组分从溶液中挥发出来，然后冷凝为液体，或者将挥发的气体吸收而达到分离目的的方法。挥发分离法是利用物质挥发性的差别而将物质彼此分离的方法。

三、回收率

在定量化学分析中对分离完全的要求是干扰组分小到不干扰，被测组分损失可忽略不计。分离完全与否用回收率表示。回收率是指试样中待测组分经分离后所得的含量与它在试样中的原始含量的比值（以%表示）。

$$回收率 = \frac{分离后测得量}{原始含量} \times 100\% \tag{10-1}$$

显然，回收率越高，分离效果越好，说明待测组分在分离过程中的损失量越小。在实际工作中，按待测组分含量的不同，对回收率的要求也不同。对含量≥1%的组分，要求回收率≥99.9%；对含量在0.01%~1%的组分，要求回收率为99%；对含量<0.01%的组分，要求回收率为90%~95%，甚至更低。

第二节 沉淀分离法

沉淀分离法是利用沉淀反应进行分离的方法。根据被分离组分含量的不同，可分为常量组分的分离和微量组分的分离。

一、常量组分的分离

根据使用的沉淀剂类型不同，常量组分的分离又分为无机沉淀剂沉淀分离法和有机沉淀剂沉淀分离法。

1. 无机沉淀剂沉淀分离法

无机沉淀剂的种类很多，能够生成难溶化合物的种类也很多，如氢氧化物、硫化物、氯化物、氟化物等。在诸多的难溶化合物中，应用最多的是以生成氢氧化物或硫化物沉淀进行分离。本节着重讨论这两种沉淀分离法。

(1) 氢氧化物沉淀分离法　大多数金属离子都可与 OH^- 形成氢氧化物沉淀，它们之间溶解度相差较大。氢氧化物沉淀分离法就是利用这个差异将待测组分与干扰组分进行分离的。

氢氧化物能否沉淀完全，主要取决于溶液酸度的相对大小。根据金属离子的原始浓度和所生成的氢氧化物的溶度积，可以计算出各种金属离子开始析出沉淀时的 pH。如 $Fe(OH)_3$ 的 $K_{sp}=3.5\times10^{-38}$，若溶液中 $[Fe^{3+}]=0.01mol/L$ 时，则 $Fe(OH)_3$ 开始沉淀时 pH 为

$$[Fe^{3+}][OH^-]^3 \geqslant 3.5\times10^{-38}$$

$$[OH^-] \geqslant \sqrt[3]{\frac{3.5\times10^{-38}}{0.01}}$$

$$[OH^-] \geqslant 1.5\times10^{-12} \text{ (mol/L)}$$

$$pOH \leqslant 11.8 \quad pH \geqslant 2.2$$

当溶液中残留 Fe^{3+} 浓度为 $10^{-6}mol/L$ 时，即已沉淀的 Fe^{3+} 已达 99.99% 时，可以认为沉淀完全。这时溶液 pH 为

$$[OH^-]=\sqrt[3]{\frac{3.5\times10^{-38}}{10^{-6}}}=3.3\times10^{-11} \text{ (mol/L)}$$

$$pOH=10.5 \quad pH=3.5$$

计算说明，欲使 $0.01mol/L$ Fe^{3+} 定量沉淀分离，控制溶液 pH 为 $2.2\sim3.5$。根据类似的计算，可以得到各种金属氢氧化物开始沉淀和沉淀完全时的 pH。表 10-1 列出了某些金属离子沉淀为氢氧化物的 pH，供使用时参考。

表 10-1　某些金属离子沉淀为氢氧化物的 pH（离子浓度 $c=0.01mol/L$）

氢氧化物	溶度积 K_{sp}	开始沉淀时的 pH	沉淀完全时的 pH
$Sn(OH)_4$	1.0×10^{-56}	0.5	1.5
$TiO(OH)_2$	1.0×10^{-29}	0.5	2.0
$Sn(OH)_2$	2×10^{-28}	1.2	3.2
$Fe(OH)_3$	3.5×10^{-38}	2.2	3.5
$Al(OH)_3$	1.3×10^{-33}	3.7	5.0
$Cr(OH)_3$	6.0×10^{-31}	4.6	5.9
$Zn(OH)_2$	1.2×10^{-17}	6.5	8.5
$Fe(OH)_2$	2.0×10^{-15}	7.7	9.7
$Ni(OH)_2$	5.0×10^{-15}	7.8	9.7
$Mn(OH)_2$	5.0×10^{-13}	8.8	10.8
$AgOH$	2.0×10^{-8}	8.2	11.2
$Mg(OH)_2$	1.8×10^{-11}	9.6	11.6

从表 10-1 中所列数据可以看出，利用控制溶液 pH 可进行离子间的分离；分离高价离子氢氧化物时溶液 pH 的控制比分离低价离子氢氧化物要严格。控制溶液 pH 常用的方法有下列几种。

① 氢氧化钠法。用氢氧化钠溶液作沉淀剂，控制溶液 pH≥12，常用于两性金属离子和非两性金属离子的分离，分离情况见表 10-2。

表 10-2 氢氧化钠法分离情况

定量沉淀的离子	留在溶液中的离子
Cu^{2+}、Au^+、Cd^{2+}、Mg^{2+}、Ni^{2+}、Bi^{3+}、Hg^{2+}、Mn^{2+}、Fe^{3+}、Co^{2+}、Ti^{4+}、Zr^{4+}、Hf^{4+}、Ag^+、稀土元素离子等	ZnO_2^{2-}、AlO_2^-、CrO_2^-、PbO_2^{2-}、BeO_2^{2-}、SnO_2^{2-}、GeO_3^{2-}、GaO_2^-、SbO_2^-、SiO_3^{2-}、WO_4^{2-}、MoO_4^{2-}、VO_3^- 等

② 氨水-氯化铵法。利用氨水-氯化铵溶液作沉淀剂，控制溶液 pH 为 8～10，使高价离子沉淀与 1 价、2 价的金属离子分离的方法。分离情况见表 10-3。

表 10-3 氨水-氯化铵法分离情况

定量沉淀的离子	留在溶液中的离子
Bi^{3+}、Hg^{2+}、Mn^{4+}、Fe^{3+}、Ti^{4+}、Zr^{4+}、Hf^{4+}、Cr^{3+}、Al^{3+}、Sb^{3+}、Sn^{4+}、Ga^{3+}、In^{3+}、Tl^{3+}、$Nb(V)$、$U(VI)$、稀土元素离子等	$[Ag(NH_3)_2]^+$、$[Cu(NH_3)_4]^{2+}$、$[Cd(NH_3)_4]^{2+}$、$[Co(NH_3)_6]^{3+}$、$[Ni(NH_3)_4]^{2+}$、$[Zn(NH_3)_4]^{2+}$、Ca^{2+}、Sr^{2+}、Ba^{2+}、Mg^{2+} 等

综上所述，金属氢氧化物沉淀的溶度积相差很大，可以通过控制酸度使某些金属离子相互分离，但是氢氧化物沉淀一般为胶体沉淀，且共沉淀现象严重。因此，可采取下述方法进行减免：①控制酸度，选择合适的沉淀剂；②采用均相沉淀法或在较热、浓溶液中沉淀，并用热溶液洗涤；③加入掩蔽剂提高分离选择性。

(2) 硫化物沉淀分离法　能够形成硫化物沉淀的金属离子有 40 余种。除碱金属和碱土金属的硫化物能溶于水外，重金属离子可分别在不同的酸度下形成硫化物沉淀，而且各种硫化物的溶解度相差悬殊。因此可以通过调节溶液的 pH 以控制 $[S^{2-}]$ 的方法，使金属离子达到分离的目的。

在定量分析中，常用硫化物沉淀分离法分离某些重金属阳离子。硫化物沉淀分离与氢氧化物沉淀分离时的情况相似，生成的硫化物沉淀也是无定形沉淀，共沉淀和后沉淀现象严重，沉淀分离的选择性也不高。如果用 TAA（硫代乙酰胺）作沉淀剂，利用 TAA 在酸性或碱性溶液中产生 H_2S 或 S^{2-} 而进行的均相沉淀反应，可使硫化物沉淀性能有较大的改善，分离效果也较好。但是，在加入 TAA 溶液之前，应将溶液中的氧化性物质除去，否则部分 TAA 会被氧化成 SO_4^{2-}，使碱土金属的离子沉淀为硫酸盐。

2. 有机沉淀剂沉淀分离法

用无机沉淀剂虽然可以沉淀分离许多离子，但总的来讲，方法的选择性较差，灵敏度也不够高。有机沉淀剂的应用，不仅提高了沉淀的选择性，而且增强了方法的灵敏度，因此得到了广泛的应用。

(1) 分析功能团　有机沉淀剂与金属离子的作用之所以选择性高，关键是在有机沉淀剂分子中含有能与金属离子起作用的特征基团。例如，Ni^{2+} 在氨性溶液中可与丁二酮肟生成红色螯合物沉淀。

除了丁二酮肟试剂与 Ni^{2+} 反应外，其他肟类试剂也与 Ni^{2+} 有类似的反应。例如

$$Ni^{2+}+2\begin{matrix}CH_3-C=NOH\\CH_3-C=NOH\end{matrix} \rightleftharpoons \text{[二丁酮肟合镍]} \downarrow(\text{鲜红色})+2H^+$$

乙二肟　　　　α-苯偶酰二肟

在这些沉淀剂的结构中都含有 $\begin{matrix}R^1-C-C-R^2\\|\quad|\\HON\ NOH\end{matrix}$ 特征基团,此特征基团(或特征结构)称为分析功能团。对于某种离子来讲,可能有多种分析功能团与其反应,但不同结构的分析功能团所表现出的灵敏性和专属性是有区别的。同样,某种分析功能团也不只与某一种离子反应,而是能与性质相似的多种离子发生反应。例如,丁二酮肟不仅可以与 Ni^{2+} 反应,而且可以与 Fe^{3+}、Co^{2+}、Cu^{2+} 等分别生成深红色、棕色和紫色配合物。因而利用分析功能团,控制适宜的反应条件,就可以使各种离子的混合物按其选择性得以分离。

(2) 常用的有机沉淀剂

① 生成螯合物的沉淀剂。这类沉淀剂由酸性、碱性两个特征基团的共同作用,与待测组分生成具有环状结构的螯合物。常见的螯合剂有以下几类。

a. 肟类。最重要的是丁二酮肟,它可与 Ni^{2+}、Pd^{2+}、Fe^{2+}、Cu^{2+}、Pt^{2+} 等生成沉淀。在羟基肟类中,水杨醛肟是最常用的沉淀剂,它可以在 pH=2.6 时沉淀 Cu^{2+} 和 Pd^{2+},在 pH=5.7 时沉淀 Ni^{2+},在 pH 为 7~8 时沉淀 Zn^{2+},在浓氨溶液中沉淀 Pb^{2+} 使之与 Ag^+、Cd^{2+}、Zn^{2+} 等分离。

b. 亚硝基化合物。这类试剂中比较重要的是铜铁灵(亚硝基苯胲铵)和新铜铁灵(亚硝基萘胲胺)。它们在不同酸度下可与较高价的离子反应生成沉淀,如 Cu^{2+}、Bi^{3+}、Mo(Ⅵ)、Fe^{3+}、Sn(Ⅳ)、Ti^{4+}、Zr^{4+}、W(Ⅵ)、V(Ⅴ) 和 Ce^{4+} 等,从而使这些离子与其他离子分离。

c. 8-羟基喹啉。又称喔星,也是最常用的沉淀剂之一。它溶于乙醇,难溶于水,为两性物质。在无机酸和稀碱溶液中呈黄色,可以在不同酸度下沉淀 2 价、3 价和 4 价多种金属离子。如 pH 为 5.9~10.0 时,Mn^{2+} 与 8-羟基喹啉作用生成暗黄色沉淀。又如含硫化合物二乙基二硫代氨基甲酸钠(铜试剂,简称 DDTC),常用来沉淀除去 Cu^{2+}、Ag^+、Ni^{2+}、Pb^{2+}、Hg^{2+}、Cd^{2+} 等重金属离子而与 Al^{3+}、碱土金属离子及稀土元素离子分离。

② 生成离子缔合物的沉淀剂。这类沉淀剂在溶液中离解的大体积的阳离子或阴离子与带相反电荷的离子结合成难溶于水的缔合物。常见的离子缔合物沉淀剂有以下几种。

a. 四苯硼酸钠 $[NaB(C_6H_5)_4]$。它在溶液中离解的阴离子能与 K^+、NH_4^+、Tl^+、Ag^+、Rb^+、Cs^+ 等生成沉淀,常利用这一反应来进行 K^+ 的重量分析,反应为

$$B(C_6H_5)_4^- + K^+ \longrightarrow KB(C_6H_5)_4 \downarrow$$

b. 氯化四苯钾 $[(C_6H_5)_4AsCl]$。它在溶液中离解的阳离子可以和含氧酸根 MnO_4^-、IO_4^-、ClO_4^- 及配阴离子 $[HgCl_4]^{2-}$、$[ZnCl_4]^{2-}$ 等缔合生成沉淀。如

$$(C_6H_5)_4As^+ + MnO_4^- \longrightarrow (C_6H_5)_4As \cdot MnO_4 \downarrow$$

$$2(C_6H_5)_4As^+ + HgCl_4^{2-} \longrightarrow [(C_6H_5)_4As]_2 \cdot HgCl_4 \downarrow$$

此外，联苯胺在微酸性溶液中与 H^+ 结合成阳离子，可用来沉淀 SO_4^{2-}。

二、微量组分的分离

当待测组分在试样中含量甚微并且有大量干扰杂质共存时，必须将待测组分分离和富集后再进行测定。微量组分的分离主要采用共沉淀分离法。

根据共沉淀剂的性质不同，共沉淀分离法可分为无机共沉淀分离法和有机共沉淀分离法。

1. 无机共沉淀分离法

它是以无机化合物作载体（共沉淀剂），利用表面吸附和生成混晶进行分离富集的方法。例如，天然水或污水中痕量 Pb^{2+} 的测定。由于 Pb^{2+} 含量太低，用一般的分析方法不能直接检测出来。如果采用浓缩的方法，虽然可以将 Pb^{2+} 浓度提高，但水中其他组分的浓度同时也被提高，影响 Pb^{2+} 的测定。若在水中加入少量 $CaCO_3$ 作为载体，Pb^{2+} 可被 $CaCO_3$ 共沉淀下来，分离后再用少量酸将沉淀溶解。这样，Pb^{2+} 被富集，浓度大大提高。又如海水中含量十亿分之一的 Cd^{2+}，可以利用 $SrCO_3$ 作载体，由于 Cd^{2+} 与 Sr^{2+} 半径相近，微量的 Cd^{2+} 很容易和 $SrCO_3$ 载体生成混晶共沉淀下来，使之富集。常用的无机共沉淀剂有 $Fe(OH)_3$、$Al(OH)_3$、$MnO(OH)_2$、$CaCO_3$、$BaSO_4$、$SrSO_4$ 和硫化物等。

无机共沉淀分离法的缺点是选择性不高，且在共沉淀的同时引入较多的载体离子，而且大多数载体不能够经灼烧挥发除去，在许多情况下，还需增加载体组分与微量组分之间的进一步分离。所以只有当载体离子在后续过程中容易被掩蔽或不干扰测定时，才能使用无机共沉淀剂。

2. 有机共沉淀分离法

它的作用是利用大分子的有机试剂与易形成胶体的物质共同沉淀下来，或利用有机试剂与被测组分所生成的难溶物形成固溶体而一同沉淀下来。例如，用共沉淀法分离溶液中的痕量 Zn^{2+}，先把溶液调成弱酸性，加入 NH_4SCN 使 Zn^{2+} 生成配阴离子 $[Zn(SCN)_4]^{2-}$，再向溶液中加入甲基紫（在溶液中离解成有机阳离子），生成含 Zn^{2+} 的难溶化合物沉淀，同时甲基紫的阳离子与 SCN^- 也生成一种难溶化合物沉淀作为载体。两种沉淀具有十分相似的结构，便形成固溶体共沉淀下来。将沉淀过滤、洗涤，放入高温炉灼烧，SCN^- 及甲基紫被除去，Zn^{2+} 转变成氧化锌，然后用酸溶解进行测定。这类共沉淀剂还有结晶紫、罗丹明 B、亚甲基蓝等，它们在酸性溶液中都以阳离子形式存在。

又如海水中微量的 Ag^+、Cu^{2+}、Co^{2+}、Fe^{3+} 等离子能与 8-羟基喹啉形成微溶性螯合物。当这些离子含量极微时，无沉淀析出。当向溶液中加入酚酞的乙醇溶液时，8-羟基喹啉银等就会与酚酞形成固溶体而一起沉淀下来。这里酚酞并没有和其他离子及螯合物反应，因此称之为惰性共沉淀剂。常用的惰性共沉淀剂还有 β-萘酚、丁二酮肟二烷酯及间硝基苯甲酸等。再如在酸性溶液中，一些含氧酸（如钼酸、钨酸等）都以带负电荷形式存在，不易凝聚，而易形成胶体溶液，此时向溶液中加入大分子的阳离子（如单宁、辛可宁等），由于电性中和而使胶体凝聚，同时将钨酸、钼酸共沉淀下来。

有机共沉淀剂具有富集效率高、选择性好等优点。尤其是在共沉淀过程中引入的有机载体，可以通过灼烧挥发除去，不会影响后续步骤的分析。

第三节 溶剂萃取分离法

溶剂萃取分离法是根据物质在两种互不混溶的溶剂中分配特性不同而进行分离的方法。这种方法设备简单，操作简便，既可用于分离主体组分，也可用于痕量组分的富集及分离，是定量化学分析中应用广泛的分离方法。

一、溶剂萃取分离的基本原理

1. 溶剂萃取分离过程的机理

通常把溶于水的物质称为亲水性物质，把难溶于水或不溶于水而易溶于有机溶剂的物质称为疏水性物质。溶剂萃取分离过程的机理就是根据相似相溶原则，将亲水性物质与疏水性物质进行分离。

无机离子大多数是亲水性的，在用有机溶剂萃取前，先向溶液中加入某种试剂，使待萃取的离子转化为疏水性物质，然后再进行萃取，这种能将待萃取离子由亲水性转化为疏水性的试剂，称为萃取剂。例如，Ni^{2+} 在水溶液中以水化离子 $[Ni(H_2O)_6]^{2+}$ 形式存在。在 $pH=9$ 的氨性溶液中加入丁二酮肟，与 Ni^{2+} 生成不带电荷、难溶于水的丁二酮肟镍，丁二酮肟就是萃取剂，生成的丁二酮肟镍易被有机溶剂（如 $CHCl_3$）萃取。这种能溶解疏水性物质（丁二酮肟镍）的有机试剂（$CHCl_3$），称为萃取溶剂。

显然，萃取过程的本质是将待分离组分由亲水性物质转为疏水性物质的过程。有时由于分析测试的需要，把已进入有机相中的化合物，在一定条件下再转化为亲水性物质，使之重新回到水溶液中，这一过程称为反萃取。

2. 分配系数和分配比

在一温度下，当用有机溶剂从水溶液中萃取溶质 A 时（如果溶质 A 在两相中存在的型体相同），溶质 A 在两相中的浓度分布服从分配定律，即溶质 A 在有机相与水相中达到平衡时其浓度比为一常数，该常数称为分配系数，用 K_D 表示。

$$K_D = \frac{[A]_{有}}{[A]_{水}} \tag{10-2}$$

分配系数 K_D 越大，说明物质在有机相中的溶解度越大，物质越容易被萃取。分配定律对于物质在液体与液体、气体与液体、液体与固体等任何两相间的分配都适用。

式(10-2) 只适用于稀溶液（此时可用浓度代替活度）和溶质 A 在两相中均以相同的单一形式存在而无其他副反应的情况。当溶质 A 在水相或有机相中发生离解、缔合、聚合和配位等多种化学作用时，就会存在多种化学形式，并以多种型体形式存在，由于不同形式在两相中的分配行为不同，故总的浓度比就不是常数。在实际工作中，通常需要知道的是溶质在每一相中的总浓度 c，因此引入另一参数 D，称为分配比，见式(10-3)。

$$D = \frac{c_{有}}{c_{水}} = \frac{物质在有机相中的总浓度}{物质在水相中的总浓度} \tag{10-3}$$

显然，只有在简单体系中且物质在两相中均以同一型体存在和低浓度时，才有 $D=$

K_D；当物质在两相中以多种形式存在时，$D \neq K_D$。

分配比 D 的大小与萃取条件、萃取体系及物质性质有关。例如，用苯萃取水中的苯甲酸（苯甲酸以 HB 表示），当苯甲酸在两相中达到分配平衡时，苯甲酸在水溶液中的总浓度应等于它在水溶液中各型体浓度之和。

$$c_{水}(HB) = [HB]_{水} + [B^-]_{水}$$

则

$$D = \frac{c_{苯}(HB)}{c_{水}(HB)} = \frac{[HB]_{苯}}{[HB]_{水} + [B^-]_{水}} = \frac{K_D}{1 + \frac{K_a}{[H^+]}}$$

可见分配比随着溶液酸度的变化而变化。当溶液中 $[H^+]$ 增大时，D 也增大，此时苯甲酸基本以 HB 分子形式存在，易被苯萃取。反之，苯甲酸以 B^- 形式留在水溶液中。因而，在实际工作中可以通过改变萃取的条件，使分配比按所需的方向进行，以达到定量分离的目的。

3. 萃取效率

萃取效率又称萃取百分率，指物质在有机相中的总物质的量占两相中的总物质的量的百分率，以 E（以%表示）表示。

$$E = \frac{c_{有} V_{有}}{c_{有} V_{有} + c_{水} V_{水}} \times 100\% \tag{10-4}$$

式中 $c_{有}$，$c_{水}$——物质在有机相或水相中的物质的量浓度；

$V_{有}$，$V_{水}$——有机相和水相的体积。

若将式(10-4)的分子、分母同除以 $c_{水} V_{有}$，再经整理，则得到 E 与 D 的关系式：

$$E = \frac{D}{D + \frac{V_{水}}{V_{有}}} \times 100\% \tag{10-5}$$

由式(10-5)可以看出，萃取效率的大小与分配比 D 和体积比 $V_{水}/V_{有}$ 有关。D 越大，体积比越小，则 E 值越大，说明物质进入有机相中的量越多，萃取越完全。

当等体积（$V_{有} = V_{水}$）一次萃取时，上式可写成

$$E = \frac{D}{D+1} \times 100\% \tag{10-6}$$

式(10-6)说明，对于等体积一次萃取时，E 只与 D 值有关。当 $D = 1000$ 时，$E = 99.9\%$，可以认为一次萃取完全；当 $D = 100$ 时，$E = 99.5\%$，一次萃取不能满足定量要求，需要萃取两次；若 $D = 10$ 时，$E = 90.9\%$，则需要连续萃取数次，方能满足定量要求。因此，对于 D 值不大的物质，常采用多次连续萃取的方法，以提高萃取效率。

设体积为 $V_{水}$ 的水溶液中含有待萃取物质的质量为 m_0(g)，用体积为 $V_{有}$ 的有机溶剂萃取一次，水相中剩余的待萃取物质的质量为 m_1(g)，此时进入有机相中的该物质的质量则为 $m_0 - m_1$(g)。其分配比 D 为

$$D = \frac{c_{有}}{c_{水}} = \frac{\frac{m_0 - m_1}{V_{有}}}{\frac{m_1}{V_{水}}}$$

整理得

$$m_1 = m_0 \left(\frac{V_{水}}{DV_{有} + V_{水}} \right)$$

同理，若用体积为 $V_{有}$ 的有机溶剂再萃取一次，则留在水相中的待萃取物质的质量为 m_2(g)。则有

$$m_2 = m_1 \left(\frac{V_{水}}{DV_{有} + V_{水}} \right) = m_0 \left(\frac{V_{水}}{DV_{有} + V_{水}} \right)^2$$

如果每次用体积为 $V_{有}$ 的有机溶剂萃取，萃取 n 次，水相中剩余被萃取物质 m_n(g)，则

$$m_n = m_0 \left(\frac{V_{水}}{DV_{有} + V_{水}} \right)^n \tag{10-7}$$

萃取效率 E 则为

$$E = \frac{m_0 - m_0 \left(\frac{V_{水}}{DV_{有} + V_{水}} \right)^n}{m_0} \times 100\%$$

或

$$E = \left[1 - \left(\frac{V_{水}}{DV_{有} + V_{水}} \right)^n \right] \times 100\% \tag{10-8}$$

【例 10-1】 取含 Hg^{2+} 的水溶液（1mg/mL）10.00mL，用双硫腙四氯化碳溶液萃取。已知 Hg^{2+} 在两相中的分配比 $D=30$，计算用萃取液 9.00mL 一次全量萃取和每次用 3.00mL 三次萃取的萃取效率。

解 9.00mL 一次全量萃取

$$E = \left[1 - \left(\frac{10.00}{30 \times 9.00 + 10.00} \right)^1 \right] \times 100\% = 96.43\%$$

每次用 3.00mL 连续萃取三次

$$E = \left[1 - \left(\frac{10.00}{30 \times 3.00 + 10.00} \right)^3 \right] \times 100\% = 99.90\%$$

计算结果表明，用相同量的有机溶剂采用少量多次萃取比一次萃取的萃取效率高。

二、萃取体系和萃取剂

根据所形成的可萃取物质的不同，可把萃取体系分为以下两类。

1. 螯合萃取体系

这类萃取体系在分析化学中应用最为广泛。它是利用萃取剂与金属离子作用形成难溶于水、易溶于有机溶剂的螯合物来进行萃取分离的。所用的萃取剂一般是有机弱酸，也是螯合剂。例如，铜试剂在 pH≈9 的氨性溶液中与 Cu^{2+} 作用生成稳定的疏水性的螯合物，加入 $CHCl_3$ 振荡，螯合物就被萃取到有机层中，把有机层分出就达到了 Cu^{2+} 与其他离子分离的目的。常用的萃取剂还有：双硫腙（又称打萨腙），可与 Ag^+、Bi^{3+}、Cd^{2+}、Hg^{2+}、Cu^{2+}、Co^{2+}、Mn^{2+}、Ni^{2+}、Pb^{2+} 等离子形成螯合物，易被 $CHCl_3$ 萃取；乙酰基丙酮，可与 Al^{3+}、Cr^{3+}、Cu^{2+}、Fe^{3+}、Co^{2+}、Ca^{2+}、Be^{2+} 等离子形成螯合物，易被 $CHCl_3$、CCl_4 萃取。

2. 离子缔合萃取体系

这类萃取体系利用萃取剂在水溶液中离解出来的大体积离子，通过静电引力与待分离的

离子结合成电中性的离子缔合物。这种离子缔合物具有显著的疏水性，易被有机溶剂萃取，从而达到分离的目的。例如，氯化四苯钾[$(C_6H_5)_4AsCl$]在水溶液中离解成大体积的阳离子，可与MnO_4^-、IO_4^-、$[HgCl_4]^{2-}$、$[SnCl_6]^{2-}$、$[CdCl_4]^{2-}$和$ZnCl_4^{2-}$等阴离子缔合成难溶于水的缔合物，易被$CHCl_3$萃取。这里氯化四苯钾是萃取剂。常用的萃取剂还有氯化三苯基甲基钾[$(C_6H_5)_3CH_3AsCl$]和甲基紫，氯化三苯基甲基钾能与$[Fe(SCN)_6]^{3-}$、$[Co(SCN)_4]^{2-}$、$[Cu(SCN)_4]^{2-}$等配离子作用生成缔合物，可被邻二氯苯萃取；甲基紫染料的阳离子与$[SbCl_6]^-$作用生成的缔合物可被苯、甲苯等萃取。

近年来在二元配合物的基础上发展了三元配合物的萃取体系。这种体系具有选择性好、萃取效率高等优点，已被应用于萃取分离中。例如对Ag^+的萃取，首先向含Ag^+的溶液中加入1,10-邻二氮菲，使之形成配阳离子，然后再与溴邻苯三酚红的阴离子进一步缔合成三元配合物，易被有机溶剂萃取。又如B^{3+}-F^--亚甲蓝、Fe^{3+}-Br^--丁基罗丹明B和Ti^{3+}-Cl^--结晶紫等形成的三元配合物均易被有机溶剂萃取。

3. 协同萃取体系

在萃取体系中，用混合萃取剂往往比用它们分别进行萃取时的效率的总和大得多，主要是因为混合萃取剂分配比D比单个萃取剂的分配比的总和大得多。这种现象称为协同萃取，所组成的萃取体系称为协同萃取体系。例如，用0.02mol/L噻吩甲酰三氟丙酮（TTA）在环己烷和0.01mol/L HNO_3存在下萃取$UO_2(NO_3)_2$，分配比只有0.063；用0.02mol/L三丁基磷氧（TBPO）在同样条件下萃取，分配比为38.5；若用0.01mol/L TTA和0.01mol/L TBPO混合萃取剂，则分配比达95.05，萃取效率高。

三、萃取溶剂的选择和萃取分离的应用

1. 萃取溶剂的选择

一般来讲，与水不相溶的有机试剂均可作为萃取溶剂。如苯、环己烷、戊醇、氯仿、四氯化碳、醚、酮、酯、胺等都是萃取分离中常用的萃取溶剂。在选择萃取溶剂时应考虑如下几个条件。

① 选择对萃取组分有较大分配比，而对杂质有较小分配比的溶剂。

② 选择与待萃取液的密度有较大差别的溶剂，有利于分层。

③ 选择化学稳定性强的溶剂，即在萃取过程中，萃取溶剂不受待萃取液的酸碱性或氧化性等因素影响。

④ 尽量选择毒性小、可燃性及爆炸性较小的溶剂。

2. 溶剂萃取分离的应用

利用溶剂萃取分离法可将待测元素分离或富集，从而达到消除干扰的目的。在众多的仪器分析步骤中将萃取分离技术融入其中，是测量微量元素及痕量元素含量的有效的分离与富集手段。

（1）分离干扰物质　例如，欲测定铜铁合金中微量的稀土元素含量时，应先将主体元素铁及可能存在的其他一些元素铬、锰、钴、镍、铜、钒、钼等除去。为此，向溶解后的试液中（弱酸性）加入萃取剂铜铁试剂，以氯仿萃取，铁和可能存在的其他元素都被萃取到氯仿层中，分去氯仿层后，水相中的稀土元素可用偶氮胂作为显色剂，用光度法测定。又如，用

双硫腙萃取比色法测定工业废水中的 Hg^{2+} 时，Cu^{2+}、Cd^{2+}、Pb^{2+} 等重金属离子干扰，这时可将溶液酸度控制为 pH=1.5，以氯仿萃取双硫腙-Hg，而 Cu^{2+}、Cd^{2+}、Pb^{2+} 等离子留在水溶液中，分离后，萃取液直接用于比色测定。

(2) 富集痕量组分　欲测定试样中的微量或痕量组分时，可用萃取分离法使待测组分得到富集，以提高测定的灵敏度。如工业废水中微量有害物质的测定，可在一定的萃取条件下，取大量的水样用少量的有机溶剂将待测组分萃取出来，从而使微量组分得到富集。然后用适当的方法进行测定。若将分层后的萃取液再经加热挥发除掉溶剂，剩余的残渣再用更少量的溶剂溶解，可达到进一步富集的目的。

溶剂萃取分离法简便、快速、分离效果好；既可用于分离有机物，又可用于分离无机物；不仅能用于常量组分的分离，而且在微量及痕量组分的分析中占有十分重要的地位。

第四节　离子交换分离法

离子交换分离法是利用离子交换树脂与溶液中的离子发生交换反应进行分离的方法。这种方法与溶剂萃取分离法不同，主要是基于被分离的物质在离子交换树脂上的交换能力不同而进行分离的。离子交换分离法分离效率高，不仅能用于带相反电荷离子的分离，而且能用于带相同电荷或性质相近离子的分离，还可以用来富集微量组分及制备高纯物质。离子交换分离法所用设备简单，操作也不复杂，交换容量可大可小，树脂可以反复再生使用，因此在工业生产及分析研究中应用相当广泛。

一、离子交换树脂的种类

根据离子交换树脂上可被交换的活性基团不同，分为阳离子交换树脂、阴离子交换树脂和螯合型离子交换树脂等类型。

1. 阳离子交换树脂

在离子交换反应中能交换阳离子的树脂称为阳离子交换树脂。这类树脂都含有酸性活性基团，如—SO_3H、—PO_3H_2、—COOH、—OH 等基团。根据活性基团离解产生 H^+ 能力的不同，又可分为强酸型和弱酸型阳离子交换树脂。强酸型阳离子交换树脂含有磺酸基(—SO_3H)，用 RSO_3H 表示；弱酸型阳离子交换树脂含有羧基(—COOH)或酚羟基(—OH)，用 RCOOH、ROH 表示。强酸型阳离子交换树脂具有很好的化学稳定性和较强的耐磨性，在酸性、碱性和中性溶液中都可以使用，交换反应速率快，能与简单的、复杂的无机或有机的阳离子进行交换。因此，在分析化学中应用最多。

弱酸性阳离子交换树脂的交换能力受外界酸度影响较大，在使用上受到一定限制。如羧基(—COOH)必须在 pH>4、酚羟基(—OH)必须在 pH>9.5 时才能与离子进行交换。弱酸性阳离子交换树脂多数情况下是在弱碱性条件下用于分离不同强度的有机碱。

2. 阴离子交换树脂

在离子交换反应中，把能交换阴离子的树脂称为阴离子交换树脂。这类树脂都含有碱性活性基团，如强碱型的季铵基[—$N(CH_3)_3Cl$]，以 $RN(CH_3)_3Cl$ 表示；弱碱型的伯氨基

(—NH$_2$)、仲氨基[—NH(CH$_3$)]及叔氨基[—N－(CH$_3$)$_3$]。强碱型阴离子交换树脂与强酸型阳离子交换树脂相似，在酸性、碱性和中性溶液中都能使用，且对氧化剂和某些有机溶剂都比较稳定。因此，强碱型阴离子交换树脂也是一种最常用的树脂。弱碱型阴离子交换树脂的交换能力受溶液酸度的影响较大，在碱性溶液中无交换能力。这类树脂只用于强酸性阴离子的交换反应。

3. 螯合型离子交换树脂

这类树脂上含有特殊的活性基团，可与金属离子形成螯合物。这类树脂的交换反应选择性较高。例如，含有氨基二乙羧基的树脂对 Cu^{2+}、Co^{2+}、Ni^{2+} 有很高的选择性，而含有亚硝基间苯二酚的树脂对 Cu^{2+}、Fe^{2+}、Co^{2+} 具有高的选择性等。目前已合成了许多类型的螯合树脂，如 #401 属于氨羧基[—N(CH$_2$COOH)$_2$]螯合树脂。此类交换树脂的研发和应用给分离技术带来了新的拓展空间。

常用离子交换树脂列于表 10-4 中。

表 10-4　常用离子交换树脂

类别	交换基	树脂牌号	交换容量/(mmol/g)	国外对照产品
阳离子交换树脂	—SO$_3$H	强酸型 #1 阳离子交换树脂	4.5	
	—SO$_3$H	732(强酸 1×7)	≥4.5	Amberlite IR-100(美)
	—SO$_3$H —OH	华东强酸 #45	2.0~2.2	Zerolit 225(英) Amberlite IR-100(美)
	—COOH —OH	华东弱酸-122 弱酸 #101	3~4 8.5	Zerolit 216(英)
阴离子交换树脂	—N$^+$(CH$_3$)$_3$	强碱型 #201 阴离子交换树脂	2.7	
	—N$^+$(CH$_3$)$_3$	711(强碱 201×4)	≥3.5	Amberlite IRA-400(美)
	—N$^+$(CH$_3$)$_3$	717(强碱 201×7)	≥3	Amberlite IRA-400(美)
	—NH$_2$	701(强碱 330)	≥9	Zerolit FF(英) DOOlite A-3013(美)
	—N(CH$_3$)$_2$	330(弱碱)	8.5	Amberlite IR-45(美)
螯合型离子交换树脂	—N(CH$_2$COOH)$_2$	#401	≥3	Chelex 100(英)

二、离子交换树脂的结构和性质

1. 离子交换树脂的结构

离子交换树脂是一类具有网状结构、带有活性基团的高分子聚合物。例如，常用的磺酸型阳离子交换树脂是由苯乙烯和二乙烯苯聚合所得的聚合物经浓 H_2SO_4 磺化后制得的，其反应式为

第十章 定量化学分析中常用的分离方法

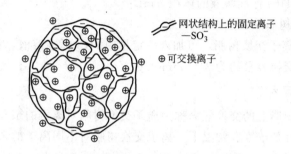

所得的聚苯乙烯树脂具有网状结构，如图 10-1 所示。在网状结构的骨架上分布着可与离子发生交换的磺酸基团。这种树脂的化学性质十分稳定，即在 100℃时不受强酸、强碱、氧化剂或还原剂以及某些有机溶剂的影响，而且用过的树脂经再生后可以反复使用。

图 10-1 离子交换树脂的网状结构

2. 离子交换树脂的交联度与交换容量

(1) 交联度　聚苯乙烯型树脂是由二乙烯苯将链状分子联成网状结构的。把能将链状分子联成网状结构的试剂（如二乙烯苯）称为交联剂；树脂中含交联剂的质量分数称为交联度。例如交联度为 8%～12% 的聚苯乙烯型树脂，即树脂中交联剂的质量分数为 8%～12%。

交联度的大小直接影响树脂的孔隙度。交联度越大，形成网状结构越致密，孔隙越小，交换反应速率越慢，大体积离子难以进入树脂中，选择性好。反之，当交联度小时，网状结构的孔隙大，变换速率快，但选择性差。交联度大小对离子交换树脂性质的影响见表 10-5。

表 10-5　交联度大小对离子交换树脂性质的影响

性　质	交联度大	交联度小	性　质	交联度大	交联度小
磺化反应	困难	容易	交换的选择性	好	差
交换反应速率	慢	快	溶胀程度	小	大
大体积离子进入树脂	难	易			

将干燥树脂浸于水中时，由于树脂上亲水性基团的存在，树脂吸收水分而溶胀，其溶胀程度大小与树脂的交联度有很大关系，交联度越大，溶胀程度越小。

(2) 交换容量　离子交换树脂交换离子量的多少可用交换容量来表示。交换容量是指每克干树脂所能交换的离子的物质的量，以 mmol/g 表示。交换容量的大小取决于网状结构中活性基团的数目，含有活性基团越多，交换容量也越大。交换容量可由实验方法测得。例如，H 型阳离子交换树脂的交换容量测定方法为：称取干燥的 H 型树脂 1.000g，放于

250mL 干燥的锥形瓶中，准确加入 0.1mol/L 的 NaOH 标准溶液 100mL，塞紧放置过夜，移取上层清液 25mL，加酚酞指示液数滴，用 0.1mol/L 的 HCl 标准溶液滴定至溶液红色褪去。

$$交换容量(mmol/L) = \frac{c(NaOH)V(NaOH) - c(HCl)V(HCl)}{m \times \frac{25}{100}}$$

式中 $c(NaOH)$——NaOH 标准溶液的浓度，mol/L；

　　　$c(HCl)$——HCl 标准溶液的浓度，mol/L；

　　　$V(NaOH)$——NaOH 标准溶液的体积，mL；

　　　$V(HCl)$——HCl 标准溶液的体积，mL；

　　　m——树脂的质量，g。

若是 OH 型的阴离子交换树脂，可加入一定量的 HCl 标准溶液，用 NaOH 标准溶液滴定。一般常用树脂的交换容量约为 3~6mmol/g。

3. 离子交换的亲和力

离子在离子交换树脂上的交换能力称为离子交换树脂对离子的亲和力。不同的离子在树脂上的亲和力不同，在低浓度、常温下，离子交换树脂对不同离子的亲和力有如下规律。

（1）强酸型阳离子交换树脂

① 相同价态离子的亲和力顺序是

$Li^+ < H^+ < Na^+ < K^+ < NH_4^+ < Rb^+ < Cs^+ < Tl^+$

$UO_2^{2+} < Mg^{2+} < Zn^{2+} < Co^{2+} < Cu^{2+} < Cd^{2+} < Ni^{2+} < Ca^{2+} < Sr^{2+} < Pb^{2+} < Ba^{2+}$

② 不同价态的离子，电荷数越高，亲和力越大。

$Na^+ < Ca^{2+} < Fe^{3+} < Th^{4+}$

③ 稀土元素离子的亲和力则随着原子序数的增大而减小，原因是稀土元素离子的离子半径随原子序数增大而减小，而水合离子的半径则增大。

$Lu^{3+} < Yb^{3+} < Er^{3+} < Ho^{3+} < Dy^{3+} < Tb^{3+} < Gd^{3+} < Eu^{3+} < Sm^{3+} < Nd^{3+} < Pr^{3+} < Ce^{3+} < La^{3+}$

（2）强碱型阴离子交换树脂

$F^- < OH^- < CH_3COO^- < HCOO^- < Cl^- < CN^- < Br^- < CrO_4^{2-} < NO_3^- < I^- < CrO_4^{2-} < SO_4^{2-}$

弱酸型阳离子交换树脂在 pH 较小时、弱碱型阴离子交换树脂在 pH 较大时，离解度很小，难于交换 H^+ 或 OH^-。因此亲和力次序往往与强酸型、强碱型离子交换树脂的次序相反。

在溶液浓度增大或温度升高时，上述规律所列次序会发生变化，这在树脂选择使用时应引起注意。

三、离子交换分离操作和应用

1. 离子交换分离操作

（1）树脂的选择和处理　根据分析的要求和交换的目的，首先选择合适的树脂，见表10-6。

表 10-6　离子交换树脂粒度选择

用　途	筛孔/目	用　途	筛孔/目
制备分离	50～100	离子交换色谱法分离常量元素	100～200
分析中离子交换分离	80～120	离子交换色谱法分离微量元素	200～400

　　树脂确定后，再经过研磨、过筛、浸泡（用 3～4mol/L HCl 浸泡 1～2d），然后用蒸馏水洗至中性，经过处理的阳离子交换树脂转化为 H 型，阴离子交换树脂转化为 Cl 型。转化后的树脂应浸泡在去离子水中备用。

　　(2) 装柱　将树脂连同少量水一起装入预先充满水的柱中，边装边由柱下端缓缓放水，使树脂下沉，注意树脂中不能有气泡。离子交换柱多采用有机玻璃或聚乙烯塑料管加工而成，也可用滴定管代替。操作过程中应注意树脂层不能暴露于空气中，以免影响分离效果。

　　(3) 交换　在一定条件下，加入待分离试液，调节适当流速，使试液自上而下地通过离子交换柱，使待交换离子留在柱内的树脂上，不发生交换反应的物质随流出液流出，达到分离的目的。

　　(4) 洗脱　交换完成后，用洗涤液将树脂上残留的试液和被交换下来的离子洗下来，洗涤液一般是蒸馏水。然后用适当的洗脱液将已交换的离子从树脂上洗脱下来。选择洗脱液的原则是洗脱液离子的亲和力应大于已交换离子的亲和力。对阳离子交换树脂，常用 3～4mol/L HCl 溶液作洗脱液；对于阴离子交换树脂，常用 HCl、NaCl 或 NaOH 溶液作洗脱液。

　　(5) 树脂再生　树脂经洗脱后，在多数情况下树脂已得到了再生，再用去离子水洗涤后即可重复使用。若需要把离子交换树脂转型，在洗脱后应选用适当溶液进行处理。

2. 应用

　　(1) 水的净化　天然水中含有许多杂质，可用离子交换法净化，除去可溶性无机盐和一些有机物。即让水依次通过阳离子交换树脂柱和阴离子交换树脂柱，就可以除去水中的阳离子和阴离子得到去离子水。用这种方法净化水，方法简便、快速，在工业上和科研中普遍应用。

　　(2) 离子的分离　根据离子亲和力的差别，选用适当的洗脱剂可将性质相近的离子分离。例如用强酸性阳离子交换树脂柱分离 K^+、Na^+、Li^+ 等离子。由于在树脂上三种离子的亲和力大小顺序是 $K^+ > Na^+ > Li^+$，当用 0.1mol/L HCl 溶液淋洗时，最先洗脱下来的是 Li^+，其次是 Na^+，最后是 K^+。又如测定氟化物时，若试液中有 Fe^{3+}、Al^{3+} 存在，Fe^{3+}、Al^{3+} 能与 F^- 形成稳定的配合物影响分析结果。若将试液先通过阳离子交换树脂柱就可以除去 Fe^{3+} 和 Al^{3+}，在流出液中测定 F^-。

　　(3) 痕量组分的富集　用离子交换法富集痕量组分是比较简便有效的方法。例如天然水中 K^+、Na^+、Ca^{2+}、SO_4^{2-} 等离子的测定，可取数升水样，让它通过阳离子交换树脂柱，再通过阴离子交换树脂柱。然后用少量的稀盐酸溶液把交换在柱上的阳离子洗脱下来，另用少量稀氨水将交换在柱上的阴离子洗脱下来。这样流出液中离子的浓度可增大数十倍至百倍，然后选择适当的方法进行测定。

第五节 色谱分离法

色谱分离法是利用物质在不同的两相（固定相和流动相）中分配系数的差异而进行分离的方法。

该法的特点是分离效率高，尤其在性质相似的组分分离和纯物质的制备等方面的应用更为突出。因此，色谱法是分析化学中十分重要而又常用的一种分离手段。

一、柱色谱法

1. 柱色谱法原理

将固体吸附剂（如氧化铝、硅胶、活性炭等）装填在管柱中，制备成色谱柱。将待分离的试液从柱上端加入，若试液中含有A、B两种组分，此时A和B被吸附剂吸附在柱的上端，形成一个色带。再用一种洗脱剂作为流动相来冲洗色谱柱，A和B组分遇到洗脱液后从吸附剂上被洗脱下来，但遇到新的吸附剂时又重新被吸附上去，因而在洗脱过程中A和B组分在固定相与流动相之间连续不断地发生解吸、吸附、再解吸、再吸附。由于吸附剂对A、B两组分的吸附能力不同，因而A和B组分就可以完全分开，形成两个环带，若两组分是有色的，则能看到两个色带。若继续冲洗，则A先被洗出，B后被洗出，分别收集流出液，再用适当方法进行组分测定。柱色谱分离过程如图10-2所示。

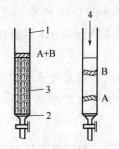

图10-2 柱色谱分离过程示意图
1—色谱柱；2—微孔板；
3—吸附剂；4—洗脱液

柱色谱分离所用的固定相（吸附剂）应具有较大的表面积和一定的吸附能力，粒度均匀，与洗脱剂和待分离的组分不起化学反应，也不溶于洗脱剂中。常用的吸附剂有氧化铝、硅胶和聚酰胺等。对于所用的流动相应根据试样组分的性质、吸附剂的活性来选择。一般来讲，如果试样中待分离的组分极性较强，应选用吸附能力较弱的吸附剂和极性较强的洗脱剂；如果待分离的组分极性较弱，则应选用吸附能力较强的吸附剂和极性较弱的洗脱剂。常用的洗脱剂极性大小次序如下：

石油醚＜环己烷＜四氯化碳＜苯＜甲苯＜二氯甲烷＜氯仿＜乙醚＜乙酸乙酯＜丙酮＜乙醇＜甲醇＜水＜吡啶＜乙酸

2. 柱色谱法操作与应用

（1）操作方法

① 装柱。在已洗净干燥的色谱柱底部铺上少量的玻璃棉或脱脂棉。装柱方法有干法和湿法两种：干法是在色谱柱上端放一个干燥的玻璃漏斗，将活化好的吸附剂通过漏斗装入柱内，边装边轻轻敲打柱管，装完后于吸附剂表面层上再铺少许脱脂棉；湿法装柱是在柱内先加入3/4已选定的洗脱剂，将一定量的吸附剂用溶剂调成糊状，慢慢倒入柱中，开启下端活塞，保持1滴/s的速度流出，直至装填完毕并于吸附剂层上端加盖一层石英砂或脱脂棉。

② 洗脱。液体试样可直接加入柱中，固体样品经溶解后再加入柱中。将选定的洗脱剂

小心地加入柱中，进行洗脱。在洗脱的全过程中，始终保持液面高出吸附剂，流速一般控制在 $0.5\sim2mL/min$。有颜色的组分可直接观察收集，然后分别将洗脱剂蒸除，再选用适当的方法进行测定。

（2）应用　柱色谱法适用于简单试样的分离，对于组分复杂的样品，此法可作为初步分离的手段，然后再用其他分析手段将各组分进行分离。例如页岩油组成的定性，由于其组成复杂，直接分析有困难，需要进行预分离，这时可用柱色谱作为分离手段。以硅胶作吸附剂制备成柱，加入页岩油试样，先用非极性的溶剂正己烷淋洗，这时最先流出的是非极性组分脂肪烃类，接着流出的是极性很弱的组分芳香烃类，这两类组分颜色不同，易于区分，可以分别收集。然后用弱极性的甲苯淋洗，流出的是带有棕色的杂环类化合物。最后用强极性溶剂甲醇淋洗，流出的带有棕黑色的极性较强的酚类等酸性或碱性化合物。分别收集后用仪器法进行分析。

二、纸色谱法

1. 纸色谱法原理

纸色谱法（简称PC）是利用滤纸作为载体进行色谱分离的方法。滤纸是一种惰性载体，滤纸纤维素中吸附着的水分为固定相。由于吸附水有部分是以氢键缔合形式与纤维素的羟基结合在一起，一般情况下难以脱去，因而纸色谱不但可用与水不相混溶的溶剂作流动相，而且可以用乙醇、丙酮等能与水混溶的溶剂作流动相。

用毛细管吸取试样溶液，点在色谱纸条一端 $2\sim3cm$ 处的中心位置上（点试液的位置称为"原点"），再取与水不混溶的有机溶剂作流动相（又称展开剂），置于密闭的容器中，将点有试样的滤纸悬挂在该容器中（如图10-3所示），使点有试样的一端浸入展开剂内，由于色谱纸的毛细管作用，展开剂沿着纸条不断上升。当展开剂接触到试样点时，试样中各组分在固定相和展开剂之间分配，从而使试样中分配系数不同的组分得以分离。当分离进行到一定时间后，即展开剂前沿上升到接近色谱纸条的上沿时，取出纸条晾干，找出纸上各组分的斑点，记下展开剂前沿的位置。

各组分在色谱纸条上的位置用比移值 R_f 表示：

$$R_f = \frac{原点至斑点中心的距离}{原点至展开剂前沿的距离}$$

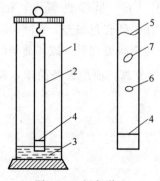

图10-3　纸色谱法
1—展开筒；2—纸条；3—展开剂；
4—原点；5—前沿；6,7—组分斑点

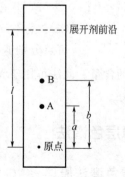

图10-4　R_f 值测量示意图

如图 10-4 所示，组分 A，$R_f=a/l$；组分 B，$R_f=b/l$。R_f 在 0～1 之间。$R_f\approx 1$，表明组分随展开剂一起上升；$R_f\approx 0$，表明组分停留在原点处。在一定色谱条件下，各种物质的 R_f 值是恒定的，所以可用 R_f 值作为定性的依据，还可以用 R_f 值判断几种组分共存时相互分离的效果。一般来讲，以 R_f 值判断多种组分的分离效果时，只要彼此相邻的两个组分的 R_f 差值大于 0.02，就可以认为分离开了。由于影响 R_f 值的因素很多，从文献上查得的 R_f 值仅可作为参考，必要时最好用标准样品做对照试验。

2. 纸色谱法操作与应用

（1）操作方法

① 色谱滤纸的选择。要选用厚度均匀、平整无折痕、边缘整齐的色谱滤纸，以保证展开速度均匀。此外还应考虑展开剂和分离对象的性质。如用正丁醇为主的较黏稠的展开剂，应选用比较疏松的薄型的快速滤纸；如用石油醚、氯仿等为主的展开剂，应选用较密集的厚型的慢速滤纸；如果试样中各组分的 R_f 值相差较大，可选用快速滤纸，反之则选用慢速滤纸。

② 点样。用平口毛细管（内径约 0.05mm）或微量注射器吸取少量试液，点在距纸条一端 2～3cm 处。可并排点数个样品，两点间相距 2cm 左右。点样的斑点直径以 2～3mm 为宜。浓度较小的试液可以反复点样，但应在前样斑点干后再点第二次样。

③ 展开。纸色谱法在展开样品时，使用的方法有上行法、下行法和环形法，一般采用上行法，见图 10-3。将点有试样的一端放入展开剂液面下约 1cm 处，展开剂沿滤纸上升，样品中各组分随之展开而分离，当展开结束后记下展开剂前沿位置。

④ 显色。对于有色的物质，可以直接观察各斑点的位置。而对于无色物质，需要通过各种物理、化学方法使之显色。然后用笔记录下各组分斑点的颜色、位置、大小及形状。根据 R_f 值进行定性，根据斑点的颜色深浅或面积大小进行半定量。

（2）应用　例如铜、铁、钴、镍的分离，用丙酮-浓盐酸-水作展开剂，选用慢速滤纸，展开 1h 后取出，用氨水熏 5min，晾干后，再用二硫代乙酰胺溶液喷雾显色，就会得到一个良好的纸色谱图，如图 10-5 所示。

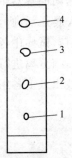

图 10-5　铁、铜、钴、镍的纸色谱分离
1—Ni^{2+}；2—Co^{2+}；3—Cu^{2+}；4—Fe^{2+}

Fe^{2+} 呈黄色斑点，$R_f=1.0$；Cu^{2+} 呈绿色斑点，$R_f=0.70$；Co^{2+} 呈深黄色斑点，$R_f=0.46$；Ni^{2+} 呈蓝色斑点，$R_f=0.17$。若将斑点分别剪下，经灰化或用高氯酸和硝酸处理后（破坏滤纸纤维），可测定各组分的含量。此法可用于无机离子和各种有机物的分离，所用设备简单，操作方便，分离效果较好。

三、薄层色谱法

1. 薄层色谱法原理

薄层色谱又称薄板色谱，是在纸色谱的基础上发展起来的。薄层色谱法是将吸附剂（固定相）铺在玻璃板或塑料板上，铺成均匀的薄层，以展开剂作流动相，被分离的组分就在薄层和展开剂之间不断地发生溶解、吸附、再溶解、再吸附的分配过程，从而达到分离的目的。

薄层色谱法与纸色谱法比较，具有分离速度快、灵敏度高、分离效果好和显色方便等优点。

2. 吸附剂和展开剂的选择

吸附剂和展开剂的选择是薄层色谱分离获得成功的关键。对吸附剂的要求是具有适当的吸附能力，与溶剂、展开剂及欲分离的试样不发生化学反应，粒度一般在 200～300 目较为合适。

薄层色谱法的吸附剂类型与柱色谱法相似，有硅胶、氧化铝、纤维素和聚酰胺等，但吸附剂的颗粒比柱色谱细得多。最常用的是硅胶和氧化铝。

① 硅胶。硅胶机械性能较差，一般需要加入黏合剂（如煅石膏、淀粉等）制成硬板。薄层色谱所用的硅胶有硅胶 H（不含黏合剂和其他添加剂）、硅胶 G（含 13%～15% 煅石膏）、硅胶 GF_{254}（含煅石膏和荧光指示剂，在 254nm 紫外光照射下呈现黄绿色荧光）和硅胶 HF_{254}（只含有荧光指示剂）。硅胶板适用于中性或酸性物质的分离。

② 氧化铝。氧化铝的极性大于硅胶，适用于分离极性较小的化合物。它分为氧化铝 G（含煅石膏）、氧化铝 GF_{254} 和氧化铝 HF_{254}。

用吸附剂制薄层板时，一般将板制成软板和硬板两种。软板（又称干板）是直接用吸附剂铺成的板。硬板是在吸附剂中加入一定量的黏合剂（如煅石膏、淀粉等），按一定比例加入水制成的板，这种板可以增大板的机械强度。制成的硬板在使用前应于 105～110℃烘干活化，驱除水分，增强其吸附能力。根据活化后含水量的不同，其活性可分为五个等级，见表 10-7。Ⅰ级活度最大，Ⅴ级活度最小，这两种都很少使用，使用最多的是Ⅱ～Ⅲ级或Ⅲ～Ⅳ级。一般制成的板在 110℃活化 30min 后活度可达Ⅱ～Ⅳ级。

表 10-7　吸附剂活度级

吸附剂	含水量/%	活度级
硅胶	0 5 15 25 38	Ⅰ Ⅱ Ⅲ Ⅳ Ⅴ
氧化铝	0 3 6 10 15	Ⅰ Ⅱ Ⅲ Ⅳ Ⅴ

吸附剂和展开剂，要根据样品中各组分的性质进行选择。吸附剂、展开剂和分离物质这三者之间的关系列于表 10-8 中，供实际应用时参考。

表 10-8　吸附剂、展开剂和分离物质三者的关系

展开剂的性质	非极性	中等极性	极性
分离物质的极性	非极性	中等极性	极性
吸附剂的活度级	Ⅰ～Ⅱ	Ⅱ～Ⅲ	Ⅳ～Ⅴ

例如，待分离的物质是中等极性的，由表10-8看出，应选用中等极性的展开剂和Ⅱ～Ⅲ活度级的吸附剂为宜。如果待分离的物质是非极性的，则选用非极性的展开剂和活度为Ⅰ～Ⅱ级的吸附剂。常用溶剂的极性顺序见柱色谱法所述。

另外，在选择展开剂时，一般先用单一的溶剂，如果单一溶剂的分离效果不好，可选用混合溶剂进行试验。如在硅胶G板上分离生物碱时，可先试用环己烷、苯或氯仿等单一溶剂；再用混合溶剂，如苯-氯仿（9＋1）、环己烷-氯仿-二乙胺（5＋4＋1）等。混合溶剂中后加进去的组分主要用来改变展开剂的极性、调整展开剂的酸碱性，以增大试样的溶解度，从而改善分离效果。

3. 操作方法

将已选好的吸附剂与适当的黏合剂按一定比例混合，加2～3倍水调成糊状，立即倒在洗净烘干的玻璃板上，铺成均匀的薄层，厚度一般为0.2～1mm，铺平后于105～110℃烘干活化30min，制成薄层板。用毛细管或微量注射器将试液点在薄板上的一端，离边缘1.5～2cm处，作为原点。然后把薄层板放入展开槽（筒）中，使点样的一端浸入展开剂中0.5～1cm处，立即加盖密闭，进行展开分离（见图10-6）。由于吸附剂对不同物质的吸附能力不同，较难吸附的组分最容易溶解，且随展开剂在薄层板上移动的距离最远；较易吸附的组分，则在薄层板上移动的距离较近。这样，试样中的各组分按其吸附能力强弱的差别彼此分开。例如，图10-7是1-氨基蒽醌在中性氧化铝薄层板上以四氯化碳-丙酮-乙醇（3＋1＋0.04）为展开剂时所得到的色谱分离结果。由图10-7清楚地看到，离原点最远处有一个面积最大的橙色斑，这是主成分1-氨基蒽醌；依次是橙红色的1,5-二氨基蒽醌、桃红色的1,8-二氨基蒽醌、黄色的2-氨基蒽醌、红色的1,6-二氨基蒽醌和橙黄色的1,7-二氨基蒽醌，原点则为褐色。如果在薄层色谱分离后，斑点无色，可选用适当的显色剂喷洒在板上，使各个组分显色。也可在紫外灯（波长254nm、365nm的紫外光）下观察各个斑点的位置，然后由斑点和展开剂的距离计算出各组分的R_f值，以此作为定性的依据，再由斑点的颜色深浅或面积大小进行半定量。

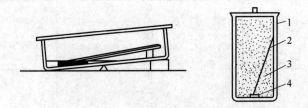

图10-6　薄层色谱示意图

1—展开槽；2—薄层板；3—蒸气展开剂；4—盛有展开剂的器皿

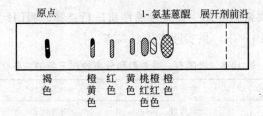

图10-7　工业用氨基蒽醌的薄层色谱图

4. 应用

（1）**痕量组分的检测**　用薄层色谱法检测痕量组分既简便又灵敏。例如，3,4-苯并芘是致癌物质，在多环芳烃中含量很低。可将试样用环己酮萃取，并浓缩到几毫升。点在含有 20g/L 咖啡因的硅胶 G 板上，用异辛烷-氯仿（1+2）展开后，置紫外灯下观察，板上呈现紫至橘黄色斑点。将斑点刮下，用适当的方法进行测定。

（2）**同系物或同分异构体的分离**　用一般的分离方法很难将同系物或同分异构体分开，但用薄层色谱法可将它们分开。例如，$C_3 \sim C_{10}$ 的二元酸混合物在硅胶 G 板上，以苯-甲醇-乙酸（45+8+4）展开 10min，就可以完全分离。

（3）**无机离子的分离**　薄层色谱法不仅能用于有机物质的分离和检测，而且也能用于无机离子的分离。例如对硫化铵组阳离子的分离，将试液点在硅胶 G 板上，以丙酮-浓盐酸-己二酮（100+1+0.5）作展开剂，展开 10min 后，用氨熏，再以 5g/L 8-羟基喹啉的 60％乙醇溶液喷雾显色，得到各组分的 R_f 顺序为 Fe＞Zn＞Co＞Mn＞Cr＞Ni＞Al。再用比较色斑大小进行各组分的半定量。此外，薄层色谱法还可用于卤素的分离和鉴定，硒、碲的分离和鉴定，稀土元素铈、镧、锆、钕的分离等。

第六节　蒸馏与挥发分离法

蒸馏与挥发分离法是利用物质挥发性的差异而进行分离的一种方法。此法只适用于那些具有挥发性和可蒸馏的物质的测定。在无机物中具有挥发性的物质如砷的氢化物，硅的氟化物，锗、锑、锡、砷的氯化物等，为数不多，因此这种方法选择性高。例如氮的测定，首先将各种含氮化合物中的氮经适当处理转化为 NH_4^+，在浓碱存在下利用 NH_3 的挥发性把它蒸馏出来，并用酸溶液吸收，根据氨的含量多少选用适宜的测定方法。又如，测定水或食品等试样中的微量砷时，先用锌粒和稀硫酸将试样中的砷还原为 AsH_3，经挥发和收集后，用比色等方法测定。在有机物中，由于存在着沸点上的差异和易挥发的特性，许多有机物就是利用蒸馏方式而得到分离、提纯和测定的。例如 C、O、H、N、S 等元素的测定就采用此法。此外利用蒸馏法可以进行微量组分的富集，如在环境监测中一些有毒物质（如 Hg、CN^-、SO_2、S^{2-}、F^- 和酚类等）的测定，就是先通过蒸馏法进行富集，然后选用适当的方法测定。表 10-9 列出了蒸馏与挥发分离法的一些应用实例。

表 10-9　蒸馏与挥发分离法的一些应用实例

组　分	挥发形式	条　件	应　用
砷	$AsCl_3$、$AsBr_3$ AsH_3	HCl 或 $HBr+H_2SO_4$ $Zn+H_2SO_4$ 或 $Al+NaOH$	除去砷 微量砷的测定
硼	BF_3	加氟化物溶液	除去硼或测定硼
碳	CO_2	1000℃通氧燃烧	碳的测定
氰化物	HCN	加硫酸或酒石酸,用稀碱吸收	CN^- 的测定
铬	CrO_2Cl_2	$HCl+HClO_4$	除去铬
铵盐、含氮有机物	NH_3	NaOH	氨态氮的测定

续表

组 分	挥发形式	条 件	应 用
硫	SO_2	1300℃通氧燃烧	硫的测定
硅	SiF_4	$HF+H_2SO_4$	硅酸盐中硅的测定,除硅
硒、碲	$SeBr_4$、$TeBr_4$	$HBr+H_2SO_4$	硒、碲的测定,除硒、碲
锗	$GeCl_4$	HCl	锗的测定
锡	$SnBr_4$	$HBr+H_2SO_4$	除锡

思考题与习题

1. 如果试液中含有 Fe^{3+}、Al^{3+}、Ca^{2+}、Mg^{2+}、Cr^{3+}、Cu^{2+}、Zn^{2+} 等离子,加入 $NH_3·H_2O$-NH_4Cl 缓冲溶液,控制 pH 为 9 左右,哪些离子以什么形式存在于溶液中?哪些离子以什么形式存在于沉淀中?分离是否完全?

2. 今欲分离下列试样中的某种组分,应选用哪种沉淀分离法?
(1) 低碳钢中的微量镍;
(2) 镍合金中的大量镍;
(3) 海水中的痕量 Mn^{2+}。

3. 分配系数和分配比的物理意义各是什么?为什么要引入"分配比"这一参数?

4. 什么是萃取效率?单次萃取和多次萃取的萃取效率有什么不同?

5. 萃取剂的作用是什么?今欲从 HCl 溶液中分别萃取下列各种组分,应分别采用何种萃取剂?
(1) Hg^{2+};(2) Al^{3+};(3) Ni^{2+}。

6. 如何正确选择薄层色谱用的展开剂?

7. R_f 值的意义是什么?为什么说从文献中查得的 R_f 值只能供参考?要准确地鉴定出试样中的各组分,还需采用哪些方法?

8. 今有一试样含有醇、酯和羧酸,在硅胶板上分离,用苯展开,试判断展开后各斑点的次序。

9. 什么是离子交换树脂的交联度和交换容量,它们对树脂的性质有何影响?

10. 今欲在盐酸溶液中分离 Fe^{3+}、Al^{3+},应选择什么树脂?分离后 Fe^{3+}、Al^{3+} 分别出现在哪里?

11. 欲用离子交换分离法分离 Ni^{2+}、Co^{2+}、Cu^{2+} 的混合物,应如何进行?

12. 已知 $Fe(OH)_2$ 沉淀的 $K_{sp}=8×10^{-16}$,Fe^{2+} 浓度为 0.020mol/L,要求用 NaOH 溶液沉淀,使 Fe^{2+} 沉淀达 99.99% 以上,溶液 pH 应控制在多少合适?

13. 某溶液含 Fe^{3+} 10mg,将它萃取到某有机溶剂中,已知分配比 $D=99$,用等体积溶剂萃取 1 次、2 次,各剩余 Fe^{3+} 多少毫克?萃取效率各为多少?

14. 某一含有烃的水溶液 50mL,用 $CHCl_3$ 萃取,每次用 5mL,要求萃取效率达 99.8%,需萃取多少次?已知 $D=19.1$。

15. 用甲基紫-CCl_4 萃取剂以离子缔合萃取体系萃取 50.0mL 含 Tl^{3+} 溶液时,已知 $D=60$,用 20mL 萃取溶剂萃取,其中学生甲用 20mL 一次全量萃取,而学生乙用 20mL 分四次萃取,每次 5mL。问学生乙比学生甲的萃取效率提高了多少?

16. 含有 Na^+、Fe^{3+}、Zn^{2+}、Th^{4+}、Pb^{2+} 等离子的混合溶液,用阳离子交换树脂分离它们时,根据亲和力的大小判断,首先通过树脂柱流出的是哪种离子?最后流出的又是哪种离子?

17. 用纸色谱上行法分离 A 和 B 两个组分时,已知 $R_{f,A}=0.45$,$R_{f,B}=0.63$。欲使分离后 A 和 B 两组分的斑点中心之间距离为 2.0cm，问色谱分离用的滤纸应至少裁多少厘米？

18. 用纸色谱法分离含有 A、B 的混合液，已知 $R_{f,A}=0.40$，$R_{f,B}=0.60$，滤纸条长度为 20cm，分离后 A、B 两斑点之间的最大距离是多少？

19. 用硅胶 G 板分离混合物中的偶氮苯，以环己烷-乙酸乙酯（9+1）为展开剂，经 2h 展开后，测得偶氮苯斑点中心离原点的距离为 9.5cm，展开剂前沿距原点的距离为 24.5cm。分离偶氮苯的比移值是多少？

20. 称取干燥 H 型离子交换树脂 1.00g，准确加入 100mL $c(NaOH)=0.1$mol/L 的 NaOH 溶液，摇匀加塞放置过夜。吸取上层清液 25mL，以 $c(HCl)=0.1010$mol/L 的 HCl 溶液滴定至酚酞显示终点，用去 14.88mL。计算树脂的交换容量。

第十一章 试样分析的一般步骤

学习指南

试样分析过程一般包括试样的采集、试样的制备、试样的溶解或分解、干扰组分的分离、测定方法的选择及测定等步骤。通过本章的学习，应掌握采样的基本原则，了解固体试样的制备步骤；掌握试样分解的溶解法和熔融法原理，了解烧结法、干式灰化法和湿式消化法；了解选择分析方法的重要性，掌握选择分析方法的基本原则。

第一节 试样的采取与固体试样的制备

一、采样原则

采样的基本目的是从被检总体物料中在机会均等的情况下取得有代表性的样品。

1. 采样目的

化工分析可能遇到的分析对象是多种多样的，有固体、液体和气体，有均匀的和不均匀的等。采样目的可分为下列几种情况。

（1）技术方面目的 确定原材料、中间产品、成品的质量；中间生产工艺的控制；测定污染程度、来源；未知物的鉴定等。

（2）商业方面目的 确定产品等级、定价；验证产品是否符合合同规定；确定产品是否满足用户质量要求。

（3）法律方面目的 检查物料是否符合法律要求；确定生产中是否泄漏、有毒有害物质是否超标准；为了确定法律责任，配合法庭调查；仲裁测定等。

（4）安全方面目的 确定物料的安全性；分析事故原因的检测；对危险物料安全性分类的检测等。

2. 采样方案和记录

采样方案内容包括待检总体物料的范围；确定采样单元；确定采样数目、部位和采样量；采样工具和采样方法；试样处理加工方法及安全措施。

记录内容包括试样名称、采样地点和部位、编号、数目、采样日期、采样人等。

二、液体试样的采取

1. 样品类型

（1）部位样品　从物料特定部位和流动样品特定时间采取的样品。

（2）表面样品　在物料表面采取的样品。

（3）底部样品　在物料最底部采取的样品。

（4）上、中、下部样品　在液面下相当于总体积的深度 1/6（1/2、5/6）处采得的样品。

（5）平均样品　将一组部位（上、中、下）样品混合均匀的样品。

2. 采样方法

（1）常温下流动液体采样

① 件装容器物料的采样。随机从各件中采样，混合均匀作为代表样品。

② 罐和槽车物料采样。采得部位样品混合均匀作为代表样品。

③ 管道物料采样。周期性地从管道上的取样阀采样。最初流出的液体弃去，然后取样。

（2）稍加热成流动液体的采样　对于这类试样的采样，最好从交货方在罐装容器后的现场采取液体样品。若条件不允许时，只好在收货方将容器放入热熔室中使产品全部熔化后采液体样品或劈开包装采固体样品。

（3）黏稠液体的采样　由于这类产品在容器中难以混匀，最好从交货容器罐装过程中采样，或是通过搅拌达到均匀状态时采部位样品，混合均匀为代表样品。

（4）液化气体的采样　低碳烃类的石油液化气、有毒化工液化气体液氯及低温液化气体产品液氮和液氧等的采样，必须使用一些特定的采样设备，采样方法严格按照有关规定进行采样。

三、气体试样的采取

1. 样品类型

采取的气体样品类型有部位样品、混合样品、间断样品和连续样品。

2. 采样方法

（1）常压下取样　当气体压力近于大气压力时，常用改变封闭液面位置的方法引入气体试样，或用流水抽气管抽取，如图11-1(a)和（b）所示。封闭液一般采用氯化钠或硫酸钠的酸性溶液，以降低气体在封闭液中的溶解度。

（2）正压下取样　当气体压力高于大气压力时，只需开放取样阀，气体就会流入取样容器中。如气体压力过大，在取样管和取样容器之间应接入缓冲器。正压下取样常用的取样容器是橡皮球胆或塑料薄膜球。

（3）负压下取样　负压较小的气体，可用流水抽气管吸取气体试样。当负压较大时，必须用真空瓶取样。图 11-1(c) 为常用的真空瓶。取样前先用真空泵将瓶内空气抽出（压力降至 8~13kPa），称量空瓶质量。取完气样以后再称量，增加的质量即为气体试样的质量。

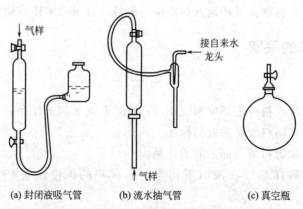

(a) 封闭液吸气管　　(b) 流水抽气管　　(c) 真空瓶

图 11-1　气体取样容器

同理，在采取气体试样之前，必须用样气将取样容器进行置换。气体样品取来后，应立即进行分析。

四、固体试样的采取

对于组成较为均匀的固体化工产品、金属等，取样比较简单。对一些颗粒大小不匀、组成比较复杂的物料，必须按一定的程序进行采样。

1. 采样数目

对于单元物料，按表 11-1 确定采样单元数；对于散装物料，批量少于 2.5t，采样数为 7 单元（点），批量在 2.5~80t 之间，采样数为 $\sqrt{物料量(t) \times 20}$（取整数），大于 80t，采样单元数（点）为 40。

表 11-1　采样数目的确定

总体物料单元数	采样数	总体物料单元数	采样数
1~10	全部	182~216	18
11~49	11	217~254	19
50~64	12	255~296	20
65~81	13	297~343	21
82~101	14	344~394	22
102~125	15	395~450	23
126~151	16	451~512	24
152~181	17		

2. 采样方法

（1）粉末、小颗粒物料的采样　采取件装物料用探子或类似工具，按一定方向，插入一定深度取定向样品；采取散装静止物料，用勺、铲从物料一定部位沿一定方向采取部位样品；采取散装运动物料，用铲子从皮带运输机随机采取截面样品。

（2）块状物料的采样　可以将大块物料粉碎混匀后，按上面方法采样。如果要保持物料原始状态，可按一定方向采取定向样品。

（3）可切割物料的采样　采用刀子在物料一定部位截取截面样品或一定形状的几何

样品。

(4) 需特殊处理的物料　物料不稳定、易与周围环境成分（如空气水分等）反应的物料，放射性物料及有毒物料的采取应按有关规定或产品说明要求采样。

五、固体试样的制备

1. 样品制备的基本原则

不破坏样品的代表性、不改变样品组成和不受污染；缩减样品量同时缩减粒度；根据样品性质确定制备步骤。

2. 制备技术

包括粉碎、混合、过筛、缩分四个步骤。粗样经破碎、过筛、混合和缩分后，制成分析试样。常用的缩分法为四分法：将试样混匀后，堆成圆锥形，略微压平，通过中心分为四等份，把任意对角的两份弃去，其余对角的两份收集在一起混匀。这样每经一次处理，试样就缩减了一半。根据需要可将试样再粉碎和缩分，直到留下所需量为止。在试样粉碎过程中，应避免混入杂质，过筛时不能弃去未通过筛孔的粗颗粒，而应再磨细后使其通过筛孔，以保证所得试样能代表整个物料的平均组成。

最后采取样品量，分为两等份，一份供检验用，另一份供备份用，每份为检验用量的3倍。

3. 试样的溶解

定量分析的大多数方法都需要把试样制成溶液。有些样品溶解于水；有些可溶于酸；有些可溶于有机溶剂；有些既不溶于水、酸，又不溶于有机溶剂，则需经熔融，使待测组分转变为可溶于水或酸的化合物。

(1) 溶解法　溶解法是采用适当的溶剂将试样溶解制成试液的方法。这种方法比较简单、快速。在实际样品的溶解中，除常用的溶剂水之外，还有一些常用的酸溶液或碱溶液。

① 水溶法。用水溶解试样简单、快速，适用于一切可溶性盐和其他可溶性物料。常见的可溶性盐有硝酸盐、醋酸盐、铵盐、绝大多数的碱金属化合物、大部分的氯化物及硫酸盐。当用水不能完全溶解时，再用酸或碱溶解。

② 酸溶法。酸溶法是利用酸的酸性、氧化性、还原性及配位性使试样溶解。合金、部分金属氧化物、硫化物、碳酸盐矿物、磷酸盐矿物等常用此法。

a. 盐酸具有还原性及配位性，它能够溶解金属活动顺序表中氢以前的金属或合金，还可以溶解一些碳酸盐、软锰矿（MnO_2）、赤铁矿（Fe_2O_3）及以碱金属、碱土金属为主要成分的矿石。

b. 硝酸具有氧化性，除铂、金及某些稀有金属外，绝大部分金属能溶解于硝酸。但能被硝酸钝化的金属（如铝、铬、铁）以及与硝酸作用生成难溶性化合物的金属（如锑、锡和钨等）都不能用硝酸溶解。

c. 浓热硫酸具有强氧化性和脱水能力，能溶解多种合金及矿石，并能分解破坏有机物。利用硫酸的高沸点（338℃），可以借蒸发至冒白烟来除去低沸点的酸，如 HCl、HNO_3、HF。

d. 磷酸在高温下形成焦磷酸，具有强的配位能力，常用于分解难溶的合金钢和矿石。

e. 高氯酸在加热情况下，具有强的氧化性和脱水能力，常用于分解含铬的合金和矿石。浓热高氯酸遇有机物，由于剧烈的氧化作用而易发生爆炸。因此当试样中含有机物时，应先用浓硝酸氧化有机物和还原剂后，再加入高氯酸。

f. 氢氟酸是较弱的酸，但 F^- 的配位能力很强。氢氟酸常与硫酸或硝酸混合使用分解硅酸盐样品。由于氢氟酸对玻璃有强烈的腐蚀作用，因此分解样品时应在铂或聚四氟乙烯器皿中进行。

g. 混合酸要比单一酸具有更强的溶解能力，如 3 体积的浓盐酸与 1 体积的浓硝酸混合制成的王水，可溶解金和铂等贵金属、合金及硫化物。常用的混合酸有王水、H_2SO_4-H_3PO_4、H_2SO_4-HNO_3、H_2SO_4-HF、H_2SO_4-$HClO_4$ 等。

③ 碱溶法。碱溶法的溶剂主要是氢氧化钠和氢氧化钾。常用于溶解两性金属、合金及氧化物，如铝、锌及氧化铝、三氧化二砷等。

（2）熔融法　该法是将试样与其 8～10 倍质量的固体熔剂混合，在高温下进行熔融反应，所得固熔物再用水或酸进行浸取，使待测组分进入溶液中。根据所用熔剂的化学性质不同，可分为酸熔法和碱熔法。

① 酸熔法。常用的酸性熔剂有焦硫酸钾（$K_2S_2O_7$）和硫酸氢钾（$KHSO_4$）。在高温下分解产生的 SO_3 能与碱性氧化物反应。如灼烧过的 Fe_2O_3 不溶于酸，但能被焦硫酸钾熔融。

$$Fe_2O_3 + 3K_2S_2O_7 \xrightarrow{\text{高温}} Fe_2(SO_4)_3 + 3K_2SO_4$$

用此法可以分解铁、铝、钛、锆、铌、钽等的氧化物，以及中性或碱性耐火材料。

② 碱熔法。它是用碱性熔剂熔融分解酸性试样。常用的碱性熔剂有 Na_2CO_3、$NaOH$、K_2CO_3、Na_2O_2 以及它们的混合物等。它们可以分解硅酸盐、磷酸盐、铬铁矿石、钒合金、锌矿石、砷化物矿石、硫化物矿石等。碱熔法严重腐蚀瓷坩埚，故可选用铂、铁、镍、银等材质的坩埚进行熔融。

（3）烧结法　烧结法又称半熔法，是使试样与固体熔剂在低于熔点的温度下进行分解反应。如煤或矿石中硫的测定，可用 Na_2CO_3-ZnO 熔剂烧结，使其中的硫转变成硫酸钠。这里 Na_2CO_3 起熔剂的作用，而 ZnO 起疏松和通气的作用，以使空气中的氧将硫化物氧化为硫酸盐，用水浸取使硫酸根离子形成钠盐进入溶液中。又如测定硅酸盐中的钾、钠时，不能用含有 K^+、Na^+ 的熔剂，此时可以选用烧结法，即用 $CaCO_3$-NH_4Cl 分解硅酸盐。

（4）干式灰化法　干式灰化法是在一定温度和气氛下加热，使待测物质分解、灰化，留下的残渣再以适当的溶剂溶解。由于这种方法不使用熔剂分解试样，所以空白值低，适合微量元素的分析。

干式灰化法常用的有两种形式。一种是将试样置于蒸发皿或坩埚中，在空气中于一定温度范围（400～700℃）加热分解、灰化，所得残渣用适当溶剂溶解后进行测定。这种方法叫定温灰化法，常用于测定有机物和生物试样中的无机元素，如铬、铁、锌、锑、钠等。另一种是将试样包在定量滤纸中，用铂丝固定，放入充满 O_2 的密闭烧瓶中燃烧，瓶内可用适当的吸收剂吸收燃烧产物，然后进行测定。这种方法叫氧瓶燃烧法，常用于有机物中卤素、硫、磷、硼等元素的测定。

（5）湿式消化法　该法使用硝酸和硫酸或硫酸、硝酸与高氯酸混酸作为溶剂与试样一同加热煮沸分解。常用于有机物中卤素、硫、氮、磷等元素的测定。例如克式定氮法，首先是将试样中的有机氮分解为无机铵盐，再加入 NaOH 使铵盐变为氨气挥发出来，挥发出的氨气用过量的盐酸标准溶液吸收，然后用标准 NaOH 溶液滴定剩余的盐酸，根据滴定过程中消耗的 NaOH 的量和盐酸的总量就可以计算出原试样中氮的含量。这种方法简便快速，但注意所加溶剂的纯度必须保证，否则会因溶剂的不纯而引入杂质。

第二节 分析方法的选择

根据被测组分的物理性质、化学性质及物理化学性质，可以建立与之有关的许多分析方法，因此一个组分的测定往往面对从众多方法中选择其一的问题。

一、分析方法选择的必要性

在实际工作中，遇到的分析问题是各种各样的，也许是无机试样或有机试样，也许是单向分析或全分析等。然而在分析方法这个门类里，方法的种类很多，同一种组分往往可以用多种方法进行测定，如可用滴定分析法、重量分析法以及仪器分析法等。而同一类方法中还有多种方法，如滴定分析中的氧化还原滴定法中有高锰酸钾法、重铬酸钾法、碘量法和铈量法等。由此可见，要获得符合要求的测定结果，选用哪一种测定方法必须根据不同情况予以考虑。

二、分析方法选择的基本原则

1. 根据测定的目的及要求选择

首先明确持样方测定的目的及要求，主要包括需要测定的组分、准确度及完成测定的时间等。一般对标准物和成品分析的准确度要求较高，对微量成分分析则灵敏度要求较高，而对中间控制分析则要求快速简便等。例如，测定标准钢样中的硫时，一般采用准确度高的重量法，而炉前硫的控制分析则采用分析速度快的燃烧容量法。另外在一个样品中需要对多个组分同时测定时，最好选择能同时测定多组分的方法或在同一试液中能连续测定多个组分的方法。

2. 根据待测组分的含量选择

一般来讲，适用于测定常量组分的分析方法往往不适用于微量组分或低浓度物质的测定，反之，测定微量组分的方法也不适用于常量组分的测定。因此在选择测定方法时应考虑待测组分的含量。常量组分多数采用滴定分析法和重量分析法进行测定，这些方法准确度高，相对误差为千分之几。但这些方法灵敏度低，不适合微量组分或低含量（<1%）组分的测定。对于微量组分的测定，应选择灵敏度高的仪器分析法，如分光光度法、原子吸收光谱法、色谱分析法等。这些方法的相对误差一般为百分之几，虽然仪器分析法相对误差比滴定分析和重量分析法大，但对微量组分的测定，这些方法的准确度已能满足要求了。例如用光谱法分析纯硅中的硼时，其结果为 2×10^{-8}，若此法的相对误差是 50%，则真实含量为 $1\times10^{-8}\sim3\times10^{-8}$。虽然该法的相对误差较大，但只要能确定其含量的数量级 10^{-8} 就足够了。另外对含量很低的组分，还需要事先进行富集，然后再进行测定。

3. 根据待测组分的性质选择

了解待测组分的性质可帮助人们选择分析方法。例如试样呈酸性或碱性时，可以首先考虑酸碱滴定法；若试样具有氧化性或还原性，可以考虑氧化还原滴定法。又如大部分金属离子能与 EDTA 形成稳定的配合物，因此配位滴定法是测定常量金属离子的首选方法。但对于碱金属，特别是钠离子等，由于它们没有稳定的配合物，且大部分盐类溶解度大，又不具有氧化还原性质，所以对钠离子等的测定不能采用滴定分析法和重量分析法。但它们能发射或吸收一定波长的特征谱线，因此火焰光度法及原子吸收光谱法是首选的测定方法。

4. 根据共存组分的影响选择

选择分析方法时，必须考虑共存组分对测定的影响，尤其是在分析较复杂试样时更是如此。例如测定铜矿中的铜时，若用硝酸分解试样，选用碘量法测定，其中试样中含有的 Fe^{3+} 及过量的硝酸都能将 I^- 氧化，干扰测定；若选用配位滴定法，由于 Fe^{3+}、Zn^{2+}、Al^{3+} 等都与 EDTA 生成配位化合物，也会干扰测定；若用原子吸收光谱法，则 Fe、Zn、Pb、Al、Mg 等元素均不干扰。因此在共存组分存在时尽量选择那些选择性高、共存元素干扰小的分析方法，或者用掩蔽法、分离法消除干扰后再进行测定。

5. 根据实验室条件选择

选择分析方法时，还要考虑实验室是否具备所需的条件。比如实验室现有仪器的精密度、灵敏度和试验所用的试剂、水等是否能满足分析方法的要求。虽然有些分析方法在选择性、灵敏度及准确度方面都能满足某一组分的测定要求，但所需仪器昂贵，一般实验室不一定具备，也只能选用其他分析方法。

总之，一个理想的分析方法应该是选择性高、检出限低、灵敏度高、准确度高、操作简便的方法。但在实际工作中，这样的方法难以找到，所以在选择分析方法时，应首先查阅有关文献，然后根据上述原则及实际情况综合考虑，选出切实可行的分析方法。

思考题与习题

1. 采样的原则是什么？采样量多少如何确定？
2. 如何制备固体分析试样？简述各制备步骤的目的。
3. 在制备样品时，将大块物料粉碎后，用分样筛直接筛出部分样品作为分析试样，这种做法是否正确？为什么？
4. 制备好的样品为什么同时分装在两个试剂瓶中，一瓶供分析用，另一瓶保存？
5. 分解试样时应注意哪些问题？
6. 用酸溶法分解试样时，常用的溶剂有哪些？
7. 使用高氯酸分解试样时应注意哪些问题？当有机物存在时又如何进行试样的分解？
8. 测定玻璃中 SiO_2、K^+、Na^+、Ca^{2+}、Fe^{3+} 等的含量，分别用什么方法溶解？
9. 烧结法适用于哪些试样的分解？
10. 干式灰化法有哪几种形式？每种形式都适用于哪些试样的分解？
11. 简述下列溶（熔）剂对样品的分解作用：HCl、HNO_3、H_2SO_4、$K_2S_2O_7$。
12. 选择分析方法时，应注意哪些问题？

第十二章
仪器分析基础

> **学习指南**

本章主要介绍常见的仪器分析法。通过本章的学习，应掌握电位测量系统的构成和直接法测定水溶液 pH 的原理，了解电位滴定的使用范围，掌握确定电位滴定终点的方法，了解电导率的概念及在分析检测中的应用；掌握光吸收定律，并能应用于吸光光度定量分析，了解选择显色剂和显色反应条件的基本原则；理解气相色谱基本理论以及操作条件选择的原则，了解气相色谱仪的构成和主要部件的作用，掌握气相色谱常用术语，了解色谱定性分析要点，掌握归一化法、内标法和外标法等定量分析的基本方法。

第一节 电化学分析

一、电化学分析法简介

1. 电化学分析的分类及特点

（1）电化学分析的分类　电化学分析法是根据物质的电学及电化学性质来测定物质含量的仪器分析方法。电化学分析种类繁多，归纳起来，可分为三大类。

① 直接测定法。以待测物质的浓度在某一特定实验条件下与某些电化学参数间的函数关系为基础的分析方法。通过测定这些电化学参数，直接对溶液的组分作定性、定量分析，如直接电位法和直接电导法等。这类方法操作简单快速，缺点是这些电化学参数与溶液组分间的关系随测定条件而改变，因此测定方法的准确度不高。

② 电容量分析法。以滴定过程中某些电化学参数的突变作为滴定分析中指示终点的方法。这类分析方法与化学容量分析法类似，也是把一种已知浓度的标准滴定溶液滴加到被测溶液中，直到化学反应定量完成，根据消耗标准滴定溶液的量计算出被测组分的量。不同的是电容量分析法不用指示剂颜色变化确定滴定终点，而是根据溶液中某个电化学参数的突变来确定终点。这类方法包括电位滴定、电导滴定、库仑滴定等。

③ 电称量分析法。试液中某种待测物质通过电极反应转化为固相沉积在电极上，然后

通过称量确定被测组分含量的方法。这种方法的准确度高，但需要时间较长，如电解分析法。

（2）电化学分析的特点　仪器设备简单，操作方便快速，测试费用低，易于普及；灵敏性、选择性和准确性很高，适用面广；试样用量少，若使用特制的电极，所需试液可少至几微升；由于测定过程中得到的是电信号，可以连续显示和自动记录，因而这种方法更有利于实现连续、自动和遥控分析，特别适用于生产过程的在线分析，自动化程度高；电化学分析法精密度较差，当要求精密度较高时不宜采用此法，电极电位值的重现性受实验条件的影响较大。

2. 化学电池

电化学分析尽管在测量原理、测量对象及测量方式上都有很大差别，但它们都是在电化学反应装置——电化学电池中进行的。

电化学电池是化学能和电能进行相互转换的电化学反应器，它分为原电池和电解池两类。

原电池能自发地将本身的化学能转变为电能，而电解池则需要外部电源供给电能，然后将电能转变为化学能。电位分析法是在原电池内进行的，而库仑分析法、极谱分析法和电导分析法是在电解池内进行的。电化学电池均由两支电极（指示电极和参比电极）、容器和适当的电解质溶液组成。

在电池反应中，规定发生氧化反应（$M \longrightarrow M^{n+} + ne$）的电极为阳极，发生还原反应（$M^{n+} + ne \longrightarrow M$）的电极为阴极。在原电池中，由于阳极发生的是氧化反应，电极带负电荷，为原电池的负极；同理，阴极为原电池的正极。在化学电池中，一般把作负极的电极及有关的溶液体系写在左面，用"｜"表示不同的界面，并用"‖"表示相界电位差为零的两个半电池电解质的接界，一般是用盐桥相连接的两种溶液之间的接界。例如，丹尼尔（Danill）电池可用下式表示：

$$(-)Zn|ZnSO_4 \| CuSO_4|Cu(+)$$

电池反应为：

$$Cu^{2+} + Zn = Cu + Zn^{2+}$$

电池的电动势是表明电池的两电极之间的电势差，所以电池电动势

$$E = \varphi_{右} - \varphi_{左} = \varphi_{正} - \varphi_{负} \tag{12-1}$$

式中　$\varphi_{正}$——正极的电极电位，V；

$\varphi_{负}$——负极的电极电位，V。

二、电位分析法

电位分析法是通过测量电池电动势的变化来测定物质含量的一种电化学分析方法。通常在待测试样溶液中插入两支性质不同的电极组成电池，利用电池电动势与试液中离子活度（浓度）之间的对应关系测得被测离子的活度（浓度）。电位分析法包括直接电位法和电位滴定法。

直接电位法是通过测量电池电动势来确定待测离子活度（浓度）的方法。例如用玻璃电极测定溶液中 H^+ 的活度，用离子选择性电极测定各种阴、阳离子的活度等。

电位滴定法是通过测量滴定过程中电池电动势的变化来确定滴定终点的分析方法,可用于酸碱、配位、沉淀、氧化还原等各类滴定反应终点的确定。

1. 电极电位与能斯特方程

将一金属片 M 浸入该金属离子 M^{n+} 的水溶液中,在金属和溶液界面间产生了双电层,两相之间产生一个电位差,称之为电极电位 (φ),其值可用能斯特方程表示为

$$M^{n+} + ne \rightleftharpoons M$$

$$\varphi = \varphi^{\ominus}_{M^{n+}/M} + \frac{RT}{nF}\ln a(M^{n+}) \tag{12-2}$$

式中 $\varphi^{\ominus}_{M^{n+}/M}$ ——标准电极电位,V;

R ——摩尔气体常数,8.3145J/(mol·K);

T ——热力学温度,K;

n ——电极反应中转移的电子数;

F ——法拉第常数,96485C/mol;

$a(M^{n+})$ ——金属离子 M^{n+} 的活度,mol/L。

测定电极电位可以确定离子的活度或在一定条件下确定其浓度(离子浓度很小时可用浓度代替活度),这就是电位分析的理论依据。

能否测量出单支电极的电位 $\varphi_{M^{n+}/M}$,从而确定 M^{n+} 的活度呢?实际上这是不可能的。在电位分析中需要一支电极电位随待测离子活度(浓度)不同而变化的电极,称为指示电极。还需要一支电极电位值恒定的电极,称为参比电极。用指示电极、参比电极和待测溶液组成工作电池,测量该电池的电动势,才能求出某一电极的电极电位。

在滴定分析中,当滴定到化学计量点附近时,将发生浓度的突变。如果在滴定过程中,在滴定容器中浸入一对适当的电极,则在化学计量点时可以观察到电极电位的突变,根据这样的突变可以确定滴定终点,这就是电位滴定的基本原理。

2. 参比电极和指示电极

(1) 参比电极 参比电极是提供测量参考恒定电位的电极,与被测物质的浓度无关。对参比电极的要求是电极电位已知、稳定、可逆性好;重现性好;装置简单,使用方便,寿命长。

标准氢电极是为了测量其他电极的电位值而规定的标准参比电极,由于制备过程比较麻烦,一般很少应用。常用的参比电极有甘汞电极和银-氯化银电极。

① 甘汞电极。甘汞电极是金属汞和甘汞 (Hg_2Cl_2) 及一定浓度的 KCl 溶液组成的参比电极,其结构如图 12-1 所示。

电极由两个玻璃套管组成,内玻璃管的上端封接一根铂丝,铂丝插入纯汞中,下置一层甘汞和汞的糊状混合物,下端用一层多孔物质塞紧;外玻璃管中装入 KCl 溶液,电极下端与待测溶液接触部分是熔结陶瓷芯或玻璃砂芯等多孔物质。甘汞电极的半电极组成是 Hg,Hg_2Cl_2(固) | KCl。

电极反应 $Hg_2Cl_2 + 2e \rightleftharpoons 2Hg + 2Cl^-$

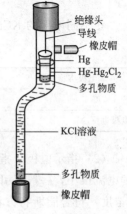

图 12-1 甘汞电极结构示意图

电极电位（25℃）为

$$\varphi_{Hg-Hg_2Cl_2} = \varphi^{\ominus}_{Hg-Hg_2Cl_2} + \frac{0.059}{2}\lg\frac{a(Hg_2Cl_2)}{a^2(Hg)a^2(Cl^-)}$$

$$= \varphi^{\ominus}_{Hg-Hg_2Cl_2} - 0.059\lg a(Cl^-) \tag{12-3}$$

上式表明，当温度一定时，甘汞电极的电极电位决定于 Cl^- 的活度。电极中充入不同浓度的 KCl 溶液可具有不同的电位值，见表 12-1。

表 12-1 甘汞电极的电极电位（25℃）

电极类型	0.1mol/L 甘汞电极	标准甘汞电极（NCE）	饱和甘汞电极（SCE）
KCl 浓度	0.1mol/L	1.0mol/L	饱和溶液
电极电位/V	+0.3351	+0.2822	+0.2458

饱和甘汞电极（SCE）结构简单，使用方便，电极电位稳定，只要测量时通过的电流比较小，它的电极电位不发生显著变化，应用比较广泛。

使用甘汞电极时应注意以下几点：

a. 在使用电极时，应将加液口和液络部（多孔物质）的橡皮帽打开，以保持液位差。不用时应罩好。

b. 电极内部氯化钾溶液应保持足够的高度和浓度，必要时应及时添加。添加后应使电极内不能有气泡，否则将使读数不稳定。

c. 甘汞电极有温度滞后现象，不宜在温度变化较大的环境中使用。当待测溶液中含有有害物质如 Ag^+、S^{2-} 时，应使用加有盐桥的甘汞电极。

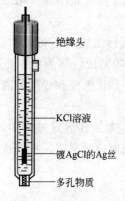

图 12-2 银-氯化银电极结构示意图

② 银-氯化银电极。银丝表面镀上一层 AgCl，浸在一定浓度的 KCl 溶液中即构成了银-氯化银电极，其结构如图 12-2 所示。该电极的半电极组成是 Ag，AgCl(固) | KCl。

电极反应 $AgCl + e \rightleftharpoons Ag + Cl^-$

电极电位（25℃）

$$\varphi_{Ag-AgCl} = \varphi^{\ominus}_{Ag-AgCl} - 0.059\lg a(Cl^-) \tag{12-4}$$

在不同浓度的 KCl 溶液中，其电极电位的值见表 12-2。

表 12-2 银-氯化银电极的电极电位（25℃）

电极类型	0.1mol/L Ag-AgCl 电极	标准 Ag-AgCl 电极	饱和 Ag-AgCl 电极（SCE）
KCl 浓度	0.1mol/L	1.0mol/L	饱和溶液
电极电位/V	+0.2880	+0.2223	+0.2000

（2）指示电极 指示电极的电位能反映被测离子的活度（浓度）及其变化，流过该电极的电流很小，一般不引起溶液本体成分的明显变化，其电极电位与溶液中相关离子的活度（浓度）符合能斯特方程。理想的指示电极只应对要测量的离子有响应，对其他离子没有响应。

① 第一类电极——金属-金属离子电极。电极为一纯金属片或棒，如铜电极、锌电极，

把该金属电极放入它的盐溶液中即可得到相应电极，如 Ag-AgNO$_3$ 电极（银电极）、Cu-CuSO$_4$ 电极（铜电极）等。发生的电极反应为

$$M^{n+} + ne \Longrightarrow M$$

在25℃时，其电极电位为

$$\varphi_{M^{n+}/M} = \varphi^{\ominus}_{M^{n+}/M} + \frac{0.059}{n}\lg a(M^{n+}) \tag{12-5}$$

第一类电极的电位仅与金属离子的活度（浓度）有关，故可用金属电极测定溶液中同种金属离子的活度（浓度）。

② 第二类电极——金属-金属难溶盐电极。在金属电极表面覆盖其难溶盐，再插入到难溶盐的阴离子溶液中即可得到此类电极，其电极电位取决于与金属离子生成难溶盐的阴离子的活度。如 Ag-AgCl/Cl$^-$ 电极、Hg-Hg$_2$Cl$_2$/Cl$^-$ 电极等。发生的电极反应为

$$MX_n = M^{n+} + nX^-$$

在25℃时，其电极电位为

$$\varphi_{M-MX_n} = \varphi^{\ominus}_{M-MX_n} - \frac{0.059}{n}\lg a(X^-) \tag{12-6}$$

利用该电极可测定难溶盐的阴离子的含量，这类电极常用作参比电极。

③ 零类电极——惰性金属电极。该类电极是由铂或金等惰性金属作电极，浸入含有均相和可逆的同一元素的两种不同氧化态的离子溶液中而组成。惰性金属的作用只是协助电子的转移，本身不参与反应，这类电极的电极电位与两种氧化态离子活度（浓度）的比值有关。

④ 膜电极——离子选择性电极。膜电极——离子选择性电极（ISE）是电位分析中最常用的电极，与其他类电极的区别是薄膜不给出或得到电子，而是选择性地让一些离子渗透（包括离子交换），仅对溶液中特定离子有选择性响应，不发生电极反应。电极电位与特定离子活度符合能斯特方程。

根据薄膜组成的不同，膜电极分为晶体膜电极（均相晶体膜电极和非均相晶体膜电极）、非晶体膜电极［刚性基质电极（如玻璃膜电极）和流动载体电极］、敏化电极（气敏电极和酶电极）。

离子选择性电极一般由内参比电极、内参比液和敏感膜三部分组成。内参比电极一般用银-氯化银电极；内参比液含有该电极响应的离子和内参比电极所需要的离子。膜电极的关键元件是选择性敏感膜，敏感膜可由单晶、混晶、液膜、功能膜及生物膜等构成，膜材料不同电极的性能也不同。

例如氟离子选择性电极，电极的敏感膜为掺有 EuF$_2$ 的 LaF$_3$ 单晶膜，内参比电极为 Ag-AgCl 电极，内参比溶液为 0.1mol/L 的 NaCl 和 0.1mol/L 的 NaF 混合溶液，其构造如图 12-3 所示。

LaF$_3$ 的晶格中有空穴，在晶格上的 F$^-$ 可以移入晶格邻近的空穴而导电。对于一定的晶体膜，离子的大小、形状和电荷决定其是否能够进入晶体膜内，故膜电极一般都具有较高的离子选择性。

氟离子选择性电极应用范围极为广泛。如雪和雨水、磷肥厂的废渣、谷物和食品等中的微量 F$^-$，都可用氟电极测定。

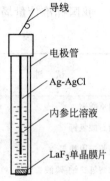

图 12-3　氟电极结构示意图

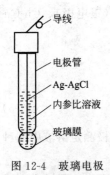

图 12-4 玻璃电极结构示意图

再如玻璃（pH）电极，电极的敏感膜是在 SiO_2 基质中加入 Na_2O、Li_2O 和 CaO 烧结而成的特殊玻璃膜，厚度约为 0.05mm；内参比电极为 Ag-AgCl 电极；内参比溶液为 0.1mol/L 的 HCl 溶液，其结构见图 12-4。

玻璃电极使用前需要在水中浸泡 24h 以上，使其膜表面的 Na^+ 与水中的 H^+ 交换，形成水合硅胶层，同时消除不对称电位对测定的影响。

玻璃电极适用于 pH 为 1~10 的溶液的测定。当测定溶液的酸性太强（pH<1）时，电位值偏离线性关系，产生的测量误差称为酸差。这是由于在强酸溶液中，H^+ 未完全游离的缘故。当测定溶液的碱性太强（pH>12）时，电位值偏离线性关系，产生的测量误差称为碱差或钠差，这主要是 Na^+ 参与相界面上的交换所致。

3. 直接电位法测 pH

（1）测定原理　测定溶液 pH 时，常用 pH 玻璃电极作指示电极，饱和甘汞电极作参比电极，与试液组成一个工作电池。在实际测定中，通常是用 pH 已知的标准缓冲溶液，在完全相同的条件下对工作电池（测量仪器）进行校正（定位）来确定。

设有两种溶液，一种是 pH 为已知的标准溶液，另一种是待测试液，与选定的玻璃电极和甘汞电极分别组成工作电池，测得其电池电动势分别为 $E_{电池s}$ 和 $E_{电池x}$，则有

$$E_{电池s} = K'_s + 0.059\text{pH}_s$$
$$E_{电池x} = K'_x + 0.059\text{pH}_x$$

如果测量电池电动势的条件完全相同，则 $K'_s = K'_x$，两式相减，得到

$$\text{pH}_x = \text{pH}_s + \frac{E_x - E_s}{0.059} \tag{12-7}$$

式中，pH_s 是已知确定的数值，通过测量 E_s 和 E_x，就可以求得 pH_x。

（2）标准缓冲溶液　电位法测定溶液 pH 时，需用 pH 标准缓冲溶液来定位校准仪器，pH 标准缓冲溶液是 pH 测定的基准。可直接购买经国家鉴定合格的袋装 pH 标准物质或采用分析纯以上级别的试剂，使用煮沸并冷却、电导率小于 2.0×10^{-6} S/cm 的蒸馏水，其 pH 以 6.7~7.3 为宜，或采用实验室三级用水来配制。配好的标准溶液应在聚乙烯瓶或硬质玻璃瓶中密闭保存，在室温条件下，一般可保存 1~2 个月。当发现有浑浊、发霉或沉淀现象时，不能继续使用。

我国标准计量局颁发了六种 pH 标准缓冲溶液及其在一定温度范围的 pH，见表 12-3。

表 12-3　标准缓冲溶液的 pH

试　剂	浓度 c/(mol/L)	pH					
		10℃	15℃	20℃	25℃	30℃	35℃
四草酸钾	0.05	1.67	1.67	1.68	1.68	1.68	1.69
酒石酸氢钾	饱和	—	—	—	3.56	3.55	3.55
邻苯二甲酸氢钾	0.05	4.00	4.00	4.00	4.00	4.01	4.02
磷酸氢二钠-磷酸二氢钾	0.025-0.025	6.92	6.90	6.88	6.86	6.86	6.84
四硼酸钠	0.01	9.33	9.28	9.23	9.18	9.14	9.11
氢氧化钙	饱和	13.01	12.82	12.64	12.46	12.29	12.13

测量水溶液的 pH 时,按水样呈酸性、中性和碱性三种可能,常配制以下三种标准缓冲溶液。

邻苯二甲酸氢钾缓冲溶液（pH＝4.008,25℃）：称取先在 110～130℃ 干燥 2～3h 的分析纯邻苯二甲酸氢钾 10.12g,溶于蒸馏水中,并在容量瓶中稀释至 1L,浓度为 0.05mol/L。

磷酸盐型缓冲溶液（pH＝6.865,25℃）：分别称取先在 110～130℃ 干燥 2～3h 的分析纯磷酸二氢钾 3.388g 和分析纯磷酸氢二钠 3.533g,溶于新蒸馏并冷却的蒸馏水中,并在容量瓶中稀释至 1L,溶液浓度为 0.025mol/L。

硼砂缓冲溶液（pH＝9.180,25℃）：为了使样品具有一定的组成,应称取与饱和溴化钠（或氯化钠加蔗糖）溶液室温下共同放置在干燥器内平衡两昼夜的硼砂 3.80g,溶于不含 CO_2 的新蒸馏水中,并在容量瓶中稀释至 1L,溶液浓度为 0.01mol/L。

(3) 酸度计（pH 计） 测定 pH 的仪器称为酸度计,也称为 pH 计,是通过测量原电池的电动势,确定被测溶液中氢离子浓度的仪器,它是根据 $pH_x = pH_s + \dfrac{E_x - E_s}{0.059}$ 而设计的。酸度计一般由电极和电位计两部分组成,电极与试液组成工作电池,电池的电动势则由电位计表盘（显示屏）读取,表盘以 mV 为单位,或直接刻度为 pH,可直接读取（显示出）试液的 pH。

测量时,先将已知 pH 的标准溶液加入工作电池中,调节酸度计的指针（或显示数）,恰好指在标准溶液的 pH 上,这个操作称为定位；换上被测试液,此时指针指示或屏显的数值即为被测溶液的 pH。

4. 电位滴定

电位滴定法是根据滴定过程中电极电位的变化来确定滴定终点的分析方法。进行电位滴定时,在待测溶液中插入指示电极和参比电极组成一个工作电池。随着滴定剂的加入,待测离子或与之有关的离子浓度不断变化,指示电极电位也发生相应变化。在滴定到化学计量点（滴定终点）附近时,电极的电极电位值发生突跃,从而可指示滴定终点。

(1) 电位滴定法的特点 与化学滴定法相比,电位滴定法具有以下特点：

① 测定准确度高。与化学滴定法一样,测定相对误差可低于 0.2%。

② 可用于无法用指示剂判断终点的浑浊体系或有色溶液的滴定。

③ 可用于非水溶液的滴定。特别是非水溶液的酸碱滴定,常常难找到合适的指示剂,电位滴定是常用来确定终点的方法。

④ 可用于微量组分的测定。

⑤ 可用于连续滴定和自动滴定。

(2) 滴定终点的确定方法 进行电位滴定时,每加入一定体积 V 的滴定剂,就测定一个电池的电动势 E,并对应地将它们记录下来,然后再利用所得的 E 和 V 来确定滴定终点。

① 以测得的电动势和对应的体积作图,得到 E-V 曲线,由曲线上的拐点确定滴定终点,见图 12-5(a)。

② 作一阶微商曲线,由曲线的最高点确定终点。具体由 ΔE 对 V 作图,得到 ΔE 对 V 的曲线,然后由曲线的最高点确定终点,见图 12-5(b)。

③ 计算二阶微商 $\Delta^2 E/\Delta V^2$ 值,由 $\Delta^2 E/\Delta V^2 = 0$ 求得滴定终点,见图 12-5(c)。

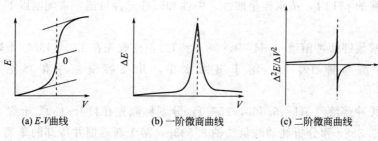

(a) $E-V$曲线　　　(b) 一阶微商曲线　　　(c) 二阶微商曲线

图 12-5　电位滴定曲线

(3) 滴定类型及指示电极的选择

① 酸碱滴定。通常采用 pH 玻璃电极（或锑电极）为指示电极，饱和甘汞电极为参比电极。

② 氧化还原滴定。滴定过程中，氧化态和还原态的浓度比值发生变化，可采用惰性电极铂电极作为指示电极，饱和甘汞电极、钨电极为参比电极。

③ 沉淀滴定。根据沉淀反应选用不同的指示电极，常选用银电极、汞电极；双盐桥饱和甘汞电极、玻璃电极为参比电极。

④ 配位滴定。在用 EDTA 滴定金属离子时，可采用相应的金属离子选择性电极、汞电极作为指示电极，饱和甘汞电极为参比电极。

三、电导分析法

电导分析法是根据测量溶液的电导值来确定被测物质含量的分析方法。直接根据溶液电导值大小确定物质含量的方法，称为直接电导法；根据溶液的电导变化来确定滴定终点的方法称为电导滴定法。

直接电导法不破坏被测样品，测定的是离子电导之和，灵敏度高、没有选择性。主要用于水的纯度测定、海水或土壤中可溶性总盐量的测定，以及某些物理化学常数如溶度积常数、弱电解质的离解常数测定等，与分离方法结合可以测定某种离子的含量，亦可将电导池作为离子色谱的检测器。

1. 电导和电导率

(1) 电导　电解质溶液的导电能力通常用电导来表示。电导（L）是电阻（R）的倒数，单位为 S（西门子），$1S=1\Omega^{-1}$。

$$L=\frac{1}{R} \tag{12-8}$$

(2) 电导率　在电解质溶液中插入两个电极，并施加一定的交流电压，则溶液中的阳离子和阴离子在外加电场的作用下，由于离子迁移，产生电导现象。当温度、压力等条件恒定时，电解质溶液的电阻 R 与两电极间的距离 $l(cm)$ 成正比，与电极的截面积 $A(cm^2)$ 成反比。

$$R=\rho\frac{l}{A} \tag{12-9}$$

式中　ρ——比例常数，称为电阻率（即长度为 1cm、截面积为 $1cm^2$ 的导体的电阻值），$\Omega\cdot cm$。

电导率(κ)是电阻率(ρ)的倒数，单位为 S/cm，常用 mS/cm 或 μS/cm 表示。

$$L = \frac{1}{R} = \frac{A}{\rho l} = \kappa \frac{A}{l} = \kappa \frac{1}{Q} \tag{12-10}$$

式中，κ 称为电导率，是电阻率的倒数，它是两电极面积分别为 $1cm^2$、电极间距离为 $1cm$ 时溶液的电导值，其单位为 S/cm。

$Q = l/A$ 称为电导池常数（电导电极常数），单位为 cm^{-1}。当 l 和 A 一定时，Q 为定值。显然，电导率为 $\kappa = LQ$。

现在新的国家标准已将电导率的单位统一规定为 mS/m。

2. 电导率的测量

（1）电导率的测量原理 由 $\kappa = LQ$ 可知，当已知电导池常数时，只要测出水样的电阻 R（电导 L），即可求出电导率。

电导池常数常用已知电导率的标准 KCl 溶液来测定，不同浓度 KCl 溶液的电导率（25℃）见表 12-4。由上述推导可知

$$Q = \kappa R \tag{12-11}$$

表 12-4　不同浓度 KCl 溶液的电导率（25℃）

浓度/(mol/L)	电导率/(μS/cm)	浓度/(mol/L)	电导率/(μS/cm)
0.0001	14.94	0.01	1413
0.0005	73.90	0.02	2767
0.001	147.0	0.05	6668
0.005	717.8	0.1	12900

对于 $0.01000 mol/L$ 标准 KCl 溶液，25℃时 κ 为 $1413\mu S/cm$，则上式为 $Q = 1413R$。电导率是以数字表示溶液传导电流的能力。

电导率随温度的变化而变化，温度每升高 1℃，电导率增加约 2%。通常规定 25℃为测定电导率的标准温度。如果温度不是 25℃，必须进行温度校正，经验公式为

$$\kappa_t = \kappa_s [1 + \alpha(t - 25)] \tag{12-12}$$

式中　κ_s——25℃时的电导率；

　　　κ_t——温度 t 时的电导率；

　　　α——各种离子电导率的平均温度系数，定为 0.022。

（2）电导率仪　溶液的电导率通常使用电导率仪（电导仪）来测量。下面以 DDS-307A 型电导率仪为例介绍其使用方法。

DDS-307A 型电导率仪的键盘说明见表 12-5。

表 12-5　仪器键盘说明

按键	功　能
模式	（1）选择电导率测量、TDS 测量、温度值手动校准功能、常数设置功能转换，每按一次"模式"按下述程序状态转换：开机为电导率测量；按"模式"键一次为 TDS 测量模式；按"模式"键两次为温度值手动校准功能；按"模式"键三次为常数设置模式；按"模式"键四次回到电导率测量模式 （2）如果为自动温度测量、补偿功能，则每按一次"模式"按下述程序状态转换：开机为电导率测量；按"模式"键一次为 TDS 测量模式；按"模式"键两次为常数设置模式；按"模式"键三次回到电导率测量模式
确认	确认键，按此键为确认上一步操作所选择的数值并进入下一状态

续表

按键	功　能
△	(1) "△"键为数值、量程上升键,按此键为调节数值、量程上升 (2) 在测量模式下,按"△"键为量程上升一档;在温度值手动校准功能模式下,按"△"键为手动调节温度数值上升 (3) 在常数设置功能模式下,按"△"键为手动调节常数数值上升
▽	(1) "▽"键为数值、量程下降键,按此键为调节数值、量程下降 (2) 在测量模式下,按"▽"键为量程下降一档;在温度值手动校准功能模式下,按"▽"键为手动调节温度数值下降 (3) 在常数设置功能模式下,按"▽"键为手动调节常数数值下降

① 准备工作

a. 电导电极的选择。根据测量电导率范围选择相应常数的电导电极,正确选择电导电极常数,对获得较高的测量精度是非常重要的。可配用常数为 $0.01cm^{-1}$、$0.1cm^{-1}$、$1.0cm^{-1}$、$10cm^{-1}$ 四种不同类型的电导电极,见表12-6。

表12-6　不同电导电极的电导电极常数

测量范围/(μS/cm)	推荐使用电导常数(cm^{-1})的电极
0~2	0.01,0.1
0~200	0.1,1.0
200~2000	1.0
2000~20000	1.0,10
20000~100000	10

注:对常数为 $1.0cm^{-1}$、$10cm^{-1}$ 类型的电导电极,有"光亮"和"铂黑"两种形式,镀铂电极习惯称作铂黑电极。对光亮电极,其测量范围为 $0\sim300\mu S/cm$ 为宜。

b. 用蒸馏水清洗电导电极并安装。

② 电导电极常数的设置。根据电导电极上所标的电极常数值进行设置,按三次"模式"键,此时为常数设置状态,"常数"二字显示,在温度显示数值的位置有数值闪烁显示,按"△"或"▽"键,闪烁数值显示在 10、1、0.1、0.01 程序转换。如果知道电导电极常数为 1.025,则选择"1"并按"确认"键,此时在电导率、TDS 测量数值的位置有数值闪烁显示,按"△"或"▽"键,闪烁数值显示在 1.200~0.800 范围变化,再按"△"或"▽"键将闪烁数值显示为"1.025"并按"确认"键,仪器回到电导率测量模式,至此校准完毕(电极常数为"1"和"1.025"的乘积)。

③ 温度补偿的设置

a. 当仪器接上温度电极时,该温度显示数值为自动测量的温度值,即温度传感器反映的温度值,仪器根据自动测量的温度值进行自动温度补偿。

b. 当仪器不接上温度电极时,该温度显示数值为手动设置的温度值,在温度值手动校准功能模式下(按"模式"键两次),可以按"△"或"▽"键手动调节温度数值上升、下降并按"确认"键,确认所选择的温度数值。使选择的温度数值为被测溶液的实际温度值,此时,测量得到的将是被测溶液经过温度补偿后折算为 25℃下的电导率值。

c. 如果将"温度"补偿选择的温度数值为 t℃时,那么测量的将是被测溶液在该温度下未经补偿的原始电导率值。

④ 电导率值的测量。常数设置、温度补偿设置完毕,就可以直接进行测量。

a. 用蒸馏水清洗电导电极头部,再用被测溶液清洗一次。

b. 把电导电极插入被测溶液中,搅拌溶液,显示屏上数值就是该被测溶液的电导率。

c. 当测量过程中,显示值为"1---"时,说明测量值超出量程范围,此时,应按"△"键,选择大一档量程,最大量程为20mS/cm或1000mg/L;当测量过程中,显示值为"0"时,说明测量值小于量程范围,此时,应按"▽"键,选择小一档量程,最小量程为20μS/cm或10mg/L。

⑤ 电极常数的测定法

a. 参比溶液法。配制标准 KCl 溶液,根据被测电导电极常数选择标准 KCl 溶液浓度(见表 12-7)。

表 12-7 测定电导电极常数的标准 KCl 溶液浓度

电极常数/cm^{-1}	0.01	0.1	1	10
KCl 近似浓度/(mol/L)	0.001	0.01	0.01 或 0.1	0.1 或 1

用蒸馏水清洗电导电极,再用标准 KCl 溶液清洗三次,把电导池接入电桥(或电导率仪),控制溶液温度为 (25±0.1)℃。将电极插入标准 KCl 溶液中,测出电导池电极间电阻 R,或用电导率仪测出电导池电极间电导率 $\kappa_{样}$,按下式计算电导电极常数:

$$Q = \frac{\kappa_{标}}{\kappa_{样}} \tag{12-13}$$

式中 $\kappa_{标}$——标准 KCl 溶液标准的电导率;

$\kappa_{样}$——测量标准 KCl 溶液的电导率。

b. 比较法。用一已知常数的电导电极与未知常数的电导电极测量同一溶液的电导率。选择一支已知常数的标准电极(设常数为 $Q_{标}$),把未知常数的电极(设常数为 Q_1)与标准电极以同样的深度插入液体中,分别测出电导率 $\kappa_{标}$ 和 κ_1,按下式计算电极常数:

$$Q_1 = \frac{\kappa_{标} Q_{标}}{\kappa_1} \tag{12-14}$$

⑥ 关闭仪器电源,清洗电极。

第二节 分光光度分析

一、分光光度分析法简介

分光光度分析法是光学分析法的一种,它是通过测量溶液中被测组分对一定波长光的吸收程度,以确定被测物质含量的方法。这种依据物质对光的选择性吸收而建立起来的分析方法称为吸光光度法或分光光度法,主要有:

(1) 红外吸收光谱 分子振动光谱,吸收光波长范围 760~2500nm(近红外区),主要用于有机化合物的结构鉴定。

(2) **紫外吸收光谱** 电子跃迁光谱，吸收光波长范围 200～400nm（近紫外区），可用于结构鉴定和定量分析。

(3) **可见吸收光谱** 电子跃迁光谱，吸收光波长范围 400～760nm，主要用于有色物质的定量分析。本节主要讨论最常用的可见吸光光度法。

二、吸收曲线

1. 光的基本性质

光是一种电磁波，在同一介质中直线传播，而且具有恒定的速度。光具有波粒二象性。光的波动性可用波长 λ、频率 ν、光速 c、波数（cm^{-1}）等参数来描述：

$$\lambda\nu = c \quad 波数 = 1/\lambda = \nu/c$$

光是由光子流组成的，光子的能量为

$$E = h\nu = \frac{hc}{\lambda} \tag{12-15}$$

式中 h——普朗克常数，$h = 6.626 \times 10^{-34}$ J·s。

由式(12-15)看出，光具有一定的能量、波长和频率。紫外光区包括远紫外区（10～200nm，也叫真空紫外区）和近紫外区（200～400nm）；人们眼睛能感觉到的光是可见光（400～760nm），它只是电磁辐射中的一小部分。各种颜色光的近似波长范围列于表 12-8。

表 12-8 各种颜色光的近似波长范围

颜色	波长/nm	颜色	波长/nm
红	620～760	青	480～500
橙	590～620	蓝	430～480
黄	560～590	紫	400～430
绿	500～560	近紫外	200～400

2. 光的色散与互补

当一束白光通过光学棱镜或光栅时，即可得到不同颜色的谱带（光谱），这种现象叫光的色散。白光经色散后成为红、橙、黄、绿、青、蓝、紫七色光，说明白光是由这 7 种颜色的光按一定比例混合而成的。把这种由不同波长的光复合而成的光称为复合光；而把经色散后获得的不同波长的光称为单色光。实验证明，不仅上述七种颜色的光能复合成白光，而且两种特定颜色的光按一定强度比例复合也可以得到白光，将这两种颜色光称为互补色光。如黄光与蓝光为互补色，绿光与紫光为互补色。这种色光的互补关系如图 12-6 所示，图中直线两端的光为互补光。

图 12-6 互补色光示意图

3. 物质颜色与光的关系

物质呈现的颜色与光有密切的关系。物质之所以呈现不同的颜色，是由于物质对不同波长的光具有不同程度的透射或反射。当白光照射到不透明的物质时，某些波长的光被吸收，其余波长的光被反射，人们看到是物质反射光的颜色。由于色光互补，所以物质呈现出所吸收光的互补色。例如某物质吸收黄色光，则呈现蓝色；若吸收绿色光，则呈现紫色；若吸收所有波长的光，则呈现黑色；若全部反射所有波长的光，则呈现白色。物质的溶液之所以呈现不同的颜色，也是由于溶液中的分子或离子选择性地吸收了不同波长的光而引起的。例如，高锰酸钾稀溶液呈紫红色，是由于它吸收500～550nm的绿光，透过溶液的主要是紫红色光，因而人们看到$KMnO_4$溶液呈紫红色，即$KMnO_4$溶液呈现的紫红色是它所吸收的绿色光的互补色光的颜色。溶液浓度愈大，观察到的颜色愈深，这就是比色分析的基础。

有些物质本身无色或颜色很浅，但能与适当的试剂发生显色反应，如Fe^{2+}能与有机试剂1,10-邻二氮菲生成橙红色的1,10-邻二氮菲亚铁配合物，可于显色之后进行比色或在可见光区进行分光光度分析。

4. 吸收曲线

吸收曲线（或称吸收光谱）是描述物质对不同波长光的吸收能力的关系曲线。即让不同波长的光通过一定浓度的有色溶液，分别测出各个波长的吸收程度（即吸光度A）。以波长λ（nm）为横坐标，吸光度A为纵坐标绘图，即可得到一条曲线。图12-7是三个不同浓度的1,10-邻二氮菲亚铁溶液的吸收曲线。从图上可以看到：

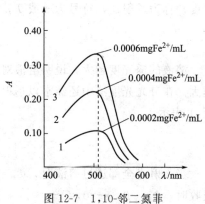

图12-7 1,10-邻二氮菲亚铁溶液的吸收曲线

① 曲线上吸收峰最高处对应的波长称为最大吸收波长，用λ_{max}表示。对同一种物质，最大吸收波长λ_{max}不变，在λ_{max}处测定吸光度，灵敏度最高。因此吸收曲线是分光光度法选择测定波长的重要依据。

② 最大吸收波长对应的颜色就是物质吸收光的颜色。1,10-邻二氮菲亚铁溶液的λ_{max}为510nm，该溶液对橙红色光几乎不吸收，完全透过，因而该溶液呈橙红色。

③ 同一物质不同浓度的溶液，在一定波长处的吸光度随浓度的增加而增大，这个特性可作为物质定量分析的依据。

④ 由于物质对光的选择吸收情况与物质的分子结构密切相关，因此每种物质具有自己特征的光吸收曲线。比较不同物质的吸收曲线，就会发现这些曲线的形状、吸收峰的位置和强度都不相同，这是由物质的分子结构决定的。吸收峰的位置和形状对各种物质来讲是特征的，可作为定性鉴定的依据；而吸收峰的强度大小又与物质的浓度有关，浓度越大吸收峰越强，因此可作为定量分析的依据。

三、光吸收定律

1. 光吸收定律

当一束平行单色光通过含有吸光物质的稀的均匀溶液时，如图12-8所示，光的一部分被比色皿表面反射回来（$\varPhi_r$），一部分被溶液吸收（$\varPhi_a$），一部分透过溶液（$\varPhi_{tr}$）。如果入射光通量为$\varPhi_0$，吸收光通量为$\varPhi_a$，透射光通量为$\varPhi_{tr}$，反射光通量为$\varPhi_r$，则它们之间的关系为

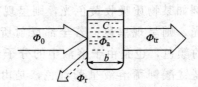

图 12-8 单色光通过盛溶液的比色皿

$$\Phi_0 = \Phi_a + \Phi_{tr} + \Phi_r$$

在分光光度分析法测定中，都是采用同一规格的比色皿，反射光强度基本不变，其影响可以互相抵消，于是上式可简化为

$$\Phi_0 = \Phi_a + \Phi_{tr}$$

由于溶液吸收了一部分光，因此光通量就要减小。比值 Φ_{tr}/Φ_0 表示该溶液对光的透射程度，称为透射比，符号为 τ 或 T，其值通常用百分数表示，即

$$\tau = \frac{\Phi_{tr}}{\Phi_0} \times 100\% \tag{12-16}$$

溶液的透光度越大，说明溶液对光的吸收越小；相反，透光度越小，则溶液对光的吸收越大。在分光光度法中还经常以透射比倒数的对数表示溶液对光的吸收程度，称为吸光度，用 A 表示。

$$A = \lg \frac{\Phi_0}{\Phi_{tr}} = -\lg \tau \tag{12-17}$$

当入射光全部透过溶液时，$\Phi_{tr} = \Phi_0$，$\tau = 1$（或 100%），$A = 0$；当入射光全部被溶液吸收时，$\Phi_{tr} \to 0$，$\tau \to 0$，$A \to \infty$。

实验和理论推导都已证明：溶液对光的吸收程度，与溶液的浓度和液层厚度以及入射光波长等因素有关。如果保持入射光波长不变，溶液对光的吸收程度则与溶液浓度和液层厚度有关。一束平行单色光垂直入射通过一定光程的均匀稀溶液时，透射比随溶液中吸光物质的浓度和光路长度的增加而按指数减小。或者说，溶液的吸光度与吸光物质浓度及光路长度的乘积成正比。这就是光吸收定律（也称朗伯-比耳定律）。光吸收定律表达了它们之间的关系，其数学表达式为

$$\tau = 10^{-\varepsilon bc} \tag{12-18}$$

或

$$A = \varepsilon bc \tag{12-19}$$

式中　b——吸收池内溶液的光路长度（液层厚度），cm；

c——溶液中吸光物质的物质的量浓度，mol/L；

ε——摩尔吸光系数，L/(cm·mol)。

摩尔吸光系数 ε 在数值上等于浓度为 1mol/L、液层厚度为 1cm 时该溶液在某一波长下的吸光度。

若溶液中吸光物质含量以质量浓度 ρ(g/L) 表示，则光吸收定律可写成下列形式：

$$\tau = 10^{-ab\rho} \tag{12-20}$$

$$A = ab\rho \tag{12-21}$$

式中，a 称为质量吸光系数，单位为 L/(cm·g)。

质量吸光系数 a 相当于浓度为 1g/L、液层厚度为 1cm 时该溶液在某一波长下的吸光度。

摩尔吸光系数 ε 或质量吸光系数 a 是吸光物质的特性常数，其值与吸光物质的性质、入射光波长及温度有关。ε 或 a 值愈大，表示该吸光物质的吸光能力愈强，用于分光光度测定的灵敏度愈高 [$\varepsilon > 10^5$ 超高灵敏，$\varepsilon = (6 \sim 10) \times 10^4$ 高灵敏，而 $\varepsilon < 2 \times 10^4$ 为一般灵敏]。

光吸收定律是吸光光度法的理论基础和定量测定的依据，适用于各种光度法的吸收测量。

2. 光吸收定律的应用范围

光吸收定律是分光光度法定量分析的基础。根据光吸收定律，溶液的吸光度应当与溶液浓度呈线性关系，但在实践中常发现有偏离光吸收定律的情况，这说明光吸收定律的应用是有范围的，超出这个范围，就会引起测量上的误差。光吸收定律的应用范围是：

① 光吸收定律只适用于单色光，可是各种分光光度计入射光都是具有一定宽度的光谱带，这就使溶液对光的吸收偏离了光吸收定律，产生误差。因此要求分光光度计提供的单色光纯度越高越好，光谱带的宽度越窄越好。

② 光吸收定律只适用于稀溶液（一般 $c < 0.01 \text{mol/L}$），因为在较浓的溶液中，吸光物质分子间可能发生凝聚或缔合现象，使吸光度与浓度不成正比关系。当有色溶液浓度较高时，应设法降低溶液浓度，使其回复到线性范围内测试。

③ 光吸收定律只适用于透明溶液对光的吸收和透射情况，不包括散射光，因此不适用于乳浊液和悬浊液等对光的散射情况，这样的溶液不符合光光吸收定律。

④ 光吸收定律也适用于那些彼此不相互作用的多组分溶液，它们的吸光度具有加和性，即

$$A_{总} = A_1 + A_2 + A_3 + \cdots + A_n = \varepsilon_1 c_1 b + \varepsilon_2 c_2 b + \varepsilon_3 c_3 b + \cdots + \varepsilon_n c_n b$$

四、显色与测量条件的选择

有色化合物在溶液中受酸度、温度、溶剂等的影响，可能发生水解、沉淀、缔合等化学反应，从而影响有色化合物对光的吸收，因此在测定过程中要严格控制显色反应条件，以减少测定误差。

1. 显色反应

（1）显色反应　许多物质本身是无色的，不能直接用可见分光光度法测定。对于这些物质的测定，可以通过适当的化学处理，使该物质转变成对可见光有较强吸收的化合物。这种将无色的被测组分转变成有色物质的化学处理过程称为"显色过程"，所发生的化学反应称为"显色反应"，所用试剂称为"显色剂"。选择显色反应时，应考虑的因素是灵敏度高、选择性高、生成物稳定、显色剂在测定波长处无明显吸收。

显色反应可以是氧化还原反应，也可以是配位反应，或是兼有上述两种反应。例如 Fe^{2+} 无色，不能直接用分光光度法测定，当它与显色剂 1,10-邻二氮菲作用生成红棕色 1,10-邻二氮菲亚铁后，非常适合用分光光度法测定。又如钢中微量锰的测定，Mn^{2+} 不能直接进行光度测定，但将 Mn^{2+} 氧化成紫红色的 MnO_4^- 后，可在 525nm 处进行测定。

（2）显色剂　显色剂在分光光度分析中应用很普遍，种类也很多，因此在使用显色剂时应注意选择。选择时主要考虑以下几点：

① 显色灵敏度要高，即要求显色剂与被测组分的生成物 ε 要大，ε 越大，则测定的灵敏

度越高。

② 显色剂的选择性要高，且显色剂与被测组分的生成物要稳定和组成恒定，只有这样，共存的干扰离子影响才小，测定的准确度才高。

③ 显色剂的颜色与生成物的颜色之间要有足够大的差别。显色剂与生成物的最大吸收波长之间的差值 $\Delta\lambda$ 叫对比度（要求 $\Delta\lambda > 60\text{nm}$），差值越大则对比度越大，显色剂颜色引起的干扰就越小。

④ 显色剂与生成物要易溶于水，便于测定。

2. 显色反应条件的选择

显色反应条件的选择是保证测定准确度的关键条件之一，它包括影响显色反应的诸因素。

(1) 显色剂的用量　显色剂的适宜用量可通过实验方法来确定。首先固定被测离子浓度和其他条件，改变显色剂的加入量。即取几份溶液分别加入不同量的显色剂，分别测定吸光度，然后绘制吸光度 A 与显色剂用量 c_R 的曲线，可能出现如图 12-9 所示的几种情况，从曲线上选择曲线变化平坦处为最佳的显色剂用量。

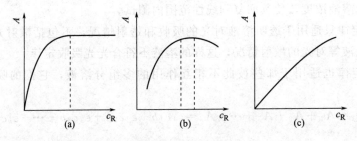

图 12-9　显色剂的用量选择

(2) 溶液的酸度　酸度对显色反应的影响很大，主要包括以下几个方面。

① 对被测离子有效浓度的影响。许多金属离子特别是高价重金属离子，当溶液的 pH 较高时容易发生水解反应，生成氢氧化物沉淀，降低了有效浓度，使显色反应进行不完全，甚至完全不能显色。遇到这种情况，要控制溶液的酸度，防止水解。

② 对显色剂的影响。有机显色剂大都是弱酸或弱碱，它们的解离度或自身颜色由溶液的 pH 决定。例如 PAR 在 pH 2~4 时显黄色，pH 4~7 时为橙色，pH$\geqslant$10 时为红色，它与许多金属离子形成的配合物也呈红色，因此用 PAR 作显色剂，应在 pH 2~4 时进行。

③ 对配合物组成的影响。有的显色剂与同一种被测离子能形成多种配合物，在不同的 pH 下，配合物的组成不同，颜色也不同。如水杨酸与 Fe^{3+} 作用生成组成不同的配合物：pH 2~3 时，$[FeSal]^+$，红紫色；pH 4~9 时，$[Fe(Sal)_2]^-$，红棕色；pH$\geqslant$9 时，$[Fe(Sal)_3]^{3-}$，黄色。

总之，pH 对显色反应的影响可通过实验确定反应条件。即在相同实验条件下，分别测定不同 pH 条件下显色溶液的吸光度。选择曲线中吸光度较大且恒定的平坦区所对应的 pH 范围。

(3) 显色时间与温度

① 显色时间与稳定时间。从加入试剂到显色反应完成所需的时间称为显色时间，显色

后有色配合物能保持稳定的时间称为稳定时间。显色时间是由显色反应本身决定的,而且与温度有很大关系;稳定时间是由有色配合物的稳定性决定的。各种有色配合物的显色时间和稳定时间相差很大,如硅钼杂多酸在室温下需 20~30min 形成,在沸水浴中只需 30s,生成的硅钼蓝可稳定数十小时,而钨与对苯二酚的有色配合物只能稳定 20min。测定吸光度时应当在充分显色后的稳定时间内进行。最佳时间还是要通过实验来求得。

② 温度。一般显色反应在室温下完成,但有些反应必须在较高温度下才能完成。因此,对每个具体的反应,温度的影响要通过条件试验来确定。另外,由于温度对光的吸收和颜色的深浅都有影响,因此在绘制标准曲线和样品测定时要保持温度一致。

(4) 溶剂　一般尽量采用水相测定,但对于在水相中不稳定或溶解性较差的物质,需要在适当的有机溶剂存在下完成测定。例如 $[Fe(SCN)]^{2+}$ 在水中的 $K_稳$ 为 200,而在 90% 乙醇中 $K_稳$ 为 $5×10^4$,稳定性明显提高。

(5) 测量条件的选择　在测量吸光物质的吸光度时,除了考虑显色条件外,还应选择和控制好测量条件。测量条件主要包括以下几个方面。

① 确定工作波长。当用分光光度计测定被测组分的吸光度时,首先应扫描它的吸收曲线,在确定没有明显干扰的情况下,通常选择最大吸收波长作为工作波长,因为在该波长下测定的灵敏度最高。如果最大吸收波长处有明显的干扰离子的吸收,可以选择次要的吸收峰作为工作波长。

② 调整吸光度。不同的吸光度读数给测定结果带来不同程度的相对误差,已经证明吸光度在 0.2~0.7 时,测定的相对误差较小,当吸光度等于 0.434 时,测定的相对误差最小。改变稀释倍数,改变取样量或选择不同光程的吸收池,都能够调整吸光度达到合适的范围。

③ 选择参比溶液。参比溶液是用来调节吸光度零点的,实际上是通过参比池的光作为入射光来测定试液的吸光度。这样就可以消除显色溶液中其他有色物质的干扰,抵消吸收池和试剂对入射光的吸收,真实反映待测物质的浓度。因此选择恰当的参比溶液是非常重要的。

a. 溶剂参比。若仅待测组分与显色剂反应产物在测定波长处有吸收,其他所加试剂均无吸收,则用纯溶剂(水)作参比溶液。

b. 试剂参比。如果样品中不含其他有色干扰离子,则不论显色剂是否有色,都可用不加样品的试剂空白作参比溶液,这样的参比溶液可消除显色剂和其他试剂的影响。

c. 试液参比。如果样品中含有有色干扰离子,而显色剂本身无色,则可用不加显色剂的样品溶液作参比溶液,这样可以消除样品中干扰离子的影响。

d. 褪色参比。如果样品中含有有色干扰离子,显色剂本身也有色,则可在一份样品溶液中加入适当的掩蔽剂,将被测组分掩蔽起来,然后加入显色剂和其他试剂,以此作为参比溶液。对于比较复杂的样品,这样可以消除样品本底的影响。例如用铬天菁 S 与 Al^{3+} 反应显色后,可以加入 NH_4F 夺取 Al^{3+},形成无色的 $[AlF_6]^-$。将此褪色后的溶液作参比,可以消除显色剂的颜色及样品中微量共存离子的干扰。

总之,选择参比溶液时,应尽可能全部抵消各种共存有色物的干扰,使测定的吸光度真正反映的是被测组分的浓度。

五、分光光度计

1. 基本组成

在可见光区用于测定溶液吸光度的分析仪器称为可见分光光度计。可见分光光度计由光源、单色器、样品室、检测器和显示器五大部分组成,其组成框图见图 12-10。

光源 → 单色器 → 样品室 → 检测器 → 显示器

图 12-10 分光光度计组成框图

(1) 光源 光源的作用是提供符合要求的入射光。对于可见分光光度计,用的光源是钨丝白炽灯。它可以发射连续光谱,波长范围在 320~2500nm。白炽灯的发光强度和稳定性都与供电电压有密切关系。只要增加供电电压,就能增大发光强度;只要保证电源的电压稳定,就能提供稳定的发光强度。钨丝白炽灯的缺点是寿命短,由于采用低电压大电流供电,钨丝的发热量很大,容易烧断。

对于紫外-可见分光光度计,除了由钨丝白炽灯提供可见光外,还可用氢灯或氘灯提供辐射波长范围 200~400nm 的近紫外光源。它们是氢气的辉光放电灯,氘灯的发光强度比氢灯要高 2~3 倍,寿命也比较长。为保证发光强度稳定,也要用稳压电源供电。

(2) 单色器 单色器的作用是将光源发射的复合光分解成单色光。单色器是由色散元件、狭缝和透镜系统组成的。狭缝和透镜系统的作用是调节光的强度,控制光的方向并取出所需波长的单色光。图 12-11 为经典的棱镜单色器的工作原理示意图。光源发出的光经透镜聚焦在入射狭缝上,进入单色器后由棱镜分光,再由平面反射镜反射至出射狭缝。棱镜由玻璃或石英制成,玻璃棱镜只适用于可见光范围,紫外区必须用石英棱镜。棱镜和平面反射镜的位置可通过机械装置调整,让所需波长的光通过狭缝。狭缝的宽度也是可调的,通过它可调节光的强度和谱带宽度。

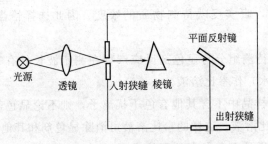

图 12-11 棱镜单色器示意图

新型的单色器使用光栅作色散元件。光栅是在玻璃表面刻上等宽度等间隔的平行条痕,每毫米的刻痕多达上千条。一束平行光照射到光栅上,由于光栅的衍射作用,反射出来的光就按波长顺序分开。光栅的刻痕越多,对光的分辨率越高,现在可达到±0.2nm。有的新型分光光度计用两个或三个光栅来分光,已不用手工调节波长,而是用微机控制,只要设定好所需的波长,微机会自动转换光栅,调整到所需的波长。

(3) 样品室 样品室放置各种类型的吸收池(比色皿)和相应的池架附件。它是单色器与信号接收器之间光路的连接部分,作用是让单色器出来的单色光全部进入被测溶液,并且从被测溶液出来的光全部进入信号接收器。因此要求吸收池的材质对通过的光完全不吸收或只有很少吸收。吸收池有两个互相平行而且距离一定的透光平面，而侧面和底面是毛玻璃。吸收池有石英池和玻璃池两种，在可见光区一般用玻璃池，紫外光区必须采用石英池，因为普通玻璃吸收紫外线。吸收池有不同的规格，即不同的光程：0.5cm、1.0cm、2.0cm、3.0cm 和 5.0cm 五种。根据被测溶液的颜色深浅选择吸收池，尽量把吸光度调整到 0.2～0.6 范围内。

（4）检测器　它是利用光电效应将透过吸收池的光信号转变成可测的电信号的装置。常用的检测器有光电池、光电管或光电倍增管。

① 光电池。光电池是一种光电转换元件，它不需外加电源而能直接把光能转换为电能。硅光电池具有性能稳定、光谱响应范围宽（300～1000nm）、使用寿命长、转换效率高、耐高温辐射等特点，因此在众多种类的光电池中应用最为广泛。

硅光电池的工作原理基于光生伏特效应，当光照射 P 型区表面时，则在 P 型区内每吸收一个光子便产生一个电子-空穴对，P 型区表面吸收的光子最多，激发的电子-空穴最多，越向内部越少。这种浓度差的存在使表面光生电子和空穴向 PN 结方向扩散。由于 PN 结内电场的方向是由 N 型区指向 P 型区的，它使扩散到 PN 结附近的电子-空穴对分离，大部分光生电子却受到结电场的加速作用穿越 PN 结，到达 N 型区，大部分光生空穴被电场推回 P 型区而不能穿越 PN 结。从而使 N 型区带负电，P 型区带正电，形成光生电动势。若用导线连接 P 型区和 N 型区，电路中就有光电流流过。这就是光生电动势。硅光电池的结构如图 12-12 所示。

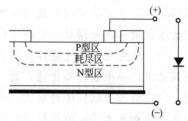

图 12-12　硅光电池结构示意图

② 光电管。光电管是一个真空二极管，其阳极为金属丝，阴极为半导体材料，两极间加有直流电压。当光线照射到阴极上时，阴极表面放出电子，在电场作用下流向阳极，形成光电流。光电流的大小在一定条件下与光强度成正比。按光电管的阴极材料不同，光电管分蓝敏和红敏两种，前者可用于波长范围为 210～625nm，后者可用于波长范围 625～1000nm。光电管的响应灵敏度和波长范围都比光电池优越。

③ 光电倍增管。光电倍增管相当于一个多阴极的光电管，如图 12-13 所示。光线先照射到第一阴极，阴极表面放出电子。这些电子在电场作用下射向第二阴极，并放出二次电子。经过几次这样的电子发射，光电流就被放大了许多倍。因此光电倍增管的灵敏度很高，适用于微弱光强度的测量。

（5）显示器　由检测器产生的电信号，经放大等处理后，可由数码管直接显示。现在新型仪器都由微机控制，可以绘制谱图、打印数据处理报告。

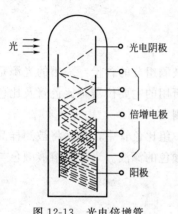

图 12-13　光电倍增管工作原理示意图

2. 分光光度计的类型

分光光度计可归纳为三种类型，即单光束分光光度计、双光束分光光度计和双波长分光光度计。这三类仪器的工作原理如图12-14所示。

（1）单光束分光光度计　单光束分光光度计是经单色器分光后的一束平行光，先后通过参比溶液和样品溶液，然后分别测定吸光度。这种分光光度计结构简单，操作方便，维

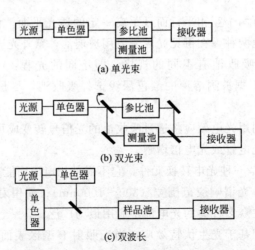

图 12-14 分光光度计原理示意图

修容易，适于在给定波长处测量吸光度或透光度，缺点是由于光源不稳会带来测定误差，因此要求光源和检测器具有很高的稳定性。

（2）双光束分光光度计 双光束分光光度计是将一束光经单色器分光后分成为强度相等的两束光，一束通过参比池，另一束通过测量池（样品池）。光度计能自动比较两束光的强度，此比值即为试样的透射比，经对数变换将它转换成吸光度并作为波长的函数记录下来。双光束分光光度计一般都具有自动记录、快速全波段扫描功能。由于两束光同时分别通过参比池和样品池，可消除光源强度不稳定、检测器灵敏度变化等因素的影响，特别适合于结构分析。

（3）双波长分光光度计 它把光源发出的光用两个单色器调制成两束不同波长的光（λ_1 和 λ_2），利用切光器使两束光交替通过样品溶液，再由接收器分别接收，通过电子系统可直接显示两个波长处的吸光度差值 ΔA（$\Delta A = A\lambda_1 - A\lambda_2$）。它的优点是消除了由于人工配制的空白溶液和样品溶液本底之间的差别而引起的测量误差，无需参比池。对于多组分混合物、浑浊试样（如生物组织液）的分析，以及存在背景干扰或共存组分吸收干扰的情况下，利用双波长分光光度法，往往能提高方法的灵敏度和选择性。

六、定量方法

1. 目视比色法

目视比色法是通过人的眼睛观察溶液颜色的深浅来判断被测组分的含量。采用的光源是太阳光或普通灯光，没有单色器，不需要其他的光电器件，所用的主要仪器是比色管及比色管架，因此目视比色法简单方便，适用于准确度要求不高的测定。

测定方法首先是配制一系列含有待测组分的标准样品于一组比色管中，然后将被测样品也装在同样的比色管中，从比色管自上而下借助反光镜观察颜色的深浅。当样品溶液颜色与其标准样品的颜色一致时，就确认它们的浓度相等。

应用目视比色法时要注意以下几点：

① 目视比色法的光源是太阳光，在夜间或光源不足时，要用日光灯而不用白炽灯，因为白炽灯的光中黄光较多，观察颜色时会引起误差。

② 同一组比色管的材质相同,规格一致。
③ 为提高测定的准确度,应在试液含量附近多配几个间隔小的标准溶液,以便进行比较。

2. 工作曲线法

工作曲线法也称标准曲线法,适用于大量重复性的样品分析,是工厂控制分析中应用最多的方法。

(1) 工作曲线的绘制　选择配制一系列($n \geqslant 4$)适当浓度的标准溶液,在一定的实验条件下,显色后分别测定其吸光度,以吸光度A对浓度c作图,即得工作曲线,也叫标准曲线,如图12-15所示。然后将被测样品溶液在同样条件下显色,测得吸光度后在工作曲线上查得被测组分的浓度,最后再换算成原试液中待测组分的浓度。这种方法简单方便,适用于多个样品的系列分析。

(2) 绘制与使用中应注意的问题

① 试液测定条件与绘制工作曲线条件必须一致,且工作曲线必须准确可信。

② 当绘制工作曲线的条件发生变化时,如更换试剂、吸收池或光源灯等,都可能引起工作曲线的变化,应及时校正工作曲线。如果校正的点与工作曲线相差较大,应查找原因并重作曲线。

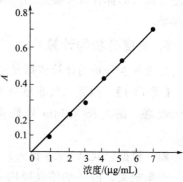

图 12-15　工作曲线示例

③ 光吸收定律只适用于稀溶液,工作曲线只在一定浓度范围内呈直线,所以工作曲线不能随意延长。如果试样的浓度超出了工作曲线的范围,应采用稀释的方法进行调整。

④ 正常情况下工作曲线应是一条通过原点的直线。若工作曲线不通过原点,一般是由于标样与参比溶液的组成不同,即背景对光的吸收不同造成的。这种情况可选择与标样组成相近的参比溶液。

⑤ 控制适宜的吸光度(读数范围)。应选择适当的测量条件,让工作曲线落在$A=0.20 \sim 0.70$这个范围,减小测量误差。

3. 直接比较法

直接比较法是一种简化的工作曲线法。该方法的实质是配一个已知被测组分浓度为c_s的标样,测其吸光度为A_s,在同样条件下再测未知浓度样品的吸光度为A_x,通过计算求出未知样品的浓度c_x。

$$A_s = \varepsilon c_s L \qquad A_x = \varepsilon c_x L$$

由于溶液性质相同,吸收池厚度一样,所以$A_s/A_x = c_s/c_x$,由此可计算出样品的浓度c_x。

$$c_x = \frac{c_s}{A_s} A_x$$

这种方法简化了绘制工作曲线的手续,适用于个别样品的测定。操作时应注意配制标样的浓度要接近被测样品的浓度,这样可减小测量误差。

4. 标准加入法

标准加入法的实质是先测定浓度为c_x的未知样品的吸光度A_x,再向未知样品中加入

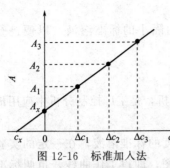

图 12-16 标准加入法

一定量的标样，配制成浓度为 $c_x+\Delta c_1$、$c_x+\Delta c_2$ 等一系列样品，显色后再测定吸光度为 A_1、A_2 等。以吸光度 A 为纵坐标，以浓度 c 为横坐标绘制曲线，连成直线后延长，与横轴的交点 c_x 就是未知样品的浓度 c_x，如图 12-16 所示。

这种方法操作比较麻烦，不适于作系列样品分析，但它适用于组成比较复杂、干扰因素较多而又不太清楚的样品的分析，因为它能消除背景的影响。应用标准加入法时要注意加入的标样浓度要适当，使绘制的曲线保持适当的角度，浓度过大或过小都会带来测量误差。

5. 光度分析的计算

分光光度分析的计算依据是光吸收定律，下面通过几个例题来说明。

【例 12-1】 用邻二氮菲显色测定铁，已知显色液中亚铁含量为 $50\mu g/100mL$。用 2.0cm 的吸收池，在波长 510nm 处测得吸光度为 0.205。计算邻二氮菲亚铁的摩尔吸光系数 (ε_{510})。

解 根据公式 $A=\varepsilon cb$ 得 $\varepsilon=A/(cb)$。

根据定义，Fe^{2+} 的浓度应用 mol/L 表示，因此需要换算。

$$c(Fe)=\frac{50\times 10^{-6}}{55.85\times 100}\times 1000=8.95\times 10^{-6}\ (mol/L)$$

根据题意，Fe^{2+} 的浓度等于 Fe^{2+}-邻二氮菲配合物的浓度，因此

$$\varepsilon_{510}=\frac{0.205}{8.95\times 10^{-6}\times 2.0}=1.14\times 10^4\ [L/(mol\cdot cm)]$$

答：邻二氮菲亚铁的摩尔吸光系数为 $1.14\times 10^4 L/(mol\cdot cm)$。

【例 12-2】 某有色溶液在 3.0cm 的吸收池中测得的透射比为 40.0%，求吸收池厚度为 2.0cm 时该溶液的透射比和吸光度各为多少？

解 根据公式 $A=-\lg\tau$，当吸收池为 3.0cm 时

$$A_1=-\lg\frac{40}{100}=-(\lg 40-\lg 100)$$

$$=\lg 100-\lg 40=2-1.602=0.398$$

再根据公式 $A=\varepsilon cb$，当 ε 与 c 一定时，吸光度 A 与吸收池厚度 b 成正比，即 $A_1/A_2=b_1/b_2$。这里 $A_1=0.398$，$b_1=3.0cm$，当 $b_2=2.0cm$，则

$$A_2=\frac{b_2}{b_1}A_1=\frac{2.0}{3.0}\times 0.398=0.265$$

$$\lg\tau_2=-A_2=-0.265$$

求反对数，得 $\tau_2=0.543=54.3\%$

答：吸收池厚度为 2.0cm 时该溶液的透射比为 54.3%，吸光度为 0.265。

【例 12-3】 浓度为 $1.00\times 10^{-4} mol/L$ 的 Fe^{3+} 标准溶液，显色后在一定波长下用 1cm 吸收池测得吸光度为 0.304。有一含 Fe^{3+} 的试样水，按同样方法处理测得的吸光度为 0.510。求试样水中 Fe^{3+} 的浓度。

解 已知 $c_s = 1.00 \times 10^{-4}$ mol/L，$A_s = 0.304$，$A_x = 0.510$，根据公式 $c_x = \dfrac{c_s}{A_s} A_x$ 得

$$c_x = \frac{1.00 \times 10^{-4} \times 0.510}{0.304} = 1.68 \times 10^{-4} \text{ (mol/L)}$$

答：试样水中 Fe^{3+} 的浓度为 1.68×10^{-4} mol/L。

【例 12-4】 用分光光度法测定水中微量铁，取 $3.0\mu g/mL$ 的铁标准液 $10.0mL$，显色后稀释至 $50mL$，测得吸光度 $A_s = 0.460$。另取水样 $25.0mL$，显色后也稀释至 $50mL$，测得吸光度 $A_x = 0.410$，求水样中的铁含量（mg/L）。

解 可以先计算出 $50mL$ 标准显色液中铁的浓度。

$$\rho_{Fe} = \frac{3.0 \times 10}{50} = 0.6 \text{ (}\mu g/mL\text{)}$$

由 $\rho_x = \dfrac{\rho_s}{A_s} A_x$ 得

$$\rho_x = \frac{0.6}{0.460} \times 0.410 = 0.53 \text{ (}\mu g/mL\text{)}$$

这里求出的 ρ_x 是 $50mL$ 显色液的浓度，还要求出水样中的铁含量。

$$\rho_{水} = \frac{0.53 \times 50}{25.0} = 1.06 \text{ (}\mu g/mL\text{)} = 1.06 \text{ (mg/L)}$$

第三节 气相色谱分析

一、气相色谱法简介

1. 色谱的建立

色谱最初是由俄国植物学家茨维特（M. S. Tswett）在研究植物色素的过程中，于 1906 年创立的简易分离技术，茨维特的试验奠定了传统色谱法基础。从此之后，化学家、生物化学家和生理学家们在制备高纯化合物、分离和鉴定复杂混合物时便有了一条崭新的有效途径。茨维特的试验是在一根玻璃管的狭小一端塞上小团棉花，在管中填充碳酸钙，形成了一个分离柱，如图 12-17 所示。然后将含有植物色素的石油醚抽取液流经柱子，结果植物色素中的几种色素便在玻璃柱中展开，最上面的是叶绿素，接下来的是两三种黄色的叶绿素，最下层的是黄色胡萝卜素，形成了一个有规则的色层。再用纯石油醚进行淋洗，使柱中色层完全分开。然后将柱中潮湿的碳酸钙从玻璃管中推出，依色层的位置用小刀切开，再以醇为溶剂将它们分别溶解，即得到了各植物色素的纯溶液。茨维特在他的论文中，把上述分离方法叫作色谱法，把填充碳酸钙的玻璃柱管称为色谱柱，里面填充的碳酸钙称为固定相，用来淋洗的纯石油醚称为流动相，柱中出现的色层称为色谱图。

2. 气相色谱法的分类与特点

气相色谱法是用气体作流动相，以试样组分在固定相和流动相之间的溶解、吸附等作用的差异建立起来的分离分析方法（通常缩写为 GC）。根据固定相的状态不同，气相色谱法

又分为气-固色谱法和气-液色谱法两种。

气-固色谱法是用固体物质（吸附剂）作为固定相的色谱分析法（缩写为GSC）。它是依据吸附平衡原理进行分离的，因此也称为气-固吸附色谱法。

气-液色谱法是用涂在固体颗粒表面上或毛细管内壁上的固定液作为固定相的色谱分析法（缩写为GLC）。它是依据被测组分在气-液两相间分配能力的不同进行分离的，因此也称为气-液分配色谱法。

目前气相色谱法已在石油化工、环境保护、医药科学、食品科学、生命科学及航天科学等各个领域得到了广泛的应用。气相色谱法之所以能发展得这样迅速，是因为它具有一般分析方法所不具备的独特优点。

气相色谱法具有的优点有：

（1）分离效率高　不仅能分离沸点相近的组分和组成复杂的混合物，而且可以分离同位素和异构体。

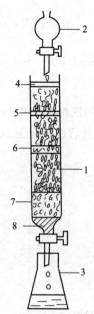

图 12-17　茨维特吸附色谱分离实验示意图
1—装有碳酸钙颗粒的透明玻璃柱；2—装有石油醚的分液漏斗；3—接收洗脱液的锥形瓶；4—色谱柱顶端石油醚层；5—绿色叶绿素；6—黄色叶黄素；7—黄色胡萝卜素；8—色谱柱出口填充的棉花

（2）灵敏度高　由于色谱分析中使用高灵敏的检测器，所以检测灵敏度高。如 FID 检测器可检出 10^{-12} g/s 的物质。若与浓缩富集方法结合，可以测定出高纯物质中 $10^{-9} \sim 10^{-6}$ 的杂质。

（3）分离和测定同时完成　利用色谱柱的分离作用，可以与其他分析仪器联机，一次完成试样的分离和测定工作。

（4）分析速度快　一般的样品只要几分钟到十几分钟即可完成。

（5）易于实现自动化　可对化工生产或其他反应过程实现"在线分析"。

3. 气相色谱法分析流程

气相色谱法用于分离分析样品的基本过程如图 12-18 所示。

图 12-18(a) 为单柱单气路气相色谱仪气路流程示意图。载气（流动相）由高压钢瓶供给，经减压阀、净化器、流量调节器和转子流量计后，以稳定的压力和恒定的流速连续流过汽化室、色谱柱、检测器，最后放空。汽化室与进样口相接，它的作用是把从进样口注入的液体试样瞬间汽化为蒸气，以便随载气带入色谱柱中进行分离，分离后的样品随载气依次带入检测器，检测器将组分的浓度（或质量）变化转化为电信号，电信号经放大后，由记录仪记录下来，即得色谱图。

图 12-18(b) 为双柱双气路气相色谱仪气路流程示意图。载气经净化、稳压后分成两路，分别进入两根色谱柱。每个色谱柱前装有进样-汽化室，柱后连接检测器。双气路能够补偿气流不稳及固定液流失对检测器产生的影响，特别适用于程序升温。新型双气路仪器的两个色谱柱可以装入性质不同的固定相，供选择进样，具有两台气相色谱仪的功能。

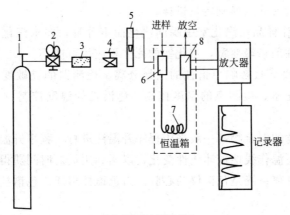

(a) 单柱单气路气相色谱仪

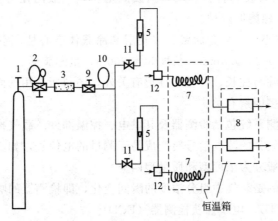

(b) 双柱双气路气相色谱仪

图 12-18 气相色谱仪气路流程

1—载气钢瓶；2—减压阀；3—净化器；4—气流调节阀；
5—转子流量计；6—汽化室；7—色谱柱；8—检测器；
9—稳压阀；10—压力表；11—针形阀；12—进样-汽化室

任何类型的气相色谱仪通常由五个部分组成：气路系统、进样系统、分离系统、检测系统和记录系统。

(1) 气路系统　气路系统包括载气和辅助气体的管路、压力调节及流量控制等部件。该系统是一个让载气连续运行、管路密闭的系统。通过该系统，可以获得纯净的、流速稳定的载气。辅助气体主要是氢火焰离子化检测器用的氢气和助燃空气，它的气密性、压力的稳定性以及流量的准确性对色谱结果均有很大的影响，因此必须注意控制。

常用的载气有氮气和氢气。载气需经过装有活性炭或分子筛的净化器，以除去载气中的水、氧等杂质；流速的调节和稳定是通过减压阀、稳压阀和针形阀串联使用后实现的。

(2) 进样系统　进样系统包括汽化室、进样阀及自动进样器、温度控制部件等。该系统的作用是将液体试样在进入色谱柱之前瞬间汽化，然后快速定量地转入到色谱柱中。进样量的多少、进样时间的长短、试样的汽化速度等都会影响色谱的分离效果及分析结果的准确性和重现性。

① 进样器。液体样品的进样一般采用微量注射器；气体样品的进样常用色谱仪本身配

置的推拉式六通阀或旋转式六通阀定量进样。

② 汽化室。为了让样品在汽化室中瞬间汽化而不分解，要求汽化室热容量大，无催化效应。为了尽量减少柱前谱峰变宽，汽化室的死体积应尽可能小。

③ 温度控制。温度直接影响色谱柱的选择分离、检测器的灵敏度和稳定性。控制温度主要是对色谱柱、汽化室、检测室的温度控制。色谱柱的温度控制方式有恒温和程序升温两种。

对于沸点范围很宽的混合物，一般采用程序升温法进行。程序升温指在一个分析周期内柱温随时间由低温向高温作线性或非线性变化，以达到用最短时间获得最佳分离的目的。

(3) 分离系统　分离系统是色谱仪的心脏，由色谱柱组成。色谱柱主要有两类：填充柱和毛细管柱。

① 填充柱由不锈钢或玻璃材料制成，内装固定相，一般内径为 2～4mm，长 1～3m。填充柱的形状有 U 形和螺旋形两种。

② 毛细管柱又叫空心柱，分为涂壁、多孔层和涂载体空心柱。空心毛细管柱材质为玻璃或石英，内径一般为 0.2～0.5mm，长度 30～300m，呈螺旋形。

色谱柱的分离效果除与柱长、柱径和柱形有关外，还与所选用的固定相和柱填料的制备技术以及操作条件等许多因素有关。

(4) 检测系统　检测系统包括检测器及其供电、控温部件。载气携带分离后的各组分进入检测器，在这里被测组分的浓度信号转变成易于测量的电信号，如电流、电压等，送到数据处理系统。检测器一般分为浓度型和质量型两类。

浓度型检测器测量的是载气中组分浓度的瞬间变化，即检测器的响应值正比于组分的浓度。如热导检测器（TCD）、电子捕获检测器（ECD）。

质量型检测器测量的是载气中所携带的样品进入检测器的速度变化，即检测器的响应信号正比于单位时间内组分进入检测器的质量。如氢火焰离子化检测器（FID）、火焰光度检测器（FPD）。

应根据被测组分的性质选择适当的检测器。

(5) 记录系统　记录系统是一种能自动记录由检测器输出的电信号的装置。在这里进行记录、显示并计算出结果。此部分是近年来商品色谱仪中变化最大的部分，从原来的单纯绘制谱图的记录仪到能绘图、能计算的积分仪，再发展到如今的智能化色谱工作站，自动化程度越来越高。

4. 常用术语与定性参数

(1) 常用术语

① 色谱流出曲线和色谱峰。色谱流出曲线指的是由检测器输出的电信号强度对时间或流动相体积作图得到的曲线，也就是色谱图，如图 12-19 所示。曲线上突起部分就是色谱峰。每个色谱峰代表一个组分，而峰的位置、高度、宽度、形状和面积等特征是定性与定量的重要依据。

② 基线。在实验操作条件下，只有载气通过检测器时的流出曲线。稳定的基线应该是一条水平直线。

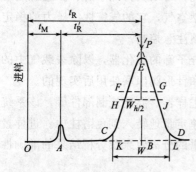

图 12-19　色谱流出曲线

③ 峰底。峰的起点与终点之间的连线，如图 12-19 中的 CBD 段。

④ 峰高（h）。从峰的最大值到峰底的距离，如图 12-19 中的 BE 段。

⑤ 峰宽（W）。在峰两侧拐点处（F、G）作切线，与峰底相交的两点间的距离，如图 12-19 中的 KL 段，也称为峰底宽。

⑥ 半高峰宽（$W_{h/2}$）。在峰高的 1/2 处作平行于峰底的直线，与峰两侧相交的两点间的距离，如图 12-19 中的 HJ 段。

⑦ 峰面积（A）。峰与峰底之间围成的面积，如图 12-19 中的 CED 段。

(2) 色谱定性的参数

① 保留时间（t_R）。组分从进样到出现峰最大值的时间，单位是 min 或 s，如图 12-19 中的 OW 段。

② 死时间（t_M）。不被固定相滞留的组分，从进样至出现浓度最大值时所需的时间称为死时间，单位也是 min 或 s，如图 12-19 中的 OA 段。

③ 调整保留时间（t'_R）。某组分的保留时间扣除死时间后，称为该组分的调整保留时间，即

$$t'_R = t_R - t_M$$

由于组分在色谱柱中的保留时间 t_R 包含了组分随流动相通过柱子所需的时间和组分在固定相中滞留所需的时间，所以 t_R 实际上是组分在固定相中保留的总时间，如图 12-19 中的 AW 段。

保留时间是色谱法定性的基本依据，但同一组分的保留时间常受到流动相流速的影响，因此色谱工作者有时用保留体积来表示保留值。

④ 保留体积（V_R）。指从进样开始到被测组分在柱后出现浓度极大点时所通过的流动相的体积，单位是 mL。保留时间与保留体积的关系为

$$V_R = t_R F_c$$

式中　F_c——柱温下载气的平均流速，mL/min。

⑤ 死体积（V_M）。指色谱柱在填充后，柱管内固定相颗粒间所剩留的空间、色谱仪中管路和连接头间的空间以及检测器的空间的总和。

⑥ 调整保留体积（V'_R）。某组分的保留体积扣除死体积后，称为该组分的调整保留体积。

$$V'_R = V_R - V_M$$

⑦ 相对保留值（r_{is}）。在相同操作条件下，被测组分 i 与参比组分 s 的调整保留值（调整保留时间或调整保留体积）之比。

$$r_{is} = \frac{t'_{R(i)}}{t'_{R(s)}} = \frac{V'_{R(i)}}{V'_{R(s)}} \tag{12-22}$$

相对保留值只与柱温和固定相的性质有关，与柱径、柱长、装填密度及载气流速无关，因此可作为定性的依据。

二、气相色谱基本理论

色谱法是一种分离分析技术。要使 A、B 两组分实现分离，必须满足两个条件：①色谱峰之间的距离足够大；②色谱峰宽度要窄。色谱峰之间的距离取决于组分在固定相和流动相

之间的分配系数，即与色谱过程的热力学因素有关，可以用塔板理论来描述；色谱峰的宽度则与组分在柱中的扩散和运行速度有关，即与所谓的动力学因素有关，需要用速率理论来描述。根据这些理论可以选择最佳的分离条件。

1. 塔板理论

塔板理论是 1941 年由詹姆斯和马丁提出的。由于样品中的各组分是在色谱柱中得到分离，因此把色谱柱假设为一个精馏塔，借用精馏塔中塔板的理论来描述组分在两相间的分配行为，把色谱柱看作是由许多假想的塔板组成（即色谱柱可分为若干个小段）。在每一小段（塔板）内，组分在塔板之间达成一次分配平衡，然后随流动相向前移动，遇到新的固定相重新再次达成分配平衡，依此类推。由于流动相在不停地移动，组分在这些塔板间就不断达成分配平衡，最后组分彼此分开。

（1）理论塔板数 n 与理论塔板高度 H　塔板理论认为，一根柱子可以分为 n 段，在每段内组分在两相间很快达到平衡，把每一段称为一块理论塔板。设柱长为 L，理论塔板高度为 H，则

$$H = \frac{L}{n} \tag{12-23}$$

式中　n——理论塔板数。

理论塔板数（n）可根据色谱图上所测得的保留时间（t_R）和峰底宽（W）或半高峰宽（$W_{h/2}$）按下式推算：

$$n = 5.54 \left(\frac{t_R}{W_{h/2}}\right)^2 = 16 \left(\frac{t_R}{W}\right)^2 \tag{12-24}$$

由于半高峰宽更容易测量，所以应用较多。计算时要注意保留时间与峰宽必须用同一个单位。

由上式可见，色谱峰越窄，塔板数 n 越多，理论塔板高度 H 就越小，此时柱效能越高，因而 n 或 H 可作为描述柱效能的一个指标。

（2）有效塔板数 $n_{有效}$ 与有效塔板高度 $H_{有效}$　在实际应用中经常发现，计算出的理论塔板数很大，但实际分离效能并不很高，这是由于计算时没有考虑死时间 t_M 和死体积 V_M 的影响。因此提出了将 t_M 除外的有效塔板数 $n_{有效}$ 和有效塔板高度 $H_{有效}$ 作为柱效能指标。其计算式为

$$n_{有效} = 5.54 \left(\frac{t_R'}{W_{h/2}}\right)^2 = 16 \left(\frac{t_R'}{W}\right)^2 \tag{12-25}$$

$$H_{有效} = \frac{L}{n_{有效}} \tag{12-26}$$

有效塔板数和有效塔板高度消除了死时间的影响，因而能较为真实地反映柱效能的好坏。色谱柱的理论塔板数越大，表示组分在色谱柱中达到分配平衡的次数越多，固定相的作用越显著，因而对分离越有利。

【例 12-5】　有一柱长 $L = 200 \text{cm}$，死时间 $t_M = 0.28 \text{min}$，某组分的保留时间 $t_R = 4.20 \text{min}$，半高峰宽 $W_{h/2} = 0.30 \text{min}$，计算 n、$n_{有效}$、H 和 $H_{有效}$ 各是多少。

解　根据公式得

$$n = 5.54 \times \left(\frac{4.20}{0.30}\right)^2 = 1086$$

$$n_{\text{有效}} = 5.54 \times \left(\frac{4.20-0.28}{0.30}\right)^2 = 946$$

$$H = \frac{L}{n} = \frac{200}{1086} = 0.18 \text{ (cm)}$$

$$H_{\text{有效}} = \frac{200}{946} = 0.21 \text{ (cm)}$$

答：该色谱柱的理论塔板数为 1086，有效塔板数为 946，理论塔板高度为 0.18cm，有效塔板高度为 0.21cm。

如果在另一根 200cm 的色谱柱上，组分的保留时间不变，只是半高峰宽变为 0.20min，则 $n=2443$，$H=0.08$cm，$n_{\text{有效}}=2128$，$H_{\text{有效}}=0.09$cm。由此可见，此根色谱柱比前一根色谱柱的塔板数增加了 2 倍多，塔板高度减少了 1/2，显然这根色谱柱的分离效能比前者高多了。

2. 速率理论

1956 年荷兰学者范弟姆特提出了色谱过程的动力学理论，在接受塔板理论的概论基础上，把影响塔板高度的动力学因素结合进去，导出了塔板高度 H 与载气线速度 u 的关系，并归纳成速率理论方程式，称为范第姆特方程：

$$H = A + \frac{B}{u} + Cu \tag{12-27}$$

式中　A——涡流扩散系数；

　　　B——分子扩散系数；

　　　C——传质阻力系数；

　　　u——载气的平均线速度，cm/s。

下面分别讨论各项的意义。

(1) 涡流扩散项 A　它表示在填充柱内，气流碰到填充物颗粒时会不断改变流动的方向，使试样组分在气相中形成紊乱的类似"涡流"的流动，于是有的组分分子随着载气走捷径而跑在前面，同一组分其他分子走弯路而落在后面，使色谱峰变宽。这种扩散效应，纯属流动现象，与载气性质、线速度和组分无关，而只取决于填充物的几何形状及均匀性，即

$$A = 2\lambda d_p \tag{12-28}$$

式中　d_p——载体平均颗粒直径，cm；

　　　λ——填充不规则因子。

从式(12-28) 可见，色谱柱装填不均匀，或载体颗粒偏大，则 A 和 H 偏高，柱效能降低。对于空心毛细管柱，由于没有填充物，不存在涡流扩散现象，所以 $A=0$，因此它可以获得很高的柱效。

(2) 分子扩散项 B/u　也称纵向扩散，这是由于组分分子随着载气在流动过程中，自然要沿着载气流动的方向（纵向），由浓度高的地方向浓度低的地方进行扩散，而使色谱峰变宽，分离效率下降。扩散的程度与组分在气相中的停留时间（t_M）成正比，与载气的平均线速度 u 成反比，同时也与组分在气相中的扩散能力有关，即

$$B = 2\gamma D_g$$

式中 γ——弯曲因子;

D_g——组分在气相中的扩散系数,cm^2/min。

D_g 与组分及载气的性质有关,分子量大的组分,其 D_g 小,它与载气的分子量的平方根成反比,即

$$D_g \propto \frac{1}{\sqrt{M_{载气}}}$$

所以减小分子扩散项的办法是增加载气流速、较低的柱温,使用分子量较大的载气。弯曲因子 γ 反映填充柱内流路的弯曲性,填充柱的 $\gamma<1$,空心柱 $\gamma=1$。

(3) 传质阻力项 Cu 传质阻力包括气相传质阻力和液相传质阻力两项。

气相传质过程是指试样组分从气相移动到固定相表面的过程,在这一过程中试样组分将在两相间进行质量交换,即进行浓度分配。这种过程若进行缓慢,表示气相传质阻力大,就引起色谱峰扩张。这种阻力的大小,与填充物的颗粒、组分分子在载气中的扩散系数、容量因子及载气线速度有关。即

$$C_g = \frac{0.01K'^2}{(1+K')^2} \times \frac{d_p^2}{D_g}$$

式中 K'——容量因子。

由此可见,气相传质阻力与载气颗粒直径的平方成正比,与组分在气相中的扩散系数成反比。

液相传质过程是指试样组分从固定相的气液界面移动到液相内部,并发生质量交换,达到分配平衡,然后又返回气液界面的传质过程中所受到的阻力,它与液膜厚度、组分分子在液相中的扩散能力、容量因子、载气线速等有关。即

$$C_l = \frac{2}{3} \times \frac{K'}{(1+K')^2} \times \frac{d_f^2}{D_l}$$

式中 d_f——固定液的液膜厚度,cm;

D_l——组分在液相中的扩散系数,cm^2/min。

归纳起来,为了提高柱效,降低理论板高,应注意以下条件选择:

① 载体颗粒直径要适当(颗粒太小,气阻过大),颗粒要一致,装填要均匀;
② 固定液配比要小,液膜要薄;
③ 固定液黏度要小,柱温不能过低;
④ 选择最佳载气流速。

三、气相色谱分析操作条件的选择

1. 分离度

塔板高度能反映柱效能高低,但不能反映柱的选择性。两个组分怎样才算达到完全分离?第一是两组分的色谱峰之间的距离必须相差足够大,第二是峰必须窄,只有同时满足这两个条件,两组分才能完全分离。相邻两组分在色谱柱中的分离情况,可用分离度判断。

(1) 分离度的定义 分离度指相邻两组分色谱峰保留值之差与两个组分色谱峰峰底宽度平均值之比:

$$R = \frac{t_{R(2)} - t_{R(1)}}{\frac{1}{2}(W_1 + W_2)} = \frac{2[t_{R(2)} - t_{R(1)}]}{W_1 + W_2} \tag{12-29}$$

R 值越大，就意味着相邻两组分分离得越好。因此，分离度是柱效能、选择性影响因素的总和，故可用其作为色谱柱的总分离效能指标。

当两组分的色谱峰分离较差，峰底宽度难于测量时，可用半高峰宽代替峰底宽度，并用下式表示分离度：

$$R = \frac{t_{R(2)} - t_{R(1)}}{W_{\frac{h}{2}(1)} + W_{\frac{h}{2}(2)}} \tag{12-30}$$

计算时要把保留时间与峰宽换算成同一个单位。分离度的示意见图 12-20。

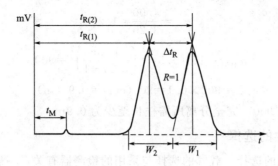

图 12-20　分离度 R

由上述公式和示意图可知，两个峰的保留时间相差越大，峰宽越窄，则分离度越好。若峰形对称且满足于正态分布，则当 $R=1$ 时，分离程度可达 98%；当 $R=1.5$ 时，分离程度可达 99.7%。因而可用 $R=1.5$ 来作为相邻两峰已完全分开的标志。

(2) 分离度与 $n_{有效}$ 和 r_{is} 的关系　前面提到，衡量柱效能的指标是有效塔板数 $n_{有效}$，$n_{有效}$ 值越大，说明组分在柱中进行分配平衡的次数越多，越有利于分离。而 r_{is} 则是选择性指标，相对保留值 r_{is} 越大，说明两个组分分离得越好，分离度 R 是色谱柱的总分离效能指标，可以判断难分离物质对在色谱柱中的分离情况，能反映柱效能和选择性影响的总和。因此，可以将分离度 R、柱效能 $n_{有效}$ 和选择性 r_{is} 联系起来，得到下面的公式：

$$n_{有效} = 16R^2 \left(\frac{r_{is}}{r_{is} - 1} \right)^2 \tag{12-31}$$

再根据式(12-26)，可以求出达到某一分离度所需的色谱柱长：

$$L = 16R^2 \left(\frac{r_{is}}{r_{is} - 1} \right)^2 H_{有效} \tag{12-32}$$

另外，如果在柱长 L_1 时，得到的分离度为 R_1，若此分离度不理想，还可以求出分离度为 R_2 时的柱长 L_2。由于色谱柱是一样的，因此有效塔板高度和相对保留值也是一样的，根据式(12-32)可得到下面的公式：

$$\frac{L_1}{L_2} = \frac{R_1^2}{R_2^2} \quad 或 \quad \frac{R_1}{R_2} = \sqrt{\frac{L_1}{L_2}} \tag{12-33}$$

【例 12-6】　设有一对物质，其 $r_{is}=1.15$，要求在 $H_{有效}=0.1\mathrm{cm}$ 的某填充柱上得到完全分离，试计算至少需要多长的色谱柱。

解 要实现完全分离,即 $R \approx 1.5$,则所需有效塔板数为

$$n_{\text{有效}} = 16 \times 1.5^2 \times \left(\frac{1.15}{1.15-1}\right)^2 = 2116$$

使用普通色谱柱,有效塔板高度为 0.1cm,故所需柱长应为

$$L = 2116 \times 0.1 = 211.6 \text{ (cm)} \approx 2 \text{ (m)}$$

答: 要得到完全分离,至少需要 2m 长的色谱柱。

【例 12-7】 分析某样品时,两种组分的调整保留时间分别为 3.20min 和 4.00min,柱的有效塔板高度 $H_{\text{有效}}=0.1$cm,要在一根色谱柱上完全分离($R=1.5$),求有效塔板数和柱长是多少?

解 根据式(12-22)、式(12-31) 和式(12-33) 得

$$r_{is} = \frac{4.00}{3.20} = 1.25$$

$$n_{\text{有效}} = 16 \times 1.5^2 \times \left(\frac{1.25}{1.25-1}\right)^2 = 900$$

$$L = 900 \times 0.1 = 90 \text{ (cm)} = 0.9 \text{ (m)}$$

答: 有效塔板数为 900,完全分离所需柱长至少为 0.9m。

2. 色谱分离条件的选择

(1) **载气及其流速的选择** 载气的选择与采用的检测器有关,一般热导检测器用氢气作载气,氢火焰离子化检测器用氮气作载气。

由速率理论可知,载气的流速是影响柱效能的主要因素。载气的最佳流速可以通过实验获得,对于给定的色谱柱,调节不同的载气流速,测得一系列塔板高度,用塔板高度 H 对载气流速 u 作图,得到如图 12-21 所示的 H-u 曲线图。曲线的最低点塔板高度 H 最小,柱效能最高,这点所对应的流速即是载气的最佳流速。

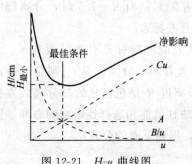

图 12-21 H-u 曲线图

图 12-21 中的虚线是速率理论中各因素对板高的影响。比较各条虚线可知,当载气流速 u 值较小时,分子扩散项 B/u 将成为影响色谱峰扩张的主要因素,这时应采用分子量较大的 N_2、Ar 等作载气,以减少组分分子在载气中的扩散,有利于提高柱效能。当载气流速 u 值较大时,传质阻力项 Cu 起主要作用,这时应采用分子量较小的 H_2、He 等作载气,以减少气相传质阻力,提高柱效。实际工作中,为了缩短分析时间,常使流速稍高于最佳流速。

(2) **柱温的选择** 柱温是一个重要的色谱操作参数,它直接影响分离效能和分析速度。通常按下列原则选择柱温。

① 柱温不能高于固定液的最高使用温度。柱温高于固定液的最高使用温度,会造成固定液大量挥发流失,使柱效降低。

② 尽量选择较低的柱温。降低柱温可使色谱柱的选择性增大,而升高柱温可以缩短分析时间及改善气相和液相的传质速率,但同时也加快了分子的纵向扩散,使固定液的选择性下降、分离度降低,所以,在能使沸点最高的组分达到分离的前提下,尽量选择较低的

温度。

③ 对于宽沸程混合物，采用程序升温法。程序升温是指色谱柱的温度按照组分沸程设置的程序连续地随时间线性或非线性逐渐升高，使柱温与组分的沸点相互对应，以使低沸点组分和高沸点组分在色谱柱中都有适宜的保留、色谱峰分布均匀且峰形对称。因此，对于沸点范围很宽的混合物，往往采用程序升温法进行分析。

(3) 汽化室与检测室温度　汽化室温度、检测室温度一般高于柱温 30～70℃。在样品不分解前提下，汽化室温度可以高些，以保证样品瞬间汽化。

(4) 柱长和内径的选择　增加柱长能提高分离度，但也增加了分析时间。在满足分离度的条件下，尽量用短柱。

增加色谱柱的内径，可以增加分离的样品量，但由于纵向扩散路径的增加，会使柱效降低，通常填充柱的内径为 3～4mm。

(5) 载体粒度的选择　由速率理论可知，载体的粒度直接影响涡流扩散和气相传质阻力，间接地影响液相传质阻力。随着载体粒度的减小，柱效会提高，但粒度过细，柱的阻力将明显增加，延长分析时间，给操作带来不便。因此，一般根据柱径选择载体的粒度，保持载体的直径为柱内径的 1/20～1/25 为宜，通常用 60～80 目或 80～100 目的载体。

(6) 固定液配比　指填充柱中固定液和载体的质量比（简称液载比）。例如 20∶100 即是 20g 固定液涂在 100g 载体上，习惯上也有用 20/100 或 20% 表示的。固定液配比不宜过高，一般在 5%～30% 之间。

(7) 进样时间和进样量　进样时间应在 1s 内完成。因为进样时间长时，色谱峰半高峰宽随之变宽，甚至使峰变形。

进样量的多少要依据液载比、柱子负荷和检测器的灵敏度以及具体分析结果的要求而定。进样量太大，容易超出色谱柱的负荷，使柱效下降，峰形变坏，影响分离效果和定量的准确性；进样量太小，会使微量组分检测不出来。因此最大允许的进样量，应控制在使峰面积和峰高与进样量呈线性关系的范围内，并将此范围内允许的最大进样量称为柱容量或柱负荷（见图 12-22）。液体样品通常进 0.5～5μL，气体样品通常进 0.1～5mL。

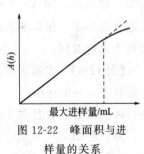

图 12-22　峰面积与进样量的关系

四、定性和定量方法

色谱定性分析就是确定通过色谱分离后，所获得一系列未知的色谱峰所代表的是何种物质。色谱定量分析就是确定各组分在试样中的含量。

1. 气相色谱定性分析

(1) 保留值定性　保留值是组分在固定相中各保留参数的总称，包括保留时间、保留体积、记录纸上的保留距离以及由此计算出来的相对保留值、保留指数、比保留体积等。这些保留值都与组分的化学结构、物理化学性质有关，在一定条件下，可以通过这些保留值来定性。

① 利用纯物质对照定性。在一定的色谱条件下，一种物质只有一个确定的保留时间。因此可以取纯物质进样记下保留时间，在相同色谱条件下与未知物的保留时间进行直接比

较。若二者相同,则未知物可能是已知的纯物质。

纯物质对照法定性只适用于对组分性质已有所了解、组成比较简单且有纯物质的未知物。

② 增加峰高法。当未知样品中组分较多,所得色谱峰过密,用上述方法不易辨认时,或仅作未知样品指定项目分析时均可用此法。首先作出未知物的色谱图,然后在未知物中加入少量某已知物,得到另一个色谱图。比较两个图,若有峰增高,且保留时间与峰形不变,可以确定峰增高的组分与已知物是同一物质。

③ 相对保留值 r_{is}。相对保留值 r_{is} 仅与柱温和固定液性质有关,与其他操作条件无关,所以用它来定性可得到较可靠的结果。方法是在一定的固定相及柱温下,分别测出组分 i 和基准物质 s 的调整保留值,计算出相对保留值,然后与文献值比较即可定性。

④ 保留指数 I。保留指数是目前使用最广泛并被国际上公认的定性指标。

保留指数是把正构烷烃中某两个组分的调整保留值的对数作为相对的尺度,并规定正构烷烃的保留指数均为其碳原子数乘以 100(即 $n \times 100$)。例如正戊烷、正己烷、正庚烷的保留指数分别为 500、600、700。某物质的保留指数 I_x 可由下式计算而得:

$$I_x = 100 \times \left(Z + n \times \frac{\lg t'_{R(x)} - \lg t'_{R(Z)}}{\lg t'_{R(Z+n)} - \lg t'_{R(Z)}} \right) \tag{12-34}$$

式中,$t'_{R(x)}$、$t'_{R(Z)}$、$t'_{R(Z+n)}$ 分别代表 x 和具有 Z 及 $Z+n$ 个碳原子数的正构烷烃的调整保留时间(也可用调整保留体积);n 为两个正构烷烃碳原子差值;x 为被测物质;Z、$Z+n$ 代表具有 Z 个和 $Z+n$ 个碳原子数的正构烷烃。被测物质的 x 值应恰在这两个正构烷烃的 x 值之间,即 $X_Z < X_x < X_{Z+n}$。因此,欲求某物质的保留指数,只要与相邻的正构烷烃混合在一起,在给定条件下进行色谱实验,然后按公式计算其指数 I_x,再与文献上保留指数 I 进行对照。

【例 12-8】 实验测得某组分的调整保留时间以记录纸距离表示为 310.0mm。又测得正庚烷和正辛烷的保留时间分别为 174.0mm 和 373.4mm。计算此组分的保留指数。(色谱条件:阿皮松 L 柱,柱温 100℃。)

解 已知 $t'_{R(x)} = 310.0$mm,$t'_{R(Z)} = 174.0$mm,$t'_{R(Z+n)} = 373.4$mm,$Z = 7$,$Z+n = 8$,$n = 8 - 7 = 1$,则

$$I_x = 100 \times \left(7 + 1 \times \frac{\lg 310.0 - \lg 174.0}{\lg 373.4 - \lg 174.0} \right) = 775.6$$

从文献上查得,在该色谱条件下,$I_{乙酸乙酯} = 775.6$,再用纯乙酸乙酯进行对照试验,确定该组分是乙酸乙酯。

保留指数仅与固定相的性质、柱温有关,与色谱条件无关,只要柱温与固定相相同,就可应用文献值进行鉴定,而不必用纯物质相对照。

注意问题是保留指数法定性的色谱条件与文献上给出的色谱条件必须一致,如果分析条件不同,则测试结果没有可比性。

(2) 与其他方法配合定性 色谱-质谱、色谱-红外和与选择性检测器联用等联用技术,既利用了色谱的高效分离能力,又利用了质谱、光谱及检测器的高鉴定能力,加上计算机对数据的快速处理和检索,为结构复杂的化合物定性创造了方便条件。

2. 气相色谱定量方法

在仪器操作条件一定时，被测组分 i 的质量与检测器的响应信号成正比。这是色谱定量分析的基本依据。即

$$m_i = f_i A_i \text{ 或 } m_i = f_i h_i \tag{12-35}$$

式中　m_i——组分 i 的质量；

　　　f_i——组分 i 的绝对校正因子；

　　　A_i——组分 i 的峰面积。

可见，在色谱定量分析中需要解决三个问题：准确测量峰面积；确定校正因子 f_i；将峰面积换算为试样组分的含量。

(1) 峰面积测量法

① 峰高乘半高峰宽法。此法将色谱峰近似看作一个等腰三角形，根据等腰三角形面积的计算方法，可近似认为峰面积等于峰高乘以半高峰宽，即

$$A = h W_{h/2} \tag{12-36}$$

这样测得峰面积为实际峰面积的 0.94 倍，因此，实际峰面积应为

$$A_{\text{实际}} = 1.064 h W_{h/2} \tag{12-37}$$

此法适应于对称峰面积测量。

② 峰高乘平均峰宽法。对于不对称峰的测量如仍用峰高乘以半高峰宽，误差就较大，因此采用峰高乘平均峰宽法。

$$A = h \times \frac{W_{0.15} + W_{0.85}}{2} \tag{12-38}$$

式中　$W_{0.15}$，$W_{0.85}$——分别为峰高 0.15 倍和 0.85 倍处的峰宽。

③ 用峰高表示峰面积。当操作条件稳定不变时，在一定的进样量范围内，对称峰的半高峰宽不变。这种情况下可用峰高 h 代替峰面积 A 进行定量分析。常用于工厂控制分析。

④ 积分仪。现代的色谱仪一般都配有自动积分仪，可自动测量出曲线所包含的面积，精度可达 0.2%～2%。不管峰形是否对称，均可得到准确结果。

(2) 校正因子　校正因子分为绝对校正因子和相对校正因子。绝对校正因子（$f_i = m_i / A_i$）表示单位峰面积所代表的组分 i 的进样量。由于受到实验技术的限制，绝对校正因子不易准确测定。因此，在实际工作中常用相对校正因子（f'_i），即某组分的绝对校正因子（f_i）与一种基准物的绝对校正因子（f_s）之比。

$$f'_i = \frac{f_i}{f_s} = \frac{m_i / A_i}{m_s / A_s} = \frac{m_i A_s}{m_s A_i} \tag{12-39}$$

式中　A_i，A_s——分别为组分 i 和基准物 s 的峰面积；

　　　m_i，m_s——分别为组分 i 和基准物 s 的质量。

当 m_i、m_s 用质量表示时，所得相对校正因子称为相对质量校正因子，用 f'_m 表示。当 m_i、m_s 用物质的量（mol）表示时，所得相对校正因子称为相对摩尔校正因子，用 f'_M 表示。

由于相对校正因子仅与检测器类型和基准物质有关，而与操作条件无关，因而具有一定的通用性。各种物质的相对校正因子可由文献查到，有些文献还以相对响应值（S'）形式表示。在采用相同的单位时，s' 和 f' 之间是倒数关系，即

$$S' = \frac{1}{f'} \tag{12-40}$$

本书附录十一和附录十二分别列出了文献上发表的一些物质的相对响应值和相对校正因子数据。这些数据都是以苯作基准物测定出来的。若文献中查不到所需的 f' 值,也可以通过实验的方法得到。测定时首先准确称取一定量待测组分的纯物质(m_i)和基准物(m_s),混匀后进样(m_i/m_s 一定),分别测量出相应的峰面积 A_i 和 A_s,根据式(12-39)即可求出组分 i 的相对校正因子 f'_i。

例如测定苯、甲苯、乙苯在氢火焰离子化检测器上的质量校正因子,以苯为基准物,实验结果如下:

组分名称	$m_i/\%$	A_i/cm^2
苯	31.0	20.0
甲苯	40.5	25.7
乙苯	26.5	16.3

则
$$f'_\text{甲} = \frac{m_\text{甲}/A_\text{甲}}{m_\text{苯}/A_\text{苯}} = \frac{m_{\text{甲}\%}/A_\text{甲}}{m_{\text{苯}\%}/A_\text{苯}} = \frac{40.5/25.7}{31.0/20.0} = 1.02$$

同理
$$f'_\text{乙} = \frac{26.5/16.3}{31.0/20.0} = 1.05$$

(3) 常用的定量方法

① 归一化法。它是一种常用的色谱定量方法。归一化法是把样品中各个组分的峰面积乘以各自的相对校正因子并求和,此和值相当于所有组分的总质量,即所谓"归一",样品中组分 i 的质量分数 w_i 可按下式计算:

$$w_i = \frac{m_i}{m_1 + m_2 + \cdots + m_n} \times 100\% = \frac{f'_i A_i}{f'_1 A_1 + f'_2 A_2 + \cdots + f'_n A_n} \times 100\% \tag{12-41}$$

如果操作条件稳定,也可以用峰高归一化法定量,此时样品中组分 i 的质量分数 w_i 可按下式计算:

$$w_i = \frac{f'_i h_i}{f'_1 h_1 + f'_2 h_2 + \cdots + f'_n h_n} \times 100\%$$

对于气体试样,可代入各组分的相对摩尔校正因子(f'_M),按式(12-41)的形式求出试样中各组分的体积分数(φ)。

若各组分的 f 值近似或相同,例如同系物中沸点接近的各组分,则式(12-41)可简化为

$$w_i = \frac{A_i}{A_1 + A_2 + \cdots + A_n} \times 100\% \tag{12-42}$$

【例12-9】 某涂料稀释剂由丙酮、甲苯和乙酸正丁酯组成。利用气相色谱(TCD)分析得到各组分的峰面积为 $A_\text{丙酮} = 1.65 \text{cm}^2$,$A_\text{甲苯} = 1.50 \text{cm}^2$,$A_\text{乙酸正丁酯} = 3.50 \text{cm}^2$。求该试样中各组分的质量分数。已知 $f'_\text{丙酮} = 0.87$,$f'_\text{甲苯} = 1.02$,$f'_\text{乙酸正丁酯} = 1.10$。

解 $\sum f'_m A = 0.87 \times 1.65 + 1.02 \times 1.50 + 1.10 \times 3.50 = 6.82$

按式(12-41),试样中各组分的质量分数分别为

$$w_\text{丙酮} \frac{0.87 \times 1.65}{6.82} \times 100\% = 21.05\%$$

$$w_{甲苯} \frac{1.02 \times 1.50}{6.82} \times 100\% = 22.43\%$$

$$w_{乙酸正丁酯} \frac{1.10 \times 3.50}{6.82} \times 100\% = 56.45\%$$

归一化法的优点是简单、准确，操作条件如进样量、流速等变化时对定量结果影响不大。用归一化法定量时，必须保证样品中所有组分都能流出色谱柱，并在色谱图上显示色谱峰。

② 内标法。内标法是色谱分析中一种比较准确的定量方法，尤其在没有标准物对照时，此方法更显其优越性。内标法是将一定质量的纯物质作为内标物加到一定量的被分析样品中，然后对含有内标物的样品进行色谱分析，分别测定内标物和被测组分的峰面积（或峰高）及相对校正因子，按下列公式即可求出被测组分在样品中的含量：

$$w_i = \frac{f'_i A_i}{f'_s A_s} \times \frac{m_s}{m} \times 100\% \tag{12-43}$$

内标物是指加入被分析样品中且以它为内标对未知组分进行定量计算的一种纯物质。对内标物的要求是：内标物是原来样品中不存在的组分；纯度要高，既能和样品完全互溶，又不能有化学反应；内标物色谱峰和被测峰要靠近，但又能完全分离；内标物的校正因子与被测组分的校正因子相近；加入内标物的量要接近被测组分的含量，称量时要准确。

【例12-10】 测定工业氯苯中微量杂质苯，称 0.0540g 内标物甲苯，加入到 6.320g 氯苯样品中，混匀进样（FID），得 $h_{苯} = 4.80$cm，$h_{甲苯} = 6.40$cm。求试样中杂质苯的质量分数。已知 $f'_{苯} = 1.00$，$f'_{甲苯} = 1.04$。

解 $w_苯 = \frac{f'_苯 h_苯}{f'_{甲苯} h_{甲苯}} \times \frac{m_{甲苯}}{m} = \frac{1.00 \times 4.80}{1.04 \times 6.40} \times \frac{0.0540}{6.320} \times 100\% = 0.62\%$

则试样中杂质苯的质量分数为 0.62%。

③ 外标法。它不是把标准物质加入到被测样品中，而是在与被测样品相同的色谱条件下单独测定，把得到的色谱峰面积与被测组分的色谱峰面积进行比较求得被测组分的含量。外标物与被测组分同为一种物质但要求它有一定的纯度，分析时外标物的浓度应与被测物的浓度相接近，以利于定量分析的准确性。由于色谱操作条件相同，进样量相同，校正因子相同，所以峰面积（或峰高）之比等于其含量之比：

$$w_i = \frac{A_i}{A'_i} w'_i \tag{12-44}$$

【例12-11】 采用 GDX 柱测定乙醇中水的含量，已知标样乙醇中含水的质量分数为 8.30%，进样量为 1.0μL，峰高为 11.5cm，待测试样进样量为 1.0μL，峰高为 7.62cm，求待测样中乙醇的含量。

解 $w_i = \frac{h_i}{h'_i} w'_i = \frac{7.62}{11.5} \times 8.30\% = 5.50\%$

④ 校正曲线法。又称绝对定量法或检量线法，是色谱定量分析中常用的一种方法。它是将被测组分的纯样品配制成系列浓度的标样，然后定量进样进行色谱分析，以浓度对峰面积作图，得到的曲线即为校正曲线。在分析未知样品时，保持相同的色谱条件，尤其是进样量，得到未知样的峰面积后，从校正曲线即可查出未知样品的含量。校正曲线应当是一条通过原点的直线，如果不通过原点，说明有系统误差存在，应查找原因加以消除。

校正曲线法操作和计算都简便，适用于生产控制分析。但要求每次分析的操作条件和进样量要严格一致，否则将引起误差。当更换色谱柱或操作条件变化时，要重新制作曲线。

思考题与习题

1. 电位测定法的根据是什么？
2. 何谓指示电极及参比电极？试各举例说明其作用。
3. 为什么一般来说，电位滴定法的误差比电位测定法小？
4. 简述离子选择性电极的类型及一般作用原理。
5. 列表说明各类反应的电位滴定中所用的指示电极及参比电极，并讨论选择指示电极的原则。
6. 直接电位法的主要误差来源有哪些？应如何减免之？
7. 安装前应如何检查玻璃电极和甘汞电极？如何配制和选择酸度计校准所需的 pH 标准缓冲溶液？采用二点校正法如何对酸度计进行校正？
8. 确定电位滴定终点的方法有哪几种？
9. 在用离子选择性电极法测量离子浓度时，加入 TISAB 的作用是什么？
10. 影响直接电位法测定准确度的因素有哪些？
11. 什么是单色光？什么是复色光？可见光的波长范围如何？
12. 为什么物质对光发生选择性吸收？
13. 什么是吸收光谱曲线？什么是标准曲线？它们有何实际意义？利用标准曲线进行定量分析时可否使用透光度 τ 和浓度 c 为坐标？
14. 朗伯-比耳定律的物理意义是什么？什么是透光度？什么是吸光度？二者之间的关系是什么？
15. 分光光度分析的定量方法有哪些？各适用于什么情况？
16. 如何选择显色剂？应控制哪些显色反应条件？
17. 测定金属钴中微量锰时在酸性液中用 KIO_3 将锰氧化为高锰酸根离子后进行吸光度的测定。若用高锰酸钾配制标准系列溶液，在测定标准系列溶液及试液的吸光度时应选什么作参比溶液？
18. 单光束分光光度计由哪些部分构成？说明其主要调节器的作用。
19. 什么是参比溶液？如何选择参比溶液？
20. 用分光光度计测定溶液吸光度适宜的读数范围是多少？如何控制读数在此范围内？
21. 简要说明气相色谱分析的基本原理。
22. 气相色谱仪的基本设备包括哪几部分？各有什么作用？
23. 能否根据理论塔板数来判断分离的可能性？为什么？
24. 为什么可用分离度 R 作为色谱柱的总分离效能指标？
25. 色谱定性的依据是什么？主要有哪些定性方法？
26. 有哪些常用的色谱定量方法？试比较它们的优缺点和使用范围。
27. pH 玻璃电极和饱和甘汞电极组成工作电池，25℃时测定 pH=9.18 的硼酸标准溶液时，电池电动势是 0.220V；而测定一未知 pH 试液时，电池电动势是 0.180V。求未知试液的 pH。
28. 用 1cm 吸收池，在 540nm 处得到 $KMnO_4$ 溶液的吸光度为 0.322，问该溶液的透射比是多少？如果改用 2cm 吸收池，该溶液的透射比将是多少？
29. 有两种不同浓度的有色溶液，当液层厚度相同时，对某一波长的光，T 值分别为：（1）65.0%；（2）41.8%。求它们的 A 值。如果已知溶液（1）的浓度为 $6.51×10^{-4}$ mol/L，求溶液（2）的浓度。
30. 用双硫腙光度法测定 Pb^{2+}，已知 Pb^{2+} 的浓度为 0.08mg/50mL，用 2cm 吸收池，在 520nm 处测

得 $\tau=53\%$，求摩尔吸光系数。

31. 在一色谱柱上，测得各峰的保留时间如下：

组分	空气	辛烷	壬烷	未知峰
t_R/min	0.6	13.9	17.9	15.4

求未知峰的保留指数。

32. 在测定苯、甲苯、乙苯、邻二甲苯的峰高校正因子时，所称取的各组分的纯物质质量以及在一定色谱条件下所得色谱图上各组分色谱峰的峰高分别如下，求各组分的峰高校正因子（以苯为标准）。

组分	苯	甲苯	乙苯	邻二甲苯
质量/g	0.5967	0.5478	0.6120	0.6680
峰高/mm	180.1	84.4	45.2	49.0

附 录

附录一 弱酸和弱碱的离解常数（25℃）

名 称	化 学 式	$K_{a(b)}$	$pK_{a(b)}$
硼酸	H_3BO_3	$5.8\times10^{-10}(K_{a_1})$	9.24
碳酸	H_2CO_3	$4.2\times10^{-7}(K_{a_1})$	6.38
		$5.6\times10^{-11}(K_{a_2})$	10.25
砷酸	H_3AsO_3	$6.3\times10^{-3}(K_{a_1})$	2.20
		$1.0\times10^{-7}(K_{a_2})$	7.00
		$3.2\times10^{-12}(K_{a_3})$	11.50
亚砷酸	$HAsO_2$	6.0×10^{-10}	9.22
氢氰酸	HCN	7.2×10^{-10}	9.14
铬酸	$HCrO_4^-$	$3.2\times10^{-7}(K_{a_2})$	6.50
氢氟酸	HF	7.2×10^{-4}	3.14
亚硝酸	HNO_2	5.1×10^{-4}	3.29
磷酸	H_3PO_4	$7.6\times10^{-3}(K_{a_1})$	2.12
		$6.3\times10^{-8}(K_{a_2})$	7.20
		$4.4\times10^{-13}(K_{a_3})$	12.36
亚磷酸	H_3PO_3	$5.0\times10^{-2}(K_{a_1})$	1.30
		$2.5\times10^{-7}(K_{a_2})$	6.60
氢硫酸	H_2S	$5.7\times10^{-8}(K_{a_1})$	7.24
		$1.2\times10^{-15}(K_{a_2})$	14.92
硫酸	HSO_4^-	$1.2\times10^{-2}(K_{a_2})$	1.99
亚硫酸	H_2SO_3	$1.3\times10^{-2}(K_{a_1})$	1.90
		$6.3\times10^{-8}(K_{a_2})$	7.20
硫氰酸	$HSCN$	1.4×10^{-1}	0.85
偏硅酸	H_2SiO_3	$1.7\times10^{-10}(K_{a_1})$	9.77
		$1.6\times10^{-12}(K_{a_2})$	11.80
甲酸（蚁酸）	$HCOOH$	1.8×10^{-4}	3.74
乙酸（醋酸）	CH_3COOH	1.8×10^{-5}	4.74
丙酸	C_2H_5COOH	1.3×10^{-5}	4.89
一氯乙酸	$CH_2ClCOOH$	1.4×10^{-3}	2.86
二氯乙酸	$CHCl_2COOH$	5.0×10^{-2}	1.30
三氯乙酸	CCl_3COOH	0.23	0.64

续表

名　称	化　学　式	$K_{a(b)}$	$pK_{a(b)}$
乳酸	$CH_3CHOHCOOH$	1.4×10^{-4}	3.86
苯甲酸	C_6H_5COOH	6.2×10^{-5}	4.21
邻苯二甲酸	$C_6H_4(COOH)_2$	$1.1\times10^{-3}(K_{a_1})$	2.96
		$3.9\times10^{-6}(K_{a_2})$	5.41
草酸	$H_2C_2O_4$	$5.9\times10^{-2}(K_{a_1})$	1.22
		$6.4\times10^{-5}(K_{a_2})$	4.19
苯酚	C_6H_5OH	1.1×10^{-10}	9.95
水杨酸	$C_6H_4OHCOOH$	$1.0\times10^{-3}(K_{a_1})$	3.00
		$4.2\times10^{-13}(K_{a_2})$	12.38
磺基水杨酸	$C_6H_3SO_3HOHCOOH$	$4.7\times10^{-3}(K_{a_1})$	2.33
		$4.8\times10^{-12}(K_{a_2})$	11.32
乙二胺四乙酸(EDTA)	H_6Y^{2+}	$0.1(K_{a_1})$	0.90
	H_5Y^+	$3.0\times10^{-2}(K_{a_2})$	1.60
	H_4Y	$1.0\times10^{-2}(K_{a_3})$	2.00
	H_3Y^-	$2.1\times10^{-3}(K_{a_4})$	2.67
	H_2Y^{2-}	$6.9\times10^{-7}(K_{a_5})$	6.16
	HY^{3-}	$5.5\times10^{-11}(K_{a_6})$	10.26
硫代硫酸	$H_2S_2O_3$	$5.0\times10^{-1}(K_{a_1})$	0.30
		$1.0\times10^{-2}(K_{a_2})$	2.00
苦味酸	$HOC_6H_2(NO_2)_3$	4.2×10^{-1}	0.38
乙酰丙酮	$CH_3COCH_2COCH_3$	1.0×10^{-9}	9.00
邻二氮菲	$C_{12}H_8N_2$	1.1×10^{-5}	4.96
8-羟基喹啉	C_9H_6NOH	$9.6\times10^{-6}(K_{a_1})$	5.02
		$1.55\times10^{-10}(K_{a_2})$	9.81
邻硝基苯甲酸	$C_6H_4NO_2COOH$	6.71×10^{-3}	2.17
氨水	$NH_3\cdot H_2O$	1.8×10^{-5}	4.74
联氨	H_2NNH_2	$3.0\times10^{-6}(K_{b_1})$	5.52
		$7.6\times10^{-15}(K_{b_2})$	14.12
苯胺	$C_6H_5NH_2$	4.2×10^{-10}	9.38
羟胺	NH_2OH	9.1×10^{-9}	8.04
甲胺	CH_3NH_2	4.2×10^{-4}	3.38
乙胺	$C_2H_5NH_2$	5.6×10^{-4}	3.25
二甲胺	$(CH_3)_2NH$	1.2×10^{-4}	3.93
二乙胺	$(C_2H_5)_2NH$	1.3×10^{-3}	2.89
乙醇胺	$HOCH_2CH_2NH_2$	3.2×10^{-5}	4.50
三乙醇胺	$(HOCH_2CH_2)_3N$	5.8×10^{-7}	6.24
六亚甲基四胺	$(CH_2)_6N_4$	1.4×10^{-9}	8.85
乙二胺	$H_2NCH_2CH_2NH_2$	$8.5\times10^{-5}(K_{b_1})$	4.07
		$7.1\times10^{-8}(K_{b_2})$	7.15
吡啶	C_6H_5N	1.7×10^{-9}	8.77
喹啉	C_9H_7N	6.3×10^{-10}	9.20
尿素	$CO(NH_2)_2$	1.5×10^{-14}	13.82

附录二 金属离子与氨羧配位剂配合物的形成常数

（18～25℃，$I=0.1$）

金属离子	形成常数的对数（lgK）				
	EDTA	DCTA	DTPA	EGTA	HEDTA
Ag^+	7.32			6.88	6.71
Al^{3+}	16.3	19.5	18.6	13.9	14.3
Ba^{2+}	7.86	8.69	8.87	8.41	6.3
Bi^{3+}	27.94	32.3	35.6		22.3
Ca^{2+}	10.69	13.20	10.83	10.97	8.3
Cd^{2+}	16.46	19.93	19.2	16.7	13.3
Co^{2+}	16.31	19.62			14.6
Co^{3+}	36.0				37.4
Cr^{3+}	23.4				
Cu^{2+}	18.8	22.0	21.55	17.71	17.6
Fe^{2+}	14.32	19.0	16.5	11.87	12.3
Fe^{3+}	25.1	30.1	28.0	20.5	19.8
Ga^{3+}	20.3	23.2	25.54		16.9
Hg^{2+}	21.7	25.0	26.70	23.2	20.3
In^{3+}	25.0	28.8	29.0		20.2
Li^+	2.79				
Mg^{2+}	8.7	11.02	9.30	5.21	7.0
Mn^{2+}	13.87	17.48	15.60	12.28	10.9
Ni^{2+}	18.62	20.3	20.32	13.55	17.3
Pb^{2+}	18.04	20.38	18.80	14.71	15.7
Sn^{2+}	22.11				
Sr^{2+}	8.73	10.59	9.77	8.50	6.9
Th^{4+}	23.2	25.6	28.78		
Ti^{3+}	21.3				
TiO^{2+}	17.3				
Zn^{2+}	16.50	19.37	18.40	12.7	14.7

注：DCTA 为 1,2-二氨基环己烷四乙酸；DTPA 为二乙基三氨基五乙酸；EGTA 为乙二醇二乙醚二胺四乙酸；HEDTA 为 N-β 羟基乙基乙二胺三乙酸。

附录三 常用的缓冲溶液

1. 几种常用缓冲溶液的配制

pH	配 制 方 法
0	1mol/L HCl 或 HNO_3
1	0.1mol/L HCl 或 HNO_3
2	0.01mol/L HCl 或 HNO_3
3.6	NaAc·$3H_2O$ 8g，溶于适量水中，加 6mol/L HAc 134mL，稀释至 500mL
4.0	NaAc·$3H_2O$ 20g，溶于适量水中，加 6mol/L HAc 134mL，稀释至 500mL
4.5	NaAc·$3H_2O$ 32g，溶于适量水中，加 6mol/L HAc 68mL，稀释至 500mL
5.0	NaAc·$3H_2O$ 50g，溶于适量水中，加 6mol/L HAc 34mL，稀释至 500mL

续表

pH	配 制 方 法
5.7	NaAc·3H$_2$O 100g,溶于适量水中,加 6mol/L HAc 13mL,稀释至 500mL
7.0	NH$_4$Ac 77g,用水溶解后,稀释至 500mL
7.5	NH$_4$Cl 60g,溶于适量水中,加 15mol/L NH$_3$·H$_2$O 1.4mL,稀释至 500mL
8.0	NH$_4$Cl 50g,溶于适量水中,加 15mol/L NH$_3$·H$_2$O 3.5mL,稀释至 500mL
8.5	NH$_4$Cl 40g,溶于适量水中,加 15mol/L NH$_3$·H$_2$O 8.8mL,稀释至 500mL
9.0	NH$_4$Cl 35g,溶于适量水中,加 15mol/L NH$_3$·H$_2$O 24mL,稀释至 500mL
9.5	NH$_4$Cl 30g,溶于适量水中,加 15mol/L NH$_3$·H$_2$O 65mL,稀释至 500mL
10.0	NH$_4$Cl 27g,溶于适量水中,加 15mol/L NH$_3$·H$_2$O 175mL,稀释至 500mL
10.5	NH$_4$Cl 9g,溶于适量水中,加 15mol/L NH$_3$·H$_2$O 197mL,稀释至 500mL
11.0	NH$_4$Cl 3g,溶于适量水中,加 15mol/L NH$_3$·H$_2$O 207mL,稀释至 500mL
12.0	0.01mol/L NaOH 或 KOH
13.0	0.1mol/L NaOH 或 KOH

2. 25℃时几种缓冲溶液的 pH

25mL 0.2mol/L KCl + xmL 0.2mol/L HCl,稀释至 100mL		50mL 0.1mol/L 邻苯二甲酸氢钾 + xmL 0.1mol/L HCl,稀释至 100mL		50mL 0.1mol/L 邻苯二甲酸氢钾 + xmL 0.1mol/L NaOH,稀释至 100mL		50mL 0.1mol/L KH$_2$PO$_4$ + xmL 0.1mol/L NaOH,稀释至 100mL	
pH	x	pH	x	pH	x	pH	x
1.00	67.0	2.20	49.5	4.20	3.0	5.80	3.6
1.20	42.5	2.40	42.2	4.40	6.6	6.00	5.6
1.40	26.6	2.60	35.4	4.60	11.1	6.20	8.1
1.60	16.2	2.80	28.9	4.80	16.5	6.40	11.6
1.80	10.2	3.00	22.3	5.00	22.6	6.60	16.4
2.00	6.5	3.20	15.7	5.20	28.8	6.80	22.4
		3.40	10.4	5.40	34.1	7.00	29.1
		3.60	6.3	5.60	38.8	7.20	34.7
		3.80	2.9	5.80	42.3	7.40	39.1
		4.00	0.1			7.60	42.8
						7.80	45.3
						8.00	46.7

50mL 0.025mol/L Na$_2$B$_4$O$_7$ + xmL 0.1mol/L HCl,稀释至 100mL		50mL 0.025mol/L Na$_2$B$_4$O$_7$ + xmL 0.1mol/L NaOH,稀释至 100mL		50mL 0.05mol/L Na$_2$HPO$_4$ + xmL 0.1mol/L NaOH,稀释至 100mL		25mL 0.2mol/L KCl + xmL 0.2mol/L NaOH,稀释至 100mL	
pH	x	pH	x	pH	x	pH	x
8.00	20.5	9.20	0.9	11.00	4.1	12.00	6.0
8.20	18.8	9.40	6.2	11.20	6.3	12.20	10.20
8.40	16.6	9.60	11.1	11.40	9.1	12.40	16.20
8.60	13.5	9.80	15.0	11.60	13.5	12.60	25.6
8.80	9.4	10.00	18.3	11.80	19.4	12.80	41.2
9.00	4.6	10.20	20.5	12.00	26.9	13.00	66.0
		10.40	22.1				
		10.60	23.3				
		10.80	24.25				

附录四 常用酸碱溶液的相对密度和浓度

试剂名称	相对密度	浓度 g/100g	浓度 mol/L
盐酸	1.18~1.19	36~38	11.6~12.4
硝酸	1.39~1.40	65~68	14.4~15.2
硫酸	1.83~1.84	95~98	17.8~18.4
磷酸	1.69	85.0	14.6
高氯酸	1.68	70~72	11.7~12.0
冰醋酸	1.05	99~99.8	17.4
氢氟酸	1.13	40.0	22.5
氢溴酸	1.49	47.0	8.6
氨水	0.88~0.90	35~28	18~14.8

附录五 常用标准溶液保存期限

标准溶液	保存期限/月	标准溶液	保存期限/月
各种浓度的酸标准溶液	3	$0.1\text{mol/L Na}_2\text{S}_2\text{O}_3$	3
各种浓度的氢氧化钠溶液	2	$0.05\text{mol/L Na}_2\text{S}_2\text{O}_3$	2
0.1mol/L AgNO_3	3	0.1mol/L FeSO_4	3
$0.1\text{mol/L NH}_4\text{SCN}$	3	0.05mol/L FeSO_4	3
0.02mol/L KMnO_4	2	$0.05\text{mol/L Na}_3\text{AsO}_3$	1
0.02mol/L KBrO_3	3	0.05mol/L NaNO_2	0.5
0.05mol/L I_2	1	各种浓度 EDTA 溶液	3

附录六 在 $t\ ℃$ 时不同浓度溶液的体积校正值
（1000mL 溶液由 $t\ ℃$ 换算为 20℃时的校正值/mL）

温度/℃	水,0.01mol/L 的各种溶液及 0.1mol/L 的 HCl	0.1mol/L 的各种溶液	0.5mol/L HCl	1.0mol/L HCl	0.5mol/L H_2SO_4	0.5mol/L NaOH	1.0mol/L NaOH
5	+1.5	+1.7	+1.9	+2.3	+3.24	+2.35	+3.6
6	+1.5	+1.65	+1.85	+2.2	+3.09	+2.25	+3.4
7	+1.4	+1.6	+1.8	+2.15	+2.98	+2.20	+3.2
8	+1.4	+1.55	+1.75	+2.1	+2.76	+2.15	+3.0
9	+1.4	+1.5	+1.7	+2.0	+2.58	+2.05	+2.7
10	+1.3	+1.45	+1.6	+1.9	+2.39	+1.95	+2.5
11	+1.2	+1.35	+1.5	+1.8	+2.19	+1.80	+2.3
12	+1.1	+1.3	+1.4	+1.6	+1.98	+1.70	+2.0
13	+1.0	+1.1	+1.2	+1.4	+1.76	+1.50	+1.8
14	+0.9	+1.0	+1.1	+1.2	+1.53	+1.30	+1.6

续表

温度/℃	水,0.01mol/L 的各种溶液及 0.1mol/L 的 HCl	0.1mol/L 的各种溶液	0.5mol/L HCl	1.0mol/L HCl	0.5mol/L H_2SO_4	0.5mol/L NaOH	1.0mol/L NaOH
15	+0.8	+0.9	+0.9	+1.0	+1.30	+1.10	+1.3
16	+0.6	+0.7	+0.8	+0.8	+1.06	+0.90	+1.1
17	+0.5	+0.6	+0.6	+0.6	+0.81	+0.70	+0.8
18	+0.3	+0.4	+0.4	+0.4	+0.55	+0.50	+0.6
19	+0.2	+0.2	+0.2	+0.2	+0.28	+0.20	+0.3
20	0.0	0.0	0.0	0.0	0.0	0.0	0.0
21	−0.2	−0.2	−0.2	−0.2	−0.28	−0.20	−0.3
22	−0.4	−0.4	−0.4	−0.5	−0.56	−0.50	−0.6
23	−0.6	−0.7	−0.7	−0.7	−0.85	−0.80	−0.9
24	−0.8	−0.9	−0.9	−1.0	−1.15	−1.00	−1.2
25	−1.0	−1.1	−1.1	−1.2	−1.46	−1.30	−1.5
26	−1.3	−1.4	−1.4	−1.4	−1.78	−1.50	−1.8
27	−1.5	−1.7	−1.7	−1.7	−2.11	−1.80	−2.1
28	−1.8	−2.0	−2.0	−2.0	−2.45	−2.10	−2.4
29	−2.1	−2.3	−2.3	−2.3	−2.79	−2.40	−2.8
30	−2.3	−2.5	−2.5	−2.6	−3.13	−2.80	−3.2

附录七 氧化还原电对的标准电位及条件电位

半 反 应	$\varphi^{\ominus}$/V	$\varphi^{\ominus\prime}$/V[介质]
$Li^+ + e \rightleftharpoons Li$	−3.042	
$K^+ + e \rightleftharpoons K$	−2.925	
$Ba^{2+} + 2e \rightleftharpoons Ba$	−2.90	
$Sr^{2+} + 2e \rightleftharpoons Sr$	−2.89	
$Ca^{2+} + 2e \rightleftharpoons Ca$	−2.87	
$Na^+ + e \rightleftharpoons Na$	−2.714	
$Mg^{2+} + 2e \rightleftharpoons Mg$	−2.37	
$H_2AlO_3^- + H_2O + 3e \rightleftharpoons Al + 4OH^-$	−2.35	
$Al^{3+} + 3e \rightleftharpoons Al$	−1.66	
$ZnO_2^{2-} + 2H_2O + 2e \rightleftharpoons Zn + 4OH^-$	−1.216	
$Mn^{2+} + 2e \rightleftharpoons Mn$	−1.182	
$Sn(OH)_6^{2-} + 2e \rightleftharpoons HSnO_2^- + H_2O + 3OH^-$	−0.93	
$Se + 2e \rightleftharpoons Se^{2-}$	−0.92	
$2H_2O + 2e \rightleftharpoons H_2 + 2OH^-$	−0.828	
$Zn^{2+} + 2e \rightleftharpoons Zn$	−0.763	
$AsO_4^{3-} + 3H_2O + 2e \rightleftharpoons H_2AsO_3^- + 4OH^-$	−0.67	−0.21[$c(HClO_4)$=1mol/L]
$SO_3^{2-} + 3H_2O + 4e \rightleftharpoons S + 6OH^-$	−0.66	
$2SO_3^{2-} + 3H_2O + 4e \rightleftharpoons S_2O_3^{2-} + 6OH^-$	−0.58	
$Fe^{2+} + 2e \rightleftharpoons Fe$	−0.440	−0.40[$c(HCl)$=5mol/L]
$Cr^{3+} + e \rightleftharpoons Cr^{2+}$	−0.41	−0.40[$c(HCl)$=5mol/L]
$Cd^{2+} + 2e \rightleftharpoons Cd$	−0.403	

续表

半反应	$\varphi^{\ominus}$/V	$\varphi^{\ominus'}$/V[介质]
$Se+2H^++2e \rightleftharpoons H_2Se$	−0.40	
$As+3H^++3e \rightleftharpoons AsH_3$	−0.38	
$In^{3+}+3e \rightleftharpoons In$	−0.345	−0.47[$c(Na_2CO_3)=1mol/L$]
$Co^{2+}+2e \rightleftharpoons Co$	−0.277	
$V^{3+}+e \rightleftharpoons V^{2+}$	−0.255	−0.21[$c(HClO_4)=1mol/L$]
$Ni^{2+}+2e \rightleftharpoons Ni$	−0.246	
$Sn^{2+}+2e \rightleftharpoons Sn$	−0.136	−0.16[$c(HClO_4)=1mol/L$]
		−0.20[$c(HCl)=1mol/L$]
$Pb^{2+}+2e \rightleftharpoons Pb$	−0.126	−0.14[$c(HClO_4)=1mol/L$]
		−0.29[$c(H_2SO_4)=1mol/L$]
$2H^++2e \rightleftharpoons H_2$	0.000	−0.005[$c(HCl,HClO_4)=1mol/L$]
$S_4O_6^{2-}+2e \rightleftharpoons 2S_2O_3^{2-}$	0.08	
$TiO^{2+}+2H^++e \rightleftharpoons Ti^{3+}+H_2O$	0.1	0.04[$c(H_2SO_4)=1mol/L$]
$S+2H^++2e \rightleftharpoons H_2S(气)$	0.141	
$Sn^{4+}+2e \rightleftharpoons Sn^{2+}$	0.154	0.14[$c(HCl)=1mol/L$]
$Cu^{2+}+e \rightleftharpoons Cu^+$	0.159	
$SO_4^{2-}+4H^++2e \rightleftharpoons H_2SO_3+H_2O$	0.17	
$AgCl+e \rightleftharpoons Ag+Cl^-$	0.2223	0.228[$c(KCl)=1mol/L$]
$Hg_2Cl_2+2e \rightleftharpoons 2Hg+2Cl^-$	0.2676	0.242 饱和 KCl
		0.282[$c(KCl)=1mol/L$]
		0.334[$c(KCl)=0.1mol/L$]
$BiO^++2H^++3e \rightleftharpoons Bi+H_2O$	0.32	
$VO^{2+}+2H^++e \rightleftharpoons V^{3+}+H_2O$	0.337	
$Cu^{2+}+2e \rightleftharpoons Cu$	0.337	
$O_2+2H_2O+4e \rightleftharpoons 4OH^-$	0.401	0.42[$c(H_2SO_4)=0.5mol/L$]
$H_2SO_3+4H^++4e \rightleftharpoons S+3H_2O$	0.45	
$HgCl_4^{2-}+2e \rightleftharpoons Hg+4Cl^-$	0.48	
$Cu^++e \rightleftharpoons Cu$	0.52	
$I_2+2e \rightleftharpoons 2I^-$	0.5345	
$I_3^-+2e \rightleftharpoons 3I^-$	0.545	
$H_3AsO_4+2H^++2e \rightleftharpoons H_3AsO_3+H_2O$	0.559	0.557[$c(HCl,HClO_4)=1mol/L$]
$MnO_4^-+e \rightleftharpoons MnO_4^{2-}$	0.564	
$MnO_4^-+2H_2O+3e \rightleftharpoons MnO_2+4OH^-$	0.588	
$2HgCl_2+2e \rightleftharpoons Hg_2Cl_2+2Cl^-$	0.63	
$O_2+2H^++2e \rightleftharpoons H_2O_2$	0.682	
$BrO^-+H_2O+2e \rightleftharpoons Br^-+2OH^-$	0.76	
$Fe^{3+}+e \rightleftharpoons Fe^{2+}$	0.771	0.68[$c(H_2SO_4)=1mol/L$]
		0.700[$c(HCl)=1mol/L$]
		0.732[$c(HClO_4)=1mol/L$]
$Hg_2^{2+}+2e \rightleftharpoons 2Hg$	0.793	0.274[$c(HCl)=1mol/L$]
		0.674[$c(H_2SO_4)=1mol/L$]
		0.776[$c(HClO_4)=1mol/L$]
$Ag^++e \rightleftharpoons Ag$	0.7995	0.228[$c(HCl)=1mol/L$]
		0.77[$c(H_2SO_4)=1mol/L$]
		0.792[$c(HClO_4)=1mol/L$]
$Hg^{2+}+2e \rightleftharpoons Hg$	0.854	
$Cu^{2+}+I^-+e \rightleftharpoons CuI$	0.86	
$ClO^-+H_2O+2e \rightleftharpoons Cl^-+2OH^-$	0.89	
$2Hg^{2+}+2e \rightleftharpoons Hg_2^{2+}$	0.920	0.907[$c(HClO_4)=1mol/L$]

续表

半 反 应	$\varphi^{\ominus}/V$	$\varphi^{\ominus'}/V$[介质]
$NO_3^- + 3H^+ + 2e \rightleftharpoons HNO_2 + H_2O$	0.94	$0.92[c(HNO_3)=1mol/L]$
$V(OH)_4^+ + 2H^+ + e \rightleftharpoons VO^{2+} + 3H_2O$	1.00	$1.02[c(HCl,HClO_4)=1mol/L]$
$HNO_2 + H^+ + e \rightleftharpoons NO + H_2O$	1.00	
$NO_2 + H^+ + e \rightleftharpoons HNO_2$	1.07	
$Br_2 + 2e \rightleftharpoons 2Br^-$	1.087	$1.05[c(HCl)=4mol/L]$
$2IO_3^- + 12H^+ + 10e \rightleftharpoons I_2 + 6H_2O$	1.195	
$MnO_2 + 4H^+ + 2e \rightleftharpoons Mn^{2+} + 2H_2O$	1.23	$1.24[c(HClO_4)=1mol/L]$
$O_2 + 4H^+ + 4e \rightleftharpoons 2H_2O$	1.229	
$Tl^{3+} + 2e \rightleftharpoons Tl^+$	1.26	$0.77[c(HCl)=1mol/L]$
$Cr_2O_7^{2-} + 14H^+ + 6e \rightleftharpoons 2Cr^{3+} + 7H_2O$	1.33	$1.00[c(HCl)=1mol/L]$
		$1.025[c(HClO_4)=1mol/L]$
		$1.15[c(H_2SO_4)=4mol/L]$
$Cl_2 + 2e \rightleftharpoons 2Cl^-$	1.3595	
$BrO_3^- + 6H^+ + 6e \rightleftharpoons Br^- + 3H_2O$	1.44	
$ClO_3^- + 6H^+ + 6e \rightleftharpoons Cl^- + 3H_2O$	1.45	
$PbO_2 + 4H^+ + 2e \rightleftharpoons Pb^{2+} + 2H_2O$	1.455	
$HClO + H^+ + 2e \rightleftharpoons Cl^- + H_2O$	1.49	
$MnO_4^- + 8H^+ + 5e \rightleftharpoons Mn^{2+} + 4H_2O$	1.51	$1.45[c(HClO_4)=1mol/L]$
		$1.27[c(H_3PO_4)=8mol/L]$
$2BrO_3^- + 12H^+ + 10e \rightleftharpoons Br_2 + 6H_2O$	1.5	
$2HBrO + 2H^+ + 2e \rightleftharpoons Br_2 + 2H_2O$	1.59	
$Ce^{4+} + e \rightleftharpoons Ce^{3+}$	1.61	$1.61[c(HNO_3)=1mol/L]$
		$1.70[c(HClO_4)=1mol/L]$
		$1.44[c(H_2SO_4)=1mol/L]$
		$1.28[c(HCl)=1mol/L]$
$2HClO_4 + 2H^+ + 2e \rightleftharpoons Cl_2 + 2H_2O$	1.63	
$MnO_4^- + 4H^+ + 3e \rightleftharpoons MnO_2 + 2H_2O$	1.679	
$H_2O_2 + 2H^+ + 2e \rightleftharpoons 2H_2O$	1.77	
$Co^{3+} + e \rightleftharpoons Co^{2+}$	1.84	$1.85[c(HNO_3)=4mol/L]$
$S_2O_8^{2-} + 2e \rightleftharpoons 2SO_4^{2-}$	2.01	
$O_3 + 2H^+ + 2e \rightleftharpoons O_2 + H_2O$	2.07	
$F_2 + 2e \rightleftharpoons 2F^-$	2.87	

附录八 难溶化合物的溶度积（18～25℃）

难溶化合物	化学式	K_{sp}	pK_{sp}
氢氧化铝	$Al(OH)_3$	1.3×10^{-33}	32.9
溴酸银	$AgBrO_3$	5.77×10^{-5}	4.24
砷酸银	Ag_3AsO_4	1.0×10^{-22}	22.0
溴化银	$AgBr$	5.0×10^{-13}	12.30
碳酸银	Ag_2CO_3	8.1×10^{-12}	11.09
氰化银	$AgCN$	1.2×10^{-16}	15.92
氯化银	$AgCl$	1.8×10^{-10}	9.75
铬酸银	Ag_2CrO_4	2.0×10^{-12}	11.71
氢氧化银	$AgOH$	2.0×10^{-8}	7.71
碘化银	AgI	9.3×10^{-17}	16.03
草酸银	$Ag_2C_2O_4$	3.5×10^{-11}	10.46

续表

难溶化合物	化学式	K_{sp}	pK_{sp}
磷酸银	Ag_3PO_4	1.4×10^{-16}	15.84
硫酸银	Ag_2SO_4	1.4×10^{-5}	4.84
硫化银	Ag_2S	2.0×10^{-49}	48.7
硫氰酸银	$AgSCN$	1.0×10^{-12}	12.0
氢氧化铋	$Bi(OH)_3$	4.0×10^{-31}	30.4
碘化铋	BiI_3	8.1×10^{-19}	18.09
磷酸铋	$BiPO_4$	1.3×10^{-23}	22.89
碳酸钡	$BaCO_3$	5.1×10^{-9}	8.29
铬酸钡	$BaCrO_4$	1.2×10^{-10}	9.93
草酸钡	$BaC_2O_4 \cdot H_2O$	2.3×10^{-8}	7.64
硫酸钡	$BaSO_4$	1.1×10^{-10}	9.96
碳酸钙	$CaCO_3$	2.9×10^{-9}	8.54
氟化钙	CaF_2	2.7×10^{-11}	10.57
草酸钙	$CaC_2O_4 \cdot H_2O$	2.0×10^{-9}	8.70
硫酸钙	$CaSO_4$	9.1×10^{-6}	5.04
磷酸钙	$Ca_3(PO_4)_2$	2.0×10^{-29}	28.70
氢氧化铬	$Cr(OH)_3$	6.0×10^{-31}	30.2
硫化镉	CdS	7.1×10^{-28}	27.15
氢氧化钴	$Co(OH)_3$	2.0×10^{-44}	43.7
硫化钴	$\alpha\text{-}CoS$	4.0×10^{-21}	20.4
	$\beta\text{-}CoS$	2.0×10^{-25}	24.7
碳酸镉	$CdCO_3$	5.2×10^{-12}	11.28
硫化铜	CuS	6.0×10^{-36}	35.2
溴化亚铜	$CuBr$	5.2×10^{-9}	8.28
氯化亚铜	$CuCl$	1.2×10^{-6}	5.92
碘化亚铜	CuI	1.1×10^{-12}	11.96
硫化亚铜	Cu_2S	2.0×10^{-48}	47.7
硫氰酸亚铜	$CuSCN$	4.8×10^{-15}	14.32
碳酸铜	$CuCO_3$	1.4×10^{-10}	9.86
氢氧化铜	$Cu(OH)_2$	2.2×10^{-20}	19.66
氢氧化铁	$Fe(OH)_3$	4.0×10^{-38}	37.4
氢氧化亚铁	$Fe(OH)_2$	8.0×10^{-16}	15.1
硫化亚铁	FeS	6.0×10^{-18}	17.2
磷酸铁	$FePO_4$	1.3×10^{-22}	21.89
碳酸亚铁	$FeCO_3$	3.2×10^{-11}	10.50
溴化亚汞	Hg_2Br_2	5.8×10^{-23}	22.24
氯化亚汞	Hg_2Cl_2	1.3×10^{-18}	17.88
铬酸铅	$PbCrO_4$	2.0×10^{-14}	13.70
硫酸铅	$PbSO_4$	1.6×10^{-8}	7.79
硫化铅	PbS	8.0×10^{-28}	27.1
草酸铅	PbC_2O_4	2.7×10^{-11}	10.57
氢氧化铅	$Pb(OH)_2$	1.2×10^{-15}	14.97
碳酸镁	$MgCO_3$	1.0×10^{-5}	5.0
氢氧化镁	$Mg(OH)_2$	1.0×10^{-11}	11.0
磷酸铵镁	$MgNH_4PO_4$	2.0×10^{-13}	12.70
草酸镁	MgC_2O_4	9.0×10^{-5}	4.04
硫化锰	MnS	1.0×10^{-5}	5.0
铬酸锶	$SrCrO_4$	4.0×10^{-5}	4.40

续表

难溶化合物	化学式	K_{sp}	pK_{sp}
氢氧化锌	$Zn(OH)_2$	5.0×10^{-18}	17.30
硫化锌	ZnS	1.0×10^{-24}	24.0
氢氧化钛	$TiO(OH)_2$	1.0×10^{-29}	29.0
碳酸锌	$ZnCO_3$	1.4×10^{-11}	10.84
磷酸锌	$Zn_3(PO_4)_2$	9.1×10^{-33}	32.04
氢氧化锡	$Sn(OH)_4$	1.0×10^{-57}	57.0
氢氧化亚锡	$Sn(OH)_2$	3.0×10^{-27}	26.52
碳酸锶	$SrCO_3$	1.1×10^{-10}	9.96

附录九 常见化合物的摩尔质量

化 合 物	$M/(g/mol)$	化 合 物	$M/(g/mol)$
$AgBr$	187.77	$CaSO_4$	136.14
$AgCl$	143.32	$CdCO_3$	172.42
$AgCN$	133.89	$CdCl_2$	183.32
$AgSCN$	165.95	CdS	144.47
Ag_2CrO_4	331.73	$Ce(SO_4)_2$	332.24
AgI	234.77	$CoCl_2$	129.84
$AgNO_3$	169.87	$Co(NO_3)_2$	182.94
$AlCl_3$	133.34	CoS	90.99
$AlCl_3 \cdot 6H_2O$	241.43	$CoSO_4$	154.99
$Al(NO_3)_3$	213.01	$CO(NH_2)_2$	60.06
$Al(NO_3)_3 \cdot 9H_2O$	375.13	$CrCl_3$	158.36
Al_2O_3	101.96	$Cr(NO_3)_3$	238.01
$Al(OH)_3$	78.00	Cr_2O_3	151.99
$Al_2(SO_4)_3$	342.14	$CuCl$	99.00
$Al_2(SO_4)_3 \cdot 18H_2O$	666.46	$CuCl_2$	134.45
As_2O_3	197.84	$CuCl_2 \cdot 2H_2O$	170.48
As_2O_5	229.84	$CuSCN$	121.62
As_2S_3	246.02	CuI	190.45
$BaCO_3$	197.34	$Cu(NO_3)_2$	187.56
$BaCl_2$	208.24	$Cu(NO_3)_2 \cdot 3H_2O$	241.60
BaC_2O_4	225.32	CuO	79.55
$BaCrO_4$	253.32	Cu_2O	143.09
BaO	153.33	CuS	95.61
$Ba(OH)_2$	171.34	$CuSO_4$	159.60
$BaSO_4$	233.39	$CuSO_4 \cdot 5H_2O$	249.68
$BiCl_3$	315.34	$FeCl_2$	126.75
$BiOCl$	260.43	$FeCl_2 \cdot 4H_2O$	198.81
CO_2	44.01	$FeCl_3$	162.21
CaO	56.08	$FeCl_3 \cdot 6H_2O$	270.30
$CaCO_3$	100.09	$FeNH_4(SO_4)_2 \cdot 12H_2O$	482.18
CaC_2O_4	128.10	$Fe(NO_3)_3$	241.86
$CaCl_2$	110.99	$Fe(NO_3)_3 \cdot 9H_2O$	404.01
$Ca(NO_3)_2 \cdot 4H_2O$	236.15	FeO	71.85
$Ca(OH)_2$	74.09	Fe_2O_3	159.69
$Ca_3(PO_4)_2$	310.18	Fe_3O_4	231.54

续表

化 合 物	$M/(g/mol)$	化 合 物	$M/(g/mol)$
$Fe(OH)_3$	106.87	K_2CrO_4	194.19
FeS	87.91	$K_2Cr_2O_7$	294.18
Fe_2S_3	207.87	$K_3Fe(CN)_6$	329.25
$FeSO_4$	151.91	$K_4Fe(CN)_6$	368.35
$FeSO_4 \cdot 7H_2O$	278.03	$KFe(SO_4)_2 \cdot 12H_2O$	503.28
$Fe(NH_4)_2(SO_4)_2 \cdot 6H_2O$	392.13	$KHC_2O_4 \cdot H_2O$	146.15
H_3AsO_3	125.94	$KHSO_4$	136.18
H_3AsO_4	141.94	$KHC_8H_4O_4(KHP)$	204.22
H_3BO_3	61.83	KI	166.00
HBr	80.91	KIO_3	214.00
HCN	27.03	$KMnO_4$	158.03
$HCOOH$	46.03	$KNaC_4H_4O_6 \cdot 4H_2O$	282.22
CH_3COOH	60.05	KNO_3	101.10
H_2CO_3	62.03	KNO_2	85.10
$H_2C_2O_4 \cdot 2H_2O$	126.07	K_2O	94.20
HCl	36.46	KOH	56.11
HF	20.01	K_2SO_4	174.25
HI	127.91	$LiBr$	86.84
HIO_3	175.91	LiI	133.85
HNO_3	63.01	$MgCO_3$	84.31
HNO_2	47.01	$MgCl_2$	95.21
H_2O	18.016	$MgCl_2 \cdot 6H_2O$	203.31
H_2O_2	34.02	MgC_2O_4	112.33
H_3PO_4	98.00	$Mg(NO_3)_2 \cdot 6H_2O$	256.41
H_2S	34.08	$MgNH_4PO_4$	137.32
H_2SO_3	82.07	MgO	40.30
H_2SO_4	98.07	$Mg(OH)_2$	58.32
$Hg(CN)_2$	252.63	$Mg_2P_2O_7$	222.55
Hg_2Cl_2	472.09	$MgSO_4 \cdot 7H_2O$	246.49
$HgCl_2$	271.50	$MnCO_3$	114.95
HgI_2	454.40	$MnCl_2 \cdot 4H_2O$	197.91
$Hg(NO_3)_2$	324.60	$Mn(NO_3)_2 \cdot 6H_2O$	287.04
$Hg_2(NO_3)_2$	525.19	MnO	70.94
$Hg_2(NO_3)_2 \cdot 2H_2O$	561.22	MnO_2	86.94
HgO	261.59	MnS	87.00
HgS	232.65	$MnSO_4$	151.00
$HgSO_4$	296.65	NH_3	17.03
Hg_2SO_4	497.24	NO	30.01
$KAl(SO_4)_2 \cdot 12H_2O$	474.41	NO_2	46.01
KBr	119.00	NH_4Cl	53.49
$KBrO_3$	167.00	$(NH_4)_2CO_3$	96.09
KCl	74.55	CH_3COONH_4	77.08
$KClO_3$	122.55	$(NH_4)_2C_2O_4$	124.10
$KClO_4$	138.55	NH_4SCN	76.12
KCN	65.12	NH_4HCO_3	79.06
$KSCN$	97.18	$(NH_4)_2MoO_4$	196.01
K_2CO_3	138.21	NH_4NO_3	80.04

续表

化 合 物	$M/(g/mol)$	化 合 物	$M/(g/mol)$
$(NH_4)_2HPO_4$	132.06	$Pb(NO_3)_2$	331.21
$(NH_4)_2S$	68.14	PbO	223.20
$(NH_4)_2SO_4$	132.13	PbO_2	239.20
NH_4VO_3	116.98	Pb_3O_4	685.6
Na_3AsO_3	191.89	$Pb_3(PO_4)_2$	811.54
$Na_2B_4O_7$	201.22	PbS	239.26
$Na_2B_4O_7 \cdot 10H_2O$	381.42	$PbSO_4$	303.26
$NaBiO_3$	279.97	$SbCl_3$	228.11
$NaCN$	49.01	$SbCl_5$	299.02
$NaSCN$	81.07	Sb_2O_3	291.50
Na_2CO_3	105.99	Sb_2S_3	339.68
$Na_2C_2O_4$	134.00	SO_3	80.06
$NaCl$	58.44	SO_2	64.06
CH_3COONa	82.03	SiF_4	104.08
$NaClO$	74.44	SiO_2	60.08
$NaHCO_3$	84.01	$SnCl_2 \cdot 2H_2O$	225.63
$Na_2HPO_4 \cdot 12H_2O$	358.14	$SnCl_4 \cdot 5H_2O$	350.58
$Na_2H_2Y \cdot 2H_2O$	372.24	SnO_2	150.7
$NaNO_2$	69.00	SnS_2	150.75
$NaNO_3$	85.00	$SrCO_3$	147.63
Na_2O	61.98	SrC_2O_4	175.64
Na_2O_2	77.98	$SrCrO_4$	203.61
$NaOH$	40.00	$Sr(NO_3)_2$	211.63
Na_3PO_4	163.94	$Sr(NO_3)_2 \cdot 4H_2O$	283.69
Na_2S	78.04	$SrSO_4$	183.68
Na_2SO_3	126.04	$ZnCO_3$	125.39
Na_2SO_4	142.04	ZnC_2O_4	153.40
$Na_2S_2O_3 \cdot 5H_2O$	248.17	$ZnCl_2$	136.29
$NaHSO_4$	120.07	$Zn(CH_3COO)_2$	183.47
$NiCl_2 \cdot 6H_2O$	237.69	$Zn(NO_3)_2$	189.39
NiO	74.69	$Zn(NO_3)_2 \cdot 6H_2O$	297.51
$Ni(NO_3)_2 \cdot 6H_2O$	290.79	ZnO	81.38
NiS	90.75	ZnS	97.44
$NiSO_4 \cdot 7H_2O$	280.85	$ZnSO_4$	161.44
OH	17.01	$ZnSO_4 \cdot 7H_2O$	287.57
P_2O_5	141.95	$(C_9H_7N)_3H_3(PO_4 \cdot 12MoO_3)$	2212.74
$PbCO_3$	267.21	磷钼酸喹啉	
PbC_2O_4	295.22	$NiC_8H_{14}O_4N_4$	288.91
$PbCl_2$	278.11	丁二酮肟镍	
$PbCrO_4$	323.19	TiO_2	79.90
$Pb(CH_3COO)_2$	325.29	V_2O_5	181.88
PbI_2	461.01	WO_3	231.85

附录十 原子量表

本表数据源自 2005 年 IUPAC 元素周期表。本表方括号内的原子质量为放射性元素的半衰期最长的同位素质量数。原子量末位数的不确定度加注在其后的括号内。

原子序数	元素名称	元素符号	原子量	原子序数	元素名称	元素符号	原子量	原子序数	元素名称	元素符号	原子量	原子序数	元素名称	元素符号	原子量
1	氢	H	1.00794	31	镓	Ga	69.723	61	钷	Pm	[145]	91	镤	Pa	231.03588
2	氦	He	4.002602	32	锗	Ge	72.64	62	钐	Sm	150.36	92	铀	U	238.02891
3	锂	Li	6.941	33	砷	As	74.921 60	63	铕	Eu	151.964	93	镎	Np	[237]
4	铍	Be	9.012182	34	硒	Se	78.96	64	钆	Gd	157.25	94	钚	Pu	[244]
5	硼	B	10.811	35	溴	Br	79.904	65	铽	Tb	158.92535	95	镅	Am	[243]
6	碳	C	12.017	36	氪	Kr	83.798	66	镝	Dy	162.500	96	锔	Cm	[247]
7	氮	N	14.0067	37	铷	Rb	85.4678	67	钬	Ho	164.93032	97	锫	Bk	[247]
8	氧	O	15.9994	38	锶	Sr	87.62	68	铒	Er	167.259	98	锎	Cf	[251]
9	氟	F	18.9984032	39	钇	Y	88.90585	69	铥	Tm	168.93421	99	锿	Es	[252]
10	氖	Ne	20.1797	40	锆	Zr	91.224	70	镱	Yb	173.04	100	镄	Fm	[257]
11	钠	Na	22.989 76928	41	铌	Nb	92.906 38	71	镥	Lu	174.967	101	钔	Md	[258]
12	镁	Mg	24.305 0	42	钼	Mo	95.94	72	铪	Hf	178.49	102	锘	No	[259]
13	铝	Al	26.9815386	43	锝	Tc	[97.9072]	73	钽	Ta	180.94788	103	铹	Lr	[262]
14	硅	Si	28.0855	44	钌	Ru	101.07	74	钨	W	183.84	104	𬬻	Rf	[261]
15	磷	P	30.973762	45	铑	Rh	102.90550	75	铼	Re	186.207	105	𬭊	Db	[262]
16	硫	S	32.065	46	钯	Pd	106.42	76	锇	Os	190.23	106	𬭳	Sg	[266]
17	氯	Cl	35.453	47	银	Ag	107.8682	77	铱	Ir	192.217	107	𬭛	Bh	[264]
18	氩	Ar	39.948	48	镉	Cd	112.411	78	铂	Pt	195.084	108	𬭶	Hs	[277]
19	钾	K	39.0983	49	铟	In	114.818	79	金	Au	196.966569	109	鿏	Mt	[268]
20	钙	Ca	40.078	50	锡	Sn	118.710	80	汞	Hg	200.59	110	𫟼	Ds	[271]
21	钪	Sc	44.955912	51	锑	Sb	121.760	81	铊	Tl	204.3833	111	𬬭	Rg	[272]
22	钛	Ti	47.867	52	碲	Te	127.60	82	铅	Pb	207.2	112		Uub	[285]
23	钒	V	50.9415	53	碘	I	126.90447	83	铋	Bi	208.98040	113		Uut	[284]
24	铬	Cr	51.9961	54	氙	Xe	131.293	84	钋	Po	[208.9824]	114		Uuq	[289]
25	锰	Mn	54.938045	55	铯	Cs	132.9054519	85	砹	At	[209.9871]	115		Uup	[288]
26	铁	Fe	55.845	56	钡	Ba	137.327	86	氡	Rn	[222.0176]	116		Uuh	[292]
27	钴	Co	58.933195	57	镧	La	138.90547	87	钫	Fr	[223]	117		Uus	[291]
28	镍	Ni	58.6934	58	铈	Ce	140.116	88	镭	Ra	[226]	118		Uuo	[293]
29	铜	Cu	63.546	59	镨	Pr	140.90765	89	锕	Ac	[227]				
30	锌	Zn	65.409	60	钕	Nd	144.242	90	钍	Th	232.03806				

附录十一 物质在热导检测器上的相对响应值和相对校正因子

组分名称	S'_M	S'_m	f'_M	f'_m	组分名称	S'_M	S'_m	f'_M	f'_m
直链烷烃					戊烯	0.99	1.10	1.01	0.91
甲烷	0.357	1.73	2.80	0.58	反 2-戊烯	1.04	1.16	0.96	0.86
乙烷	0.512	1.33	1.96	0.75	顺 2-戊烯	0.98	1.10	1.02	0.91
丙烷	0.645	1.16	1.55	0.86	2-甲基 2-戊烯	0.96	1.04	1.04	0.96
丁烷	0.851	1.15	1.18	0.87	2,4,4-三甲基 1-戊烯	1.58	1.10	0.63	0.91
戊烷	1.05	1.14	0.95	0.88	丙二烯	0.53	1.03	1.89	0.97
己烷	1.23	1.12	0.81	0.89	1,3-丁二烯	0.80	1.16	1.25	0.86
庚烷	1.43	1.12	0.70	0.89	环戊二烯	0.68	0.81	1.47	1.23
辛烷	1.60	1.09	0.63	0.92	异戊二烯	0.92	1.06	1.09	0.94
壬烷	1.77	1.08	0.57	0.93	1-甲基环己烯	1.15	0.93	0.87	1.07
癸烷	1.99	1.09	0.50	0.92	甲基乙炔	0.58	1.13	1.72	0.88
十一烷	1.98	0.99	0.51	1.01	双环戊二烯	0.76	0.78	1.32	1.28
十四烷	2.34	0.92	0.42	1.09	4-乙烯基环己烯	1.30	0.94	0.77	1.07
$C_{20} \sim C_{36}$		1.09		0.92	环戊烯	0.80	0.92	1.25	1.09
支链烷烃					降冰片烯	1.13	0.94	0.89	1.06
异丁烷	0.82	1.10	1.22	0.91	降冰片二烯	1.11	0.95	0.90	1.05
异戊烷	1.02	1.10	0.98	0.91	环庚三烯	1.04	0.88	0.96	1.14
新戊烷	0.99	1.08	1.01	0.93	1,3-环辛二烯	1.27	0.91	0.79	1.10
2,2-二甲基丁烷	1.16	1.05	0.86	0.95	1,5-环辛二烯	1.31	0.95	0.76	1.05
2,3-二甲基丁烷	1.16	1.05	0.86	0.95	1,3,5,7-环辛四烯	1.14	0.86	0.88	1.16
2-甲基戊烷	1.20	1.09	0.83	0.92	环十二碳三烯(反)	1.68	0.81	0.60	1.23
3-甲基戊烷	1.19	1.08	0.84	0.93	环十二碳三烯	1.53	0.73	0.65	1.37
2,2-二甲基戊烷	1.33	1.04	0.75	0.96	芳烃				
2,4-二甲基戊烷	1.29	1.01	0.78	0.99	苯	1.00	1.00	1.00	1.00
2,3-二甲基戊烷	1.35	1.05	0.74	0.95	甲苯	1.16	0.98	0.86	1.02
3,5-二甲基戊烷	1.33	1.04	0.75	0.96	乙基苯	1.29	0.95	0.78	1.05
2,2,3-三甲基丁烷	1.29	1.01	0.78	0.99	间二甲苯	1.31	0.96	0.76	1.04
2-甲基己烷	1.36	1.06	0.74	0.94	对二甲苯	1.31	0.96	0.76	1.04
3-甲基己烷	1.33	1.04	0.75	0.96	邻二甲苯	1.27	0.93	0.79	1.08
3-乙基戊烷	1.31	1.02	0.76	0.98	异丙苯	1.42	0.92	0.70	1.09
2,2,4-三甲基戊烷	1.47	1.01	0.68	0.99	正丙苯	1.45	0.95	0.69	1.05
不饱和烃					1,2,4-三甲苯	1.50	0.98	0.67	1.02
乙烯	0.48	1.34	2.08	0.75	1,3,5-三甲苯	1.49	0.97	0.67	1.03
丙烯	0.65	1.20	1.54	0.83	仲丁苯	1.58	0.92	0.63	1.09
异丁烯	0.82	1.14	1.22	0.88	联二苯	1.69	0.86	0.59	1.16
丁烯	0.81	1.31	1.23	0.88	邻三联苯	2.17	0.74	0.46	1.35
反 2-丁烯	0.85	1.19	1.18	0.84	间三联苯	2.30	0.78	0.43	1.28
顺 2-丁烯	0.87	1.22	1.15	0.82	对三联苯	2.24	0.76	0.45	1.32
3-甲基 1-丁烯	0.99	1.10	1.01	0.91	三苯甲烷	2.32	0.74	0.43	1.35

续表

组分名称	S'_M	S'_m	f'_M	f'_m	组分名称	S'_M	S'_m	f'_M	f'_m
萘	1.39	0.84	0.72	1.19	甲基正戊基酮	1.33	0.91	0.75	1.10
四氢萘	1.45	0.86	0.69	1.16	甲基正己基酮	1.47	0.90	0.68	1.11
甲基四氢萘	1.58	0.84	0.63	1.19	环戊酮	1.06	0.99	0.94	1.01
乙基四氢萘	1.70	0.83	0.59	1.20	环己酮	1.25	0.99	0.80	1.01
反十氢萘	1.50	0.85	0.67	1.18	2-壬酮	1.61	0.93	0.62	1.07
顺十氢萘	1.51	0.86	0.66	1.16	甲基异丁基酮	1.18	0.91	0.85	1.10
环烷烃					甲基异戊基酮	1.38	0.94	0.72	1.06
环戊烷	0.97	1.09	1.03	0.92	醇类				
甲基环戊烷	1.15	1.07	0.87	0.93	甲醇	0.55	1.34	1.82	0.75
1,1-二甲基环戊烷	1.24	0.99	0.81	1.01	乙醇	0.72	1.22	1.39	0.82
乙基环戊烷	1.26	1.01	0.79	0.99	丙醇	0.83	1.09	1.20	0.92
顺1,2-二甲基环戊烷	1.25	1.00	0.80	1.00	异丙醇	0.85	1.10	1.18	0.91
顺+反1,3-二甲基环戊烷	1.25	1.00	0.80	1.00	正丁醇	0.95	1.00	1.05	1.00
1,2,4-三甲基环戊烷（顺,反,顺）	1.36	0.95	0.74	1.05	异丁醇	0.96	1.02	1.04	0.98
1,2,4-三甲基环戊烷（顺,顺,反）	1.43	1.00	0.70	1.00	仲丁醇	0.97	1.03	1.03	0.97
环己烷	1.14	1.06	0.88	0.94	叔丁醇	0.96	1.02	1.04	0.98
甲基环己烷	1.20	0.95	0.83	1.05	3-甲基-1-戊醇	1.07	0.98	0.93	1.02
1,1-二甲基环己烷	1.41	0.98	0.71	1.02	2-戊醇	1.10	0.98	0.91	1.02
1,4-二甲基环己烷	1.46	1.02	0.68	0.98	3-戊醇	1.09	0.96	0.92	1.04
乙基环己烷	1.45	1.01	0.69	0.99	2-甲基-2-丁醇	1.06	0.94	0.94	1.06
正丙基环己烷	1.58	0.98	0.63	1.02	正己醇	1.18	0.90	0.85	1.11
1,1,3-三甲基环己烷	1.39	0.86	0.72	1.16	3-己醇	1.25	0.98	0.80	1.02
无机物					2-己醇	1.30	1.02	0.77	0.98
氩	0.42	0.82	2.38	1.22	正庚醇	1.28	0.86	0.78	1.16
氮	0.42	1.16	2.38	0.86	5-癸醇	1.84	0.91	0.54	1.10
氧	0.40	0.98	2.50	1.02	2-十二烷醇	1.98	0.84	0.51	1.19
二氧化碳	0.48	0.85	2.08	1.18	环戊醇	1.09	0.92	0.92	1.01
一氧化碳	0.42	1.16	2.38	0.86	环己醇	1.12	0.88	0.89	1.14
四氯化碳	1.08	0.55	0.93	1.82	酯类				
羰基铁[Fe(CO)$_5$]	1.50	0.60	0.67	1.67	乙酸乙酯	1.11	0.99	0.90	1.01
硫化氢	0.38	0.88	2.63	1.14	乙酸丙酯	1.21	0.93	0.83	1.08
水	0.33	1.42	3.03	0.70	乙酸正丁酯	1.35	0.91	0.74	1.10
含氧化合物					乙酸正戊酯	1.46	0.88	0.68	1.14
酮类					乙酸异戊酯	1.45	0.87	0.69	1.10
丙酮	0.86	1.15	1.16	0.87	乙酸正庚酯	1.70	0.84	0.59	1.19
甲乙酮	0.98	1.05	1.02	0.95	醚类				
二乙酮	1.10	1.00	0.91	1.00	乙醚	1.10	1.16	0.91	0.86
3-己酮	1.23	0.96	0.81	1.04	异丙醚	1.30	0.99	0.77	1.01
2-己酮	1.30	1.02	0.77	0.98	正丙醚	1.31	1.00	0.76	1.00
3,3-二甲基-2-丁酮	1.18	0.81	0.85	1.23	正丁醚	1.60	0.96	0.63	1.04

续表

组分名称	S'_M	S'_m	f'_M	f'_m	组分名称	S'_M	S'_m	f'_M	f'_m
正戊醚	1.83	0.91	0.55	1.10	2-氯-2-甲基丙烷	1.04	0.88	0.96	1.14
乙基正丁基醚	1.30	0.99	0.77	1.01	1-氯戊烷	1.23	0.91	0.81	1.10
二醇类					1-氯己烷	1.34	0.87	0.75	1.14
2,5-癸二醇	1.27	0.84	0.79	1.19	1-氯庚烷	1.47	0.86	0.68	1.16
1,6-癸二醇	1.21	0.80	0.83	1.25	溴代乙烷	0.98	0.70	1.02	1.43
1,10-癸二醇	1.08	0.48	0.93	2.08	溴丙烷	1.08	0.68	0.93	1.47
含氮化合物					2-溴丙烷	1.07	0.68	0.93	1.47
正丁胺	1.14	1.22	0.88	0.82	溴乙烷	1.19	0.68	0.84	1.47
正戊胺	1.52	1.37	0.66	0.73	2-溴丁烷	1.16	0.66	0.86	1.52
正己胺	1.04	0.80	0.96	1.25	1-溴-2-甲基丙烷	1.15	0.66	0.87	1.52
吡咯	0.86	1.00	1.16	1.00	溴戊烷	1.28	0.66	0.78	1.52
二氢吡咯	0.83	0.94	1.20	1.06	碘代甲烷	0.96	0.53	1.04	1.89
四氢吡咯	0.91	1.00	1.09	1.00	碘代乙烷	1.06	0.53	0.94	1.89
吡啶	1.00	0.99	1.00	1.01	碘丙烷	1.17	0.54	0.85	1.85
1,2,5,6-四氢吡啶	1.03	0.96	0.97	1.04	碘丁烷	1.29	0.55	0.78	1.82
呱啶	1.02	0.94	0.98	1.06	2-碘丁烷	1.23	0.52	0.81	1.92
丙烯腈	0.78	1.15	1.28	0.87	1-碘-2-甲基丙烷	1.22	0.52	0.82	1.92
丙腈	0.84	1.20	1.19	0.83	碘戊烷	1.38	0.55	0.73	1.82
正丁腈	1.05	1.19	0.95	0.84	二氯甲烷	0.94	0.87	1.06	1.14
苯胺	1.14	0.95	0.88	1.05	氯仿	1.08	0.71	0.93	1.41
喹啉	1.94	1.16	0.52	0.86	四氯化碳	1.20	0.61	0.83	1.64
反十氢喹啉	1.17	0.66	0.85	1.51	二溴甲烷	1.07	0.48	0.93	2.08
顺十氢喹啉	1.17	0.66	0.85	1.51	溴氯甲烷	1.00	0.61	1.00	1.64
氨	0.40	1.86	2.50	0.54	1,2-二溴乙烷	1.17	0.48	0.85	2.08
杂环化合物					1-溴-2-氯乙烷	1.10	0.59	0.91	1.69
环氧乙烷	0.58	1.03	1.72	0.97	1,1-二氯乙烷	1.03	0.81	0.97	1.23
环氧丙烷	0.80	1.07	1.25	0.93	1,2-二氯丙烷	1.12	0.77	0.89	1.30
硫化氢	0.38	0.88	2.63	1.14	顺1,2-二氯乙烯	1.00	0.81	1.00	1.23
甲硫醇	0.59	0.96	1.69	1.04	2,3-二氯丙烯	1.10	0.77	0.91	1.30
乙硫醇	0.87	1.09	1.15	0.92	三氯乙烯	1.15	0.69	0.87	1.45
1-丙硫醇	1.01	1.04	0.99	0.96	氟代苯	1.05	0.85	0.95	1.18
四氢呋喃	0.83	0.90	1.20	1.11	间二氟代苯	1.07	0.73	0.93	1.37
噻吩烷	1.03	0.91	0.97	1.09	邻氟代甲苯	1.16	0.83	0.86	1.20
硅酸乙酯	2.08	0.79	0.48	1.27	对氟代甲苯	1.17	0.83	0.85	1.20
乙醛	0.65	1.15	1.54	0.87	间氟代甲苯	1.18	0.84	0.85	1.19
2-乙氧基乙醇(溶纤剂)	1.07	0.93	0.93	1.08	1-氯-3-氟代苯	1.19	0.72	0.84	1.38
卤化物					间-溴-a,a,a-三氟代甲苯	1.45	0.52	0.68	1.92
氟己烷	1.24	0.93	0.81	1.08	氯代苯	1.16	0.80	0.86	1.25
氯丁烷	1.11	0.94	0.90	1.06	邻氯代甲苯	1.28	0.79	0.78	1.27
2-氯乙烷	1.09	0.91	0.92	1.10	氯代环己烷	1.20	0.79	0.83	1.27
1-氯-2-甲基丙烷	1.08	0.91	0.93	1.10	溴代苯	1.24	0.62	0.81	1.61

附录十二 物质在氢火焰检测器上的相对质量响应值和相对质量校正因子

组 分 名 称	S'_m	f'_m	组 分 名 称	S'_m	f'_m
直链烷烃			2,4-二甲基-3-乙基戊烷	0.88	1.14
甲烷	0.87	1.15	2,2,3-三甲基己烷	0.90	1.11
乙烷	0.87	1.15	2,2,4-三甲基己烷	0.88	1.14
丙烷	0.87	1.15	2,2,5-三甲基己烷	0.88	1.14
丁烷	0.92	1.09	2,3,3-三甲基己烷	0.89	1.12
戊烷	0.93	1.08	2,3,5-三甲基己烷	0.86	1.16
己烷	0.92	1.09	2,4,4-三甲基己烷	0.90	1.11
庚烷	0.89	1.12	2,2,3,3-四甲基戊烷	0.89	1.12
辛烷	0.87	1.15	2,2,3,4-四甲基戊烷	0.88	1.14
壬烷	0.88	1.14	2,3,3,4-四甲基戊烷	0.88	1.14
支链烷烃			3,3,5-三甲基庚烷	0.88	1.14
异戊烷	0.94	1.06	2,2,3,4-四甲基己烷	0.90	1.11
2,2-二甲基丁烷	0.93	1.08	2,2,4,5-四甲基戊烷	0.89	1.12
2,3-二甲基丁烷	0.92	1.09	五元环烷烃		
2-甲基戊烷	0.94	1.06	环戊烷	0.93	1.08
3-甲基戊烷	0.93	1.08	甲基环戊烷	0.90	1.11
2-甲基己烷	0.91	1.10	乙基环戊烷	0.89	1.12
3-甲基己烷	0.91	1.10	1,1-二甲基环戊烷	0.92	1.09
2,2-二甲基戊烷	0.91	1.10	反-1,2-二甲基环戊烷	0.90	1.11
2,3-二甲基戊烷	0.88	1.14	顺-1,2-二甲基环戊烷	0.89	1.12
2,4-二甲基戊烷	0.91	1.10	反-1,3-二甲基环戊烷	0.89	1.12
3,3-二甲基戊烷	0.92	1.09	顺-1,3-二甲基环戊烷	0.89	1.12
3-乙基戊烷	0.91	1.10	1-甲基-反-2-乙基环戊烷	0.90	1.11
2,2,3-三甲基丁烷	0.91	1.10	1-甲基-顺-2-乙基环戊烷	0.89	1.12
2-甲基庚烷	0.87	1.15	1-甲基-反-3-乙基环戊烷	0.87	1.15
3-甲基庚烷	0.90	1.11	1-甲基-顺-3-乙基环戊烷	0.89	1.12
4-甲基庚烷	0.91	1.10	1,1,2-三甲基环戊烷	0.92	1.09
2,2-二甲基己烷	0.90	1.11	1,1,3-三甲基环戊烷	0.93	1.08
2,3-二甲基己烷	0.88	1.14	反-1,2-顺-3-三甲基环戊烷	0.90	1.11
2,4-二甲基己烷	0.88	1.14	反-1,2-顺-4-三甲基环戊烷	0.88	1.12
2,5-二甲基己烷	0.90	1.11	顺-1,2-反-3-三甲基环戊烷	0.88	1.14
3,4-二甲基己烷	0.88	1.14	顺-1,2-反-4-三甲基环戊烷	0.88	1.12
3-乙基己烷	0.89	1.12	异丙基环戊烷	0.88	1.12
2-甲基-3-乙基戊烷	0.88	1.14	正丙基环戊烷	0.87	1.15
2,2,3-三甲基戊烷	0.91	1.10	六元环烷烃		
2,2,4-三甲基戊烷	0.89	1.12	环己烷	0.90	1.11
2,3,3-三甲基戊烷	0.90	1.11	甲基环己烷	0.90	1.11
2,3,4-三甲基戊烷	0.88	1.14	乙基环己烷	0.90	1.11
2,2-二甲基庚烷	0.87	1.15	1-甲基-反-4-乙基环己烷	0.88	1.14
3,3-二甲基庚烷	0.89	1.12	1-甲基-顺-4-乙基环己烷	0.86	1.16

续表

组 分 名 称	S'_m	f'_m	组 分 名 称	S'_m	f'_m
1,1,2-三甲基环己烷	0.90	1.11	辛醇	0.76	1.32
异丙基环己烷	0.88	1.14	癸醇	0.75	1.33
环庚烷	0.90	1.11	醛类		
芳烃			丁醛	0.55	1.82
苯	1.00	1.00	庚醛	0.69	1.45
甲苯	0.96	1.04	辛醛	0.70	1.43
乙基苯	0.92	1.09	癸醛	0.72	1.40
对二甲苯	0.89	1.12	酮类		
间二甲苯	0.93	1.08	丙酮	0.44	2.27
邻二甲苯	0.91	1.10	甲乙酮	0.54	1.85
1-甲基-2-乙基苯	0.91	1.10	甲基异丁基酮	0.63	1.59
1-甲基-3-乙基苯	0.90	1.11	乙基丁基酮	0.63	1.59
1-甲基-4-乙基苯	0.89	1.12	二异丁基酮	0.64	1.56
1,2,3-三甲苯	0.88	1.14	乙基戊基酮	0.72	1.39
1,2,4-三甲苯	0.87	1.15	环己酮	0.64	1.56
1,3,5-三甲苯	0.88	1.14	酸类		
异丙苯	0.87	1.15	甲酸	0.009	1.11
正丙苯	0.90	1.11	乙酸	0.21	4.76
1-甲基-2-异丙苯	0.88	1.14	丙酸	0.36	2.78
1-甲基-3-异丙苯	0.90	1.11	丁酸	0.43	2.33
1-甲基-4-异丙苯	0.88	1.14	己酸	0.56	1.79
仲丁苯	0.89	1.12	庚酸	0.54	1.85
叔丁苯	0.91	1.10	辛酸	0.58	1.72
正丁苯	0.88	1.14	酯类		
不饱和烃			乙酸甲酯	0.18	5.56
乙炔	0.96	1.04	乙酸乙酯	0.34	2.94
乙烯	0.91	1.10	乙酸异丙酯	0.44	2.27
己烯	0.88	1.14	乙酸仲丁酯	0.46	2.17
辛烯	1.03	0.97	乙酸异丁酯	0.48	2.08
癸烯	1.01	0.99	乙酸丁酯	0.49	2.04
醇类			乙酸异戊酯	0.55	1.82
甲醇	0.21	4.76	乙酸甲基异戊酯	0.56	1.79
乙醇	0.41	2.43	己酸乙基(2)乙酯	0.64	1.56
正丙醇	0.54	1.85	乙酸 2-乙氧基乙醇酯	0.45	2.22
异丙醇	0.47	2.13	己酸己酯	0.70	1.42
正丁醇	0.59	1.69	氮化物		
异丁醇	0.61	1.64	乙腈	0.35	2.86
仲丁醇	0.56	1.79	三甲胺	0.41	2.44
叔丁醇	0.66	1.52	叔丁基胺	0.48	2.08
戊醇	0.63	1.59	二乙基胺	0.54	1.85
1,3-二甲基丁醇	0.66	1.52	苯胺	0.67	1.49
甲基戊醇	0.58	1.72	二正丁基胺	0.67	1.49
己醇	0.66	1.52	噻吩烷	0.51	1.96

参考文献

[1] 黄一石，乔子荣主编. 定量化学分析. 第3版. 北京：化学工业出版社，2014.
[2] 杭州大学化学系分析化学教研室. 分析化学手册. 第2版. 北京：化学工业出版社，1997.
[3] 高职高专化学教材编写组编. 分析化学. 第2版. 北京：高等教育出版社，2000.
[4] 于世林，苗凤琴编. 分析化学. 第3版. 北京：化学工业出版社，2010.
[5] 武汉大学主编. 分析化学. 第5版. 北京：高等教育出版社，2006.
[6] 刘珍主编. 化验员读本（上、下册）. 第4版. 北京：化学工业出版社，2015.
[7] 周长江，王同义主编. 危险化学品安全技术管理. 北京：中国石化出版社，2004.
[8] 夏玉宇主编. 化学实验室手册. 第3版. 北京：化学工业出版社，2015.
[9] 邵令娴编. 分离及复杂物质分析. 第2版. 北京：高等教育出版社，1994.
[10] 邓勃主编. 分析化学辞典. 北京：化学工业出版社，2003.
[11] 刘世纯主编. 实用分析化验工读本. 第2版. 北京：化学工业出版社，2007.
[12] 顾明华主编. 无机物定量分析基础. 北京：化学工业出版社，2006.
[13] 王令今，王桂花编. 分析化学计算基础. 第2版. 北京：化学工业出版社，2002.
[14] 刘志广主编. 分析化学学习指导. 大连：大连理工大学出版社，2002.
[15] 夏玉宇主编. 化验员实用手册. 第3版. 北京：化学工业出版社，2012.
[16] 姜洪文，陈淑刚主编. 化验室组织与管理. 第3版. 北京：化学工业出版社，2014.
[17] 姜洪文，王英健主编. 化工分析. 北京：化学工业出版社，2008.